Soft Skills für IT-Führungskräfte und Projektleiter

Uwe Vigenschow ist Abteilungsleiter bei Werum IT Solutions. Daneben ist er auch als Mediator und Fachautor mehrerer Bücher und zahlreicher Artikel aktiv. In dieses Buch sind über 25 Jahre Erfahrung als Entwickler, Berater, Freiberufler, Projektleiter und Führungskraft bei verschiedenen Firmen und in unterschiedlichen Branchen eingeflossen.

Björn Schneider leitet den Bereich »People & Organisation« bei der Hypoport AG in Berlin. Gemeinsam mit seinem Team aus HR-Referenten und Agile Coaches schafft er bei Hypoport ein Umfeld, in dem das Agile Mindset gelebt und selbstorganisiertes Arbeiten möglich wird. Er entwickelt und moderiert Workshops, führt Team- und persönliche Coachings durch und berät den Vorstand in strategischen Fragen zur Organisationsentwicklung. Davor war er fast 20 Jahre als Softwareentwickler, Projektleiter, Führungskraft, Bereichsleiter, Trainer, Berater, Geschäftsführer eines Beratungsunternehmens und Coach für Führungskräfte tätig.

Ines Meyrose ist selbstständige Imageberaterin und Mediatorin. Die Kommunikationswirtin ist Inhaberin der Hamburger Firma image&impression und bietet vielfältige Seminare, Workshops und Vorträge zu Kommunikation und äußerer Wirkung von Firmen und Menschen an. Zuvor arbeitete sie langjährig im Dienstleistungs- und Vertriebsbereich mit Personalverantwortung und als Ausbilderin. Als Moderatorin begleitet sie Projekte und Prozesse, als Mediatorin ist sie im Konfliktmanagement tätig. Individuelles Business-Coaching rundet ihr Portfolio ab. Im Blog auf *www.meyrose.de* bringt sie aktuelle Themen auf den Punkt.

Uwe Vigenschow · Björn Schneider · Ines Meyrose

Soft Skills für IT-Führungskräfte und Projektleiter

Softwareentwickler führen und coachen, Hochleistungsteams aufbauen

3., aktualisierte Auflage

dpunkt.verlag

Uwe Vigenschow
uwe@vigenschow.com

Björn Schneider
mail@bjoernschneider.de

Ines Meyrose
ime@imageandimpression.de

Lektorat: Christa Preisendanz
Copy-Editing: Ursula Zimpfer, Herrenberg
Satz: Uwe Vigenschow
Herstellung: Frank Heidt
Umschlaggestaltung: Helmut Kraus, www.exclam.de
Druck und Bindung: M.P. Media-Print Informationstechnologie GmbH, 33100 Paderborn

Bibliografische Information der Deutschen Nationalbibliothek
Die Deutsche Nationalbibliothek verzeichnet diese Publikation in der Deutschen Nationalbibliografie; detaillierte bibliografische Daten sind im Internet über http://dnb.d-nb.de abrufbar.

ISBN:
Print 978-3-86490-395-3
PDF 978-3-96088-001-1
ePub 978-3-96088-002-8
mobi 978-3-96088-003-5

3. Auflage 2016

Wieblinger Weg 17
69123 Heidelberg

5 4 3 2 1 0

Vorwort zur 3. Auflage

Die dritte Auflage haben wir zum Anlass genommen, eine Reihe von Aktualisierungen vorzunehmen. Inhaltlich haben sich die bereits zur zweiten Auflage abgerundeten Themen nicht wesentlich verändert. *Soft Skills für IT-Führungskräfte und Projektleiter* behandelt in sich geschlossen die weichen, aber für den Projekterfolg um so wichtigeren Aspekte der Führung von Teams und der Leitung von Projekten. Es ist der zweite Band unserer drei Bücher zu Soft Skills in der IT, die mit den Grundlagen in *Soft Skills für Softwareentwickler* [133] begonnen und mit *Soft Skills für IT-Berater* [132] ihren Abschluss gefunden haben.

Die hier vorgestellten Ansätze und Techniken gelten universell. Aufgrund der starken Gewichtung der Soft Skills in agilen Vorgehensweisen ist die Nähe der in diesem Buch vorgestellten Themen zu agilem Projektmanagement vorhanden. Ein agiles Vorgehen ist jedoch keine Voraussetzung für die Umsetzung der vorgestellten Techniken. Wer sich sowohl in der Breite als auch in der Tiefe in agiles Projektmanagement einarbeiten möchte, dem empfehlen wir das Buch *APM – Agiles Projektmanagement* [131] von Uwe Vigenschow.

Die Zielgruppe des Buchs sind angehende, neue und gerade auch erfahrene Führungskräfte und Projektleiter. Während die Erstgenannten Antworten auf viele Fragen finden, die sich bei der Bewältigung der neuen Aufgabe stellen, finden Letztere hier ein Bündel an neuen Ideen und Anregungen, Dinge in ihrem Arbeitsalltag zu verändern. Es lohnt sich auf jeden Fall, neue Blickwinkel und Ansätze kennenzulernen. Viel Erfolg beim Ausprobieren neuer Ideen wünschen

Uwe Vigenschow, Björn Schneider und Ines Meyrose

Mai 2016

Vorwort zur 2. Auflage

Es erfüllt uns mit Stolz, dass auch unser zweites Buch zum Thema Soft Skills in der IT in die zweite Auflage gekommen ist. Das hat uns die Gelegenheit gegeben, die ein oder andere Stelle zu aktualisieren oder zu überarbeiten. Das Resultat dieser Arbeit halten Sie in den Händen. Neben diversen, kleineren Ergänzungen, die sich über das ganze Buch erstrecken, sind die folgenden Teile neu hinzugekommen:

- Abschnitt 7.1.2 ab Seite 116: Im Rahmen der Betrachtungen zum Zeitmanagement gehen wir kurz auf das *Kanban-Board* und ein *WIP-Limit* ein, um Aufgaben transparenter zu steuern.
- Abschnitt 8.3.3 ab Seite 142: Hier haben wir uns ein paar Gedanken über den Übergang von Wissen zu Können gemacht.
- Abschnitt 11.5.3 ab Seite 198: Das Thema *Konsens* haben wir komplett überarbeitet und erweitert, weil uns dieses Thema besonders am Herzen liegt. Wir treffen in der Praxis immer wieder auf Missverständnisse zur Konsensbildung, die dann leicht dazu führen, dass Veränderungen nicht dauerhaft sind.
- Abschnitt 15.1.5 ab Seite 234: Wir haben die sehr bildliche Darstellung der *Veränderungskurve* als kleinen Vorgriff auf unser nächstes Buch *Soft Skills für IT-Berater* [132] an dieser Stelle ergänzt, weil Coaching und Veränderungen direkt zusammenhängen.
- Anhänge A.1.1 und A.1.2 ab Seite 307: Die Abschnitte zum *Agilen Manifest* und zu *Scrum* haben wir stark überarbeitet und ergänzt.

Wir hoffen, damit das Buch noch besser und relevanter für Ihre Praxis gemacht zu haben, damit Sie Ihre Wirksamkeit als Führungskraft oder Projektleiter weiter optimieren können. Viel Erfolg dabei wünschen

Uwe Vigenschow, Björn Schneider und Ines Meyrose

September 2011

Vorwort

Jetzt ist es so weit: Nach Erscheinen des ersten Buchs zum Thema Soft Skills für Softwareentwickler liegt nun ein weiteres Buch zu diesem Themenkomplex vor. Aufbauend auf grundsätzlichen, allgemeingültigen Themen aus dem ersten Buch [133] werden hier die Welt der IT-Projektleiter und die der Führungskräfte betrachtet. Wer das erste Buch gelesen hat und vor allem, wenn es ihm gefallen hat, dem können wir versprechen, dass es jetzt noch spannender und vielschichtiger wird. Wer das erste Buch (noch) nicht kennt, für den haben wir die notwendigen Grundlagen in den ersten Teil integriert, sodass Sie dieses Buch auch unabhängig von der ersten Veröffentlichung verstehen und nachvollziehen können.

Soft Skills sind gerade für Projektleiter und Führungskräfte einer der maßgeblichen Erfolgsfaktoren. So haben z. B. Studien der GPM Gesellschaft für Projektmanagement e.V. ergeben, dass die sogenannten Soft Facts einer der zentralen Erfolgsfaktoren für Projektarbeit sind [34, 35]. Insbesondere das Management der Stakeholder, das Kommunikationskonzept und der Aufbau von internen Lernprozessen z. B. über Retrospektiven werden leider im Alltagsgeschäft oft stark vernachlässigt. Dann geraten Projekte in eine Schieflage oder scheitern gar, obwohl *technisch* alles richtig umgesetzt wurde. Aus einer Studie der oose GmbH [134, 135], an der einer der Autoren, Uwe Vigenschow, maßgeblich beteiligt war, ergab sich als der zentrale Erfolgsfaktor die Zusammenarbeit zwischen Entwicklung und den Vertretern der Kundenseite. Die Soft Skills spielen dabei eine wesentliche Rolle. Hier setzt dieses Buch an.

Wir sehen dabei ein enormes Verbesserungspotenzial, das der Qualität unserer täglichen Arbeit ebenso zuträglich ist wie der Wirtschaftlichkeit von Projekten. Gerade die Wirtschaftlichkeit ist ein wichtiges Ziel der hier vorgestellten Verfahren. Letztendlich geht es darum, zum richtigen Zeitpunkt die richtige Software ausliefern zu können. Genau an dieser Stelle werden die oben genannten Studien interessant. Erfolgreiche Firmen sind nicht nur in den Hard Skills, sondern gerade in den Soft Skills überdurchschnittlich gut aufgestellt. Es ist also Zeit, sich um die *weichen* Faktoren zu kümmern! Die Idee des *People Driven Development* fasst diese Notwendigkeit ganz treffend in einem Satz zusammen [133]:

Software wird von Menschen mit Menschen für Menschen entwickelt!

Dabei ist der direkte Kontakt zwischen den Beteiligten durch nichts zu ersetzen. Das bezieht sich einerseits auf den Kontakt aus der Entwicklung zum Kunden, Anwender, Management, Qualitätsmanagement usw. und andererseits auf die Zusammenarbeit im Team. Um die Arbeit im Team, die Führung von Entwicklungsteams und die Förderung der Weiterentwicklung der einzelnen Mitarbeiter wie auch der ganzen Gruppe geht es in diesem Buch.

Gruppen von Menschen bilden dabei ein *komplexes System*. Solche Systeme zeichnen sich dadurch aus, dass sie sich nicht vorhersagbar verhalten. Die inneren Kausalketten des Systems sind dafür zu komplex. Ein Weg, damit umzugehen, besteht in einer fortwährenden Veränderung und Anpassung an innere wie äußere Bedingungen. Diese Anpassungen sind meist evolutionär und manchmal radikaler bis revolutionär.

Als beschreibende Metapher haben wir dafür den Begriff *Troja-Prinzip* gewählt, da sich die antike Stadt Troja über etwa 5000 Jahre hinweg sowohl evolutionär als auch revolutionär immer weiterentwickelt hat. Homer beschreibt in der Ilias mit dem Trojanischen Krieg eine dieser revolutionären Phasen, aber nicht das Ende der Stadt. Wir sehen viele Parallelen zwischen der Entwicklung einer komplexen Stadt und komplexen Projektstrukturen, die wiederum komplexe Softwareprodukte erstellen und weiterentwickeln. Diese Metapher wird uns daher immer wieder auf den folgenden Seiten begegnen.

Eine Bemerkung zum Schluss: Wenn wir von *Projektmanagement* sprechen, so bezieht sich das stets auf **IT**-Projektmanagement bzw. das Projektmanagement von Softwareprojekten. Daher haben wir die Beispiele auch nur aus diesem Bereich gewählt. Natürlich sind die Soft Skills, die wir vorstellen, auch außerhalb der IT für Projektleiter und Führungskräfte im technischen Bereich hilfreich und sinnvoll. Aus unserer Erfahrung können sowohl Hardware- als auch Systems-Engineering-Projekte davon profitieren.

Wir wünschen Ihnen allen viel Spaß beim Lesen dieses Buchs und viel Erfolg bei der Umsetzung!

Uwe Vigenschow, Björn Schneider und Ines Meyrose

August 2009

Struktur des Buchs

Die Arbeit von IT-Führungskräften und Projektleitern ist ein enorm vielschichtiges Thema. Es fließen viele, höchst unterschiedliche Aspekte in unsere tägliche Arbeit ein. Um diese Vielschichtigkeit angemessen zu adressieren, nähern wir uns in diesem Buch dem Themenkomplex mit einer vergleichsweise großen Anzahl an Ideen und Modellen. Dabei gehen wir wie eine *Katze um den heißen Brei* spiralförmig vor (Abb. 1).

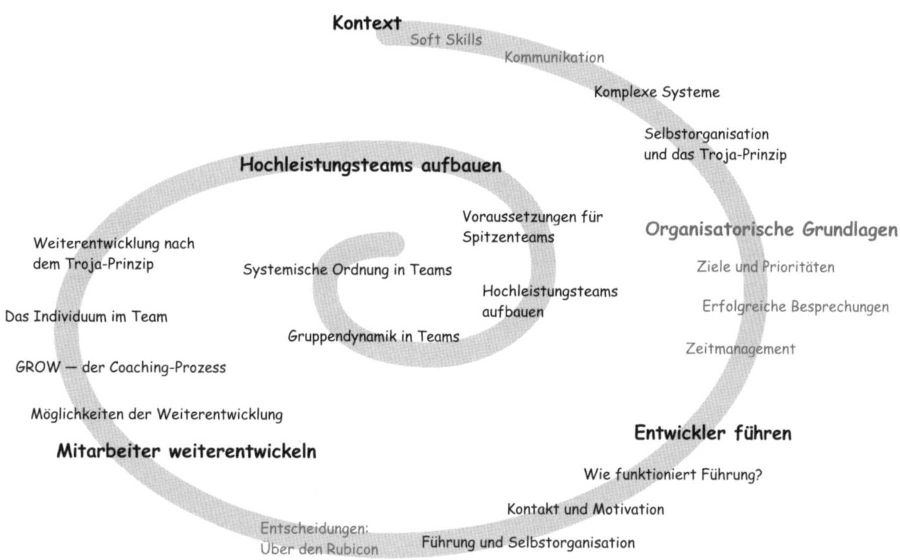

Abbildung 1: Wie eine Katze um den heißen Brei nähern wir uns immer anspruchsvolleren Themen.

Wir hoffen so, den roten Faden besser erkennbar zu machen, den wir verfolgt haben. Die ergänzenden Themen sind in Abbildung 1 grau dargestellt und werden im Text durch das nebenstehende Symbol gekennzeichnet.

Dieses Buch besteht aus fünf Teilen und einem Anhang. Jedem Teil ist ein kurzes beschreibendes Inhaltsverzeichnis vorangestellt. Die Teile sind im Einzelnen:

Kontext: Hier werden unsere Soft Skills im Allgemeinen und unsere Kommunikation vertiefend behandelt. Es werden einige Aspekte aus *Soft Skills für Softwareentwickler* [133] wiederholt, zusammengefasst und ergänzt. Danach nähern wir uns unserem eigentlichen Thema und legen die Grundlagen für die Diskussion komplexer Systeme und Selbstorganisation. Unsere Metapher *Troja-Prinzip* für Veränderungsprozesse wird eingeführt und erläutert.

Organisatorische Grundlagen: Dieser Teil ist ein Einschub, der sich mit grundlegenden Antworten auf allgemeine Fragen einer Führungskraft befasst. Wie finden wir Ziele und setzen Prioritäten? Wie führen wir Besprechungen sinnvoll und zielführend durch? Wie steuern wir uns selbst?

Entwickler führen: Der Begriff *Führung* wird seziert und aus verschiedenen Blickwinkeln beleuchtet. Intensiv gehen wir auf die Themen *Motivation* und *Selbstorganisation* ein. Ergänzend beleuchten wir das Thema *Entscheidungsfindung*.

Mitarbeiter weiterentwickeln: Die Möglichkeiten werden aufgezeigt, wie wir einzelne Mitarbeiter dabei unterstützen können, sich weiterzuentwickeln. Ein besonderer Schwerpunkt liegt dabei auf dem *Coaching*.

Hochleistungsteams aufbauen: Abschließend gehen wir auf den Aufbau besonders leistungsstarker Teams ein. Die Motivation von Hochleistungsteams wird beleuchtet, und die notwendigen Rahmenbedingungen werden untersucht. Weiter erläutern wir die Dynamik in Teams, die uns tagtäglich ein neues, spannendes Arbeitsumfeld schafft.

Anhang: Ausgewählte Hintergründe werden erläutert. Außerdem finden Sie hier zwei Übungen zur Vertiefung des Verständnisses einzelner Aspekte.

Stellen im Text, die besonders wichtig sind oder auf die wir uns später noch beziehen werden, sind wie in diesem Beispiel mit einem kleinen Ausrufezeichen markiert. So möchten wir Ihnen das Wiederfinden erleichtern.

Als Auflockerung und um bestimmte Aspekte von einer anderen Seite beleuchten zu können, haben wir an diversen Stellen eine kurze Unterbrechung in Form von typischen Aussagen eingebaut. Diese Einschübe sind durch graue Balken eingerahmt und mit einer Sprechblase wie hier am Rand gekennzeichnet.

Ein Buch ist leider viel zu statisch, um mit der Dynamik der Entwicklung auf dem jeweiligen Themengebiet Schritt halten zu können. Daher haben wir eine ergänzende Website `www.trojaprinzip.de` zum Buch erstellt, auf der Sie weitere Anregungen finden und für eigene Präsentationen viele Abbildungen als Powerpoint-Datei herunterladen können.

Inhaltsverzeichnis

Teil I

Kontext

Soft Skills werden definiert und gegenüber den Hard Skills abgegrenzt. Danach tauchen wir kurz tiefer in psychologische Themen ab, um mit zwei Modellen für den täglichen Einsatz wieder aufzutauchen: der Vier-Quadranten-Typologie und dem Eisbergmodell.

Kommunikation hat ihre Tücken, die das Metamodell der Sprache aufzeigt. Ein großer Anteil unserer Kommunikation läuft nonverbal über den Tonfall und die Körpersprache ab. Über Metaphern versuchen wir, gerade in unseren komplexen Zusammenhängen der Softwareentwicklung in Gleichklang mit den Kommunikationspartnern zu gelangen.

In unserer Softwareentwicklung erstellen wir komplexe Systeme. Auch das Entwicklungsteam, ja sogar jeder einzelne Entwickler, stellt ein komplexes System dar. Grund genug, uns diesem Thema intensiver zu widmen. Die Besonderheiten in der Führung von Entwicklungsteams beruhen zu einem großen Teil auf dieser Komplexität.

Selbstorganisation ist das Schlagwort hinter einer agilen Softwareentwicklung. Die Prinzipien der Selbstorganisation werden erläutert sowie die Vor- und Nachteile diskutiert. Als dynamisches Beschreibungsmodell für Selbstorganisation in Gruppen und Großgruppen haben wir das *Troja-Prinzip* entwickelt.

1 Soft Skills

1.1 Soft Skills vs. Hard Skills

Unsere *Soft Skills* sind wichtig. Das können wir immer öfter lesen und sei es nur als allgegenwärtige *Teamfähigkeit* in jeder Stellenanzeige. Doch was ist damit genau gemeint? Was sind Soft Skills? Darunter wird ein ganzes Sammelsurium von Einzelfähigkeiten verstanden. Eine genaue Begriffsklärung ist dabei kaum möglich, da sich z. B. aus verschiedenen Fachbereichen unterschiedliche Sichten ergeben. Für unseren beruflichen Kontext halten wir uns an die im Folgenden skizzierte Beschreibung [56].

Der Begriff *Soft Skills* bezeichnet die sogenannten weichen Fähigkeiten (Abb. 1.1). Damit ist meist die soziale Kompetenz einer Person gemeint. Im Gegensatz dazu stehen die *Hard Skills*, die durch unser spezielles Fachwissen definiert werden. Nur im Zusammenspiel von Hard und Soft Skills können wir unsere tatsächliche Leistungsfähigkeit erreichen.

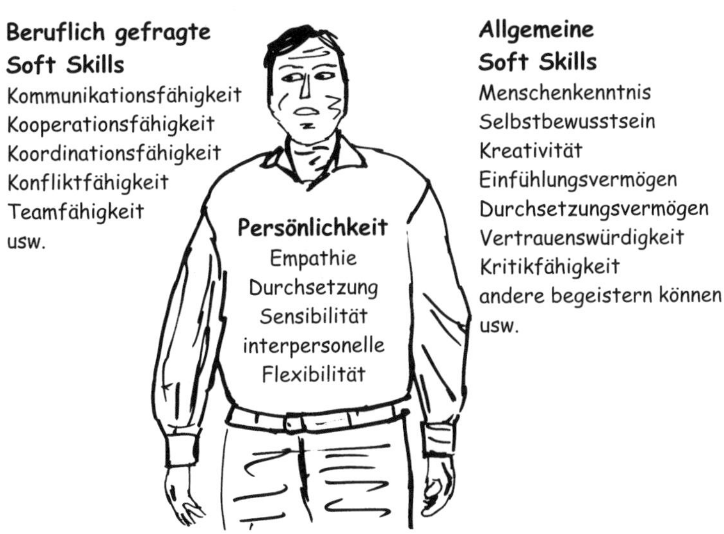

Abbildung 1.1: Was sind eigentlich Soft Skills?

Da wir in der Softwareentwicklung typischerweise im Team entwickeln, kommt den diesbezüglichen Soft Skills besondere Bedeutung zu. Dies sind im Wesentlichen:[1]

Teamfähigkeit beschreibt die Handlungskompetenz, sich einer Gruppe anderer Menschen anzuschließen. Sie beschreibt die Fähigkeit, mit anderen gemeinsam sozial zu agieren und dabei seine Fertigkeiten bei der Bewältigung von Gruppenaufgaben optimal einzubringen.

Kooperationsfähigkeit beschreibt das Zusammenwirken unserer einzelnen Handlungen und schafft so den Rahmen für eine Zusammenarbeit Einzelner oder Gruppen. Dabei wird aus Teilen wie einzelnen Personen oder Gruppen ein neues, zielgerichtet agierendes System gebildet. Kooperationen sind dabei häufig zeitlich begrenzt.

Konfliktfähigkeit beschreibt die Fähigkeit, eine Auseinandersetzung aufzunehmen, konstruktiv zu bewältigen und wenn möglich bereits im Vorfeld zu vermeiden. Dies beinhaltet die Suche nach angemessenen, dauerhaft tragfähigen Lösungen. Als Grundlagen dafür dienen das Schaffen belastbarer Beziehungen sowie die Stärkung von Toleranz und Offenheit. Dazu ist es vor allen Dingen notwendig, keine Scheu vor Konflikten zu haben, um sie frühzeitig und aktiv angehen zu können.

Kommunikationsfähigkeit ist die Fähigkeit und Bereitschaft, konstruktiv, effektiv, effizient und bewusst zu kommunizieren.

Um unser Fachwissen in einer konkreten Projektsituation auch einsetzen zu können, benötigen wir eine ganze Reihe unterstützender Qualifikationen. Diese Fähigkeiten erschließen uns erst die Möglichkeit, unser Fachwissen nutzen zu können, und werden als Schlüsselqualifikationen bezeichnet (Abb. 1.2). Sie setzen sich aus drei Teilen zusammen: Methodenkompetenz, persönliche Kompetenz und soziale Kompetenz.

Methodenkompetenz bezeichnet unseren persönlichen Werkzeugkasten an Techniken und Fähigkeiten, die wir situativ an den jeweiligen Kontext angepasst abrufen und aktiv einsetzen können. Dazu gehören in unserem beruflichen Umfeld Techniken wie die Moderation von Besprechungen mit gleichzeitiger unterstützender Visualisierung wie auch das empfängerorientierte Präsentieren von Inhalten. Natürlich gehört auch unser eigenes Selbstmanagement bzw. Projektmanagement dazu mit Aspekten wie Zeitmanagement oder der Fähigkeit, Strategien zu entwickeln.

[1] Diese Definitionen sind in Anlehnung an [141, 146] entstanden. Im Rahmen dieses Buchs und für unsere praktische Arbeit reichen sie unserer Ansicht nach vollständig aus.

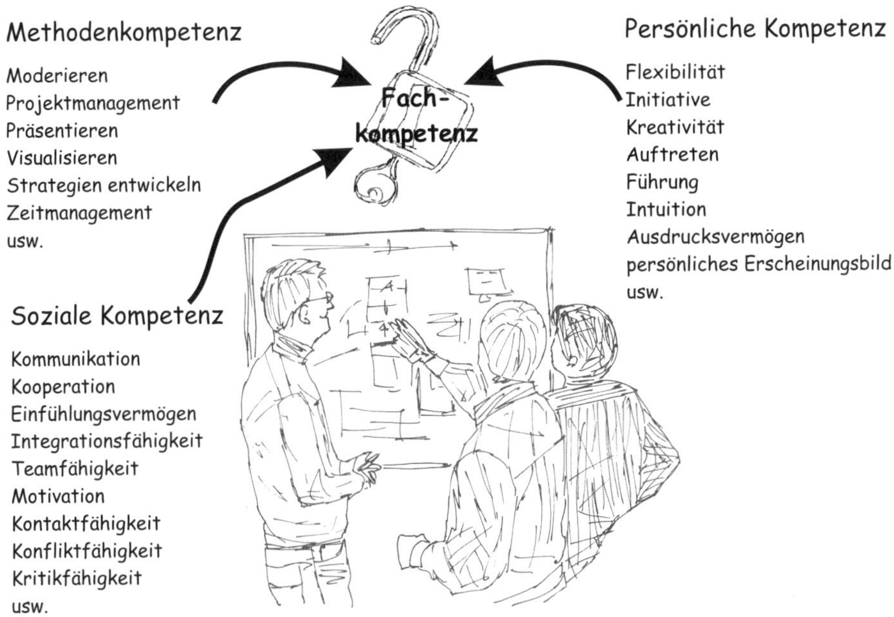

Abbildung 1.2: Unsere Schlüsselqualifikationen ermöglichen es uns, unser Fachwissen einzusetzen.

Persönliche Kompetenz bzw. Selbstkompetenz beschreibt unsere Qualitäten, die eigenen Fähigkeiten wie z. B. unsere Methodenkompetenzen gezielt und sinnvoll im beruflichen Kontext einsetzen zu können. Wir erkennen die Notwendigkeit, in bestimmten Situationen angemessen, individuell angepasst und effektiv bestimmte Fähigkeiten aus unserem Werkzeugkasten anzuwenden. Konkret gehören dazu universell einsetzbare Eigenschaften wie Flexibilität, Initiative, Intuition und Kreativität sowie im beruflichen Kontext geforderte Fähigkeiten wie Führung, Auftreten, Ausdrucksvermögen und unser persönliches Erscheinungsbild.

Soziale Kompetenz bildet den Oberbegriff für ein Sammelsurium unterschiedlicher Fähigkeiten, Einstellungen, Verhaltensweisen und Persönlichkeitsmerkmale, die für unsere Interaktionen mit anderen Personen erforderlich sind. Hier treffen wir auf Aspekte unserer inneren Haltung wie auch des sichtbaren Verhaltens. Für diesen Bereich spielt der situative Kontext die wesentliche Rolle, ob eine bestimmte Verhaltensweise als sozial kompetent wahrgenommen wird oder nicht. Verhaltensweisen hängen z. B. davon ab, ob wir gerade mit unserem Chef, einer Kollegin oder einem Kunden in Kontakt stehen.

Konkret sind hier Fähigkeiten anzusiedeln wie Einfühlungsvermögen, Kommunikationsfähigkeit oder unsere Integrationsfähigkeit. Dazu kommen *Gruppenfähigkeiten* wie Teamfähigkeit, Konflikt- oder Kritikfähigkeit.

1.2 Bewusstsein und Umwelt

Im Buch *Soft Skills für Softwareentwickler* [133] sind wir bereits auf die Stakeholder-Analyse eingegangen. Stakeholder sind *Interessenhalter* an unserem Projekt. Ein Ergebnis der Stakeholder-Analyse ist eine Tabelle, in der wir die Stakeholder in verschiedenen Rollenfunktionen, z. B. als Unterstützer oder Gegner, mit ihren konkreten Ansprechpartnern auflisten. Daraus kann dann z. B. eine Stakeholder-Map entwickelt werden, in der wir die Stakeholder gruppieren und deren Beziehung zueinander analysieren (Abb. 1.3).

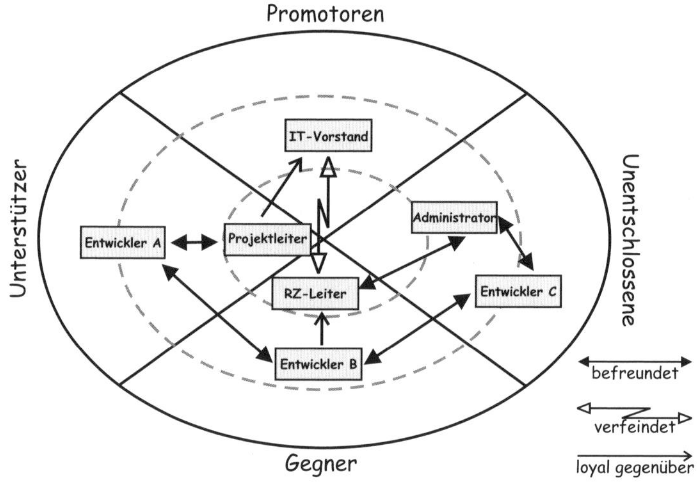

Abbildung 1.3: Beispiel einer Stakeholder-Map aus [133]

Um mit der Tabelle im Projektverlauf sinnvoll arbeiten zu können, priorisieren wir die Stakeholder. Eine Möglichkeit dazu ist in der Prioritätsmatrix in Abbildung 1.4 dargestellt. Für die Wichtigkeit eines Stakeholders beantworten wir die Frage, welche Auswirkungen es für das Projekt haben wird, wenn wir keinen Kontakt mit dem Stakeholder haben. Dazu kann wie in dem Beispiel noch der Aufwand für den Kontakt einfließen. Letzteres ist vor allem bei räumlich verteilten Projekten besonders interessant.

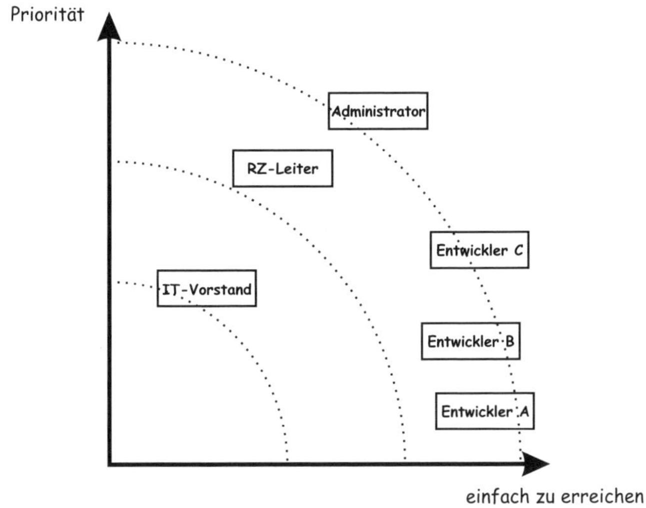

Abbildung 1.4: Beispiel einer Stakeholder-Prioritätsmatrix

Und wozu das Ganze? Die Stakeholder-Analyse führt uns direkt zu unseren Gesprächspartnern, über die wir unsere notwendigen Informationen erhalten, die unsere Entscheidungs- und Priorisierungsprozesse beeinflussen oder bei denen wir die spätere Akzeptanz unserer Projektergebnisse sicherstellen.

Das Spannende an dieser direkten Zusammenarbeit mit so vielen verschiedenen Menschen ist, deren Unterschiedlichkeit zu erleben und damit angemessen umzugehen. Die Stakeholder-Map (Abb. 1.3) wird z. B. sehr unterschiedlich bewertet. Die Bandbreite geht von »Das kann man doch nicht machen!« bis zu »Genau das brauche ich!«. Wie kommt es zu dieser Individualität? Ein Aspekt dabei ist, dass wir unsere Umwelt unterschiedlich wahrnehmen und bewerten.

Unsere Wahrnehmungen und Interpretationen der Wahrnehmungen sind subjektiv (s. auch Abschnitt 2.1 ab Seite 21). Dies kann zu Missverständnissen und Irritationen und damit zu unterschiedlichen Bewertungen führen. Dazu kommen noch die individuellen Arten der Bewertungen selbst. Schauen wir uns diese Aspekte kurz in Anlehnung an die Analytische Psychologie nach C. G. Jung[2] (1875 – 1961) genauer an. Dies mündet dann in einer einfachen, gut einsetzbaren Typologie, die uns dabei hilft, mit diesen Unterschieden angemessen umzugehen.

Die menschliche Psyche als Gesamtheit aller bewussten und unbewussten psychischen Vorgänge kann durch ein einfaches Modell beschrieben

[2]Bzw. seine empirischen Erkenntnisse.

werden (Abb. 1.5). Das Bewusstsein und das Unbewusste teilen sich diesen Bereich. Unser *Ich* hat dabei Anteil an beiden Bereichen. Unser Bewusstsein und das Unbewusste ergänzen sich nicht nur, sondern sind auch in der Lage, wechselseitig einzelne Aspekte zu kompensieren [57].

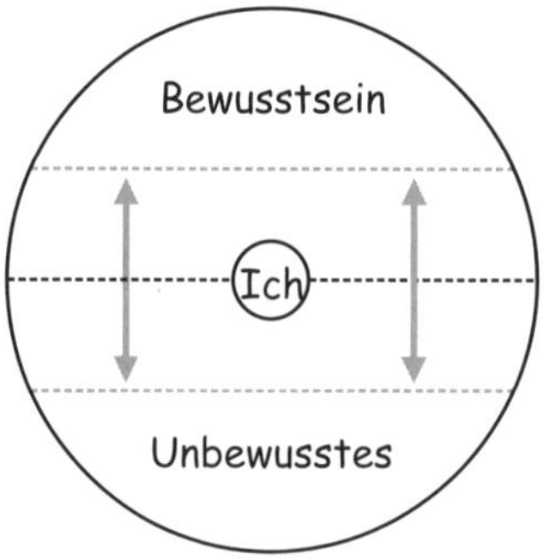

Abbildung 1.5: Unsere Psyche besteht nach C. G. Jung vereinfacht aus zwei sich ergänzenden, doch in ihren Eigenschaften gegensätzlichen Sphären: Bewusstsein und Unbewusstes. An beiden hat unser *Ich* seinen Anteil. Die Trennlinie ist in beide Richtungen verschiebbar [57].

Die Grenze zwischen dem Bewusstsein und dem Unbewussten ist in beide Richtungen verschiebbar. Wir erleben das selbst immer wieder, wenn wir etwas Neues lernen, z. B. einen Bewegungsablauf im Sport. Zuerst müssen wir uns dem Neuen sehr bewusst nähern und alle einzelnen Aspekte ganz konzentriert durchführen. Dies lässt uns dann vielleicht die Bewegung, etwa einen speziellen Schlag beim Tennis, ganz passabel durchführen, doch können wir dabei unsere Aufmerksamkeit auf nichts anderes richten. Beim Sport führt das dazu, dass wir nicht mehr auf unseren Mit- bzw. Gegenspieler achten können und auf einmal ganz überrascht feststellen, dass dieser z. B. bereits ans Netz vorgelaufen ist.

Je mehr wir diese neue Bewegung üben, desto weniger bleibt sie neuartig und wird nach und nach automatisiert. Dabei wird unser Bewusstsein wieder frei für die Konzentration auf andere Reize wie eben die Position anderer Personen. Die Bewegung läuft in ihren einzelnen Facetten mehr und mehr unbewusst ab. Ähnlich schleifen sich auch andere Verhaltensweisen ein, wobei wir uns dieser nicht mehr bewusst sind.

Durch ein Feedback, wie in [133] beschrieben, können wir uns solcher Teile wieder bewusst werden. Dies gibt uns die Chance, Verhalten, das nicht oder nicht mehr zielführend ist, wieder zu verändern und an neue Situationen anzupassen. Dieses Feedback kann beim Tennis vom Trainer kommen und im Berufsalltag von Kollegen, Kunden oder im Privatbereich von unseren Freunden und Verwandten. Die Grenze zwischen unserem Bewusstsein und dem Unbewussten wird also ein Stück weit verschoben. Das Modell des JOHARI-Fensters, das wir bereits in [133] erläutert haben, bildet diese Effekte beispielsweise ab.

1.2.1 Bewusstseinsfunktionen: bewerten und wahrnehmen

Wir können versuchen, unser Bewusstsein durch sogenannte Bewusstseinsfunktionen weiter zu strukturieren. Jung sieht dabei in jedem Individuum vier Grundfunktionen angelegt: Denken, Intuieren, Fühlen und Empfinden. Seine Wortwahl führt teilweise leider zu Missverständnissen, weshalb wir kurz auf diese vier Funktionen eingehen (Abb. 1.6 links) [57].

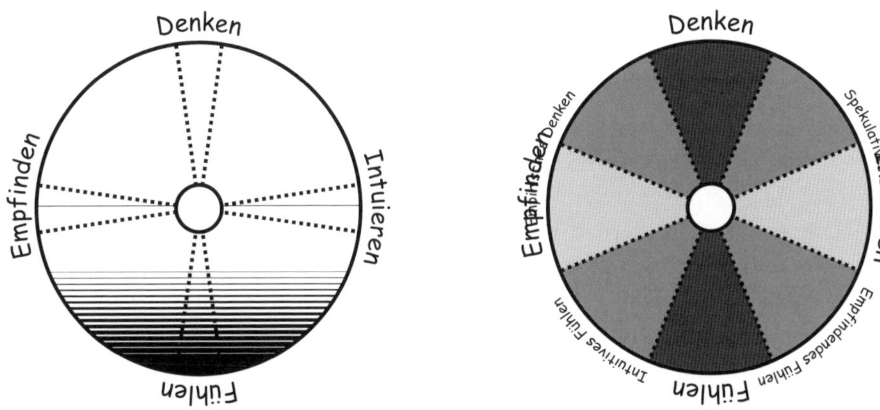

Abbildung 1.6: Die Bewusstseinsfunktionen bzw. Funktionstypen als Paare Denken – Fühlen und Empfinden – Intuieren (links) und die sich daraus ergebenden Mischtypen (rechts) [57]

Bei diesen Funktionen geht es nicht um die Inhalte, mit denen sich eine Funktion gerade befasst. Wir fragen also nicht danach, was wir z. B. denken, sondern stellen fest, dass eine bestimmte Person in einer bestimmten Situation diese über den Verstand aufnimmt und verarbeitet und nicht z. B. durch Intuition. Mit den Bewusstseinsfunktionen beschreiben wir die möglichen Erfassungs- und Verarbeitungsmodi für psychische Gegebenheiten. Was genau steckt hinter den vier Grundfunktionen des Bewusstseins?

Denken: Wir versuchen durch Denkarbeit zu Erkenntnissen zu kommen. Wir schaffen begriffliche Zusammenhänge und schließen logische Folgerungen. Wir möchten so unsere Umwelt mit ihren wahrgenommenen Gegebenheiten verstehen und eine Idee für unsere Anpassung an diese

Situation bekommen. Aus den Schlussfolgerungen erfolgt eine Bewertung in wahr oder falsch.

Fühlen: Wir erfassen die Gegebenheiten unserer Umwelt durch eine Bewertung nach angenehm oder unangenehm bzw. annehmen oder abwehren. Unser Gefühl in Bezug auf unsere Umwelt steht im Vordergrund. Wir bewerten nach Lust und Unlust.

Empfinden: Wir nehmen Dinge wahr, wie sie sind bzw. uns über unsere Sinneswahrnehmungen erscheinen. Hier finden wir die Ausprägung unseres Sinns für die Realität. Wir fokussieren uns rein auf die Fakten und Details, wie wir sie über unsere Sinne wahrnehmen, und vermeiden dabei Bewertungen.

Intuieren: Wir nehmen Dinge über unsere *innere* Wahrnehmung wahr und nicht über unsere Sinne. Wir fokussieren dabei auf die Möglichkeiten, die den wahrgenommenen Dingen innewohnen, und nicht auf die Fakten und Details. Auch hier entfällt eine Bewertung.

Denken und Fühlen werden dabei als rationale Bewusstseinsfunktionen bezeichnet, da sie wertend vorgehen. In einer konkreten Situation schließen sich beide Verhaltensformen aus, weshalb sie als Gegenpole in den Abbildungen dargestellt werden.

Die anderen beiden Funktionen werden als irrationale Bewusstseinsfunktionen bezeichnet. Wir nehmen mit ihnen wahr, bewerten jedoch nicht weiter. Auch diese beiden Funktionen schließen sich in einer konkreten Situation gegenseitig aus.

Alle diese vier Bewusstseinsfunktionen sind uns zu eigen, und wir setzen sie individuell und situativ ein. Die Kombinationen aus den beiden rationalen und den beiden irrationalen Funktionen lassen dabei einen individuellen Facettenreichtum entstehen, die sogenannten Mischtypen (Abb. 1.6 rechts).

»Ich entscheide immer alles aus dem Bauch heraus!«

Auf der einen Seite hören wir von großen Führungspersönlichkeiten, dass sie genau nach diesem Schema entscheiden, und haben doch gerade gelernt, dass nur *aus dem Bauch* heraus entscheiden, also intuitiv, eigentlich nicht alle uns zur Verfügung stehenden Mittel nutzt. Was ist nun richtig? Wozu brauchen wir dann noch den Verstand?

Wie wir eben gesehen haben, dreht sich die Intuition um die innere Wahrnehmung, während auf der anderen Seite das Denken sich mit den äußerlich wahrnehmbaren Dingen, der Umwelt, befasst. Empfinden und Fühlen sind, wie in Abbildung 1.6 gezeigt, *Grenzgänger*.

Zurück zu unserer großen Führungspersönlichkeit: Diesen Menschen ist gemein, dass sie über eine sehr selbstsichere Art verfügen. Das heißt, anders ausgedrückt, sie sind sich ihrer selbst sicher. Oder noch mal anders: Sie folgen komplett ihrer inneren Wahrnehmung, aus der heraus sie ihre Realität schaffen. Daraus wird unmittelbar ersichtlich, warum sie sich auf ihre Intuition verlassen (müssen). Fangen wir jedoch an, uns über andere Menschen und ihr Verhalten Gedanken zu machen, werden wir die äußere Welt wahrnehmen und versuchen, sie zu verstehen, um daraus Rückschlüsse auf unser Handeln abzuleiten. Wir versuchen durch das Denken Fakten als quasi objektive Wahrheiten zu finden, um unser Handeln auf eine breitere Basis zu stellen.

Für eine Führungskraft in einem komplexen Umwelt, also z. B. in der Softwareentwicklung, ist aber noch eine andere Eigenschaft von entscheidender Bedeutung: die Empathie. Sie ermöglicht uns auf eine effiziente Art mehr über den Mitarbeiter und damit über seine Realität zu erfahren, damit wir ggf. die ihn demotivierenden Umstände erkennen und abstellen können. Empathie kann aber nur entstehen, wenn wir alle vier Grundfunktionen des Bewusstseins kombinieren. Die Empathie ermöglicht uns eine mitarbeiterorientierte und damit nachhaltige Führung. Sie sorgt für Authentizität und Vertrauen.

Zusammenfassend stellen wir also fest: Entscheiden aus dem Bauch heraus ist gut, das Einbeziehen aller vier Grundfunktionen des Bewusstseins dabei ist aber besser. Auf den obigen Ausspruch lässt sich folgende zugegeben leicht pointierte Gegenfrage formulieren: »Und wie kommen deine Mitarbeiter in deinen Bauch?«

1.2.2 Die Einstellungsweisen: handeln und orientieren

Neben den vier Bewusstseinsfunktionen hat Jung zwei Möglichkeiten für die Reaktionsweise eines Menschen gefunden in Bezug auf das, was aus seiner Umwelt von außen oder aus ihm selbst von innen an ihn herantritt. Sie beschreiben das typische Verhalten einer Person in Bezug auf Dinge oder Ereignisse in ihr selbst bzw. ihrer Umwelt [57]. Alle psychischen Prozesse sind in einer konkreten Situation durch eine der beiden Einstellungen bedingt:

Extraversion bzw. Extroversion beschreibt die Neigung, in der eigenen Anpassungs- und Reaktionsform sich eher nach äußeren, kollektiv gültigen Normen oder dem Zeitgeist usw. auszurichten. Wir finden hier ein eher positives Verhältnis zu äußeren Dingen. Denken, Fühlen und Handeln beziehen sich auf das äußere Objekt.

Introversion beschreibt ein eher an subjektiven, also inneren Faktoren ausgerichtetes Verhalten. Die Anpassung an die Außenwelt fällt dabei deutlich geringer aus, und das Verhältnis zu äußeren Dingen ist eher negativ. Die Orientierung für das Denken, Fühlen und Handeln geht vom Subjekt aus. Äußere Dinge sind dagegen sekundär.

Im Gegensatz zu den vier Bewusstseinsfunktionen, die durch Erfahrungen und Lernprozesse weiterentwickelt und ausgebaut werden können, sieht Jung die Einstellungsweise als allgemeine psychologische Grundhaltung, die biologisch verankert ist und damit auch viel eindeutiger in Erscheinung tritt bzw. sich nur sehr schwer und langwierig intern umpolen lässt. Ebenso wie die Bewusstseinsfunktionen wirken die beiden Einstellungen in unserer Psyche kompensatorisch. Ist das Bewusstsein eher extravertiert, so finden wir im Unbewussten stärker introvertierte Züge und umgekehrt.

Extreme Positionen in der Einstellung oder den Bewusstseinsfunktionen sind glücklicherweise sehr selten. Das wahre Leben spielt sich zwischen den jeweiligen Extrempositionen ab. So schließen auch die meisten Menschen einen inneren Kompromiss zwischen Subjekt und Objekt, also dem Individuum und der Umwelt bzw. Gesellschaft. Diesen Ausschnitt aus dem Ich bezeichnet Jung als *Persona* bzw. im Plural als Personae.

1.2.3 Persona: Rollen als Sichten auf das Ich

Mit Persona bezeichnet Jung einen Ausschnitt aus dem Ich, der sich im Zusammenspiel zwischen Individuum und Umwelt in bestimmten Situationen zeigt (Abb. 1.7). Da wir uns an viele verschiedene Umgebungen anpassen müssen und dabei manchmal Erwartungen zu erfüllen haben oder einfach nur bequem sein können, haben wir im Laufe unseres Lebens diverse Personae entwickelt und entwickeln sie auch laufend weiter.

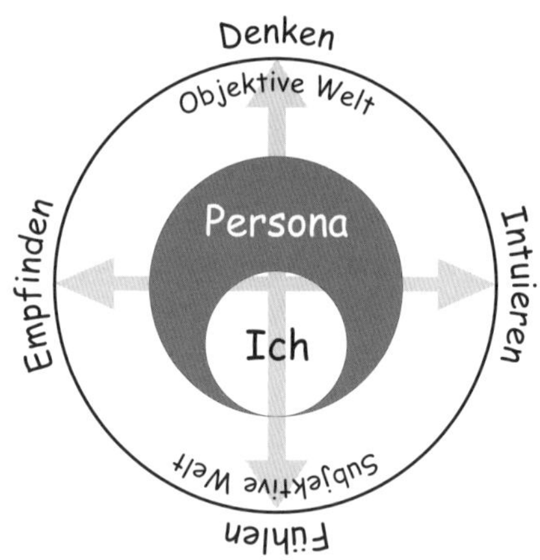

Abbildung 1.7: Ich, Persona und die vier Funktionstypen [57]

Wir nehmen verschiedene Rollen wahr, die doch stets nur einen Teil unseres Ichs repräsentieren. So sind wir vielleicht im Beruf Führungskraft, Experte, Konfliktlöser usw. und im Privatleben Vater bzw. Mutter, Beziehungspartner, Fußballtrainer, Fan einer Rockband oder Hausmeister unseres eigenen Hauses. Stets kommen dabei andere Facetten ein und desselben Menschen zum Vorschein. Eine konkrete Persona steht dabei im Spannungsfeld zwischen drei Faktoren:

- Ich-Ideal: mein eigenes Wunschbild von mir selbst. So möchte ich beschaffen sein und vorgehen.
- Allgemeines Bild: das von der jeweiligen Umwelt geprägte Ideal, das erwartet und angestrebt wird oder, dem gesellschaftlichen Druck folgend, anzustreben ist.
- Eigene psychische und physische Gegebenheiten: die Möglichkeiten und individuellen Grenzen auf dem Weg zum Ich-Ideal und allgemeinen Bild.

Eine konkrete Persona wirkt dabei auch wie eine Art elastischer Schutzwall um unser inneres Ich, der uns in einer konkreten Situation gleichmäßig und einfach interagieren lässt. Natürlich hat diese Bequemlichkeit auch ihre Schattenseiten. Dies kann Auswirkungen auf unsere konkreten Arbeitssituationen haben, wie folgendes Beispiel illustriert.

Eine verdiente, erfahrene, bei Kollegen wie Kunden geschätzte und akzeptierte Entwicklerin besetzt eine frei gewordene Stelle als Gruppenleiterin. Sie führt damit die Gruppe, der sie selbst vorher als Teammitglied angehört hat. Aus diesem Wechsel, gestern noch Kollegin gewesen zu sein und heute Chefin, erwächst eine zusätzliche Dynamik. Doch gehen wir der Reihe nach vor.

Das Ich-Ideal wird vielleicht geprägt aus einer Mischung der von ihr geschätzten Eigenschaften ihres Vorgängers und ihren eigenen Idealen, Dinge anders und aus ihrer Sicht besser zu machen. So möchte sie möglicherweise genauso durchsetzungsfähig sein wie ihr Vorgänger, doch die eigenen Mitarbeiter in Entscheidungen besser einbinden, weil das ihren Idealvorstellungen stärker entspricht.

Je nach Umfeld kann die allgemeine Vorstellung eines Gruppenleiters vielleicht eher konservativ sein und einen starken Entscheider erwarten. Vielleicht sind die Kollegen sogar so konservativ, dass sie in der *klassischen* Geschlechtertrennung einer Frau diese Eigenschaften kaum zubilligen. So kann aus der Überlagerung zweier allgemeiner Vorstellungen eine zusätzliche Spannung bis hin zu einem Konflikt entstehen.

Wenn diese Person nun auch noch in der körperlichen Erscheinung zierlich und zart ist und ein starkes Bedürfnis nach Harmonie hat, bekommt ein solcher Wechsel noch mehr Dynamik.

Umso wichtiger ist es, eine neue, der veränderten Situation angemessene Persona zu entwickeln. Die alten Muster werden dabei wenig tauglich sein. Je bewusster dieser Prozess abläuft, desto schneller und erfolgreicher wird er vonstatten gehen. Gegenüber ihren ehemaligen Kollegen kann oft nur ein von allen erkennbarer Schnitt für Klarheit sorgen und Irritationen in der Gruppe vermeiden.

Ein schneller direkter Kontakt zu den anderen Personen im Umfeld kann auch dabei helfen, den Rücken etwas freier zu bekommen. Es ist oft sehr hilfreich, sich bei den betroffenen Kunden und anderen Gruppenleitern explizit in der neuen Rolle vorzustellen und die neue Schnittstelle kurz zu formulieren. Dies ist unserer Meinung nach gerade dann besonders wichtig, wenn sich die Beteiligten bereits vorher kennen und in anderen Rollenstrukturen zusammengearbeitet haben, weil die erwartete Persona bereits mit der vorherigen Rolle vorbelegt ist.

Deutlich wird dieses Phänomen an einem weiteren Beispiel. Stellen wir uns eine erfolgreiche Softwarearchitektin einer Inhouse-Entwicklung vor und nennen sie Petra. Nach einigen erfolgreichen Projekten hat sie sich zur Projektleiterin weiterentwickelt und übernimmt die Leitung für das neue Projekt. Als Architekten hat sie Peter, einen erfahrenen Entwickler, ins Team aufgenommen. Wie gestaltet sich jetzt der direkte Kontakt mit den fachlichen Auftraggebern und Ansprechpartnern, die sie ja bereits alle aus den vorherigen Projekten kennt?

Ihre Ansprechpartner sind es gewohnt, mit Petra technische Aspekte und nicht funktionale Anforderungen zu diskutieren, nicht jedoch darüber hinausgehende planerische Aspekte. Sie wenden sich also wie gewohnt mit den technischen Belangen an sie und übergehen dabei den neuen Architekten. Mit Belangen des Projektmanagements können ihre Ansprechpartner jetzt leider nicht mehr so angemessen wie früher umgehen, da ihnen dafür der Ansprechpartner aus der Vergangenheit fehlt. Hier ist ein Lernprozess auf der Fachbereichsseite notwendig, um mit der neuen Situation adäquat umgehen zu können.

Dieser Lernprozess braucht etwas Zeit und kann durch das Verhalten von Petra und auch Peter verkürzt oder verlängert werden. Wir raten dazu, einen klaren Schnitt zu vollziehen, dies durch ein kleines Event, z. B. einen kurzen Sektempfang oder was auch immer angemessen ist, zu begehen und so ein eindeutiges Zeichen zu setzen. Dabei werden die neuen Verantwortlichkeiten offiziell eingeführt. Doch dies ist nur der Anfang. Viel wichtiger ist es unserer Meinung nach, nach diesem Startsignal die neuen Rollen auch konsequent zu leben.

In unserem Beispiel bedeutet das, dass Petra auch dann die technischen Fragen nicht eben schnell beantwortet, wenn sie es aufgrund ihrer Erfahrung könnte, sondern klar auf die neuen Verantwortlichkeiten achtet und diese Fragen weiterleitet. Peter ist dann derjenige, der dazu den Kundenkontakt aufnimmt. Klarheit im Arbeitsablauf reduziert den Lernprozess auf das notwendige Minimum. Erfolgt dies nicht, wird Peter kaum in seine neue Rolle hineinwachsen und die angemessene Akzeptanz erhalten. Genauso wird Petra mit projektleitungsfremden Themen überschwemmt werden und ihren neuen Anforderungen nicht gerecht werden können.

Zusätzlich kommt durch den Rollenwechsel noch ein weiteres Konfliktfeld auf, das aus den Ansprüchen ihrer Chefs, von ehemaligen Kollegen, jetzigen Mitarbeitern und Kunden entsteht. Diese Rollenkonflikte sind typisch für das untere und mittlere Management und wurden bereits in [133] behandelt.

Kurz zusammengefasst entstehen Rollenkonflikte durch gegensätzliche Anforderungen an eine Rolle, die unabhängig von der konkreten Person entstehen. An einen Gruppenleiter stellen z. B. sein Vorgesetzter, seine Mitarbeiter und die anderen Gruppenleiter Anforderungen, die kaum aufeinander abgestimmt sind und nicht zueinander passen müssen.

»Ich weiß einfach nicht, was die alle von mir verlangen!«

... oder: »Unser Organigramm ist nicht das Papier wert, auf dem es gedruckt ist!«

Beide Aussagen hören wir immer dann, wenn die gelebte Organisationsstruktur eine andere ist als die offizielle. Es zeigt sich in solchen Fällen, dass es unmöglich ist, gute Ergebnisse zu erzielen, wenn die Erwartungen innerhalb einer Organisation, also zwischen den einzelnen Beschäftigten, nicht ausreichend geklärt sind. Jeder Einzelne, aber auch kleinere Gruppen oder gar ganze Abteilungen oder Standorte treffen dann Annahmen, basierend auf ihren Erwartungen, wie ihre Schnittstellen nach außen zu funktionieren haben.

Wie kommt es zu einem solchen Missstand? Kurz gesagt, herrscht in vielen Managerköpfen immer noch die Überzeugung, dass eine Veränderung vollzogen ist, wenn das neue Organigramm steht und kommuniziert wurde. Damit wollen wir auf keinen Fall die Leistung des Managements schmälern, die notwendig war, um dieses Organigramm überhaupt zu erstellen. Vielmehr liegt das Problem meistens in der mangelnden Durchführung oder Akzeptanz der Betroffenen.

Die Zustimmung der Beteiligen sollte nicht erst eingeholt werden, wenn das neue Organigramm steht und es nur noch darum geht, es *gut zu verkaufen*. Dies muss vorher und in einem kontinuierlichen Prozess erfolgen. So werden die Betroffenen zu echten Beteiligten, die sich einbringen können, und die Veränderung kann mit der Zeit auf eine immer breitere Basis gestellt werden. Am Schluss ist das Umsetzung der Veränderung nur noch ein formaler Akt, weil vorher sowieso schon jedem klar war, was kommt und warum es so kommt.

Weiter geht es mit diesem Thema auf Seite 20.

1.2.4 Eine einfache Typologie

In [133] haben wir eine einfache Typologie vorgestellt (Abb. 1.8). Typologien können wir im Kommunikationsprozess einsetzen, um z. B. angemessener, also empfängerorientiert, auf Einwände oder Fragen reagieren zu können.

Abbildung 1.8: Das Vier-Quadranten-Modell als einfaches Beispiel einer Typologie (aus [133]). Die beiden gekreuzten Schieberegler deuten an, dass eine aktuelle Präferenzkombination von der Person und Situation abhängig ist. Sie bilden **keine** festen Schubladen.

Alle vier typologischen Aspekte sind mehr oder weniger stark in uns ausgeprägt. Wir nutzen diese Typologie hier, um beispielhafte Situationen entsprechend zu beleuchten und angemessene Reaktionsformen abzuleiten.

Diese Typologie lässt sich mit Jungs typologischen Theorien in Bezug setzen. Die horizontale X-Achse bezeichnet dabei die Einstellung: extravertiert links und introvertiert rechts. In der vertikalen Y-Achse finden wir oben das Fühlen als Bewertungsfunktion und unten das Denken. Die vier Quadranten beschreiben im Uhrzeigersinn introvertiert-fühlend bewertende, introvertiert-denkend bewertende, extravertiert-denkend bewertende und extravertiert-fühlend bewertende Präferenzen (Abb. 1.9).

Damit vereinfachen und reduzieren wir die Jung'sche Typologie weiter und vernachlässigen z. B. die Wahrnehmungsfunktion. In vielen Situationen können wir durch diese Einfachheit schnell Unterschiede erkennen und dann sofort angemessener reagieren. Gerade wenn wir wie in vielen Gesprächssituationen kaum Reaktionszeit haben, kann dies sehr wertvoll sein, um z. B. sofort auf Einwände reagieren zu können.

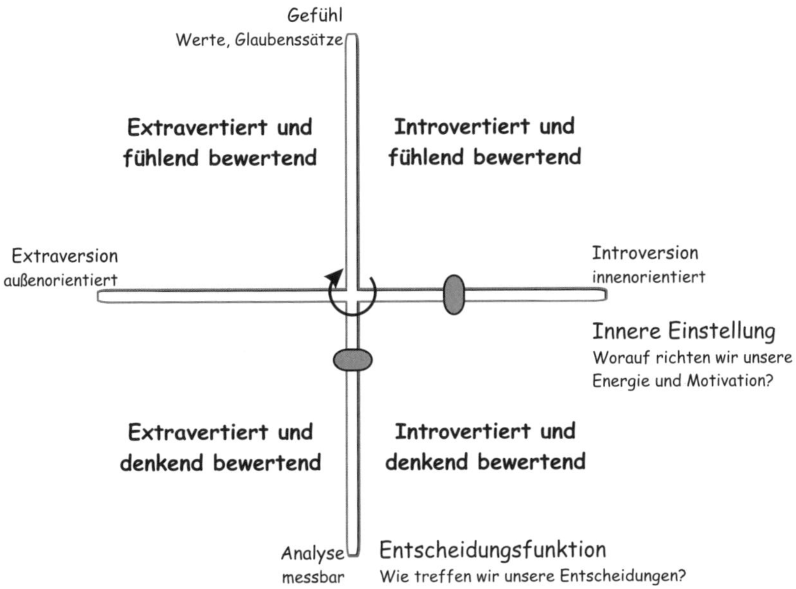

Abbildung 1.9: Das Vier-Quadranten-Modell in seinem direkten Bezug zur Jung'schen Typologie

Auch bei Präsentationen vor Gruppen, in denen wir ja alle Präferenzen erwarten können, oder bei der schriftlichen Kommunikation kann dieses Modell hilfreich sein. Der runde Pfeil in der Mitte der beiden Abbildungen gibt uns die Reihenfolge vor. Zuerst klären wir die *Warum*-Fragen in Bezug auf die individuellen Vorteile und Konsequenzen. Dann vermitteln wir mit den notwendigen Details Sicherheit, um danach z. B. über kurze Handlungsanweisungen wie Checklisten ins Handeln zu kommen. Abschließend geben wir einen Ausblick auf die weiteren Möglichkeiten. Dies bedeutet z. B. bei der Vorstellung einer neuen Softwareversion, zuerst die neuen Funktionen aufzuzeigen, also mit der Demonstration zu beginnen, und erst danach die Teilnehmer aufzufordern, diese zu testen. So stellen wir sicher, dass auch jeder Teilnehmer über das ausreichende Wissen für den Test der neuen Software verfügt und sich so dieser Aufgabe aus einem Gefühl der Sicherheit heraus auch stellen kann.

Alle vier Quadranten sind wichtig und wertvoll. In der individuellen Entwicklung eines Menschen prägen sich typischerweise bis zum Ende der Schulzeit Präferenzen klar heraus. Diese Präferenzen beziehen sich meist auf einen oder zwei nebeneinanderliegende Quadranten, also z. B. *Was?* und *Wie?* Im Laufe unserer Weiterentwicklung erarbeiten wir uns meist im Uhrzeigersinn die anderen Quadranten, um in allen Lebenssituationen angemessen agieren zu können. Dieser Prozess dauert häufig weitere 20 Jahre.

Unsere ursprünglichen Präferenzen bleiben erhalten, doch wir erweitern unser Handlungsspektrum [58].

Die typologischen Einteilungen haben nichts mit Faktoren wie Intelligenz oder sozialem Umfeld zu tun und sind davon unabhängig. Sie haben eher eine Relation zum Temperament einer Person [7]. Intelligenz und Umfeld sind relevant für die konkrete Handlung im Rahmen einer Präferenz. Wenn jemand aus dem *Was?* heraus für eine Entscheidung Sicherheit benötigt, so wird er abhängig vom Umfeld und der Intelligenz vielleicht zusätzliche Informationen aus Zeitungen, einer Fernsehsendung und im Gespräch mit Freunden am Stammtisch sammeln oder eine Versicherung abschließen, sich über eine Internet-Recherche vergewissern, ein Seminar besuchen oder eine umfassende Literaturarbeit starten. Gemeinsam bleibt all diesen Aktionen das Grundbedürfnis nach Sicherheit.

Unsere Präferenzen sind auch abhängig von der Situation. So kann es sein, dass jemand eine bestimmte Präferenz im Arbeitsleben nur selten zeigt, diese dafür bei seinem privaten Hobby intensiv auslebt. Eine andere Heuristik im Zusammenhang mit diesem Modell betrifft Veränderungen unserer Präferenzen unter Druck. Unter Stress finden wir häufig als Stressreaktion übertriebene Handlungen aus dem Quadranten, der unserer Präferenz gegen den Uhrzeigersinn gesehen vorausgeht. Eine *Wohin noch?*-Präferenz kann daher unter starkem Stress zu hektischem Aktionismus, also der Übertreibung des *Wie?*, führen.

Wir möchten das Thema Typologie nicht überbewerten. Das Vier-Quadranten-Modell und der später noch behandelte Myers-Briggs Type Indicator® sind reine Heuristiken. Sie funktionieren ausreichend gut, um in konkreten Situationen eine Präferenz bei unserem Gesprächspartner zu erkennen und angemessen darauf reagieren zu können. Es ergeben sich in Situationen wie einer ablehnenden Blockade bei unserem Gegenüber auf einen Vorschlag unsererseits bestimmte allgemeine Muster, die wir nutzen können, um konstruktiv damit umgehen zu können. Bitte tappen Sie nicht in die Falle, Menschen in Schubladen stecken zu wollen. Dies ist nicht möglich, dafür sind wir viel zu komplex und individuell unterschiedlich!

1.2.5 Das Eisbergmodell

Ebenfalls in [133] haben wir bereits das Eisbergmodell nach Sigmund Freud (1856 – 1939) besprochen. Kurz zusammengefasst ist es in Abb 1.10 zu sehen. Wir technisch orientierten Menschen und Problemlöser fokussieren in unserer Kommunikation stark auf die oberste, die Inhaltsebene. Dabei vergessen wir, dass dafür eine eingehaltene Geschäftsordnung und eine soziale Beziehung notwendig sind.

Während wir nach der Geschäftsordnung direkt fragen können, gestaltet sich die Beziehungsebene komplizierter, weil darüber in der Regel nicht

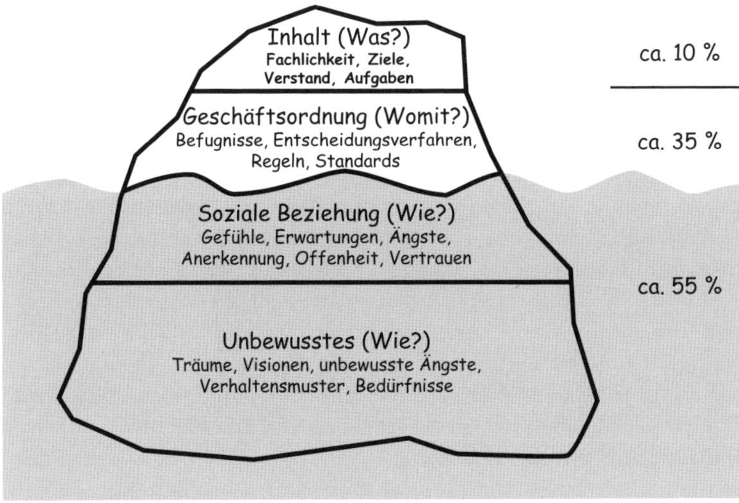

Abbildung 1.10: Kommunikation läuft über vier Ebenen, die aufeinander aufbauen [133].

offen gesprochen wird. Wir können zwar fragen, welche Position in einer Hierarchie eine uns unbekannte Person einnimmt. Es ist jedoch im beruflichen Kontext oft unangemessen, einen Kommunikationspartner offen nach Gefühlen zu fragen, z. B. ob er Angst hat oder wütend ist. Hier benötigen wir einfühlsame, indirekte und mit der Geschäftsordnung kompatible Wege. Der Smalltalk vor einem wichtigen Meeting bekommt in diesem Licht eine ganz andere Bedeutung. Beim Thema *Besprechungen* ab Seite 95 kommen wir darauf zurück.

Bei Schwierigkeiten in der Kommunikation ist es daher wichtig zu erkennen, auf welcher Ebene die Ursache des Problems liegt. Häufig liegt die Ursache nicht auf der Inhaltsebene, sondern auf einer der darunterliegenden. In der Regel liegt z. B. kein intellektuelles Verständnisproblem vor, wenn trotz klarer, eindeutiger und logischer Argumentation Schwierigkeiten in der Kommunikation bestehen. Häufiger liegt die Ursache in einem vorherigen Verstoß gegen die Geschäftsordnung oder einer unausgeglichenen sozialen Beziehung. Vielleicht haben wir das Wort zu Beginn einer Besprechung an uns gerissen, obwohl der Chefarchitekt dazu eingeladen hatte. Wer eingeladen hat, begrüßt die Anwesenden, auch wenn er nur einen Satz sagt und dann das Wort an uns als Experten weitergibt. Vielleicht erfüllen wir eine Erwartung der anderen Seite nicht oder diese hungert nach Anerkennung durch uns oder ist durch Angst vor Veränderung blockiert. Hier gilt es, genauer hinzuschauen! Bei dieser Unterscheidung kann uns das Eisbergmodell helfen.

»Unser Organigramm ist nicht das Papier wert ...«

»... auf dem es gedruckt ist!« Ein gewachsenes Organigramm, wie auf Seite 15 erläutert, stellt einen Ist-Zustand und nicht einen Soll-Zustand ohne einen echten Umsetzungsplan dar. Dann stimmt die offizielle mit der gelebten Organisation überein. Während dieser Veränderungsarbeit werden auch die neuen Schnittstellen geschaffen und definiert. Eine Arbeit, die sich zwar auch im Nachhinein bewerkstelligen lässt, jedoch mit erheblich mehr Aufwand. Das liegt daran, dass die dann geführten Abstimmungen oft nur oberhalb der Wasseroberfläche des Eisbergmodells das jeweilige Schnittstellenthema behandeln. Unterhalb befinden sich jedoch ggf. nicht berücksichtigte Bedenken und nicht erfüllte Annahmen, die auch bearbeitet werden müssen. Ein oberflächliches Vorgehen verringert daher den Wirkungsgrad der Schnittstellenabstimmung enorm.

Der Grund, weswegen von einer Veränderung betroffene Mitarbeiter oft nicht am Umsetzungsplan beteiligt werden, liegt auf der Hand und soll natürlich hier auch nicht verschwiegen werden: Eine Beteiligung steigert die Komplexität der Veränderung, hat man jetzt doch noch mehr Leute, die mitreden sollen und auch wollen. Dieses Mehr an Komplexität lässt sich durch eine effektive und effiziente Veränderungsbegleitung wieder in den Griff bekommen. Hier erfassen und kondensieren speziell ausgebildete Veränderungsbegleiter oder Change Agents Stimmungen und Ideen und stellen sie dem Management zur Verfügung, sodass sich das Management nicht mit allen Beteiligten im Einzelnen beschäftigen muss und sich auf die wesentlichen Punkte konzentrieren kann.

2 Kommunikation

2.1 Das Metamodell der Sprache

Wieso reden wir nur so oft scheinbar aneinander vorbei? Erscheint es Ihnen auch manchmal so, als ob ein Gesprächspartner in einer völlig anderen Welt lebt? Das Problem dabei ist, dass es keine objektiv wahrnehmbare Realität gibt, sondern nur ein Konglomerat subjektiver Wahrnehmungen und Interpretationen. Jeder sieht die Welt eben mit seinen eigenen Augen, hört mit seinen eigenen Ohren und spricht mit seiner eigenen Zunge (Abb. 2.1). Beispielsweise wird dieselbe Bildschirmmaske völlig unterschiedlich *gesehen*: »The map is not the territory!«

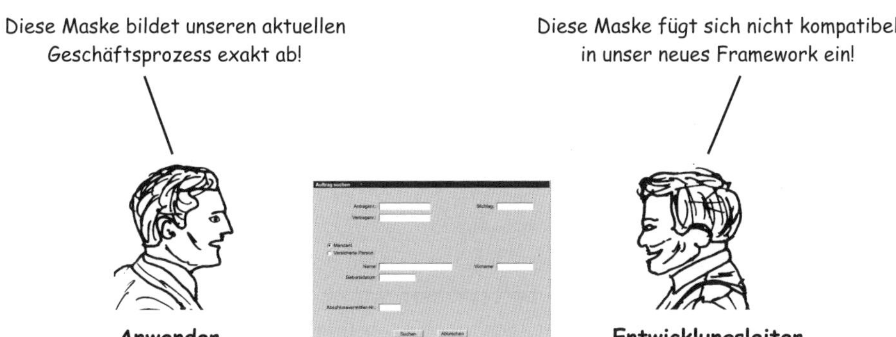

Abbildung 2.1: Die subjektive Wahrnehmung der Realität führt zu einer *subjektiven* Abbildung der Realität in unseren Köpfen. Mit Sprache beschreiben wir diese subjektive Abbildung.

Diesen Zusammenhang und typische Effekte beschreibt das Metamodell der Sprache aus dem Neurolinguistischen Programmieren (NLP) in treffender Form [88, 101]. Unter der Tiefenstruktur verstehen Linguisten den unbewussten Teil unserer Sprache und Gedanken. Um mit anderen Menschen klar, deutlich und verständlich sprechen zu können, reduzieren wir diesen unbewussten Teil auf dem Weg zur außen sichtbaren Oberflächenstruktur in Form des gesprochenen Worts. Es treten dabei in der menschlichen Kommunikation auf diesem Weg aus unserer Gedankenwelt in eine konkrete Sprache drei Effekte auf (Abb. 2.2):

Verallgemeinerung: Wir lassen einige Ausnahmen und bestimmte Bedingungen weg, um nicht zu weitschweifig oder langatmig zu werden.
Verzerrung: Wir vereinfachen und verzerren damit die Bedeutung.
Tilgung: Wir selektieren aus der möglichen Informationsflut Teile heraus und lassen dabei einen großen Teil weg, der in der späteren Aussage getilgt ist.

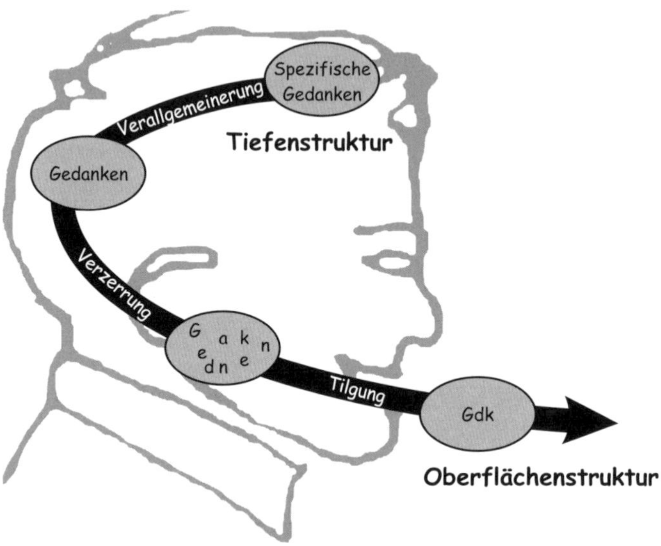

Abbildung 2.2: Beim Lösen aus der Tiefenstruktur unserer spezifischen Gedanken verallgemeinern und verändern wir und lassen Teile weg, um mit anderen zu kommunizieren (Abbildung nach [88]).

Neben diesem Effekt tritt noch ein zweiter auf, der oft den eingangs beschriebenen Vorgang des aneinander Vorbeiredens zusätzlich unterstützt. Es gibt verschiedene Repräsentationssysteme, auf die wir uns in unserer Sprache beziehen können. Diese Repräsentationssysteme entsprechen unseren Sinnen [88]:

- Visuell – Sehen, Bilder, bildreiche Sprache wie z. B. »Ich sehe keine Probleme dabei«.
- Auditiv – Hören, Töne, Klänge wie z. B. »Das klingt nicht schlecht«.
- Kinästhetisch – Berühren, Fühlen wie z. B. in »Das bedrückt mich« oder »Das fühlt sich für mich stimmig an«.

- Olfaktorisch – Gerüche, also z. B. Martin Fowlers klassischer Refactoring-Ausspruch »Code smells« [39] oder »Das riecht nach Ärger!«.
- Gustatorisch – über den Geschmack wie z. B. »Das neue Vorgehen schmeckt mir nicht«.

Jedes dieser fünf Repräsentationssysteme hat sowohl eine äußere wie auch eine innere Variante. So können wir einerseits die äußere Welt wahrnehmen und andererseits uns mental Bilder, Klänge, Gefühle, Gerüche oder Geschmacksrichtungen vorstellen bzw. auch konstruieren.

Jeder Mensch kann, solange es keine gesundheitlichen Einschränkungen gibt, zur Wahrnehmung der äußeren Welt alle fünf Kanäle situationsbedingt nutzen. Wenn wir das erste Mal eine Kunstgalerie besuchen, wird es wohl primär der visuelle Kanal sein. Stehen wir das erste Mal in einem Labor für organische Chemie, könnte das Geruchsempfinden dominieren. Interessant ist, dass wir für das Erinnern und die Konstruktion der inneren Gedankenwelt primär ein oder zwei Repräsentationssysteme verwenden. Wir haben dabei also unsere Präferenzen, die z. T. mit der aktuellen typologischen Präferenz in Einklang sind. So kann ein nach oben gehender Blick und eine eher visuelle Sprache ein Hinweis darauf sein, dass unser Gesprächspartner gerade sein *Wohin noch?* auslebt.

Diese Präferenzen prägen damit unsere Sprache auf der Oberflächenstruktur. Zwei Menschen, die über dieselben präferierten Repräsentationssysteme verfügen, werden sich daher besser verstehen, als wenn dies nicht der Fall ist. Da wir bewusst alle Repräsentationssysteme in unserer Sprache einsetzen können, können wir uns über die Auswahl des zugrunde liegenden Repräsentationssystems auf unseren Gesprächspartner einstellen. Wir werden uns dann besser verstehen.

Wir können das bevorzugte Repäsentationssystem unseres Gesprächspartners an seiner Wortwahl erkennen. Zusätzlich können körperliche Hinweise Anhaltspunkte liefern. Interessant sind dabei die Zugangshinweise über die Augen (Abb. 2.3). Richten sich die Augen eher oberhalb einer gedachten Linie durch die Ohren aus, so dominiert der visuelle Kanal. Auf der Ohrenlinie sind es der auditive und darunter der kinästhetische Kanal.[1]

Kommen wir abschließend zu unserem Eingangsbeispiel aus Abbildung 2.1 zurück. Welche zugrunde liegenden Repräsentationssysteme erkennen wir bei den beiden? Beim Anwender ist dies eher einfach, es dominiert der visuelle Kanal (»etwas abbilden«). Der Entwicklungsleiter rechts ist da etwas schwerer einzuordnen. Das Verb *einfügen* ist in seiner Aussage eher in der Kategorie haptisch einzuordnen, wir fügen etwas mit unseren Händen ein. Dies deutet auf ein kinästhetisches Repräsentationssystem hin. Genau-

[1] Olfaktorische und gustatorische Zugangshinweise sind seltener anzutreffen und eher unterhalb der Ohrenlinie wie der kinästhetische Kanal zu erkennen.

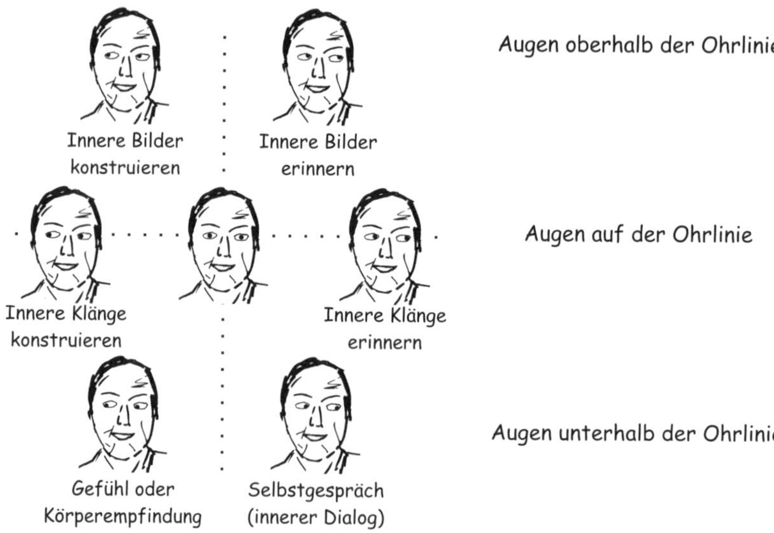

Abbildung 2.3: Aus der bevorzugten Augenstellung können Hinweise auf das innere Repräsentationssystem unseres Gesprächspartners geschlossen werden (Abbildung nach [88]).

er können wir dies erkennen, wenn wir jemandem direkt gegenübersitzen und ihn in einem längeren Gespräch beobachten. Um unsere Kommunikationsbrücken leichter zu bauen, stellen wir uns dabei langsam auf sein inneres Repräsentationssystem ein und wählen die dafür passenden Worte. Auf einmal ist uns der andere gar nicht mehr so fremd.

2.2 Körpersprache

Über unsere Gestik und Mimik kommunizieren wir bereits, seit wir auf der Welt sind. Die Körpersprache ist unsere erste und ursprünglichste Sprache. Häufig ist sie unverfälscht, und wir haben bereits beobachten können, wie wir z. B. durch unterschiedliche Aussagen unserer Worte und Gesten in Konfliktsituationen geraten sind oder unsere Inhalte nicht transportieren konnten [133]. Wie wichtig dieser nonverbale Anteil unserer Kommunikation ist, hat bereits Sigmund Freud erkannt und im Eisbergmodell (Abb 1.10 auf Seite 19) sichtbar gemacht. Eine andere Untersuchung kommt bei der Betrachtung unserer Körpersprache zu ähnlichen Ergebnissen. Der Psychologe Albert Mehrabian (*1939) hat die Anteile von Inhalt, Sprechtechnik und Stimme sowie Körpersprache bei der Wirkung verbaler Botschaften über starke eigene Gefühle und zentrale innere Haltungen untersucht. Der reine Inhalt bewirkt danach nur 7 Prozent, die Körpersprache mit 55 Prozent über die Hälfte (Abb. 2.4) [15].[2]

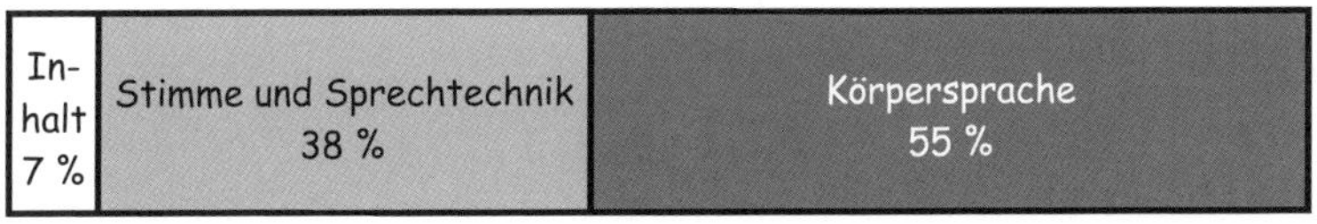

Abbildung 2.4: Die Anteile an der Wirkung einer verbalen Botschaft. Der reine Inhalt macht ähnlich dem Eisbergmodell einen geringen Teil aus [15].

Einer breiteren Öffentlichkeit ist die Körpersprache in den 80er-Jahren durch die immer noch aktuellen Arbeiten von Samy Molcho (*1936) bekannt geworden [83, 84]. Weil sie so wichtig ist, möchten wir einige grundlegende Aspekte der Körpersprache genauer behandeln. Wir können dann den so wichtigen ersten Eindruck bewusster prägen, Signale unserer Mitmenschen besser wahrnehmen und auf unsere eigene Körpersprache mehr achten. Der Mehrwert für uns liegt im besseren Verständnis von zwei Aspekten:

- Unsere Wirkung durch unsere Körpersprache auf andere Menschen
- Die Körpersprache unseres Gegenübers wahrnehmen und so sehen, was beim Gesprächspartner ankommt und wie er sich fühlt

Wir können dadurch unser Verhalten korrigieren oder abstimmen, um eine maximale Wirkung zu erreichen. Wir nutzen dabei einen kleinen Regelkreis, wie er in Abbildung 2.5 dargestellt ist.

Abbildung 2.5: Kommunikation als Regelkreis [15]

[2] Ein weitverbreitetes Missverständnis bei dieser Verteilung beruht darin, sie auf alle Aussagen zu verallgemeinern. Mehrabians Experimente beziehen sich nur auf Aussagen zu starken eigenen Gefühlen, inneren Haltungen und engen Beziehungen zum Gesprächspartner. Sie erklären u. a., warum wir oft in der Lage sind, zu erkennen, wenn jemand emotional nicht hinter seinen Aussagen steht.

Wir nehmen dabei Körpersignale, Mimik und Tonfall wahr und können neue Hypothesen über unser Gegenüber aufstellen. So verstehen wir die Situation besser und können durch eigene Verhaltensänderungen reagieren. Jetzt können wir die veränderte Situation erneut wahrnehmen und der Regelkreis beginnt von vorn [15].

2.2.1 Die individuelle Situation

Unsere Körpersprache ist eine ganzheitliche Sprache. Ein isoliertes Element für sich genommen sagt wenig aus. Um die Körpersprache anderer Menschen besser verstehen zu können, betrachten wir den ganzen Menschen. Dazu beziehen wir auch die individuelle Situation mit ein. Es ist ein Unterschied, ob wir uns im vertrauten Kollegenkreis nach einer anstrengenden Kundenbesprechung befinden oder in einem ersten Kontaktgespräch mit einem potenziellen Kunden. In der ersten Situation wäre das relaxte Sitzen auf einer Tischkante völlig angemessen, in der zweiten würden wir wohl eher als unseriös wahrgenommen werden.

Auch einzelne Aspekte unserer Körperhaltung können leicht fehlinterpretiert werden, wenn wir sie isoliert betrachten. So haben sicher viele schon gehört, dass vor der Brust verschränkte Arme eher negativ wirken. Ist dem wirklich immer so? Die Haltung der Schultern, des Kopfes und unsere Mimik bestimmen den Eindruck ebenso. In Abbildung 2.6 links sind die verschränkten Arme völlig in Ordnung. Unsympathisch wirkt das so sicher nicht, eher verschmitzt oder frech.

Abbildung 2.6: Die Wirkung eines einzelnen Aspekts unserer Körpersprache ist stets im Kontext des ganzen Menschen zu sehen. Die verschränkten Arme müssen nicht unbedingt negativ wirken wie im rechten Bild.

Woran liegt dieser Unterschied in der körpersprachlichen Aussage? Die verschränkten Arme sind nur ein Teil des Ausdrucks. In beiden Bildern bauen sie eine Barriere auf. Der Mann links blickt leicht amüsiert und etwas spitzbübisch. Der Kopf, Schultern und Oberkörper sind leicht zurückgelehnt und öffnen dadurch die Haltung etwas. Der Kopf ist leicht zur Seite geneigt, was als abwägendes Interesse gedeutet werden kann. Dazu noch das freche Lächeln, und der Gesamteindruck steht.

Im rechten Bild wirkt der ganze Körper geschlossen und der Gesichtsausdruck kritisch, beinahe mürrisch oder traurig. Die verschränkten Arme unterstützen diese den Körper schützende Aussage. Diesen Menschen haben wir im Gespräch noch nicht erreicht. Was könnte also alles eine Rolle spielen bei unserer Beurteilung von Wahrnehmungen? Das sind:

- Die Ebenen der verbalen Aussagen nach dem TALK-Modell von Schulz von Thun (siehe Kasten)
- Stimmführung und Spannung in der Stimme
- Körpersprachliche Signale
- Äußere Situationen

Das TALK-Modell

Auf Friedemann Schulz von Thun (*1944) geht das TALK-Modell zurück, in dem jede Nachricht wie z. B. »Die Ampel ist grün!« vier Aspekte besitzt:

- Tatsachenaspekt oder Sachinformation: Worüber genau wird informiert? (»Das untere Licht der Lichtzeichenanlage ist eingeschaltet.«)
- Ausdrucksaspekt oder Selbstkundgabe: Was gibt der Sender von sich kund? (z. B. »Ich habe es eilig!«)
- Lenkungsaspekt oder Appell: Wozu soll der Empfänger veranlasst werden? (»Fahre los!«)
- Kontakt- oder Beziehungsaspekt: Was hält der Sender vom Empfänger? (z. B. »Du fährst unkonzentriert!«)

Je nachdem, welcher Aspekt vom Empfänger fokussiert wird, fällt dessen Reaktion unterschiedlich aus [103].

Die Grundsituation ist stets zu beachten, denn verschiedene Ausgangssituationen schaffen einen großen Unterschied in der Bewertung unserer Wahrnehmungen. Stellen wir uns dazu ein freundliches, joviales Schulterklopfen vor in den folgenden vier Beispielen:

- Ein sehr formaler Rahmen mit vielen höhergestellten Personen
- Unter Freunden und guten Bekannten in lockerer Atmosphäre

- Unter hohem Zeitdruck in einer Besprechung
- In einem Bewerbungsgespräch

Schauen wir uns die körpersprachlichen Signale etwas genauer an. Was könnte dazu gehören?

- Mimik und Gesichtsausdruck, z. B.
  - freundlich und offen
  - neutral
  - aggressiv
  - kritisch
  - überrascht
- Haltung von Kopf, Schulter und Oberkörper, z. B.
  - abschätzend und zurückgezogen
  - gerade und offen
  - geschlossen und schützend
- Haltung der Arme und Hände, also Gesten wie z. B.
  - offen ausstreckend
  - aggressiv zu- oder wegstoßend
  - abwehrend oder blockierend
- Haltung der Beine, z. B.
  - standfest und offen
  - verkrampft
  - zur Seite gedreht, ausweichend oder weggehend

Mit etwas mehr bewusster Wahrnehmung öffnet sich uns eine ganz neue Dimension an Kommunikationsebenen.

2.2.2 Der erste Eindruck

Es gibt eine besonders kritische Situation, in der wir viel für die weitere Zusammenarbeit erreichen oder sie verspielen können: die erste Begegnung, unseren ersten Eindruck. Das Problem mit dem ersten Eindruck ist einfach, dass wir keine zweite Chance dazu bekommen. Unser Gegenüber hat ein erstes Bild von uns, was er in der Regel nur, wenn überhaupt, sehr langsam ändert. Alle weiteren Wahrnehmungen, die in dieses Bild des ersten Eindrucks passen, werden besonders stark bemerkt und verstärken so das erste gewonnene Bild. Wahrnehmungen, die gegen dieses Bild sprechen, werden dann gerne als Ausnahme von der Regel eingestuft.

Im Prinzip fallen wir Menschen beim ersten Kontakt in die Muster unserer Vorurteile. Diese sind bedauerlicherweise sehr tief in uns verankert und können sich gerade bei einer ersten Begegnung störend bemerkbar machen. Glücklicherweise können wir unsere Vorurteile bewusst in den Hintergrund schieben, um dann offener auf fremde Menschen zugehen zu können [38]. An einem ganz anderen Beispiel haben Sie vielleicht auch schon einmal diese selektive Wahrnehmung festgestellt: beim Autokauf. Kaum haben Sie sich stärker für ein Modell interessiert oder es gar gekauft, schon sehen Sie überall dieses Fahrzeug. Und sei es noch so selten und ausgefallen ...

Der erste Eindruck bei einer ersten Begegnung entsteht in den ersten Sekunden, wenn wir z. B. in ein Entwicklerteam neu hineinkommen oder einem Fachbereich das erste Mal gegenüberstehen. Wie werden wir wahrgenommen und worauf können wir achten?

Viele beantworten sich selbst zuerst die Frage, was ihr Ziel ist. Wollen wir in einen kollegialen Kontakt mit neuen Entwicklern treten oder gegenüber einem Fachbereich als kompetenter Gesprächspartner anerkannt werden? Entsprechend wird dann auf Rollen gesetzt, von denen angenommen wird, sie wären angemessen. Divergenzen zwischen verbalen Aussagen, Stimmführung und Körpersprache werden dabei sofort bemerkt. Sicher, oft passiert dies unbewusst, aber die negative Wirkung ist da. Wir werden als nicht offen und ehrlich eingestuft.

Diese Verknüpfung von unterschiedlichen verbalen und nonverbalen Aussagen wird als *Double Bind* bezeichnet. Beispiel gefällig? Glauben Sie einem Projektleiter, der vor Ihnen steht, dabei ständig von einem Bein auf das andere wechselt und nervös mit seinen Händen spielt, wenn er sagt, dass der Termin auf jeden Fall eingehalten wird?

Um uns auf ein wichtiges Ereignis wie die Vorstellung in einem neuen Team angemessen vorzubereiten, können wir zuvor an unserer inneren Einstellung den anderen Personen gegenüber arbeiten. Bringen wir uns bewusst in eine positive Grundstimmung, strahlen wir diese auch aus. Ein erster Kontakt wird sich auf dieser Basis Erfolg versprechend gestalten lassen. Der springende Punkt ist wieder mal die Wertschätzung anderen gegenüber. Neben den (körper-)sprachlichen Signalen macht sich im Zusammenhang mit Erstkontakten eine gute Vorbereitung bezahlt. Können wir unser Gegenüber bereits bei der Vorstellung bezüglich seiner Aufgaben einordnen, kann eine entsprechende Bemerkung Wunder wirken: »Herr Meier, Sie sind für die Abstimmung der Eingabemasken verantwortlich? Ich freue mich auf unsere Zusammenarbeit.« Auch hierarchische Positionen sind dazu geeignet. Eine kleine, gezielt gesetzte Bemerkung reicht aus, wir wollen ja nicht heucheln. Das Ganze verbunden mit einer selbstbewussten, offenen Körpersprache und einem *wohltemperierten* Händedruck, nicht zu lasch (toter Fisch) oder zu fest (waffenscheinpflichtig). Einmal schütteln, ja, und wieder loslassen, und wir haben die erste Hürde genommen ...

Fragen Sie sich gerade, wie Ihr Händedruck von anderen wahrgenommen wird, oder sind Sie überzeugt, dass er O.K. ist? Bitten Sie Freunde und Familienmitglieder bei nächster Gelegenheit um ehrliches Feedback. Sie werden vielleicht überrascht sein, wie Selbst- und Fremdwahrnehmung bei diesem Thema auseinanderliegen.

»Den kann ich nicht riechen!«

... und das hat ja nun in den meisten Fällen nichts mit einem üblen Geruch zu tun. Und doch fällt dieser Spruch unter die Kategorie *Erster Eindruck*. Was passiert hier nun wieder?

Nehmen wir noch mal die Erkenntnis zur Hilfe, wie wir unsere Realität und damit auch die aktuelle Situation im Hier und Jetzt einschätzen. Wir vergleichen sie mit schon mal erlebten Vorkommnissen, versuchen das Erlebte in Schubladen zu kategorisieren und wenden dabei unseren eigenen und ganz speziellen Filter an. Das heißt nichts anderes, als dass wir wahrnehmen, was wir wollen und wie wir es wollen. *Wollen* meint hier: wie wir gelernt haben, Dinge wahrzunehmen. Das ist ein Mechanismus, der seit Menschgedenken für unsere Sicherheit sorgt. Wenn ein Mensch z. B. in der Wildnis überleben will, ist er darauf angewiesen, gefährliche Situationen möglichst schnell zu erkennen und entsprechend zu handeln.

So weit, so gut. Und nun wieder zurück zum obigen Spruch. Wenn wir einem Menschen begegnen, läuft bei uns in den ersten Sekunden zuerst unser Selbstschutzprogramm ab. Hier wird (unbewusst) entschieden, ob wir in Gefahr sind oder die Situation sicher ist. Nun ja, heutzutage wird uns in typischen Kommunikationssituationen nichts wirklich Gefährliches begegnen, zumindest nicht bezüglich unseres Lebens oder unserer Gesundheit. Der Schutzmechanismus greift aber trotzdem ganz analog. Er führt dazu, dass wir in Sekundenbruchteilen merken, ob unser Gegenüber Eigenschaften in sich vereint oder ein bestimmtes Verhalten zeigt, das wir nicht mögen.

Das ist zwar auch noch nicht gefährlich, aber wenn wir nun noch das Prinzip der Projektion (nach S. Freud) mit hinzuziehen, so wird klar, wo die Gefahr lauert. Die Eigenschaften oder das Verhalten unseres Gegenübers erinnert uns an unseren Schatten (nach C. G. Jung), an unsere abgelehnte Seite. Das wollen wir (auch wieder unbewusst) um jeden Preis vermeiden, projizieren unsere abgelehnten Eigenschaften auf den anderen und lehnen ihn grundsätzlich und mit tiefen Emotionen ab. Das schützt uns und zwar in diesem Falle vor uns selbst.

In der Realität heißt das, dass wir gegen so grundsätzliche Mechanismen kurzfristig nicht wirklich etwas unternehmen können. Wir müssen uns fügen und uns arrangieren. Sollten Sie allerdings einen gesteigerten Wert auf Ihre persönliche Weiterentwicklung legen, so finden Sie in diesem Buch die Ansätze dazu.

2.3 Metaphern – Sprachblumen pflanzen

Der Einsatz von Metaphern nimmt in den agilen Methoden einen hohen Stellenwert ein [8]. Das hat einen guten Grund: Wir können unsere Wahrnehmung darüber lenken und Denk-Bremsen lösen [12].

2.3.1 Alles ist eine Metapher!

Was ist eigentlich eine Metapher? Schauen wir dazu in die Wikipedia [141]:

> Die Metapher (griechisch – eigentlich die Beförderung, der Übertrag, der Transfer, von *meta pherein* – anderswo hintragen) ist eine rhetorische Figur, eine Verdichtung, die der Verdeutlichung und Veranschaulichung dient. In dieser Art des Tropus erfolgt der Ersatz der Bedeutung eines Ausdrucks durch einen versinnbildlichten Ersatzausdruck.

Sind wir jetzt schlauer? Was ist ein Tropus? In der Wikipedia finden wir:

> Trope oder Tropus: in der Rhetorik eine Stilfigur, wobei für einen Ausdruck ein verwandter bildhafter Begriff eingesetzt wird, z. B. »er fliegt« statt »er rennt«.

Vielleicht reicht uns das erstmal aus, und wir nähern uns der Metapher beispielhaft. Warum sind Metaphern so wichtig? Wenn wir jemandem etwas erklären, möchten wir doch, dass er den Sachverhalt *begreift*. Leider erklären wir oft nur durch Wiederholung und Umschreibungen mit anderen Worten, zu denen der andere vielleicht auch keinen Bezug hat. Über eine Metapher können wir Bilder erzeugen und echte Bezüge zu Bekanntem herstellen.

Schauen wir uns zur Erläuterung ein Beispiel aus dem Entwicklerumfeld an: Was sind *Vorgehensmodelle*? Verschaffen wir uns Klarheit in einem in der Softwarequalitätssicherung als Standard anerkannten Werk [113]: *Softwareentwicklungsmodell* lesen wir dort. Wir bekommen also einen neuen Begriff als Definition. Das ist genau so, als ob ein Arzt eine Blinddarmentzündung als *Appendizitis* erklärt. Über das Wesen von Vorgehensmodellen oder Blinddarmentzündungen wissen wir leider immer noch nicht mehr. So schnell geben wir aber nicht auf. Schlagen wir in [113] unter Softwareentwicklungsmodell nach, kommen wir etwas weiter:

Softwareentwicklungsmodell bzw. Softwareentwicklungsprozess: Beschreibt einen festgelegten organisatorischen Rahmen der Softwareentwicklung. Festgelegt wird, welche Aktivitäten in welcher Reihenfolge von welchen Rollen zu erledigen sind und welche Ergebnisse dabei entstehen und wie diese in der Qualitätssicherung überprüft werden.

Schon besser, jetzt haben wir eine Definition. Die Frage nach dem Sinn und Zweck, dem Nutzen können wir allerdings damit nicht beantworten. Dazu wäre die obige Definition noch um ein oder zwei Absätze zu erweitern.

Setzen wir stattdessen Metaphern ein, kommen wir schneller zum Ziel. Uns fallen dazu Begriffe ein wie Landkarte, Checkliste, Licht im Dunkel, Gehhilfe, Sicherheitsleine oder Fangnetz unter einem Hochseil. Wir erzeugen über die Metaphern Bilder im Kopf unserer Gesprächspartner, welche die Fragen nach dem Warum, Was und Wie intuitiv gleich mitbeantworten. Eine positive Motivation fällt uns gleich mit in den Schoß. Welcher Projektverantwortliche, der die zwangsläufigen Unsicherheiten im Projektverlauf bereits am eigenen Leib gespürt hat, wäre jetzt nicht wohlwollend gegenüber Vorgehensmodellen eingestellt?

Auf der anderen Seite, wenn wir ein Vorgehensmodell entwickeln oder anpassen bzw. neudeutsch *taylorn*, verlieren wir durch die Orientierung an den Metaphern nicht das eigentliche Ziel von Vorgehensmodellen aus dem Auge. Wir schaffen dann eher eine nutzbare Hilfestellung und keinen bürokratischen Moloch.

Ganz nebenbei haben wir gleich eine wichtige Regel für das Arbeiten mit Metaphern gelernt: Durch den Einsatz mehrerer Metaphern zur Beschreibung desselben Sachverhalts gewinnen wir an Genauigkeit!

Je mehr wir uns mit Metaphern befassen, desto mehr finden wir, denn eigentlich besteht unsere ganze Sprache aus solchen *Sprachblumen*. Wir können mit etwas Phantasie aus fast jedem beliebigen Begriff eine Metapher machen. Sie glauben das nicht? Nehmen wir ein Beispiel aus dem Artikel [12] über Metaphern. Aus einer darin beschriebenen Übung nehmen wir die folgenden fünf Ausgangsbegriffe für die Beziehung zwischen Männern und Frauen: Autopilot, Bremse, Getriebe, Lenkrad und Zündkerzen.

Wir finden, diese Begriffe passen ausgezeichnet auf ein Vorgehensmodell und beschreiben die positiven wie negativen Seiten. So kann uns ein Vorgehensmodell bei Standardabläufen helfen wie ein Autopilot in einem Flugzeug. Wie ein Getriebe beschreibt ein Vorgehensmodell, wie verschiedene Teams und Aufgabenbereiche gekoppelt werden, um mit möglichst wenig Leistungsverlust arbeiten zu können. Es kann auch wie eine Bremse wirken, damit wir nicht zu schnell über wichtige Aufgaben hinweghuschen. Leider kann die Bremswirkung auch zu stark sein, und dann wirkt ein Vorgehensmodell wie eine angezogene Handbremse im Auto. Mit einem Vorgehensmodell können wir die Projekte in einer ganzen Firma lenken, als ob wir ein imaginäres Lenkrad hätten. Wenn wir jedoch das Steuer verreißen, fahren wir unsere Projekte in den Graben. Und wie Zündkerzen in einem Benzinmotor kann über ein Vorgehensmodell zum richtigen Zeitpunkt ein Zündfunke erzeugt werden und bei iterativen Vorgehensweisen ein durchgängiger Takt angeschlagen werden. Vielleicht fallen Ihnen noch weitere und passendere Assoziationen ein?

2.3.2 Raus aus der Denkrinne!

Wir Experten leiden schnell unter drei Grundeinstellungen, die sich wie eine Bremse auf unser kreatives Denken auswirken:

1. Es gibt nur eine Art, eine bestimmte Information richtig zu übermitteln.
2. Wissen bleibt immer gleich, unsere Erkenntnisse sind richtig und endgültig.
3. Wer eine Erklärung hat, braucht keine weiteren.

So krass dargestellt spüren wir geradezu, wie wir dadurch eingeengt werden. Im Alltag ist das leider oft viel subtiler. Wir schaffen uns ausgetretene Pfade und graben uns so quasi eine Rinne, in der wir immer wieder entlanglaufen und sie dadurch weiter vertiefen. So verlieren wir nach und nach den (Über-)Blick, ohne es zu bemerken.

Über Metaphern können wir unser eingefahrenes Denken leichter verlassen und wieder offener für neue Ideen werden. Stellen wir uns unser Wissensgebiet als riesige Sandwüste vor, die wir mit einem Geländewagen durchfahren. Kein Beduine würde zweimal nacheinander denselben Weg fahren. Der Sand wäre aufgewühlt, und die Gefahr des Steckenbleibens wäre viel zu groß.Versuchen wir doch ebenfalls, unsere Wege zu variieren.

Die Stärke der Metaphern zeigt sich sogar noch weitergehend. Unsere Erinnerungen sind in unserem Gehirn nicht objektiv abgespeichert wie auf einer Festplatte, sondern werden von unserer aktuellen Sicht und Situation ausgehend interpretiert. So werden unsere Erfahrungen und Erlebnisse z. B. wesentlich von den sie begleitenden Emotionen bewertet [68]. Das bedeutet, dass wir über Metaphern rückwirkend unsere Sicht ändern können. Darin liegt einerseits Stärke und andererseits Gefahr. In den Medien wird dies teilweise so benutzt. Ein etwas makabres Beispiel gefällig? Wann ist jemand ein Freiheitskämpfer und wann ein Terrorist? Wer von uns kann sich denn noch daran erinnern, dass Sadam Hussein bis etwa 1989 ein Freund der USA war oder Osama Bin Laden im russischen Afghanistankrieg (oder war es ein Konflikt?) von den USA als Freiheitskämpfer unterstützt wurde? Diese beiden drastischen Beispiele sollen nur demonstrieren, wie sich unsere Erinnerung durch Sprachbilder prägen lässt [12]. Metaphern sind sehr mächtig.

2.3.3 Der Produktkarton

Wie können wir Metaphern in unserem Entwickleralltag motivierend und natürlich einsetzen? Bernd Oestereich (*1964) hat dazu eine Metapher-Übung entwickelt, den Produktkarton (Abb. 2.7) [89]. Zu Beginn eines Projekts, wenn es darum geht, den Projektauftrag festzuzurren und einen ersten, möglichst umfassenden Überblick über die Vorstellungen des Auftraggebers zu erhalten, möchten wir ein Gefühl für die zu erstellende Software gewinnen. Dazu verlassen wir unsere Entwicklerrollen und versetzen uns in die Mitarbeiter des Marketings und Produktmanagements.

Abbildung 2.7: So könnte ein Produktkarton aussehen.

Wir nehmen dazu an, unsere Software soll als Standardprodukt im Regal eines Händlers stehen. Wie sollte der Produktkarton aussehen? Welchen Namen hat unser Produkt? Welche Bilder oder Grafiken nutzen wir? Was soll auf der Vorderseite stehen, was hinten oder an den Seiten?

Dadurch, dass der Platz auf einem Karton begrenzt ist, fokussieren wir uns stark auf den Kern und das Wesentliche. Schnappen wir uns einfach einen alten Schuhkarton und basteln uns einen Produktkarton wie in Abbildung 2.7 dargestellt. Wenn wir ihn gut sichtbar für alle Beteiligten aufstellen, haben wir einen permanenten Orientierungspunkt, der uns helfen kann, uns immer wieder auf das Wesentliche zu fokussieren. Und ganz nebenbei: Spaß macht diese halbe Stunde Beschäftigung mit dem Produktkarton auch noch. Wenn neue Teammitglieder dabei mitmachen, können sie sich in die Gruppe integrieren, und alle lernen sich gegenseitig kennen.

Auf dem Produktkarton können dann diverse Formulierungen stehen, die selbst eine Metapher sind. Durch den Einsatz mehrerer Metaphern steigern wir unsere Aussagekraft. Unser Produktkarton ist also selbst eine Metapher und beinhaltet seinerseits weitere Metaphern. Wir können ihn daher als »Meta-Metapher« bezeichnen. Er gibt unseren Metaphern eine Struktur. Wir finden dort unsere Detail-Metaphern. Dies können sprachliche Bilder sein wie »Werkzeugkasten« oder technische Analogien wie z. B.: »Die Terminverwaltung erfolgt ähnlich dem Kalender aus Outlook.«

3 Komplexe Systeme

3.1 Komplexe Systeme – komplexe Teams

Warum ist es oft so schwierig, Teams zu führen? Was macht Gruppen einerseits so stark und andererseits so unvorhersehbar? Gruppen von Menschen verhalten sich wie komplexe Systeme. Was macht komplexe Systeme aus? Das Gegenstück sind geordnete Systeme. Sie verlaufen nach eindeutig vorhersagbaren Regeln und dem Ursache-Wirkung-Prinzip. Ein solches Verhalten wird als deterministisch bezeichnet.

Auch komplexe Systeme laufen nach dem Ursache-Wirkung-Prinzip ab, doch verhalten sie sich nicht mehr deterministisch. In komplexen Systemen arbeiten, abstrakt ausgedrückt, Agenten innerhalb des Systems zusammen. Diese inneren Regelkreise sind derartig komplex und empfindlich, dass kleinste Änderungen große Wirkungen erzielen können [142]. Dieses Verhalten wird in der Chaostheorie als *Schmetterlingseffekt* bezeichnet (Abb. 3.1). Unser Wetter ist ein anschauliches Beispiel dafür. Trotz immenser Anstrengungen der Meterologen ist es ihnen kaum möglich vorherzusagen, ob und wo genau z. B. Eisregen auftreten wird, da diese Wirkung von Temperaturdifferenzen von wenigen zehntel Grad abhängt. Die Konsequenz daraus ist, dass wir in komplexen Systemen die Ursache-Wirkung-Ketten vollständig nur nachträglich erkennen können.

Abbildung 3.1: Der Schmetterlingseffekt: In Asien flattert ein Schmetterling, und in Europa verändert sich das Wetter. Komplexe Systeme wie unser Wetter verhalten sich nur begrenzt deterministisch.

Komplexe Systeme zeichnen sich durch eine Reihe verschiedener Eigenschaften aus. So sind z. B. die Beziehungen nichtlinear. Das bedeutet, dass eine kleine Änderung einen überproportional großen Effekt auslösen kann, was dann als Schmetterlingseffekt bezeichnet wird, oder eine Wirkung proportional zu ihrer Ursache zeigt oder auch gar keine Wirkung sichtbar ist. Im Gegensatz dazu zeigen lineare Systeme immer eine Wirkung proportional zur Ursache. Die Beziehungen in einem komplexen System beinhalten dazu noch Rückkopplungsschleifen, die dämpfend oder verstärkend wirken können.

In der Elektrotechnik finden wir vergleichbare Systeme in den rückkoppelnden Regelkreisen. In einem Rückkopplungskreislauf bewirken Veränderungen in einem Teil des Systems Veränderungen in anderen Teilen. Die Rückkopplung kann dabei als Mitkopplung verstärkend wirken oder als Gegenkopplung dämpfend (Abb.3.2) [41]. Der spannende Aspekt ist dabei, dass bereits eine kleine Veränderung der Verdrahtung derselben Bausteine den enormen Unterschied in der Rückkopplung ausmacht!

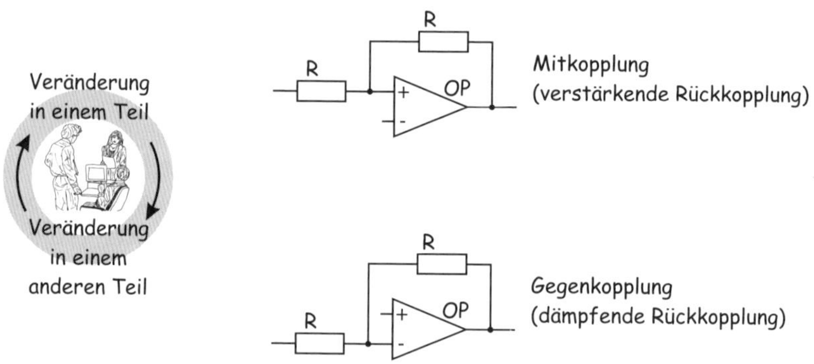

Abbildung 3.2: Ein Rückkopplungskreislauf abstrakt (links) und am Beispiel einer einfachen Verstärkerschaltung (rechts). Die Rückkopplung kann als Mitkopplung verstärkend (oben) oder als Gegenkopplung dämpfend wirken (unten) [41] (R: Widerstand, OP: Operationsverstärker).

Komplexe Systeme haben eine Art Gedächtnis. Die Geschichte des Systems kann von großer Bedeutung sein. Daneben sind sie verschachtelt, d. h., ein komplexes System besteht seinerseits aus komplexen Teilsystemen. In diesem Zusammenhang ist für uns interessant, dass sich die Grenzen des Systems nicht unbedingt eindeutig oder aber nur schwer definieren lassen [142]. So manche Arbeitsgruppe kennt das Problem.

Welche konkreten Systeme sind jetzt komplex? Das Beispiel *Wetter* haben wir bereits weiter oben herangezogen. Auch ein Ameisenhügel ist ein komplexes System. Ebenso alle soziokognitiven Systeme, also ein Mensch oder eine Gruppe von Menschen sowie Organisationen. Wichtiger Unterschied: Anders als beispielsweise das Wetter basieren soziokognitive Systeme auf Intelligenz.

Softwareentwicklerteams sind daher komplexe Systeme, ebenso wie andere Organisationseinheiten in einer Firma. Sicher, bei einzelnen Menschen, die wir gut kennen, können wir ihr Verhalten in Standardsituationen ausreichend gut vorhersagen. Doch was passiert abseits ausgetretener Pfade oder wenn wir es mit einer Gruppe von Menschen zu tun haben? Hier überlagern verschiedene Effekte das Verhalten.

3.1.1 Die Komfortzone verlassen

Ein Grund, warum sich Menschen manchmal anders verhalten als sonst, betrifft die sogenannte Komfortzone (Abb. 3.3). Es gibt Situationen, da sind wir vollkomen sicher, wir haben sie schon etliche Male erlebt und fühlen uns damit wohl. Diese Situationen und die damit verbundenen Handlungen werden als Komfortzone bezeichnet. Kommen wir in besondere Situationen, die von unserer individuellen Komfortzone deutlich abweichen, geraten wir in sehr starken Stress bis hin zu Panik. Unser Handeln ist dann oft nur noch instinktgetrieben und lässt uns meist nur drei auf archaischen Mustern basierende Alternativen: Flucht, Kampf oder Erstarren [43].

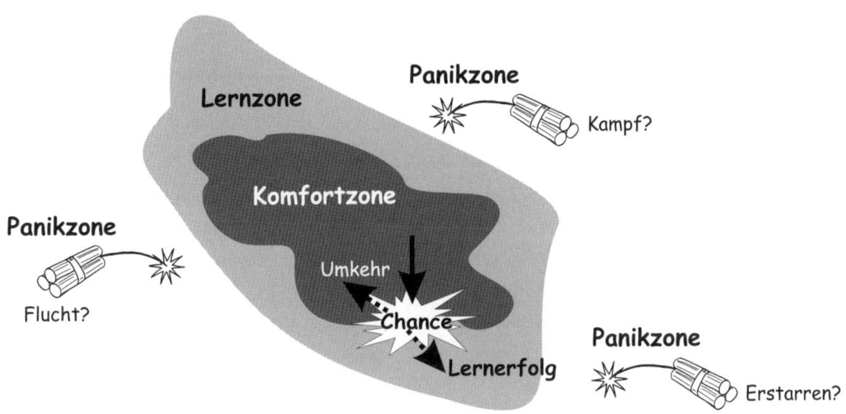

Abbildung 3.3: Die Komfortzone bezeichnet den Bereich unseres Handelns, den wir sicher beherrschen und in dem wir uns wohlfühlen. Verlassen wir ihn, können wir in Panik geraten. Zwischen diesen beiden Extremen liegt der Bereich, in dem wir neues Verhalten lernen können, die Lernzone. Wir sollten die Möglichkeiten als Chance nutzen und in diese Lernzone eindringen, um Lernerfolge zu erzielen.

Dazwischen gibt es einen schmalen Bereich, in dem wir unsere Komfortzone verlassen und noch nicht in Panik geraten. Dieser mehr oder weniger schmale Grat wird als Lernzone bezeichnet. Wenn wir dort sind, findet unsere persönliche Weiterentwicklung statt. Wir haben noch ausreichend Kontrolle, um die neue Situation zu beherrschen oder bei Bedarf wieder in unsere Komfortzone zurückzukehren. Damit ist die Komfortzone jedes einzelnen Menschen nicht nur unterschiedlich, sondern sie verändert sich auch im Laufe der Jahre im Rahmen unserer individuellen Weiterentwicklung. Als Konsequenz ist dann auch die Komfortzone Änderungen unterworfen.

Der mögliche Lernerfolg für unsere Weiterentwicklung ergibt sich aus Chancen außerhalb unserer Komfortzone in der Lernzone. Für jede Chance haben wir die Entscheidungsmöglichkeit, entweder wieder in unsere Komfortzone umzukehren oder sie zu nutzen, um uns weiterzuentwickeln (Abb. 3.3) [43]. Jeder ist selbst für die Auswahl und das Ergreifen seiner Chancen verantwortlich und kann darüber seine Weiterentwicklung steuern.

»Bei uns regiert das Chaos, wir löschen nur noch Brände!«

Vielleicht kennen auch Sie diesen Spruch nur zu gut. Man hat ihn immer dann im Kopf, wenn man in seiner Organisation nicht mehr versteht, in welche Richtung sie sich bewegt. Ziele, Visionen, Missionen und Strategien sind völlig unklar, und nichts ist abgestimmt. Das hat natürlich etwas Chaotisches, was letztendlich heißt, dass das System mit all den persönlichen Zielen der Beteiligten zu komplex ist, als das wir sein Verhalten extrapolieren, also vorhersagen könnten. Es entsteht der Eindruck des Chaos.

Lässt sich dieser Zustand der Verwirrtheit umgehen? Wenn wir uns Veränderungen im Allgemeinen anschauen, werden wir feststellen, dass es immer eine Phase der Neuausrichtung, d. h. der Abstimmung, gibt. Die Antwort ist also ein klares »Jein«: Verhindern kann man die Phase nicht, aber die Länge und die Amplitude lassen sich beeinflussen. Hierzu ist eine gezielte Veränderungsbegleitung entweder durch die Führungskräfte direkt oder über externe Veränderungsbegleiter vonnöten.

Nun könnte man ja auf die Idee kommen, nichts mehr zu verändern, oder wie wir in der Softwareentwicklung sagen: »Never change a running system.« Das funktioniert aber genauso wenig. Denn selbst wenn es uns gelingen würde, die systeminternen Veränderungsquellen zu ignorieren, so gelänge uns dies nicht bei den externen. Veränderung ist natürlich, auch die Evolution macht nichts anderes, und unser Wirtschaftssystem baut auch darauf, dass wir uns ständig neu erfinden.

So weit, so gut. Jetzt müssen wir eigentlich nur noch klären, warum Veränderungen immer eine mehr oder wenig lange und tiefe Phase der Verwirrung beinhalten. Dadurch, dass das sich verändernde System eine zu hohe Komplexität aufweist, kommen (der Hierarchie nach) alle Mitarbeiter an ihre ganz persönliche *Komple-*

xitätsgrenze, d. h., sie beherrschen die Komplexität des Systems mit ihrem angelernten Vorgehen und Wissen nicht mehr.

Oder anders gesagt, sie werden gezwungen, ihre Komfortzone zu verlassen (Beteiligte werden zu Betroffenen gemacht). Wenn ein Mensch seine Komplexitätsgrenze überschreitet, tauchen Muster auf, die wir uns schon als Kind angeeignet haben, denn wie sich leicht vorstellen lässt, erschien uns als Kind die Welt noch viel komplexer. Der eine wird z. B. auf einmal sehr emotional, der andere zieht sich zurück und der nächste begegnet der neuen Situation ausschließlich mit rationalen Überlegungen.

Alle diese Reaktionen sind verständlich und müssen eingesammelt, gewürdigt und dann wieder zu einem neuen Ganzen verdichtet werden. Geschieht dies geplant und professionell (wie oben beschrieben) kann das *Tal der Tränen* möglichst schnell durchschritten werden.

3.1.2 Lernen durch Ausprobieren

Es gibt verschiedene Möglichkeiten, etwas zu lernen. Sie lesen z. B. gerade ein Buch. Sie könnten sich auch bei einem Kollegen etwas abgucken. Der wichtige Aspekt ist dabei weniger, den theoretischen Input als Auslöser zu bekommen, sondern die neue Idee auszuprobieren. Erst dann können wir beginnen zu lernen. Dies ist umso wichtiger, wenn wir uns in einem komplexen System aus Kolleginnen und Kollegen sowie vielleicht noch einem Manager und zwei Fachbereichsmitarbeitern bewegen.

Wir können durch logisches Denken nur begrenzt die Wirkung einer neuen Idee innerhalb eines komplexen Systems abschätzen. Also müssen wir sie ausprobieren, um eine neue Erkenntnis zu erlangen. Die Kunst ist dabei, den Rahmen des Ausprobierens so zu schaffen, dass wir neue Erkenntnisse gewinnen und beim möglichen Scheitern der neuen Idee nur ein kleiner, begrenzter Schaden entstehen kann.

Häufig kann dies über die Zeitschiene und ein iteratives Vorgehen gesteuert werden: Je riskanter, desto kürzer wählen wir die Iterationsdauer. Eine Iterationsdauer, mit der Steuerung vieler Projekte erfolgreich funktioniert, liegt zwischen drei Wochen und einem Monat [134, 135]. Da am Ende einer Iteration geschaut wird, was herausgekommen ist und was gut bzw. weniger gut funktioniert hat, haben wir einen Lernprozess durch Ausprobieren im Griff und können die Vorteile nutzen.

Mit Iteration bezeichnen wir vorerst ganz allgemein einen zeitlichen Abschnitt, in dem jemand nach einem festen Arbeitsschema die gleichen Handlungen durchführen, also z. B. Anforderung analysieren → Testfall erstellen → Nutzcode implementieren und testen → Refactoring durchführen (Abb. 3.4, schematisch vereinfacht nach [71]).

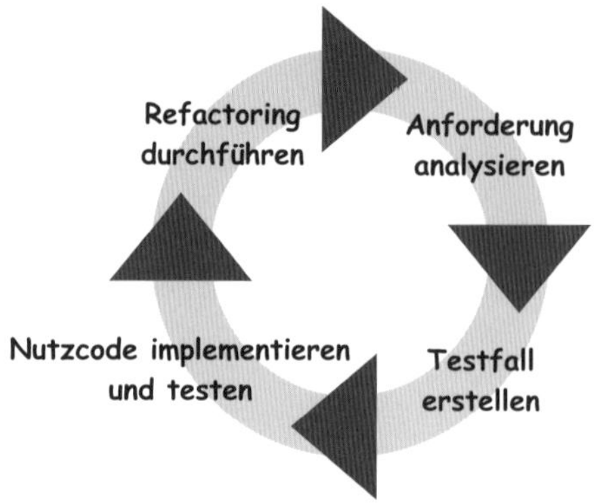

Abbildung 3.4: In einer Iteration verfolgen wir in einem Schema immer wiederkehrend die gleichen Arbeitsabläufe, die hier am Beispiel einer vereinfachten testgetriebenen Entwicklung dargestellt sind (nach [71]).

Im Rahmen dieses Buchs werden wir das iterative Prinzip stärker detaillieren und für soziokognitive, komplexe Systeme optimieren. Vorerst betrachten wir hier nur das exemplarisch dargestellte Grundprinzip.

3.2 Retrospektive Kohärenz

Damit das Lernen durch Ausprobieren kein planloses Herumstochern ist, sondern uns gezielt weiterbringt, benötigen wir innerhalb des Lernprozesses feste Orientierungsphasen, in denen wir den aktuellen Zustand bewerten. Am Ende jeder Iteration liegt ein solcher Bewertungsblock (Abb. 3.5), in dem ein Review der Ergebnisse aus der Iteration und eine Retrospektive über den Entwicklungsprozess in der Iteration erfolgen [131]. So erhalten wir wichtige Hinweise, wie wir unseren Entwicklungsprozess im laufenden Projekt weiter optimieren und besser an die individuellen Gegebenheiten anpassen können.

Der Begriff der Iteration ist nicht eindeutig definiert und stellt sich für unterschiedliche Projektbeteiligte verschieden dar. Diese einzelnen Ebenen iterativen Vorgehens sind idealerweise gleichmäßig und aufeinander abgestimmt ineinander verschachtelt. So denken die Entwickler in sehr kurzen Iterationen bezogen auf eine konkrete Aufgabe. Eine Iteration kann hier wenige Stunden[1] bis wenige Tage dauern.

Als Projektleiter werden wir viele solcher Entwickleriterationen in gemeinsame Blöcke zusammenlegen. Diese Blöcke werden durch regelmäßige

[1]Manchmal sogar weniger als eine Stunde.

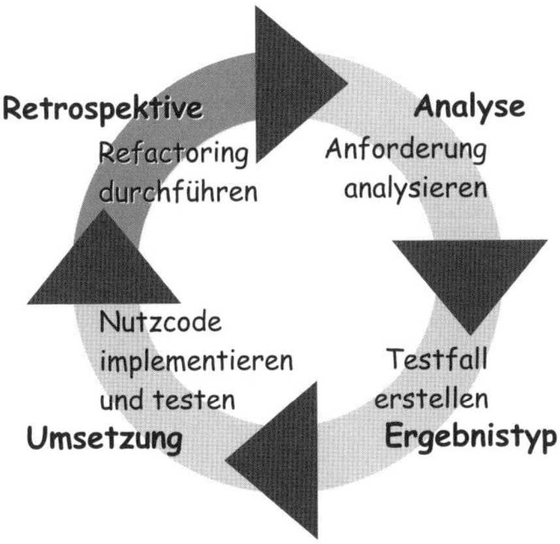

Abbildung 3.5: Ein aus Iterationen bestehender Prozess kann fortwährend angepasst und optimiert werden. Am Ende einer Iteration findet ein Rückblick, die Retrospektive, statt (dunkelgrau dargestellt).

Statusmeetings abgeschlossen. Um eine gute Vergleichbarkeit dieser Entwicklungsblöcke zu erhalten, erfolgen die Statusmeetings in einem festen Rhythmus. Dabei umfasst je nach Vorgehen die Taktung typischerweise einen bis wenige Tage.[2] Mehrere solcher Blöcke werden aus Projektleitungssicht als eine Iteration bezeichnet. Diese interne Projektiteration beläuft sich meist auf eine Dauer von wenigen Wochen, wobei eine Iterationsdauer zwischen drei Wochen und einem Monat oftmals besonders Erfolg versprechend ist [134, 135].

Unsere Auftraggeber denken eher in umgesetzten Features, die einen zusammenhängenden, umfangreicheren Geschäftswert darstellen. Typischerweise werden dazu zwei bis drei interne Projektiterationen zu einer extern über erreichte Meilensteine sichtbaren Auftraggeberiteration zusammengefasst (Abb. 3.6). Wichtig ist es dabei, auf allen Iterationsebenen ausreichend Zeit am Ende jeder Iteration für das Review der Ergebnisse und eine Retrospektive einzuplanen!

Was hat das mit dem Begriff *retrospektive Kohärenz* zu tun? In einem komplexen System können wir die Wirkungen einer Ursache nicht deterministisch vorhersagen. Wir können nur *im Nachhinein* erkennen, was wie funktioniert hat. Derartige Erkenntnisgewinne können nur rückblickend herausgezogen werden. Das Verhalten eines komplexen Systems wird allein im Rückblick kohärent. Dieser Weg des Erkenntnisgewinns heißt daher retrospektive Kohärenz. Für die Optimierung von Abläufen oder an-

[2]Die Spanne reicht hier vom *Daily Scrum* bis zum wöchentlichen *Standup-Meeting* (Begriffe aus der agilen Softwareentwicklung, konkret aus Scrum und XP).

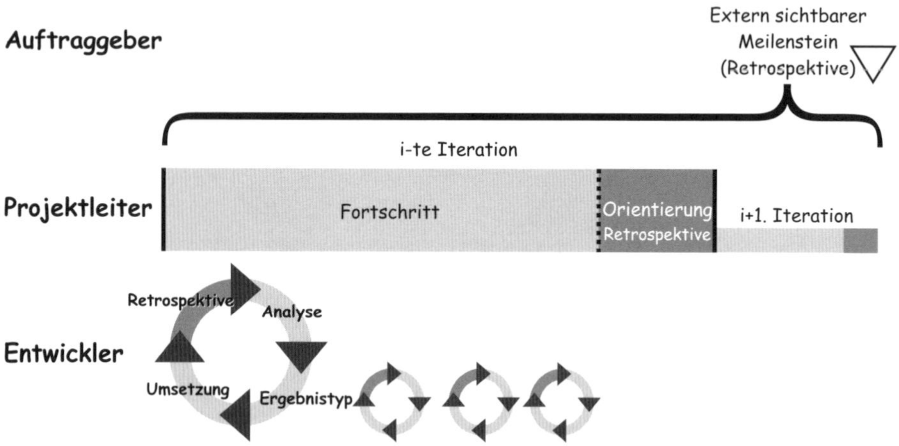

Abbildung 3.6: Ein aus Iterationen bestehender verschachtelter Prozess kann fortwährend angepasst und optimiert werden. Am Ende jeder Iteration finden das Review der Ergebnisse und ein Rückblick (Retrospektive) statt, die in der Grafik auf den drei Ebenen aus Sicht der Entwickler, des Projektleiters oder des Auftraggebers jeweils dunkelgrau dargestellt sind.

deren Veränderungen in komplexen Systemen ist daher der rückblickende Erkenntnisgewinn die einzige Möglichkeit, Erklärungen und Zusammenhänge für ein spezifisches komplexes System zu erkennen. Diese Retrospektiven werden sinnvollerweise von vorneherein regelmäßig eingeplant, wenn wir das Verhalten eines komplexen Systems verändern möchten. Nur rückblickend werden die Zusammenhänge klar.

Wenn wir diese Sicht mit Managern diskutieren, kommt sofort die Frage auf, wie groß der zeitliche Aufwand für das Ergebnis-Review und die Retrospektive ist. In den Darstellungen sieht er vergleichsweise groß aus. In agilen Projekten, die einen hohen Anteil an täglichen Standup-Meetings, Planungsbesprechungen, Ergebnis-Reviews und Retrospektiven haben, liegt der gesamte Besprechungsanteil bei ca. 10 Prozent [92]. Der reine Retrospektivenanteil liegt damit bei höchstens 5 Prozent. Das erscheint wenig im Vergleich zum Nutzen für das laufende Projekt.

Hier liegt auch der wesentliche Unterschied zwischen Retrospektive und Post-mortem-Analyse, also der Auswertung abgeschlossener Projekte [61]. Bei der Retrospektive setzt der Nutzen zeitnah im aktuellen Projekt ein. Von einer Post-mortem-Analyse profitiert bestenfalls das folgende Projekt. Oft laufen die Projekte unter so unterschiedlichen Rahmenbedingungen, dass der Erfahrungsgewinn doch nicht so groß ausfällt wie erhofft.

In iterativen Vorgehensweisen sind die Zeitpunkte für die Retrospektiven fest vorgegeben. Damit minimiert sich der Overhead für die Organisation, da die damit verbundenen Prozesse nach wenigen Iterationen eingeschliffen sind. So stellen wir das Lernen im Projektverlauf sicher und können besser auf die komplexe Projektsituation reagieren.

3.2.1 Es gibt keine Fehler!

Aus dem obigen Abschnitt ergibt sich zwangsläufig, dass in einem komplexen System nur noch wenige Arten von Fehlern vorkommen können. Wir können im Vorhinein nicht wirklich wissen, welche Wirkung eine ursächliche Veränderung haben wird. Insbesondere kann das Ausprobieren einer neuen Idee kein Fehler sein, sondern ist ein weiterer Schritt auf dem Weg zu mehr Erkenntnis. Vielleicht lautet die Erkenntnis auch, dass es so nicht geht. Vielleicht zeigt sich keine Verschlechterung, aber auch keine Verbesserung. Hinterher sind wir auf jeden Fall schlauer!

Ein Fehler kann also nur noch entstehen, wenn wir etwas wider besseren Wissens machen. Eine solche Situation wird sich mit dieser Erkenntnis nur noch selten ergeben. Problematisch bleiben der Punkt, ab wann eine Bewertung sinnvoll möglich ist, und das Risiko, eine neue Idee zu früh zu verwerfen.

Die zweite Fehlermöglichkeit ist, eine gescheiterte Idee erneut auszuprobieren. Doch selbst das kann im Einzelfall sinnvoll sein, wenn sich das Umfeld und die Rahmenbedingungen innerhalb komplexer Systeme geändert haben. Es kann also sein, dass eine Idee, die vor zwei Jahren nicht funktioniert hat, heute sehr wohl umsetzbar ist.

Dieses Umdenken in Bezug auf Fehler führt zu einer konstruktiven Fehlerkultur, in der es so gut wie nur noch Lernschritte gibt [133]. Beim Auftreten eines Problems oder einer Aufgabe wird dann nach einem fünfstufigen Muster vorgegangen:

1. Lösungsideen sammeln
2. Ideen bewerten und priorisieren
3. Handeln und umsetzen
4. Ergebnisse bewerten und Prozesse prüfen
5. Wieder bei Schritt 1 aufsetzen

Es fehlt auf jeden Fall der Schritt *Schuldigen suchen*. Dass diese Vorgehensweise sehr zielführend ist, hat verschiedene Ursachen. Zum einen gibt es oftmals nicht *einen* Schuldigen. Auch ist die Suche in einer akuten Problemsituation meist wenig hilfreich. Dies kann höchstens zum Abreagieren von Emotionen dienen und würde oft auch noch weitere Probleme schaffen, da sich der vermeintlich Schuldige dann angegriffen fühlt. Es gilt in einer akuten Situation erstmal, die *Kuh vom Eis* zu bringen. Das hat oberste Priorität!

Danach führen wir eine Retrospektive durch (Schritt 4). Hier dürfen natürlich zu Anfang Gefühle wie Wut und Ärger über das Problem geäußert werden. Doch diese Phase sollte möglichst kurz sein. Sobald wieder sachlich gearbeitet werden kann und die wesentlichen Leistungen der Beteiligten angemessen gewürdigt wurden, ist es das Ziel dieses Schrittes zu lernen, wie wir es in Zukunft besser machen können. Dazu wird eine *Ursachenforschung* durchgeführt, nicht ein Sündenbock gesucht. Der Grundsatz lautet: Jeder hat nach bestem Wissen sein Bestes gegeben [61].

3.2.2 Retrospektive und visuelles Feedback

Eine Möglichkeit, sich in einer Retrospektive einen schnellen Überblick über eine Iteration bzw. den Betrachtungszeitraum zu verschaffen, ist ein gemeinsames visuelles Feedback der einzelnen Mitarbeiter über den Betrachtungszeitraum. Dazu wird eine Zeitlinie auf einer mit Papier bespannten Metaplanwand eingetragen und dann darüber und darunter Freiraum für zwei bis vier Aspekte, das Projekt betreffend, gelassen (Abb. 3.7).

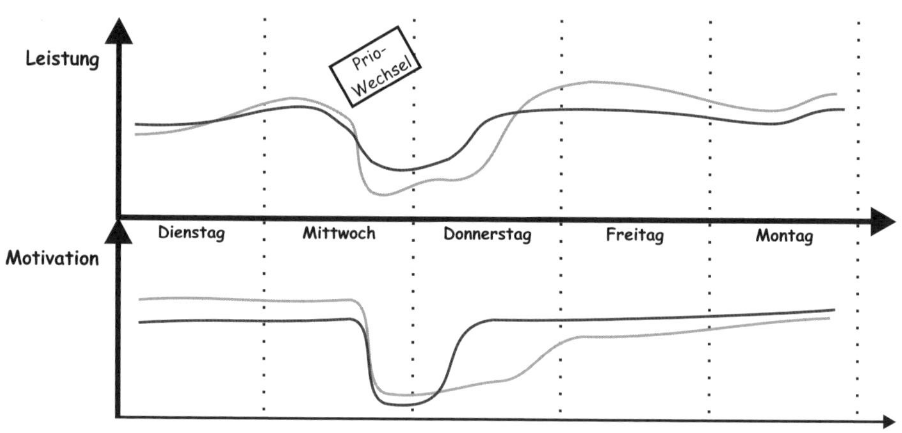

Abbildung 3.7: Schematisches Beispiel eines grafischen Feedbacks in einer Retrospektive für den Zeitraum einer Woche. Ein besonderes Ereignis ist mit einer Karte zeitlich markiert und kann jetzt in Bezug auf seine Auswirkungen betrachtet werden. Der Übersichtlichkeit halber sind nur zwei Mitarbeiter (hell- bzw. dunkelgraue Linie) dargestellt.

Mögliche Aspekte können wie im Beispiel Leistung und Motivation sein oder Spaß bzw. Fortschritt. Wir fokussieren mit dieser Technik nur auf wenige Aspekte, die gerade für die Gruppenentwicklung besonders wichtig sind. Besondere Ereignisse können jetzt mit jeweils einer Karte zeitlich zugeordnet und hinsichtlich ihrer Auswirkungen betrachtet werden. Dies gibt Anregungen, wie Sie sich in Zukunft in ähnlichen Situationen verhalten können.

Die Ergebnisse der Ursachenforschung dienen dann dazu, die Abläufe zu überprüfen und Verbesserungsideen zu entwickeln. So schließt sich der Kreis. Im Nachhinein werden die Ursache-Wirkung-Ketten in der retrospektiven Kohärenz bewusst. Wir können daraus lernen und uns dann in zukünftigen Situationen angemessen verhalten.

Im Beispiel aus Abbildung 3.7 trat in der Iteration eine extern getriebene Prioritätsveränderung auf, die nicht ignoriert werden konnte und etliche der ursprünglich von den Entwicklern geplanten Arbeitspakete betraf. Die Konsequenzen auf die Geschwindigkeit des Teams werden hierbei noch einmal offensichtlich. Zumindest haben wir jetzt eine Idee, wie wir in einem ähnlichen Fall unsere Schätzungen neu kalibrieren können. Vielleicht können wir jetzt auch besser argumentieren, um solche Ereignisse zu vermeiden.

3.3 Gruppendynamik

Die Gruppendynamik geht davon aus, dass die Eigenschaften einer Gruppe von Menschen mehr sind als die Summe der Einzeleigenschaften ihrer Mitglieder. Wir leben von unserer Geburt an quasi permanent in Gruppen. Was ist das Besondere an einem Team? Was ist die Dynamik in einer Gruppe?

3.3.1 Gruppe und Team

Eine Gruppe von Menschen definieren wir dabei als zwei oder mehr Personen.[3] Eine Gruppe im eigentlichen Sinn macht jedoch noch mehr aus. In der Psychologie wird zwischen Primär- und Sekundärgruppen unterschieden. Primärgruppen sind kleine, gewachsene Gruppen, deren Mitglieder sich gut kennen. Die erste und *eigentliche* Primärgruppe bildet unsere Familie. Als Sekundärgruppen werden locker zusammengesetzte, größere Gemeinschaften bezeichnet, die den Kreis persönlicher Beziehungen überschreiten. Beispiele dafür sind z. B. alle Softwareentwickler in einem großen Konzern oder St.-Pauli-Fans im Fußballstadion am Millerntor [66]. Uns interessieren in unseren Ausführungen die Primärgruppen.

Was heißt eigentlich Gruppe bzw. Großgruppe? Ab einer Anzahl von 20 Personen spricht man von einer Großgruppe. Da dann die sozialen Bezie-

[3] In diversen Veröffentlichungen wird eine Gruppe erst ab drei Personen definiert, z. B. in [67]. Wir haben jedoch bemerkt, dass sich gruppendynamische Effekte bereits ab zwei Personen zeigen. Außerdem bildet in der IT eine Anzahl von zwei die erste Näherung an *viele*, wie z. B. bei der Anzahl von CPUs, Prozessen oder Threads, sodass wir vielleicht auch dadurch in unserer Auffassung geprägt sind.

hungen zwischen allen Mitgliedern aufgrund der kombinatorischen Menge nicht mehr ausreichend ausgeprägt und tief sein können, gelten für Großgruppen teilweise andere oder zusätzliche Mechanismen, die so für kleinere Gruppen nicht oder mit anderer Ausprägung zutreffen [67].

Interessant erscheint uns in dem Zusammenhang, dass der Chaos-Report der Standish Group eine Korrelation zwischen Projekterfolg und Gruppengröße festgestellt hat: Ab mehr als 20 beteiligten Personen sinkt die Projekterfolgswahrscheinlichkeit unter 50 Prozent [117]. Wir vermuten dabei einen direkten Zusammenhang zu Aspekten der Gruppendynamik und damit der Führung in Gruppen. Doch kehren wir vorerst zurück zum Begriff der Gruppe.

Neben der Größe macht eine Gruppe noch die Ausrichtung auf eine gemeinsame Aufgabe bzw. ein Ziel aus. Es besteht die Möglichkeit der direkten Kommunikation zwischen allen Gruppenmitgliedern. Des Weiteren hat eine Gruppe eine gewisse Lebensdauer, die von wenigen Stunden bis zu mehreren Jahren reichen kann. Gruppen entwickeln darüber hinaus im Laufe der Zeit ein Gefühl des Zusammenhalts und der Zusammengehörigkeit, das Wir-Gefühl.

Damit in Zusammenhang steht die Ausprägung gemeinsamer Normen und Werte, die die Grundlage der Kommunikation und Zusammenarbeit darstellen. Außerden bilden sich typische, aufeinander bezogene Rollen innerhalb der Gruppe aus, die von Einzelnen oder mehreren dauerhaft oder nur zeitweise wahrgenommen werden [67]. Eine Gruppe schafft damit die Verbindungen einzelner Personen mit ihrer relevanten Umwelt (Abb. 3.8).

Abbildung 3.8: Eine Gruppe hat zwei Schnittstellen: die innere Umwelt zum Individuum und die äußere Umwelt zur relevanten gemeinsamen Umwelt der Gruppe (nach [67]).

Jedes Team ist eine Gruppe, doch nicht jede Gruppe bildet ein Team! Mit dem Begriff *Team* werden arbeits- und aufgabenbezogene Gruppen bezeichnet, deren Mitglieder kooperieren müssen, um das gemeinsame Ziel zu erreichen. Dazu benötigt ein Team einen Handlungsspielraum, d. h., ein Team kann selbst seine Handlungen planen, darüber entscheiden und durchführen, um das Ziel zu erreichen [67]. Im Detail lässt sich ein Team durch fünf Merkmale beschreiben [146]:

- Ein augeprägter innerer Zusammenhalt und Engagement für die Team-Leistungsziele und den Team-Existenzzweck. Diesen Zweck definiert das Team im Rahmen seiner Vorgaben und seines Spielraums selbst.
- Ein gemeinsamer Arbeitseinsatz und eine gemeinsame Kontrolle des Arbeitsablaufs.
- Ein ganzheitlicher Arbeitszuschnitt und eine kollektive Selbstregulierung. Eine Trennung zwischen vordenkenden, entscheidenden und ausführenden Personen wird aufgehoben.
- Ein gleichberechtigtes Nebeneinander mit wechselseitiger Verantwortung.
- Das Nutzen von Synergien, um als Team mehr zu erreichen, als es der Summe der Einzelnen möglich wäre.

Das klingt anspruchsvoll und ist es auch. Mit den obigen fünf Punkten werden *echte* Teams im Unterschied zu einer kleinen Gruppe beschrieben. Jetzt ist es nur noch ein kleiner Schritt bis zu dem in Stellenanzeigen so intensiv genutzten Begriff der *Teamfähigkeit*.

3.3.2 Teamfähig? Na klar!

Wir finden den Begriff *Teamfähigkeit* oder Umschreibungen davon etwa in jeder zweiten Stellenanzeige. Er scheint also wichtig zu sein. Doch was bedeutet *teamfähig* wirklich? Und ist der Begriff nicht viel zu allgemein, als dass er in einem konkreten Stellenangebotsumfeld eine echte Aussage hätte? Wie kann ein Bewerber seine Teamfähigkeit nachweisen und wie können Arbeitgeber dies prüfen?

Schauen wir doch dazu einfach in der Literatur nach. In der Wikipedia wird Teamfähigkeit beschrieben als »Handlungskompetenz [...], sich einer Gruppe anderer Menschen anzuschließen«. Sie wird dabei als Teil der Sozialkompetenz gesehen. Bezogen auf unsere Arbeitswelt bedeutet dies also die Fähigkeit, mit anderen Kollegen gemeinsam sozial agieren zu können. Wir erkennen eine hohe Teamfähigkeit daran, dass ein Teammitglied seine Fähigkeiten und Stärken im Sinne der an das Team gestellten Aufgaben optimal einbringt [141].

Um also integraler Bestandteil eines Teams zu sein, bedarf es daher einer Reihe von persönlichen Teamfähigkeitsaspekten. Dazu zählen z. B. Engagement, Mitgefühl, Menschenkenntnis, Kritikfähigkeit, Selbstdisziplin, Toleranz, Kooperationsfähigkeit und Sprachkompetenz sowie Kommunikationsfähigkeit. Durch die wechselnden Verantwortlichkeiten sind auch

Führungsqualitäten notwendig wie Verantwortung, Durchsetzungsvermögen, Flexibilität, Konsequenz, Selbstbewusstsein und eine gewisse Vorbildfunktion.

Wir finden in einem Softwareentwicklungsteam diese wechselnden Verantwortlichkeiten oft im Kontakt mit den verschiedenen Gruppen wie dem Management, den Fachbereichen, der Qualitätssicherung oder anderen Entwicklungs- bzw. Wartungsteams. Der Projektleiter kümmert sich um das Management, Entwicklerin A um Fachbereich X, weil sie in dem Umfeld schon lange arbeitet, Entwickler B um Fachbereich Y, weil er dieses Fachthema im Studium als Nebenfach hatte, usw. Wenn jeweils eines dieser Themen im augenblicklichen Fokus steht, übernimmt das entsprechende Teammitglied dafür die Führung und Verantwortung.

Diese Menge an Anforderungen wirkt erschlagend. Und nichts davon haben wir im Studium oder in der Ausbildung direkt gelernt! So ganz stimmt das zwar glücklicherweise nicht, denn indirekt mussten wir unsere Teamfähigkeiten beinahe immer unter Beweis stellen. Nur gezielt vermittelt bekommen haben wir sie nicht, und was dabei herausgekommen ist, hängt sicher auch von diversen individuellen Faktoren ab.

Aus den obigen eher allgemeinen Definitionen lassen sich für unsere Arbeit fünf ganz konkrete Regeln ableiten, mit denen wir das Umfeld und die Voraussetzungen für eine effiziente Teamarbeit schaffen können [146].

- Die Gruppe sollte klein sein mit idealerweise ca. fünf Mitgliedern.
- Die Mitglieder haben unterschiedlich ausgeprägte Kompetenzen, um diese in den jeweils unterschiedlichen Aspekten der Gruppenaufgabe zur Geltung zu bringen. Gemeinsam ist ihnen das Interesse an der Gesamtaufgabe und das Gesamtziel.
- Die Gruppenmitglieder sprechen die gleiche Sprache. Dies betrifft im IT-Umfeld sowohl die Projektsprache wie etwa Deutsch oder Englisch als auch die Modellierungsergebnisse z. B. in UML 2 sowie die branchenspezifische Fachsprache, z. B. bei Banken oder Versicherungen.
- Die interpersonalen Beziehungen sollten frei von Belastungen sein. Auftretende Spannungen werden sofort und konstruktiv gelöst.
- Das Team hält sich an Regeln, für die es einerseits Vorgaben erhalten hat und die andererseits die Mitglieder selbst aufgestellt haben.

Das erinnert zu Recht stark an Regeln, wie sie beispielsweise von Vertretern agiler Projektmanagementtechniken propagiert werden. Teamfähigkeit bedeutet dann also, sich in eine nach den obigen fünf Regeln gebildete Gruppe motiviert und engagiert integrieren und einbringen zu können.

Ein Bewerber kann daher zum Beweis seiner Teamfähigkeit auf seine erfolgreiche Arbeit in Teams hinweisen und detailliert Beispiele für die verschiedenen Aspekte anführen. Ein Arbeitgeber kann Teamfähigkeit nur erkennen, wenn auch in Teams gearbeitet wird. Das Verhalten einer einzelnen Person kann dann Aufschluss darüber geben, wie weit und mit welchen ausgeprägten Stärken und Schwächen sie sich in einem Team einbringt.

Abhängig von unserer eigenen Motivation können wir unsere Teamfähigkeit verbessern, indem wir fokussiert auf einzelne Aspekte neue Verhaltensweisen ausprobieren und so lernen, auch mit diesen Herausforderungen umzugehen. Einzelne Personen und ganze Teams können dabei enorm in Bezug auf ihre Teamfähigkeit dazulernen. Da Teams komplexe Systeme bilden, kann auch hier der Erkenntnisgewinn über die retrospektive Kohärenz erfolgen. Wir können die Konsequenzen einer Verhaltensänderung in einem komplexen System nicht vorhersehen. Aus diesem Grund ist es oft sinnvoll, Maßnahmen zur Verbesserung der Teamfähigkeit von ausgebildeten Fachkräften begleiten zu lassen.

3.3.3 Führung in Gruppen

Um die Dynamik in Gruppen besser zu verstehen, können wir das Eisbergmodell aus Abbildung 1.10 auf Seite 19 heranziehen und für Gruppen leicht modifizieren (Abb. 3.9). Diese vertikale Betrachtungsweise kann uns helfen zu verstehen, wieso Gruppen sich manchmal anders verhalten als erwartet. Es geht dann anscheinend um andere, tiefere Prozesse.

Abbildung 3.9: Auch Gruppen haben Kommunikationsebenen, die offenliegen und daher direkt angesprochen werden können. Sie befinden sich *oberhalb der Wasserlinie*. Ein größerer Bereich liegt mehr oder weniger stark im Verborgenen *unter Wasser* (modifiziert nach [67]).

Auf der Sachebene geht es um die Inhalte und alles, was die Gruppenziele betrifft. Darunter liegt die von der Gruppe selbst aufgestellte Geschäftsordnung, die Regeln, wie miteinander umgegangen wird. Diese beiden Ebenen sind offensichtlich, d. h., wir können sie direkt ansprechen und darüber kommunizieren, indem wir z. B. Fragen stellen.

Darunter und im Eisbergmodell bereits zu großen Teilen unter Wasser liegt die Beziehungsebene oder soziodynamische Ebene bzw. das Beziehungsgeflecht. Diese Ebene entsteht immer dann, wenn mehrere Menschen über einen längeren Zeitraum zusammenarbeiten. Wir können Teile dieses Geflechts daran erkennen, wie die einzelnen Personen miteinander umgehen und kommunizieren. Wer wird ignoriert? Auf wen wird geachtet, wenn sie oder er etwas sagt? Wessen Vorschläge finden Beachtung und wessen werden übergangen?

Gerade Letzteres ist leider oft zu finden: Eine junge, neu eingestellte Entwicklerin macht in einer Gruppenbesprechung einen konkreten Vorschlag für eine Designänderung und findet damit noch nicht einmal Beachtung. Sie wird einfach übergangen. Später wird dann der gleiche oder zumindest sehr ähnliche Vorschlag des alten Chefdesigners sofort wohlwollend von allen gelobt und akzeptiert. Die Ursache dafür liegt im Beziehungsgeflecht der Gruppe. Über dieses Geflecht wird normalerweise nicht offen gesprochen, und doch kennt es jedes Gruppenmitglied. Manchmal wird in einer kleinen Untergruppe Gleichgesinnter, die zwei oder drei Personen stark ist, informell über das Geflecht gesprochen. Meist ist dabei zumindest ein Teil der Betroffenen nicht anwesend.

In Gruppen scheint ein regelrechtes Tabu zu bestehen, über die unteren Ebenen offen zu kommunizieren. Häufig führt das Verletzen dieses Tabus zu Irritationen der anderen Gruppenmitglieder. Das Verbinden von Sach- und Beziehungsebene in der Kommunikation ist daher meist zu üben, bevor eine Gruppe in der Lage ist, über die Wahrnehmungen der einzelnen Mitglieder und die dadurch ausgelösten Gefühlsreaktionen offen und nicht verletzend zu kommunizieren.

Noch tiefer liegt die psychodynamische Ebene, auf der alle Gruppenmitglieder ihre unbewussten Motive, Wünsche, Bedürfnisse, Ängste usw. aktivieren. In neuen Situationen greifen wir auf unsere Erfahrungen aus ähnliche Situationen zurück. *Ähnlich* bezieht sich dabei auf die Aktivierung der Elemente dieser Ebene. Wenn ein Projektleiter unter großem Druck steht, kann es z. B. zu Versagensängsten kommen, und die Erfahrungen mit Situationen, die ähnliche Gefühle ausgelöst haben, werden genutzt, um in der Komfortzone zu bleiben. So bleibt er dem Motto treu: »Hat letztes Mal geklappt, dann wird es auch jetzt gutgehen!«

Wenn diese Erfahrungssituationen nur scheinbar passen, was häufig der Fall ist, wenn sie sich z. B. auf Situationen aus unserer Kindheit beziehen, entstehen *Verwechslungen*. Diese können zu einem Verhalten führen, das der tatsächlichen aktuellen Situation nicht angemessen ist. Wenn also unser Projektleiter auf seine Versagensängste in der Schule durch Flucht (Schulwechsel) reagiert hat, kann es sein, dass er sich auch dieser Situation versucht zu entziehen. Und genau damit erhöht er die Risiken seines Projekts. Diese Verwechslungen müssen nicht per se negative Konsequenzen haben wie im obigen Beispiel. Sie können auch klärend wirken oder neue Chancen eröffnen, wenn sie z. B. von der Führungskraft oder engen Kollegen erkannt und angesprochen werden.

Als unterste Ebene sehen einige Autoren den sogenannten Kernkonflikt einer Gruppe. Dieser gruppenspezifische Kernkonflikt entsteht aus dem Versuch, drei Gegensatzpaare zusammenzubringen. Er bildet damit die konkrete Antwort der Gruppe auf die reale Situation, Aufgabe und Umwelt. Typischerweise ist er wie vieles in komplexen Systemen erst im Nachhinein zu erkennen. Die drei Gegensatzpaare des Kernkonflikts bilden die Dimensionen eines gruppendynamischen Raums:

- Zugehörigkeit: drinnen ↔ draußen
  Wo liegt die Grenze der Gruppe und wie durchlässig ist sie für Fluktuation in beide Richtungen?
- Macht und Einfluss: oben ↔ unten
  Macht ist ein Merkmal jeder sozialen Beziehung und damit relativ eng verwoben mit dem komplexen Beziehungsnetz. Die Ausbildung von Hierarchien und Normen auf der Geschäftsordnungsebene des Eisbergmodells stellt eine typische Lösung dafür dar.
- Intimität: nah ↔ fern
  Individuelle Ausgestaltung von Intimität zwischen einzelnen Gruppenmitgliedern. Müssen sich alle gleich nah sein und wie geht man mit Unterschieden um?

Je tiefer wir in die Ebenen des Eisbergmodells eindringen, desto schwieriger wird die Kommunikation darüber und desto stärker treten die unbewussten Aspekte der Gruppenmitglieder hervor. Die Möglichkeiten gruppendynamischer Trainings greifen primär auf der Beziehungsebene bzw. der Gestaltung dieser Ebene [67]. Daher sollten sie auch ausschließlich von erfahrenen und ausgebildeten Trainern durchgeführt werden.

»Meine Kollegen sind super, ich komme toll mit ihnen aus.«

Und auch dieser Spruch verheißt meistens nichts Gutes, obwohl er sich ja so positiv anhört. Hören Sie diesen Spruch als Führungskraft öfter im Team, wenn Sie nachfragen, wie es um die zwischenmenschlichen Beziehungen bestellt ist, kann das zwei Ursachen haben: Zum einen kann es bedeuten, dass man Ihnen nicht genügend vertraut und lieber auf Nummer sicher geht. Zum anderen kann es heißen, dass es normal geworden ist, sich um zwischenmenschliche Beziehungen nicht zu kümmern.

Wir möchten uns hier mit dem zweiten Fall näher beschäftigen, denn hier ist eine direkte Verbindung zum Eisbergmodell gegeben. Das Team hat gelernt, dass es für die Mitglieder keinen Mehrwert bringt, wenn sie sich um die Beziehungsebene (oder eine tiefere) kümmern. Deshalb pflegen sie ihren Umgang miteinander *professionell, auf der Sachebene agierend* oder *absolut freundlich*. Im Grunde hat das Team es aufgegeben, diese Ebenen anzugehen und begnügt sich nun mit einem Leben *über dem Wasser*.

Was ist daran eigentlich so schlimm? Alles läuft rund, keiner regt sich auf, alle machen ihren Job und es herrscht Harmonie. Aus Erfahrungen mit solchen Teams können wir sagen, dass das Team zwar arbeitet und durchaus auch Ergebnisse erzielt, aber weit effektiver und effizienter arbeiten könnte. Das ist darin begründet, dass diese oben erwähnte Resignation nicht nur auf die zwischenmenschliche Ebene bezogen bleibt. Sie überträgt sich vielmehr auch auf die Motivation der einzelnen Mitarbeiter, indem sie die persönliche Bindung zu ihrer Arbeit untergräbt. Das Ergebnis ist ein ganzes Team in seiner Komfortzone. Kommt ein neuer Mitarbeiter hinzu, was eigentlich erstmal eine Störung darstellt, wird diesem sehr schnell klar (gemacht), dass er sich zu fügen hat. So entsteht ein scheinbar stabiles und sich selbst erhaltendes System.

Um dieses System aus seiner stabilen Lage herauszubekommen, schauen wir uns an, warum keines seiner Mitglieder die zwischenmenschlichen Beziehungen antasten will. Letztendlich geht es um Angst. Die Mitarbeiter haben wahrscheinlich schlechte Erfahrungen mit Offenheit auf dieser Ebene gemacht und haben gelernt, dass dies nicht zu besseren Arbeitsbedingungen führt. Als ein Mittel, um hier wieder Bewegung hineinzubringen, hat es sich bewährt, in einem Top-down-Ansatz die Führungskräfte und später auch die Mitarbeiter in Themen der Kommunikation zu schulen und ihnen somit Möglichkeiten zur Konfliktlösung, die ihnen bisher verwehrt geblieben sind, aufzuzeigen. Wir suchen uns dafür einzelne Führungskräfte bzw. Mitarbeiter aus dem Team, die offen und interessiert gegenüber Kommunikationsthemen sind, und weiten erst später die Zielgruppe aus.

Denn nur wenn die Führungskräfte Offenheit, also z. B. offenes Feedback, einfordern und es wertschätzend aufnehmen, merken die Mitarbeiter, dass sich etwas an den Regeln ändert, und es entsteht Vertrauen in einen neuen Umgang miteinander. Diese Offenheit kann in Bezug auf Feedback-Geben bzw. -Nehmen bis hin zu einem 360-Grad-Feedback ausgebaut werden, bei dem sowohl der Vorgesetzte wie auch die unterstellten Mitarbeiter und Kollegen aus derselben Hierarchiestufe ihre Rückmeldungen geben.

3.3.4 Normen

Wir möchten nur so weit wie notwendig auf den Begriff *Norm* eingehen. Es kann häufig eine signifikante Differenz zwischen explizit offenen, häufig von der Umwelt vorgegebenen Normen zu den impliziten, unausgesprochenen, von der Gruppe ausgebildeten und tatsächlich gelebten Normen festgestellt werden. Auch aus diesem Konflikt kann eine Dynamik in der Gruppe entstehen [67].

Häufig offenbaren sich solche Differenzen in Form von Lippenbekenntnissen. Gebetsmühlenartig wird z. B. die Wichtigkeit von Qualität und die Offenheit der Kommunikation von der Geschäftsführung gepredigt, doch finden wir in der realen Welt im Handeln andere zugrunde liegende Prioritäten wie kurzfristigen Umsatz oder oberflächliche Harmonie. Wenn die Gruppennorm eines Entwicklerteams besagt, dass niemand geschädigt und weder gestritten noch kritisiert wird, werden anderslautende explizite Normen in ihrer Wirkung verpuffen. Ebenso werden neue Teammitglieder, die sich an die explizite und nicht an die implizite Norm halten, oft nur am Rande der Gruppe geduldet und wechseln meist schnell von selbst zu einem anderen Team oder verlassen das Unternehmen.

3.3.5 Rollen

Auf Raoul Schindler (*1923) geht ein rangdynamisches Modell zurück, das sich als Minimalset differenzierter Gruppenrollen eignet. Daneben gibt es noch eine Reihe weiterer, z. T. deutlich differenziertere Rollenmodelle. In unserem Kontext reicht zumeist das hier beschriebene einfachere Modell aus (Abb. 3.10).

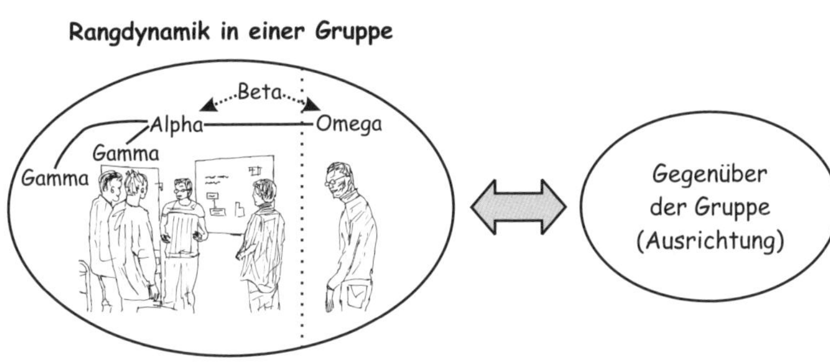

Abbildung 3.10: In einer Gruppe bilden sich in Ausrichtung auf das außerhalb liegende Gegenüber verschiedene Rollen aus (nach [67]).

Ausgangssituation des Modells ist, dass sich sowohl das Ziel als auch die Identität einer Gruppe nur in Bezug auf die Auseinandersetzung mit einem Gegenüber ausprägt. Dieses Gegenüber kann ein Gegner oder Konkurrent sein, oft sind es jedoch andere firmeninterne Gruppen, z. B. einzelne Fachbereiche oder die Qualitätssicherung.

Das Gegenüber liegt dabei immer außerhalb der Gruppe. Die Beziehung zum Gegenüber ist oft nicht eindeutig freundlich oder feindlich, sondern meist ambivalent, jedoch immer intensiv [67].

In der Auseinandersetzung mit dem Gegenüber bildet sich eine prinzipielle Rangstruktur aus. Kern der Gruppe stellt die Rolle *Alpha* dar. Von der Person, die diese Rolle einnimmt, wird aufgrund ihrer Erfahrung, ihrer Kompetenz und ihres Auftretens eine erfolgreiche Auseinandersetzung mit dem Gegenüber erwartet. Die überwiegende Anzahl der Gruppenmitglieder identifiziert sich mit *Alpha*, unterstützt und folgt dieser Person. Sie bilden die *Gamma*-Positionen, wobei es innerhalb der *Gamma*-Positionen, insbesondere bei größeren Gruppen, Unterstrukturen geben kann.

Als wichtiges Gegengewicht zu *Alpha* bildet sich *Omega* heraus. Diese Position ist am weitesten vom Gruppenideal entfernt und identifiziert sich stärker mit dem Gegenüber. Sie wirkt der Erstarrung der Gruppe um *Alpha* herum entgegen und hält sie auf Trab. Die *Beta*-Position ist eine fachlich-unterstützende Rolle, die unabhängig vom *Alpha-Omega*-Konflikt ist und daher zu seiner konstruktiven Bearbeitung beitragen kann.

Die einzelnen Rollen werden meist nicht dauerhaft von einer Person besetzt, sondern können von Situation zu Situation wechseln. Daher ist die *Alpha*-Rolle auch nicht per se an den formalen Gruppenleiter gebunden [67]. In der komplizierten Anforderungsanalyse gemeinsam mit dem Fachbereich kann z. B. der in diesem fachlichen Umfeld bewanderte und kommunikationsstarke Analytiker diese Rolle übernehmen, der in seine *Gamma*-Rolle zurückfällt, wenn es z. B. um Auseinandersetzungen mit der Qualitätssicherung geht.

Aus diesen Rollen und ihrer dynamischen Besetzung heraus entsteht eine Dynamik innerhalb der Gruppe. Es kann zu Konflikten um einzelne Rollen kommen oder einzelne Mitglieder nehmen ihre Rollen nicht vollständig wahr. Eine Gruppe beinhaltet daher immer implizit eine Dynamik, d. h., die Gruppe verändert sich laufend. Positiv genutzt kann diese Dynamik in verschiedensten Situationen zu extrem leistungsfähigen Gruppen führen. Im schlimmsten Fall kann sie dadurch gesprengt werden oder erstarren.

3.4 Teamentwicklung

Ein Aspekt der Gruppendynamik ist die Entwicklung eines Teams. Ein einfaches Modell für Gruppenphasen geht dabei auf die *Teamuhr* von Bruce W. Tuckman (*1938) zurück, das von Dave Francis und Don Young sowie anderen weiterentwickelt [40, 125] und bereits in [133] erläutert wurde. Wir möchten es jetzt kurz aufgreifen und unter anderen Blickwinkeln beleuchten. Die einzelnen Phasen, die ein Team durchläuft, lassen sich auch nach dem Schwerpunkt der Zielverfolgung unterscheiden (Abb. 3.11).

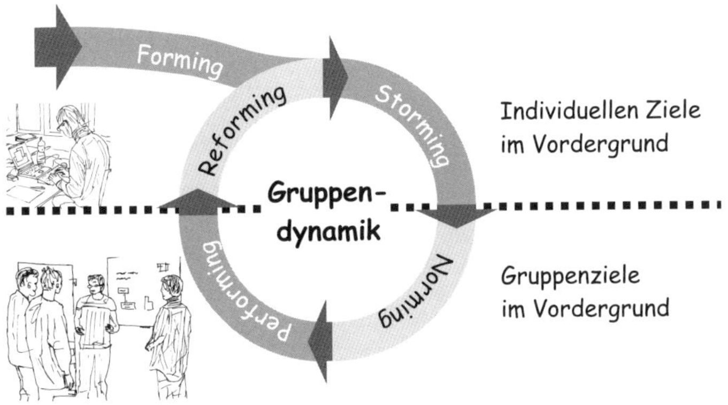

Abbildung 3.11: Die Gruppenphasen lassen sich nach der vorherrschenden Zielverfolgung unterscheiden. In den oberen drei Phasen dominieren die Individualziele, während in den unteren beiden Phasen die Gruppenziele im Vordergrund stehen.

In den drei Phasen *Forming*, *Reforming* und *Storming* werden vorwiegend Ziele verfolgt, die jeweils den einzelnen Individuen nützen. Jeder versucht sich im Team zu positionieren und z. B. gewünschte Aufgaben zu übernehmen, die einen interessieren, Spaß machen oder eine Karrieremöglichkeit verschaffen. Die beiden Phasen *Norming* und *Performing* stellen dagegen die Gruppenziele in den Vordergrund. Die internen Prozesse werden entwickelt, gefestigt und optimiert, sodass eine Kooperation zwischen den Teammitgliedern gewährleistet ist.

Wie in Abbildung 3.11 dargestellt, wirkt die Dynamik vielleicht etwas deprimierend bzw. sie vermittelt das Gefühl einer Sisyphusarbeit, als ob wir als Team nicht vorankämen. Dies ist glücklicherweise so nicht ganz richtig! In der Abbildung 3.11 fehlt die dritte Dimension, die Leistungsfähigkeit. Durch den permanenten Lernprozess, den sowohl das Team wie auch die einzelnen Individuen durchleben, werden wir im Laufe der Zeit besser. Dies geschieht sprunghaft und mit Rückschritten oder einem Einbruch in der *Storming*-Phase, doch es geht voran (Abb. 3.12).

Voraussetzung für diesen Leistungsgewinn ist die konstruktive Bearbeitung der Konflikte in der *Storming*-Phase, sodass sich über das *Norming* hinweg auch eine ausreichend lange *Performing*-Phase einstellt. In den unteren beiden Phasen dominiert die Kooperation zwischen den Teammitgliedern. Die individuellen Ziele sind in den Hintergrund getreten. Doch irgendwann drängen die eigenen Ziele wieder nach vorne und verlangen, verfolgt zu werden. Dieser Zeitpunkt markiert den Eintritt in das *Reforming*, und die Gruppe strukturiert sich typischerweise um. Einige verlassen das Team, andere übernehmen deren Aufgaben oder neue Mitglieder kommen hinzu.

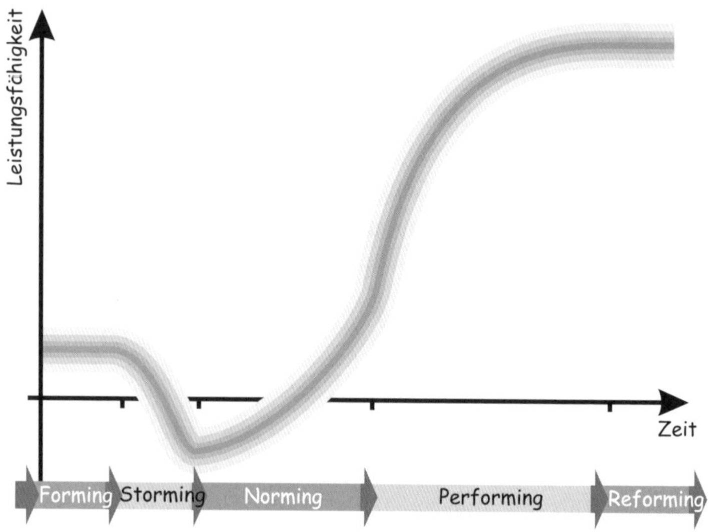

Abbildung 3.12: Über die Phasen hinweg nimmt die Leistungsfähigkeit eines Teams zu. In der *Storming*-Phase erleben wir einen Einbruch. Wenn wir die Konflikte lösen und die *Performing*-Phase erreichen, machen wir diesen mehr als wett.

Dadurch, dass die beteiligten Menschen wechseln oder andere Aufgaben übernehmen, kann es sehr vorteilhaft sein, im *Storming* und *Norming* die bestehenden Teamprozesse genau zu durchleuchten und wieder neu auf die beteiligten Personen zuzuschneidern. Jedes Teammitglied hat individuelle Stärken, die es zu nutzen gilt, und Schwächen, die wir entweder vermeiden oder denen wir durch einen Lernprozess entgegnen können.

Wenn wir zum Beispiel einen introvertierten, schweigsamen, aber technisch sehr versierten Chefarchitekten im Team haben, so kann es sinnvoll sein, ihm einen kommunikationsstarken Designer zur Seite zu stellen, um dieses Defizit zu kompensieren. Eine andere Idee könnte sein, wenn er möchte, seine Kommunikationsfähigkeit durch Schulungen und Trainings ausreichend zu verbessern.

Wenn dieser Architekt nun das Team nach mehreren Jahren erfolgreicher Arbeit verlässt, um sich anderen Aufgaben zu widmen, könnte einer der Designer im Team mit eigenen Stärken und Schwächen nachrücken. Vielleicht kommt auch ein externer Architekt neu ins Team oder wir stellen fest, dass im Team ein so breiter Konsens über die Architektur herrscht, dass die Rolle des Chefarchitekten überflüssig geworden ist. Auf jeden Fall ist es notwendig, dass wir uns der Veränderung stellen und neue Abläufe und Rollen im *Storming* und *Norming* entwickeln, damit wir wieder ein *Performing* erreichen.

»Warum lernen wir nie aus unseren Fehlern?«

Gehen wir bei unserer Betrachtung von einem gesunden Unternehmen aus, das sich am Markt behaupten kann, so überrascht dieser Spruch. Wie kann es dem Unternehmen letztendlich gut gehen und trotzdem die Wahrnehmung herrschen, dass immer wieder die gleichen Fehler gemacht werden?

Die Entwicklung von Unternehmen, Teams und allen einzelnen Individuen folgt immer wiederkehrend dem Verlauf der in Abbildung 3.11 gezeigten Kurve. Wenn die Kurve einmal durchschritten ist, folgt eine mehr oder wenig lange konstante Phase, und dann geht es wieder von Neuem los. Liegt der Endpunkt über dem Anfangspunkt, wir haben also an Leistungsfähigkeit gewonnen, sprechen wir von einer *Aufwärtsspirale*, umgekehrt von einer *Abwärtsspirale*.

Das Bild der Spirale bringt einen neuen Aspekt in die Betrachtung: die Kreisförmigkeit. Wir erklimmen einen Berg und gehen dabei um ihn herum. Wir kommen abwechselnd immer wieder auf die Sonnen- und Schattenseite. Betrachten wir einen solchen Aufstieg: Auch wenn wir uns immer mal wieder auf der Schattenseite befinden, steigen wir insgesamt doch auf. Oder anders formuliert: Nur weil wir es schaffen, uns auch unsere Schattenseiten anzusehen, können wir aufsteigen. Wir müssen also lernen zu akzeptieren, dass unsere Leistungsfähigkeit auch Schattenseiten durchlebt, damit sie anschließend wieder höher denn je steigen kann. Wir stellen uns immer wieder unseren Fehlern, unserer *Nicht-Perfektheit*, sonst ist keine Weiterentwicklung möglich. Das kostet viel Energie und ist bisweilen recht beschwerlich.

Gerade in den Zeiten, in denen wir uns auf der Schattenseite befinden, ist der obige Spruch öfter zu hören, und die Erfahrung, sowohl in der Wirtschaft als auch in der Natur, zeigt, dass ein direkter Aufstieg nur auf der *Sonnenseite* nicht möglich ist. Dieser Zyklus ist ein unumgänglicher Aspekt unserer Arbeit und wir werden immer wieder mit der uns unangenehmen Seite konfrontiert. Dies manifestiert sich durch ganz ähnliche Fehlerbilder. Das ist so, es ist natürlich.

In solch einer schwierigen Phase hilft es, einen Schritt zurückzutreten und sich hoffentlich daran zu erinnern, dass man sich doch insgesamt nach oben bewegt. Wir weiten also den Zeitraum der Betrachtung aus auf die Zeiten, in denen wir uns auf der *Sonnenseite bewegten* und in Zukunft wieder *bewegen werden*. Dies gibt uns den Mut und die tiefe Zuversicht, auf dem richtigen Weg zu sein und durchzuhalten.

Auf diesem Weg lernen wir, welche Ursache zu welchen Wirkungen in unserem komplexen System *Team* geführt hat. Wir verstehen im Nachhinein, was genau abgelaufen ist, und können in der Zukunft entsprechend handeln. Der Einzelne lernt dabei fast immer. Die Kunst ist es, z. B. über Retrospektiven das ganze Team lernen zu lassen. So kann es immer mehr seine Kraft entfalten.

3.5 Aufgaben: komplex oder kompliziert?

Augenblick mal: komplex und kompliziert – ist das nicht das Gleiche? Schauen wir im Fremdwörter-Duden nach, so finden wir [31]:

komplex: vielschichtig, sehr viele Dinge umfassend, zusammenhängend und alles umfassend

kompliziert: schwierig, verwickelt und umständlich

Eine komplexe Aufgabe setzt sich also aus mehreren Teilen wie z. B. Modulen, Komponenten oder Schichten zusammen. Um diese Komplexität in den Griff zu bekommen, führen wir Abstraktionen als Zusammenfassungen ein oder modellieren den komplexen Sachverhalt (Abb. 3.13 links aus [130]). Die Zusammenhänge, das Zusammenspiel der Teile und die Gesamtübersicht bleiben jedoch stets komplex.

Komplexe Aufgaben

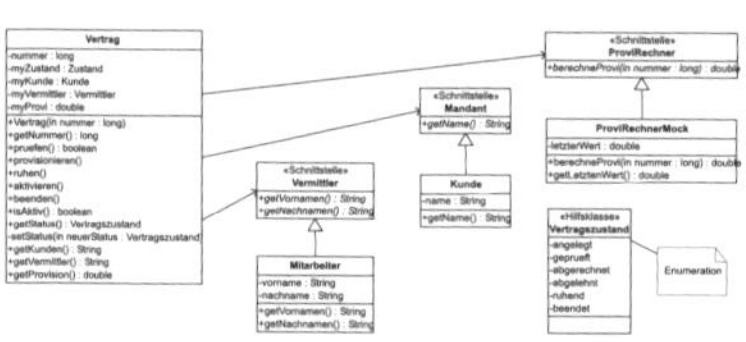

Abstraktion, Modellierung
viele Universalisten im Team

Komplizierte Aufgaben

$$\frac{d^2}{dt^2}x(t) + \omega_0 Q^{-1}\frac{d}{dt}x(t) + \omega_0^2 x(t) = 0$$

Lineare Dämpfung

Funktionale Zerlegung, Aufgabenteilung
viele Spezialisten im Team

Abbildung 3.13: Komplexe Aufgaben vereinfachen sich durch Abstraktion und Modellierung, komplizierte Aufgaben durch eine funktionale Zerlegung.

Komplizierte Aufgaben setzen sich aus vielen Schritten zusammen. Sie können zur besseren Bearbeitung durch funktionale Zerlegung in handlichere Blöcke aufgeteilt werden. Im Beispiel rechts aus Abbildung 3.13 besteht die Formel aus drei Teilen. Die beiden Teile vor bzw. nach dem grau hinterlegten Abschnitt beschreiben eine harmonische Schwingung. Über den mittleren Teil bringen wir den Sachverhalt einer linearen Dämpfung in Abhängigkeit einer Güte Q des betrachteten Systems ein. Jeder der drei Teile kann also selbst weiter zerlegt werden, bis wir elementare bzw. sehr einfache Grundschritte erreicht haben. Insgesamt wird mit dieser Differenzialgleichung ein linear gedämpftes Federpendel beschrieben [64].

Abstraktion und die Modellierung übergreifender Zusammenhänge setzen voraus, dass wir uns nicht nur in einem Teil gut auskennen, sondern in vielen bis nahezu allen unterschiedlichen Aspekten. In Teams zur Lösung komplexer Aufgaben ist daher der Einsatz von vergleichsweise vielen Universalisten von Vorteil. Komplizierte Aufgaben hingegen erforden ein besonders tiefes, detailliertes Wissen, sodass sich hier Spezialisten gut einbringen können.

Besonders spannend ist die Vernetzung beider Sichten, wenn sich z. B. eine komplexe Aufgabe aus vielen komplizierten Teilen zusammensetzt. Hier ist die enge Zusammenarbeit von Universalisten und Spezialisten notwendig. Diese Zusammenstellung birgt einige typologische Sprengkraft, da sehr unterschiedliche Charaktere aufeinanderprallen. Die eher abstrakten typologischen Präferenzen der Quadranten *Wohin noch* und *Warum* treffen auf die eher konkreten Präferenzen für *Was* und *Wie*.

3.5.1 Statische und dynamische Komplexität

Bei den bisherigen Betrachtungen zur Komplexität haben wir nicht unterschieden, ob sich diese daraus ergibt, dass viele einzelne Teile vorhanden sind, die zusammenspielen, oder dass die Abläufe, also die möglichen Verkettungen der einzelnen Teile, komplex sind. Wir finden sowohl statische als auch dynamische Aspekte im Zusammenhang mit dem Begriff Komplexität (Abb. 3.14).

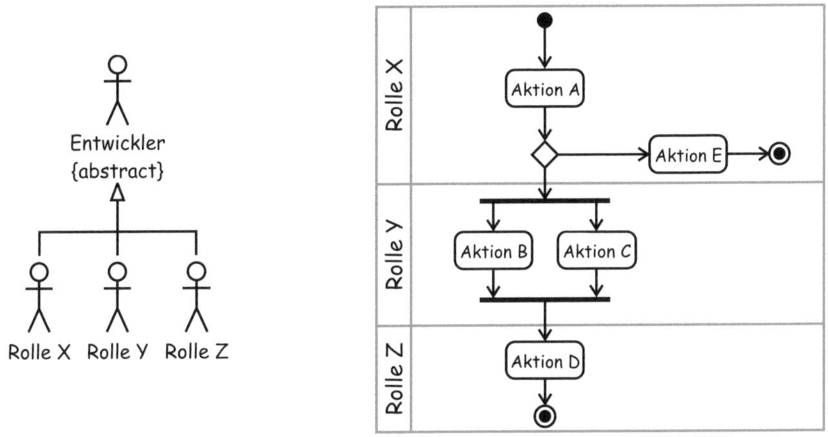

Abbildung 3.14: Komplexität lässt sich in statische (links am Beispiel eines Rollenmodells) und dynamische Komplexität (rechts am Beispiel eines Ablaufdiagramms) zerlegen.

So kann es zielführend sein, die statischen und dynamischen Aspekte getrennt voneinander zu betrachten. Nicht zuletzt deswegen differenzieren viele Modellierungssprachen und natürlich auch die UML diese beiden

Sichten. An einer bzw. an möglichst wenigen Stellen werden beide Sichten dann wieder kombiniert, um die Zusammenhänge zu verdeutlichen und modellieren zu können (Abb. 3.14 rechts am Beispiel der Partitionen eines Aktivitätsdiagramms).

Was hat das mit der Softwareentwicklung zu tun? In den Ausführungen zu Scrum ist dies anschaulich dargestellt (Abb. 3.15) (Anhang A.1.2) [106]. Neben dem Komplexitätsfaktor, der durch die einzelnen Individuen in der Entwicklung entsteht, gibt es noch zwei weitere Einflussparameter: Horizontal wird in Abbildung 3.15 die Komplexität und damit der Beherrschungsgrad der eingesetzten Technologien betrachtet, vertikal die Komplexität der Anforderungen bzw. die sich daraus ergebende Anforderungsdynamik.

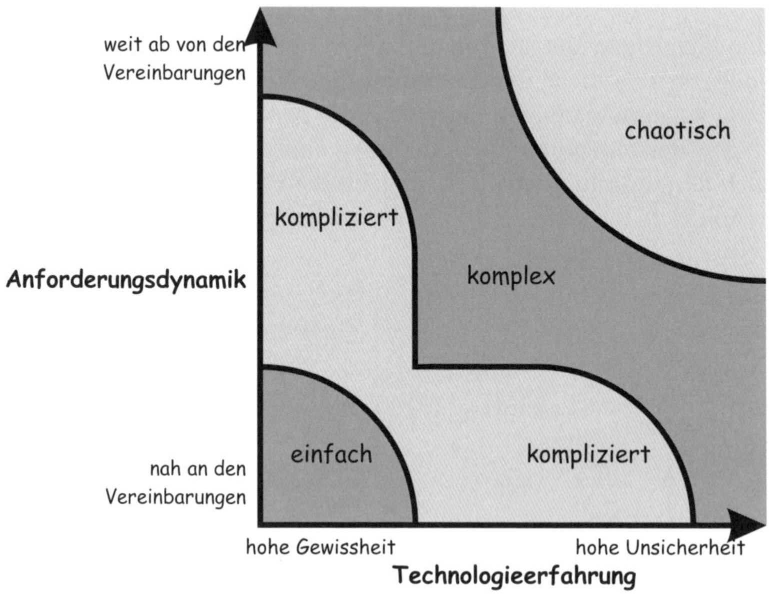

Abbildung 3.15: Die Komplexitätsfaktoren Technologie und Anforderungsdynamik spannen die Möglichkeiten für einfache, komplizierte, komplexe und chaotische Softwareentwicklung auf (modifiziert nach [106]).

Anforderungsdynamik bedeutet nicht nur die durch äußere Einflüsse wie Konkurrenzprodukte oder Gesetzesänderungen erforderlich gewordene Dynamik. Sie beinhaltet auch die notwendigen Anpassungen, die sich daraus ergeben, dass die Anforderungen zu Beginn des Projekts aufgrund ihrer Komplexität gar nicht abschließend erfassbar waren. Der Technologiefaktor zeichnet sich dadurch aus, wie viel Erfahrung wir im geforderten Umfeld haben, wie viel oder wenig Gewissheit wir über sein Verhalten haben.

3.5.2 Komplexität beherrschen

Wie schaffen wir es, Komplexität beherrschbar zu machen? Grundsätzlich gibt es dafür zwei Möglichkeiten: über Metaphern und durch Modellierung. Nicht umsonst haben beide ihren Eingang in die Softwareentwicklung gefunden. Mit Bildern und über Abstraktion sorgen wir für eine Struktur im Komplexitätsdschungel, über die wir dann gezielt in die Detailtiefe abtauchen und unseren sicheren Weg wieder zurückfinden können. Aus unserer Erfahrung können wir dazu sagen, dass beide Mittel eher zu wenig als zu intensiv eingesetzt werden. Mit dem Cynefin-Framework von David John Snowdon (*1954) können wir für fünf mögliche Umgebungen bzw. Anforderungen die prinzipiell geeignete Vorgehensweise ableiten [112]:

Einfach: Die Beziehung zwischen Ursache und Wirkung ist offensichtlich. In solchen Zusammenhängen können wir nach *Best Practices* aus der *Schublade* vorgehen. Unser Ansatz ist ein einfacher Regelkreis aus Wahrnehmen → Kategorisieren → Reagieren.

Kompliziert: Die Beziehung zwischen Ursache und Wirkung erfordert eine tiefe Analyse oder Spezialwissen. Der vorherige Regelkreis wird dann verändert zu: Wahrnehmen → Analysieren → Reagieren auf der Basis von ausgewählten, *guten* Praktiken.

Komplex: Die Ursache-Wirkung-Beziehung kann nur im Nachhinein in einer Retrospektive erfasst werden und ist nicht vorhersehbar. Hier werden neue, kreative sowie weiterentwickelte Praktiken ausprobiert und erforscht. Das adäquate Vorgehen ist eine Abfolge aus Ausprobieren → Wahrnehmen → Reagieren (Abb 4.2 auf Seite 64).

Chaotisch: Es gibt keine Beziehung zwischen Ursache und Wirkung auf Systemebene. Wir können neuartige, ungewöhnliche Praktiken ausprobieren nach dem Muster Handeln → Wahrnehmen → Reagieren.

Unordnung: Es ist unbekannt, welche Kausalität herrscht, weshalb auch kein Vorgehen vorgeschlagen werden kann.

Snowdon schlägt fünf Techniken vor, um in komplexen Situationen eine Gruppe führen zu können [112]:

Diskussion eröffnen: Fördern Sie die interaktive Kommunikation zwischen möglichst vielen Beteiligten.

Grenzen festlegen: Schaffen Sie über wenige Regeln klare *Leitplanken*, innerhalb derer sich die Gruppe selbst regeln und steuern kann.

Attraktoren schaffen: Starten Sie *Versuchsballons* und testen Sie, welche Idee auf andere Menschen attraktiv wirkt.

Dissens und Vielfalt fördern: Schaffen Sie ein breites Meinungsbild, indem Sie z. B. Aufgaben parallel bearbeiten lassen oder zu Kritik aufrufen.

Ausgangsbedingungen schaffen und auf Muster achten: Versuchen Sie, so wenig wie möglich vorzugeben, sondern auf sich bildende Muster zu achten, um diese dann konstruktiv zu nutzen.

Wir können uns drehen und wenden, wie wir wollen: Komplexe Aufgaben benötigen zu ihrer Bewältigung ein hohes Maß an Selbstorganisation!

»Das ist mir zu kompliziert, das kann ich nicht bearbeiten!«

Hatten Sie schon mal eine Aufgabe zu bewältigen, der Sie eigentlich nicht gewachsen waren? Egal, ob nun zu komplex oder zu kompliziert? Nun, wenn Sie das erkannt und damit diese Metaebene erstiegen haben und sich dabei auch noch einer angemessenen Bewältigungstaktik bedient haben, dann beglückwünschen wir Sie auf das Herzlichste. Spaß beiseite: Ist es nicht so, dass wir alle mal Aufgaben übertragen bekommen, die zu groß für uns sind? Im Grunde zeichnen sich die Ingenieurwissenschaften dadurch aus, und das macht sie ja gerade so spannend. Wir müssen immer wieder an unsere Grenzen gehen, um Neues zu erkennen.

Wo ist dann eigentlich das Problem? Es sind nicht die großen Aufgaben, es ist die Art und Weise, wie wir mit ihnen umgehen. Oft läuft das folgendermaßen ab: Wir bekommen eine Aufgabe gestellt, denken uns kurz hinein und nehmen sie an. Dann stellen wir fest, dass sie doch größer ist, als wir dachten, und wir verzweifeln ein wenig. Danach fangen wir an zu denken und zu probieren, um dann schließlich ein Gefühl für die Lösung zu bekommen. Ab hier geht's aufwärts. Wie in den Teamphasen in Abschnitt 3.4 geht es darum, schneller und effizienter zu werden, indem wir die Strecken mit negativer Steigung kurz und die Steigung gering halten. Das tun wir durch das Anwenden der richtigen Taktik. Wir müssen erkennen, dass jede an uns gestellte Aufgabe eher kompliziert oder eher komplex ist. Eine Aufgabe ist komplex für Sie, wenn Sie zu wenige Fakten vorliegen haben. Dann *schneiden Sie den Elefanten in Scheiben*, Sie modellieren, um so selbst für mehr Fakten zu sorgen.

Ist die Aufgabe hingegen kompliziert, dann liegen zu viele Fakten vor. Sie müssen die Struktur erkennen und die Schritte sowie deren Abfolge finden. Das hört sich jetzt vereinfacht an, aber wenn Sie sich bei jeder Aufgabenstellung daran halten, werden Sie schnell feststellen, dass es auch sehr hilfreich ist, so vorzugehen. Wenn Sie z. B. als Führungskraft in einem Teammeeting sitzen und die Diskussion scheint sich mal wieder endlos hinzuziehen, dann versuchen Sie herauszubekommen, ob das Problem zu komplex oder zu kompliziert ist, und wenden anschließend die entsprechende Taktik an. Vergessen Sie nicht, Ihre Gedanken z. B. am Whiteboard zu visualisieren, um sie allen Beteiligten klarzumachen. Es lohnt sich! Und sollten Sie mal nicht weiterkommen, dann versuchen Sie, Ihren Chef oder Ihre Kollegen mit ins Boot zu holen, also um Unterstützung zu bitten. Dies nicht zu tun, wäre ein großer Fehler. Es wäre zwar verständlich, weil es vielleicht Ihren Stolz betrifft, aber nicht hilfreich für die Firma und damit letztendlich auch nicht für Sie.

4 Selbstorganisation und Troja-Prinzip

4.1 Selbstorganisation von Gruppen

Führung wird oft in Form einer Hierarchie installiert und gelebt (Abb. 4.1 links). Es gibt schnelle und klare Entscheidungswege. Eine in einzelne, möglichst unabhängige Teile zerlegbare Aufgabe lässt sich gut verteilen. Eine Hierarchie ist also zur Bearbeitung gut unterteilbarer, *komplizierter* Aufgaben geeignet (Abb. 3.13 auf Seite 58).

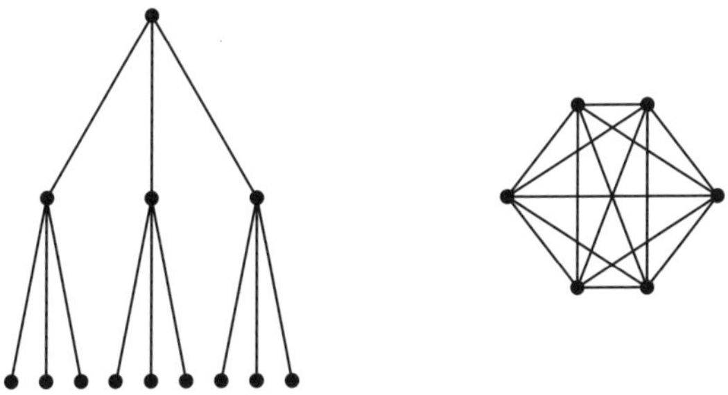

Abbildung 4.1: Die Anzahl der Kommunikationsschnittstellen in einer Hierarchie ist deutlich geringer als in einer gleichberechtigt kommunizierenden Gruppe. Eine Hierarchie mit z. B. 13 Mitarbeitern über drei Ebenen hat zwölf Kommunikationsschnittstellen zwischen zwei Personen (links), während eine 6er-Gruppe bereits 15 solcher Kommunikationsschnittstellen besitzt (rechts).

In einem gleichberechtigten Netz (Heterarchie) dagegen werden mehr Menschen eingebunden, was die Anzahl der Kommunikationswege deutlich erhöht (Abb. 4.1 rechts). Die Stärke solcher Netze liegt in der Beteiligung möglichst vieler Menschen an einer lösungsorientierten Zusammenarbeit, z. B. bei der Entwicklung kreativer, optimierter und individueller Lösungen für *komplexe* Aufgaben. So werden aus Betroffenen Beteiligte, die sich mit der Lösung identifizieren.

Bei der Selbstorganisation von Gruppen geht es primär um die zweite Variante, das Netz. Die Effekte komplexer Systeme und der daraus resultierenden Gruppendynamik können wir nutzen, um Gruppen ausgesprochen effizient und ökonomisch zu organisieren: Eine Gruppe kann sich selbst organisieren! Da viele Gruppen dieses anspruchsvolle Konzept von vorneherein nicht ausreichend effizient und ökonomisch beherrschen, fördern wir die Selbstorganisation mit dem Mittel der retrospektiven Kohärenz. Im Prinzip läuft der Regelkreis aus Abbildung 4.2 ab, den wir bereits in Abschnitt 3.5.2 ab Seite 61 für komplexe Situationen kennengelernt haben.

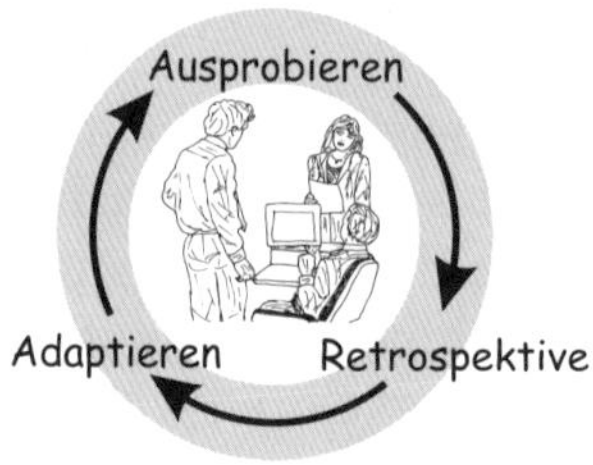

Abbildung 4.2: Regelkreis für selbstorganisierende Gruppen: Etwas wird ausprobiert und dann bewertet. Danach wird entschieden, was ggf. wie weiter umgesetzt wird.

Einige Leserinnen und Leser werden diesen Regelkreis bereits aus dem Scrum-Umfeld kennen (Anhang A.1.2). Dabei beschreibt der Regelkreis eine Sicht auf die retrospektive Kohärenz komplexer Systeme. So haben wir über die Retrospektive die Möglichkeit, die Prozesse, Regeln und sonstigen Abläufe innerhalb eines Teams zu optimieren bzw. an veränderte Rahmenbedingungen anzupassen [106].

Idealerweise brauchen wir als Projektleiter, Gruppenleiter, Scrum Master oder wie auch immer unsere Führungsrolle und Bezeichnung ausgestaltet ist, nur dafür zu sorgen, dass dieser Regelkreis zyklisch und regelmäßig abläuft, um eine Gruppe nah am Optimum zu führen. Wir nutzen das Insiderwissen und die Ideenvielfalt der Teammitglieder zur Selbstorganisation der Gruppe.

Diese hohe Ausprägung eigenverantwortlichen Arbeitens ist anspruchsvoll und stellt hohe Anforderungen an jedes einzelne Teammitglied. In der Softwareentwicklung haben wir es zwar mit hoch qualifizierten Technikern zu tun, dennoch wird selbst in diesem Umfeld bei Weitem nicht jede Gruppe in der Lage sein, sich selbst zu organisieren. Auch stellen wir mit dieser Art des Arbeitens Ansprüche an unsere Umfeldgruppen wie Fachbereiche oder Management bezüglich der Art der Zusammenarbeit, die diese nicht immer erfüllen können oder wollen. Die Arbeit in einem *echten* Team setzt einen eher höheren Anteil universalistisch veranlagter Mitarbeiter voraus als viele spezialisierte Experten. Fassen wir abschließend die Stärken und Risiken in selbstorganisierten Teams zusammen [141].

Stärken

Motivation: Die eigenen Interessen haben mehr Bedeutung, wodurch auch die Arbeit als bedeutungsvoller und sinnhafter erlebt wird. Die Aufgaben sind ganzheitlicher und abwechslungsreicher. Die einzelnen Mitarbeiter können ihre Potenziale besser entfalten.

Flexibilität: Es herrscht eine hohe Anpassungsfähigkeit an unterschiedliche äußere und innere Situationen vor. Auch wird ein möglicher Anpassungsbedarf früher erkannt, da mehr Transparenz in den Prozessen gegeben ist.

Lenkbarkeit: Gerade in komplexen Unternehmen ist der Druck zu kooperieren auf die Mitarbeiter sehr groß und damit die Anforderung, sich selbst zu lenken. Selbstorganisation ist die Konsequenz daraus.

Zeitaufwand und Kosten: Anpassungen an veränderte Umstände und andere Veränderungen verlieren viel von ihrer Reibung und laufen so schneller ab.

Risiken

Überforderung: Selbstorganisation ist ein sehr anspruchsvolles Prinzip, das hohe Ansprüche an das Sozialverhalten jedes Teammitglieds stellt. Die damit verbundenen Freiheiten können zu Ängsten bei den Beteiligten führen.

Konflikte: Das Konfliktpotenzial ist grundsätzlich höher. Daraus erwächst gerade ein Großteil des Potenzials für die kreativen und optimierten Lösungen. Insbesondere fehlen jedoch von außen vorgegebene Regeln zur Lösung von Verteilungs- und Kompetenzkonflikten, die nun individuell aufzulösen sind.

Hohe Anforderung an Führung: Die formale Führung einer selbstorganisierten Gruppe muss mit der Unsicherheit über die Kenntnis der tatsächlich aktuell geltenden Ordnung leben. Dies erfordert viel Vertrauen in das Team.

Zeitaufwand und Kosten: Aufgrund der Prozesse innerhalb einer Selbstorganisation können Lösungs- und Entscheidungsfindung deutlich länger dauern als in der auf Schnelligkeit optimierten Hierarchie. Das Prinzip des Satisficing aus Abschnitt 11.3.3 ab Seite 188 hilft bei solchen Problemen.

Die Voraussetzungen für eine funktionierende Selbstorganisation in einem Team sind also im Wesentlichen durch drei Punkte gegeben:

Toleranz den anderen Mitgliedern und ihren Meinungen und Bedürfnissen gegenüber,
Sozialkompetenz im Umgang mit den anderen Teammitgliedern und
Mut, sich darauf einzulassen.

Wenn das Optimum nicht erreichbar ist, brauchen wir nicht zu resignieren. Einzelne Aspekte lassen sich so gut wie immer umsetzen, und in diesem Buch finden Sie dazu reichlich Anregungen. Und darum geht es: flexibel zu bleiben als Individuum und als Team und sich in kleinen Schritten permanent weiterentwickeln.

4.2 Das Troja-Prinzip

Die antike Stadt Troja weist eine Geschichte auf, die sehr gut unsere Ansicht über Veränderungsprozesse in Gruppen widerspiegelt. Jede Ausprägung ihrer Entwicklung ist auf der jeweiligen Vorgängerversion errichtet worden und nutzte z. B. noch alte funktionierende Teile. Die Stadtentwicklung erfolgte also über die Jahrhunderte hinweg schichtweise (Abb. 4.3).

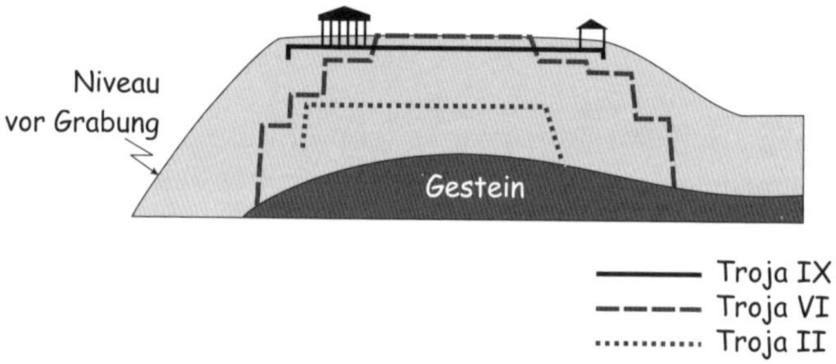

Abbildung 4.3: Das Troja-Prinzip: Neues entsteht auf und aus dem Alten. Dabei entwickelt sich das System weiter und passt sich veränderten Umweltbedingungen an. Als Metapher nehmen wir die Stadt Troja (Hisarlık), die in mindestens zehn Schichten übereinanderliegt und aufeinander aufbaut (Skizze nach Bibi Saint-Pol [141]).

Innerhalb einer Schicht erfolgte über vergleichsweise lange Zeit eine *evolutionäre* Weiterentwicklung. Durch äußere oder innere Auslöser ergab sich jedoch auch hier und da eine *revolutionäre* Entwicklung. Meist grenzte diese die eine von der anderen archeologischen Schicht ab. Was steckt hinter den beiden ähnlichen und doch gegensätzlichen Begriffen genau [141]?

Evolution: Ein evolutionärer Prozess beschreibt eine zeitliche Entwicklung von einer einfachen hin zu einer höheren Komplexität. Dabei wird ein an die aktuellen Gegebenheiten angepasstes Optimum angestrebt. Obwohl sich diesem Ziel mal mit vielen kleinen, mal mit wenigen großen Schritten deutlich genähert wird, kann es wohl kaum je erreicht werden (siehe den Kasten auf Seite 69).

Revolution: heißt eigentlich Umwälzen bzw. drehen. Im Allgemeinen wird es als Bezeichnung für eine Veränderung, einen plötzlichen Wandel bzw. eine Neuerung gebraucht. Dies schließt auch einen gewaltsamen politischen Umsturz mit ein.

Viele Auslöser bewirken nicht per se eine evolutionäre oder eine revolutionäre Entwicklung. Bei einer Stadt wie Troja waren dies z. B. die Vorbereitungen auf Kriege oder auch innere Auslöser wie etwa das starke Wachstum der Bevölkerung. Beides kann in kleinen Schritten oder als drastische Umwälzung erfolgen. Maßgeblich ist die Länge der Vorlaufzeit innerhalb derer reagiert werden muss. Die Zerstörung in einem Krieg wird dagegen wohl stets eine revolutionäre Veränderung nach sich ziehen.

In der Entwicklung von Organisationseinheiten, die aus Gruppen von Menschen bestehen und auf Regeln basieren, finden wir Parallelen dazu. Der größte Anteil der Weiterentwicklung findet in evolutionären Verbesserungen mit kleinen Schritten unter Einbindung des bisher Erreichten statt. Dennoch lassen sich einige revolutionäre Veränderungen in großen Sprüngen nicht vollständig vermeiden. Trends wurden zu spät erkannt oder der Markt hat sich schnell in eine nicht vorhergesehene Richtung entwickelt. Der daraus resultierende Zeitdruck lässt dann eine evolutionäre Lösung oft nicht mehr zu (Abb. 4.4).

Eine weitere Parallele zur Arbeit mit Entwicklerteams ist die zeitlich begrenzte Lebensdauer eines einmal gefundenen lokalen Optimums. Nichts ist von langer Dauer, da sich das Umfeld und die Rahmenbedingungen immer wieder ändern. Erfolgreiche Teams wie auch eine erfolgreiche Stadtentwicklung passen sich an und entwickeln sich mit. Für dieses Bild haben wir die Metapher *Troja-Prinzip* gewählt.

Fundamental bei diesem kombinierten evolutionär-revolutionären Prozess ist die Form der Führung, um ein solches lokales Optimum zu erreichen. Eine zentrale Führung legt die strategische Ausrichtung fest, um die wesentlichen Herausforderungen zu meistern. So werden in unserer Metapher z. B. die Stadtmauern geplant, erweitert oder abgerissen und in diesem Zusammenhang die Frage beantwortet, was innen liegt und was außen, also wer dazugehört und wer nicht.

Innerhalb der Stadt bilden sich Untergruppen z. B. durch räumliche Nähe oder gemeinsam genutzte Bereiche wie Badehäuser oder Marktplätze. Diese Untergruppen bilden eine eigene Führung aus, die sich um die kon-

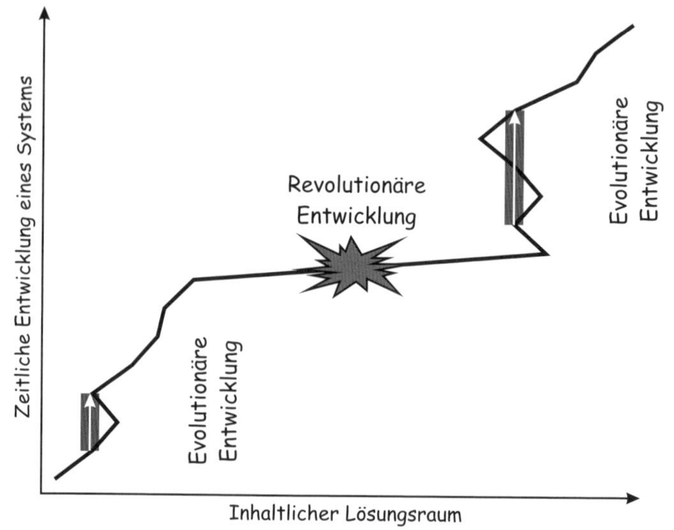

Abbildung 4.4: Das Troja-Prinzip beschreibt eine Kombination aus längeren evolutionären Anpassungs- und Veränderungsprozessen und kurzzeitigen, starken revolutionären Veränderungen. Die beiden grau hinterlegten senkrechten Pfeile markieren Bereiche, in denen die gleiche Struktur zu unterschiedlichen Zeiten realisiert wird.

kreten lokalen Probleme kümmert. Im Vergleich zu den eher langfristigen strategischen Themen handelt es hier hierbei um eher kurzfristige taktische Aufgaben. Innerhalb dieser lokalen Untergruppen können sich unterschiedliche Führungsformen etablieren wie z. B. eine hierarchische Ständeführung oder eine selbstorganisierte Struktur innerhalb einer Gruppe freier Bürger. Der wichtige Aspekt für uns ist dabei, dass sich die einzelnen Gruppen direkt oder indirekt gegenseitig beeinflussen. Wir haben es also mit einem komplexen System zu tun.

Ein wichtiger Faktor kommt allerdings hinzu, der den Unterschied zum in der Natur vorkommenden evolutionären Prinzip ausmacht, das Charles Darwin (1809 – 1882) herausgefunden hat (siehe Kasten auf Seite 69). Das Troja-Prinzip beschreibt einen Weiterentwicklungsprozess in Gruppen, dessen Zusammenspiel auf sozialen Regeln beruht. Diese Regeln können explizit formuliert sein, z. B. in Form von Gesetzestexten, oder es können implizite gruppendynamische Regeln sein, die wir in der Kindheit von den Eltern mehr oder weniger unbewusst gelehrt bekommen und übernommen haben. Auf jeden Fall gibt es Personen innerhalb der Gruppe, die eine Art Wächterfunktion ausüben, also auf die Einhaltung der Regeln achten. Die Metapher Troja-Prinzip beschreibt den dynamischen Entwicklungsprozess innerhalb von selbstorganisierten, regelbasierten komplexen sozialen Systemen.

> **Das Darwin'sche Prinzip**
>
> Darwins Evolutionsprinzip beruht auf dem Zusammenspiel von drei Schritten innerhalb des Evolutionsprozesses: Mutation, Selektion und Reproduktion. Dieses quasi *lebende* Versuch-und-Irrtum-Prinzip beschreibt ein zirkuläres Regelsystem. Es ist einerseits stabil genug, um seine Struktur zu bewahren, und andererseits flexibel genug, um durch Experimente zu Informationen zu gelangen, die ausreichen, sich im Rahmen seiner eigenen Dynamik weiterzuentwickeln [74].

Unter dem Fokus der Softwareentwicklung gelangen wir so zu einem inkrementell-iterativen Vorgehen. Wir entwickeln unsere Software in kleinen Schritten mit lauffähigen Zwischenergebnissen und messen diese regelmäßig im Kontext des dynamischen Umfelds an den zugrunde liegenden Anforderungen und aktuellen Prioritäten. Zu Projektbeginn erscheint dieses Vorgehen wie ein experimentelles Herantasten an ein pragmatisches Optimum. Aus der Projektretrospektive erkennen wir ein scheinbar zielgerichtetes, planvolles Handeln. Im Rahmen dieses Fortschreitens entwickeln sich einerseits die beteiligten Gruppen als Teams und andererseits auch die einzelnen beteiligten Personen weiter. Der Gruppeneffekt unterliegt den Regeln der Gruppendynamik. Unsere individuelle Weiterentwicklung ist Teil unserer persönlichen Entwicklung, die C. G. Jung als Individuation bezeichnet hat.

4.3 Organisation von Teams

4.3.1 Warum sind komplexe Systeme für uns wichtig?

Spätestens jetzt taucht die Frage nach dem *Warum* auf. Wenn das alles so schwierig und von so vielen Parametern abhängig ist, warum organisieren wir unsere Softwareentwicklung nicht einfach streng hierarchisch und sind die Probleme los?

Hierarchien haben ihre Vorteile und Stärken, ebenso selbstorganisierte Gruppen. Diese liegen nur in anderen Bereichen. Haben wir wenige Universalisten wie z. B. Softwarearchitekten im Team, die wir an zentralen Stellen einsetzen müssen, um viele Spezialisten, also z. B. Programmierer, zu dirigieren, bietet sich eine hierarchische Struktur an. Auch wenn wir kurze Reaktionszeiten in eher standardisierten Arbeitsabläufen brauchen, spielt eine Hierarchie aufgrund ihrer eher kurzen und wenigen Kommunikationswege ihre Stärken aus. Erfolgreich sind solche Strukturen in einem sich eher langsam verändernden Umfeld (Abb 4.1 auf Seite 63).

Besteht unser Team jedoch, wie in der Softwareentwicklung oft gegeben, sehr stark aus eigenmotivierten Mitarbeitern, die sich in mehreren Bereichen gut auskennen, können wir in selbstorganisierten Gruppen viel mehr Mitarbeiter an Entscheidungen und Ideenfindungen beteiligen. So erreichen wir häufig kreativere Lösungen, als wenn sich nur einige wenige Führungskräfte dieser Aufgabe stellen. Auch können solche Gruppen in einem stark dynamischen Umfeld deutlich flexibler auf Änderungen reagieren. Da wir uns im Softwareentwicklungsumfeld oft dieser Dynamik ausgesetzt sehen, kann es für uns von Vorteil sein, sich mit komplexen Systemen und selbstorganisierenden Gruppen auseinanderzusetzen.

Das praktische Problem der Selbstorganisation in Gruppen, das sich in der Realität schnell zeigt, betrifft die Führung solcher komplexen Systeme. Wie wir bereits erkannt haben, handelt es sich dabei nicht um eine hierarchische inhalts- und informationsbasierte Führung, da diese aufgrund der hohen Komplexität von Softwaresystemen nicht mehr realisierbar ist.

Selbstorganisierte Gruppen sind regel- und wertebasiert, daher erfolgt die Führung über Regeln und das Vorleben von Werten. Auch erfolgt die Führung nicht ausschließlich durch einige wenige Führungskräfte, sondern ist bezogen auf einzelne Aspekte auf vielen Schultern verteilt. Besonders anspruchsvoll wird diese Art der Führung, wenn das Team eine Gruppengröße von zehn Personen überschreitet.

4.3.2 Selbstorganisation in großen Gruppen

Das Thema Selbstorganisation ist für kleine Gruppen mit den geeigneten Personen gut umzusetzen. Sicherlich eignet sich nicht jede Person für ein solches Team. Diese Erfahrung haben vermutlich schon mehrere Anwender agiler Methoden wie XP oder Scrum gemacht (Anhang A.1). Wenn unser Team aus einer kleinen Anzahl motivierter und kommunikativer Entwickler besteht, funktionieren Gruppengrößen bis ca. zehn Personen ganz gut.

Die echte Herausforderung entsteht, wenn solche Systeme weiter wachsen. Es gibt nicht mehr ein zusammenhängendes Netz, das wir zu überblicken haben, sondern es bilden sich Untersysteme aus. In der Softwareentwicklung scheint dieser Übergang bei Teamgrößen zwischen zehn und zwölf Personen zu liegen [10, 33]. Diese Ballung können wir kaum noch als Einzelner überblicken (Abb. 4.5).

Management ist anscheinend im Wesentlichen die Beherrschung von Komplexität. Ein häufig zu findender, leider oft untauglicher Versuch, ein komplexes System wie aus Abbildung 4.5 zu beherrschen, entspringt der Metapher einer *Maschine* (Abb. 4.6). Es wird versucht, die Großgruppenstruktur über Hierarchien zu konstruieren. Fredmund Malik (*1944) bezeichnet dieses Paradigma des Managements als *konstruktivistisch-technomorph* [74]. Wir finden in einer mechanischen Maschine eindeuti-

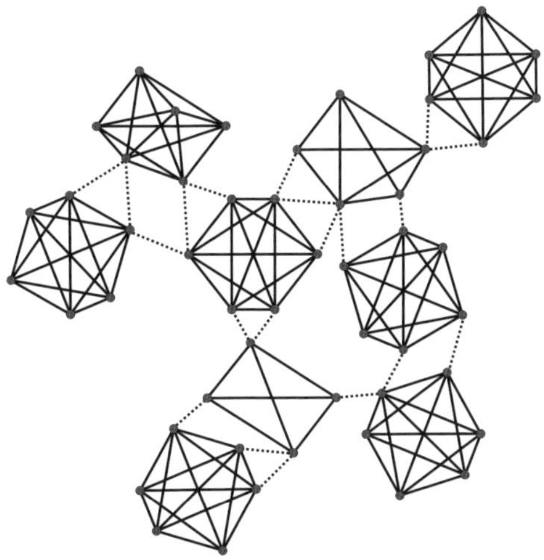

Abbildung 4.5: Wenn ein kleines einzelnes, funktionierendes Netz wächst, bildet es ab einem Grenzwert Unternetze aus. In agilen Softwareentwicklungsteams scheint diese Grenze bei ca. zehn Personen zu liegen.

ge Ursache-Wirkung-Ketten und keine Rückkopplungsschleifen. Auch mechanische Meisterleistungen sind daher im Prinzip lineare Ketten und dadurch in ihren Verhaltensmöglichkeiten gegenüber einem komplexen System stark eingeschränkt [120].

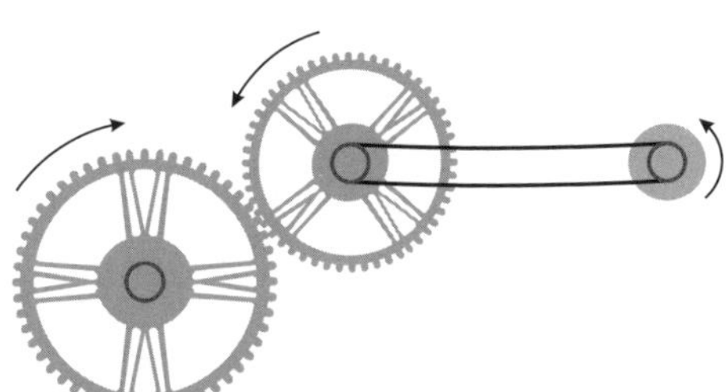

Abbildung 4.6: Der konstruktivistisch-technomorphe Managementansatz arbeitet mit der Metapher der Maschine.

4.3.3 Prozesse und Organisationsformen

In der Softwareentwicklung, die sich ja als besonders anspruchsvolle Herausforderung darstellt, stoßen wir damit schnell auf ein elementares Kommunikationsproblem: Die notwendige Kommunikation verläuft in einem hierarchischen System teilweise quer zu dieser vertikalen Ordnung entlang der Abläufe. Bereits Ende der 70er-Jahre wies Taiichi Ohno (1912–1990), der Begründer der *Lean Production*, darauf hin, dass in einem idealen Produktionprozess die Hierarchien entlang der Kommunikationswege entstehen sollten [90]. Dieses Grundprinzip wird in der IT oft ad absurdum geführt (Abb. 4.7).

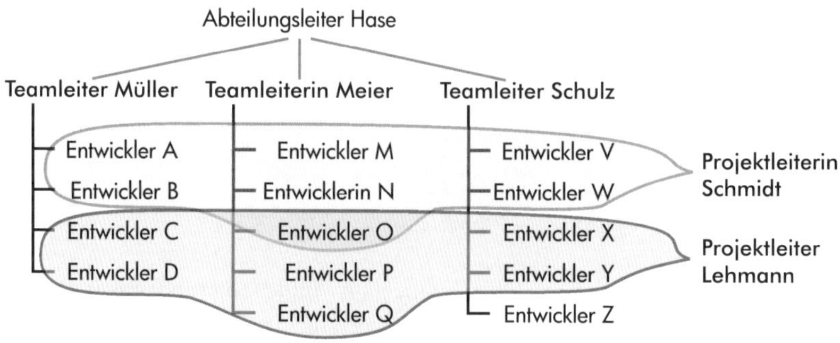

Abbildung 4.7: In einer IT-Matrixstruktur wird die senkrechte Personalführungshierarchie durch eine orthogonale Projekthierarchie erweitert. In der Praxis resultiert daraus oft ein organisatorischer und kommunikativer Mehraufwand, der einen innovativen Entwicklungsprozess hemmt. In diesem Beispiel ist Entwickler O beiden Projekten zugeordnet und Entwickler Z keinem.

Es wird versucht, eine Matrixstruktur zu implementieren, ohne sich genau über die Anforderungen und Risiken einer solchen Struktur im Klaren zu sein. Unter diesem Namen wird eine Organisationsform geschaffen, in der versäumt wird, die entsprechenden Kommunikationsschnittstellen zu etablieren. Dabei kommt oft erschwerend hinzu, dass einzelne Mitarbeiter mehreren Projekten parallel zugeordnet werden (Abb. 4.7). Die daraus resultierenden Task-Wechsel reduzieren dann die Leistungsfähigkeit dieser Projektteammitglieder weiter. Der wesentliche Vorteil dieser Organisationsform liegt unserer Erfahrung nach oft nur darin, dass zusätzliche Karrierepositionen für *verdiente* Mitarbeiter geschaffen werden. Eine solche Matrixstruktur erschwert die Kommunikationsprozesse und behindert damit das innovative Handeln des Gesamtsystems.

Doch was bedeutet *Matrix-Organisation* wirklich? Ab einer bestimmten Größe einer Organisation bildet sie einfach einen Aspekt der Realität ab. Auf den verschiedenen eher strategischen bzw. operativen Managementebenen fokussieren die Manager auf bestimmte querschnittliche Themen. Ein Entwicklungsleiter, in dessen Verantwortung die Umsetzung verschiedener Projekte fällt, ist ein Beispiel dafür. Eine einzelne Abteilung oder ein

Projektteam hat eine eher ganzheitliche Sicht, aber nur auf ein oder wenige zusammengehörige Produkte. Dadurch entstehen Kommunikationsinseln, deren Entstehung in Abbildung 4.8 schematisch dargestellt ist.

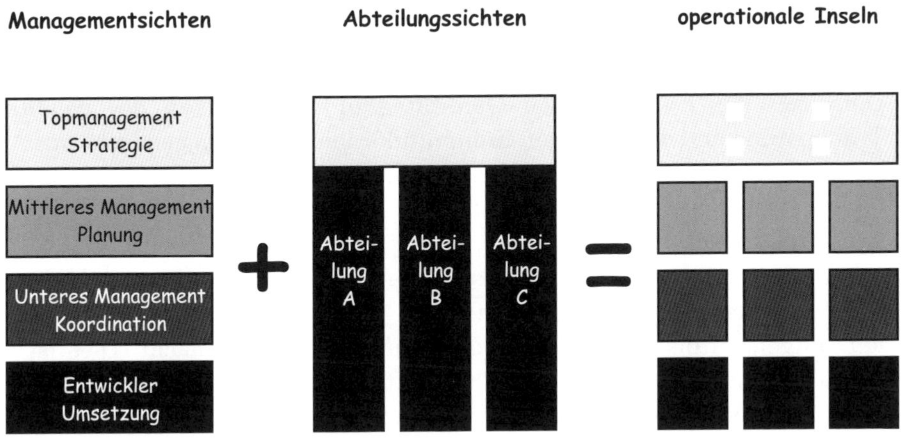

Abbildung 4.8: Auf den verschiedenen Managementebenen werden unterschiedliche strategische und operationale Sichten fokussiert (links). Auf den Abteilungsebenen wird sich dagegen auf fachliche Themen wie z. B. ein einzelnes Projekt konzentriert (Mitte). Dadurch entstehen mehr oder weniger isolierte operationale Inseln (rechts) [62].

Eine Matrix-Organisation bildet dann einfach die Realität ab. Wieso kommt es dabei so oft zu den eingangs geschilderten Problemen? Die implizit in der Organisation durch die Größe, eine minimal notwendige Hierarchie und aus der Vielfalt an Aufgaben mit den daraus resultierenden Priorisierungen existierenden Spannungen werden jetzt explizit sichtbar. Wenn diese Schwierigkeiten nicht angemessen gelöst werden, wachsen sie sich zu ernsthaften Konflikten aus. Das Beispiel aus Abbildung 4.7 zeigt dieses Problem auf. Eine Organisationsmatrix ist primär eine Kommunikationsmatrix! Matrix-Organisation bedeutet daher stets, dass Kommunikation zur Chefsache wird. Es gilt, die Kommunikationskanäle explizit aus- und umzubauen [36].

4.3.4 Lebende Organisation – kooperative Konflikte

Eine gelebte Matrix-Organisation weist eine hohe Kommunikationsrate entlang den horizontalen und vertikalen Kommunikationskanälen auf. Eine souveräne Matrix-Führungspersönlichkeit schafft mit dem Bau einer dieser operationalen Inseln einen Rahmen und Freiraum, in dem das dort beheimatete Team seine Arbeitsabläufe selbst organisiert. Wie ein Softwarearchitekt definiert und optimiert es beim Gestalten dieser *Komponenten* deren Schnittstellen. Wenn dies gelingt, ist nicht nur eine einzelne *Insel* eine lernende, flexible Einheit, sondern auch weite Teile der Organisation. Dies kann auch bedeuten, dass die Struktur der *Inseln* regelmäßig an die sich verändernden Anforderungen angepasst wird.

Im Optimum durchdringen Organisation und Kommunikation sich gegenseitig. Wir erkennen den Qualitätsgrad oft schon an der gelebten Transparenz und den geringen Kommunikationsbarrieren gemischt mit Arbeitsrückzugsgebieten, wenn wir uns nur anschauen, wie das Arbeitsumfeld aussieht. Nichts anderes sind im Kleinen die Beschreibungen agiler Arbeitsplätze [8].

In einer *echten* Matrix-Organisation muss eine konstruktive Fehlerkultur herrschen, da sie sowohl innerhalb der Inseln als auch und vor allen Dingen an deren Schnittstellen Konflikte sichtbar macht. Dies ist so gewollt. Wichtig ist dabei, diese Konflikte kooperativ zu lösen, damit sie das gesamte Unternehmen weiterbringen. Konflikte werden konstruktiv genutzt, und es wird kein Schuldiger gesucht, sondern die aktuell beste Lösung. So ergibt sich ein Vorsprung vor der Konkurrenz oder ein aktueller Nachteil wird wettgemacht.

Eine Falle, in die besonders gerne Entwicklerteams tappen, ist es, die kooperativen Konfliktlösungen mit Harmoniesucht zu verwechseln. Genau das ist damit nicht gemeint. In einer harmoniesüchtigen Gruppe bleiben bestehende Konflikte *unter der Decke*. So sind sie jedoch nicht lösbar und hemmen die Aktions- und Reaktionsgeschwindigkeit der Mitarbeiter. Kooperative Konfliktlösungen dürfen gerne laut und engagiert ausgetragen werden. Ihr Unterschied zur häufig anzutreffenden, nichtkooperativen Konfliktlösung liegt im Ziel. Bei kooperativen Konflikten geht es um die Sache und nicht um den Sieg einer einzelnen Person. Es werden bewusst Win-win-Situationen angestrebt. Um diese zu erreichen, brauchen wir die konstruktive Mitarbeit aller Beteiligten.

4.3.5 Katalysatoren

Wenn wir das Troja-Prinzip auf große Gruppen anwenden, kommen wir von einer anderen Seite her auf ähnliche Ideen, die eher dem *systemisch-evolutionären* Managementparadigma nach Fredmund Malik zuzuordnen sind [74]. In der Chemie finden wir z. B. bei der Steuerung komplexer Reaktionen sog. *Katalysatoren*. Das sind Stoffe, die den Veränderungsprozess begleiten, die Reaktionsgeschwindigkeit verändern, jedoch am Ende wieder unverbraucht aus dem Experiment hervorgehen. Chemische Katalysatoren verändern die Aktivierungsenergien in einer Reaktion. Ähnlich können wir auch menschliche Katalysatoren in ein komplexes System einbringen, die dort die notwendigen Führungsaufgaben wahrnehmen (Abb. 4.9). Konkret sehen diese Führungsaufgaben Moderation, Mentoring und Coaching vor, auf die wir später noch ausführlich zu sprechen kommen.

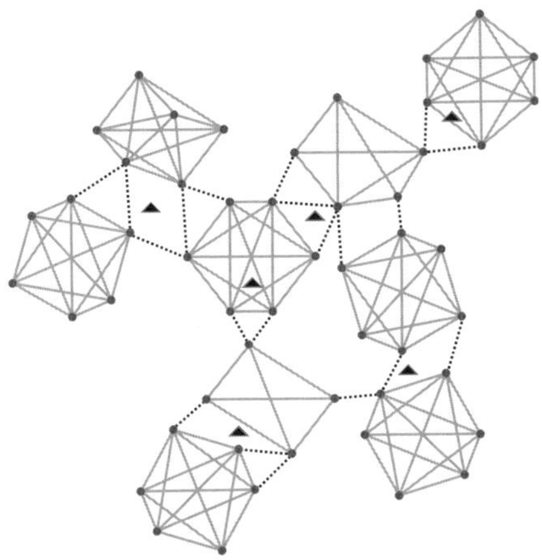

Abbildung 4.9: In großen Gruppen vernetzen sich mehrere kleinere Netze (durchgezogene Linien) zu einem dynamischen, heterogenen Gesamtgebilde (gepunktete Linien), einer dynamischen Matrix. Zur Ausbildung einer Gesamtkultur und zur Steuerung der hohen Dynamik werden spezielle Mitarbeiter als Katalysatoren in das System eingebracht (Dreiecke).

Malik fasst die dominierenden Denkmuster von konstruktivistisch-technomorphem und systemisch-evolutionärem Management wie in Tabelle 4.1 auf Seite 76 gezeigt zusammen [74]. Wie kann so eine Struktur aussehen?

Stellen wir uns eine Softwareentwicklungsabteilung vor, die als interner Dienstleister die Software für die eigene Firma entwickelt (Inhouse-Entwicklung). Sie besteht oft aus 30 bis 50 Mitarbeitern, die verschiedene Rollen wahrnehmen wie Abteilungsleiter, Teamleiter, Projektleiter, Architekt und Entwickler. Manchmal kommen noch Analytiker hinzu, doch oft wird diese Rolle zwischen Teamleiter, Projektleiter, Architekt und Entwickler aufgeteilt.

Eine streng hierarchische Struktur wird der Komplexität der miteinander vernetzten Entwicklungsvorhaben kaum gerecht werden. Also werden vielleicht verschiedene Scrum-Teams gebildet, die über einen *Scrum-of-Scrums*-Ansatz miteinander gekoppelt werden. Die Scrum Master bilden dabei die Rolle der Katalysatoren ab. Dies löst verschiedene häufig existierende Probleme. Die fachliche Kompetenz der Mitarbeiter über das Verständnis moderner Softwarekonzepte ist oft sehr unterschiedlich verteilt. Auch die Motivation, sich damit näher zu befassen, variiert stark.

konstruktivistisch-technomorph		systemisch-evolutionär
Manager führen Menschen	↔	Manager gestalten und lenken ganze Institutionen
Manager führen wenige Personen	↔	Manager führen viele Personen
wenige Personen agieren als Manager	↔	viele Personen agieren als Manager
Manager wirken direkt	↔	Manager wirken indirekt
Management ist auf Optimierung ausgerichtet	↔	Management ist auf Steuerbarkeit ausgerichtet
Manager haben im Großen und Ganzen ausreichende Informationen	↔	Manager haben nie ausreichende Informationen
Management hat das Ziel der Gewinnmaximierung	↔	Management hat das Ziel der Maximierung der Lebensfähigkeit

Tabelle 4.1: Gegenüberstellung der dominierenden Denkmuster der Managementdefinitionen in der konstruktivistisch-technomorphen (links) und der systemisch-evolutionären Sichtweise (rechts) [74]

Noch stärker sind meistens die Defizite auf der kommunikativen Ebene und der Prozesskompetenz, Besprechungen, Workshops oder Retrospektiven effizient durchführen zu können. Die Mitarbeiter, die auf beiden Ebenen stark sind, übernehmen die Rolle des Scrum Master bzw. Katalysators und betreuen ein oder zwei Teams. Die Scrum Master stimmen sich dann zwischendurch in einem *Scrum of Scrums* ab und koordinieren gemeinsam mit dem Abteilungsleiter die Abteilung (Anhang A.1.2).

Scrum haben wir hier als eine weitverbreitete Variante dieser Idee aufgegriffen. Es gibt auch konventionellere Vorgehensweisen. Häufig werden die hoffentlich geeignet ausgewählten Team- und Projektleiter eine Katalysatorrolle übernehmen. Sie werden dann neben einer nur noch geringen inhaltlichen Mitarbeit in ihrem Team die Kommunikationskultur entwickeln und entsprechen daher weniger dem klassischen Führungsbild als einem Moderator und Coach, der Dienstleistungen gegenüber seinem Team erbringt. Auch in diesem Beispiel bedarf es einer regelmäßigen inhaltlichen und methodischen Abstimmung dieser *Teamcoaches* untereinander im Abgleich mit dem Abteilungsleiter. Hier erscheint es uns eine gute Idee, als oberste Instanz den Personalvorgesetzten zu nehmen und nicht den Hauptprojektleiter, um eine klare Trennung zwischen der langfristigen Weiterentwicklung im Sinne der Softwarestrategie und der Umsetzung von eher kurzfristigen Projektzielen zu erreichen.

Diese eher universell aufgestellten Teamcoaches benötigen einerseits regelmäßiges Feedback untereinander bis hin zu Konzepten wie Supervision durch andere Teamcoaches oder ein Reflecting-Team (siehe Definitionen im Kasten). Andererseits wird auch regelmäßiger externer Input notwendig sein, um die Teamcoaches in einem solchen komplexen Netz angemessen weiterzuentwickeln [102].

Feedback, Supervision und Reflecting-Team

Über ein **Feedback** teile ich einer anderen Person in nicht verletzender Weise konstruktiv mit, wie ihr konkretes Verhalten auf mich wirkt. Ein Feedback erfolgt nach festen Regeln, die u. a. sicherstellen sollen, dass nur *Ich*-Botschaften gesendet werden [133]. Ein kurzes Beispiel dient zur Illustration: »Du hast mich in meiner Kundenpräsentation gestern abend zweimal unterbrochen « (konkrete Wahrnehmung), »Ich fühle mich dadurch verunsichert und verliere meinen roten Faden!« (Wirkung auf mich).

Supervision bezeichnet das Angebot, unter einer fachlicher Anleitung über die Arbeit zu reflektieren. Dies kann einzeln oder in der Gruppe erfolgen.

Mit **Reflexion** bezeichnet man in der Psychologie den Prozess des Nachdenkens und Besinnens sowie die Vertiefung in die eigenen Gedanken. Hier kann z. B. das eigene Verhalten kritisch hinterfragt oder Klarheit über die eigene Persönlichkeit gewonnen werden.

Ein **Reflecting-Team** ist eine von Tom Andersen (1936–2007) entwickelte Methode des Reflexionsgesprächs, in dem in unserem übertragenen Sinn zusätzlich anwesende Teamcoaches gemeinsam mit dem für ein spezielles Team verantwortlichen Teamcoach und unter Beisein des Teams über das Team reflektieren [141].

4.3.6 Zielorientierung in lebenden Organisationen

Das klingt so weit recht verlockend. Es macht sicherlich Spaß, in einem solchen Netz zu arbeiten oder als *Katalysator* Entwicklungsprozesse zu begleiten. Doch wie erfolgen die Ausrichtung und Steuerung? Wie kann die Geschäftsführung sicherstellen, dass langfristig erfolgreiche Produkte erstellt werden?

Anders als in eher hierarchischen Organisationen, in denen Varianten des *Befehl-Gehorsam-Prinzips* gelebt werden, kann eine Steuerung einer *echten* Matrix nur über gemeinsame Ziele und Visionen erfolgen. Dabei ist die Qualität der Botschaft entscheidend. Die Motivation ergibt sich daraus, dass sich die Mitarbeiter mit der Vision und den Zielen identifizieren. Dazu braucht es eine Vision und daraus abgeleitete Ziele, die die Mitarbeiter emotional berühren [36].

Diese Emotionalität drückt sich dann in dem Wunsch aus, dabei sein zu wollen. Dazu gibt die Vision dem Handeln jedes einzelnen Mitarbeiters Sinn und schafft so eine Bedeutung für jeden Einzelnen. Daraus ergibt sich dann der hohe Aktivitätslevel unter den Mitarbeitern, den wir für die Umsetzung anspruchsvoller Projekte brauchen. Dieser Wert führt direkt zu wirtschaftlicheren Resultaten, da jeder Mitarbeiter für das Erreichen der Ziele nach den besten Mitteln und Wegen sucht. Ohne diese gemeinsame Ausrichtung verfolgt jeder Mitarbeiter seine eigenen Ziele, die mehr oder weniger zu den Unternehmenszielen passen.

Eine solche Vision zu erschaffen und daraus im obigen Sinn brauchbare Ziele abzuleiten ist kreative Arbeit und nicht durch Rhetorik zu ersetzen. Nach unserer Erfahrung ist es dabei hilfreich, oft und regelmäßig im Kontakt mit möglichst vielen Mitarbeitern zu sein, um erkennen zu können, welche eigenen Ideen Kraft haben oder welche kraftvollen Ideen sich in den Köpfen befinden. Um die Menschen herum, die eine Vision kraftvoll verfolgen, können dann die entsprechenden Teams aufgebaut werden. Wichtig bei der Teambildung ist, dass die Team-Kristallisationskeime maßgeblichen Einfluss auf die Teambildung haben, um die Kraft und Motivation des Teams zu erhalten.

Eine solche Organisationsform ist schwierig und für jeden Beteiligten herausfordernd. Wir sind davon überzeugt, dass sich der Aufwand in jeder Hinsicht und damit vor allen Dingen auch wirtschaftlich rechnet. Dieser Menschen-zentrierte Ansatz drückt unsere Überzeugung aus, dass Softwareentwicklung primär *People Driven Development* ist [133]: Software wird von Menschen, mit Menschen für Menschen erstellt!

Teil II

Organisatorische Grundlagen

Ziele sind wichtig, doch wie finden und definieren wir unsere Ziele? Wie legen wir unsere Prioritäten fest? Hier fassen wir einige grundlegende Aussagen und Techniken kurz zusammen.

Einen Großteil unserer Arbeitszeit verbringen wir in Besprechungen. Besprechungen können die benötigten Ergebnisse liefern, reine Zeitverschwendung sein oder irgendetwas dazwischen. Hier finden Sie eine Grundstruktur mit Regeln, die es lohnt einzuhalten, und Anregungen, wie sie ihre Besprechungen noch effizienter gestalten können.

Wir schließen diesen Teil mit unseren Betrachtungen zu einem klassischen Managementthema ab und behandeln die eigene Arbeitsorganisation. Was können wir unternehmen, um wirklich Aufgaben delegieren zu können? Abschließend betrachten wir eines der besonders kritischen Themen in der Softwareentwicklung: Störungen und Unterbrechungen.

5 Ziele und Prioritäten

5.1 Ziele definieren

Was ist ein Ziel? Und warum sind Ziele für den Erfolg unserer Arbeit so wichtig? Ziele sind *Motive* menschlichen Handelns. Sie treiben uns an. Damit sind sie sowohl die Ursache zielgerichteten Handelns als auch dessen Wirkung. Wie wir später noch sehen werden, sind Ziele eines der wesentlichen Elemente zur Führung selbstorganisierter Teams. Daher möchten wir dieses Thema im Detail behandeln.

Ein Ziel beschreibt einen zukünftigen, erstrebenswerten und sich nicht von alleine einstellenden Zustand [110]. Es stellt allgemein dar, was eine Person, eine Gruppe oder ein ganzes Unternehmen erreichen möchte. Im Ziel wird dagegen nicht beschrieben, wie es erreicht werden soll, also nichts über die durchzuführenden Maßnahmen. Wenn wir ein Ziel konkret formulieren möchten, sind vier Punkte zu beachten:

- Zielinhalt definieren: Was genau soll erreicht werden?
- Zielmenge definieren: Wie viel wird angestrebt und wie soll die Zielerreichung gemessen werden?
- Zielzeitpunkte definieren: Bis wann soll was genau erreicht sein?
- Zielgrund klarstellen: Warum soll das Ziel angestrebt werden?

Ein Ziel steht dabei nicht isoliert für sich, sondern ist typischerweise in ein Zielgeflecht eingebunden. Dieses Geflecht ist meist hierarchisch aufgebaut (Abb. 5.1). Ausgehend vom Leitbild werden die globalen Ziele definiert und daraus hierarchisch die Ober- und Arbeitsziele abgeleitet.

5.1.1 BMM – Das Business Motivation Model

Es gibt verschiedene Möglichkeiten, den Begriffswirrwarr zu strukturieren. Wir halten uns an die Ideen aus dem Business Motivation Model der Object Management Group (OMG) [91], das eine gewisse Nähe zum Konzept der Balanced Scorecard hat [59]. Wir nutzen die folgenden Definitionen für die Begriffe aus Abbildung 5.1:

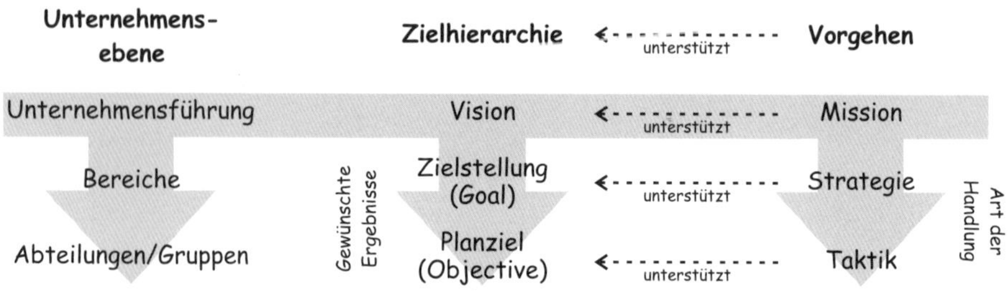

Abbildung 5.1: Ziele sind meist verflochten und hierarchisch entlang der Organisationsebenen strukturiert [91, 110].

Vision: beschreibt das *ultimative*, womöglich unerreichbare Ziel, das sich ein Unternehmen setzt.

Zielstellung (engl.: Goal): führt die Vision weiter aus. Zielstellungen werden in Ziele umformuliert, die erreicht werden müssen, um die Vision umzusetzen.

Planziel (engl.: Objective): messbares, erreichbares und zeitlich begrenztes Ziel.

Mission: beschreibt das andauernde Verhalten eines Unternehmens, mit dem die Vision erreicht werden soll.

Strategie: unterstützt meist eine Zielstellung (Abb. 5.2).

Taktik: unterstützt meist ein Planziel (Abb. 5.2).

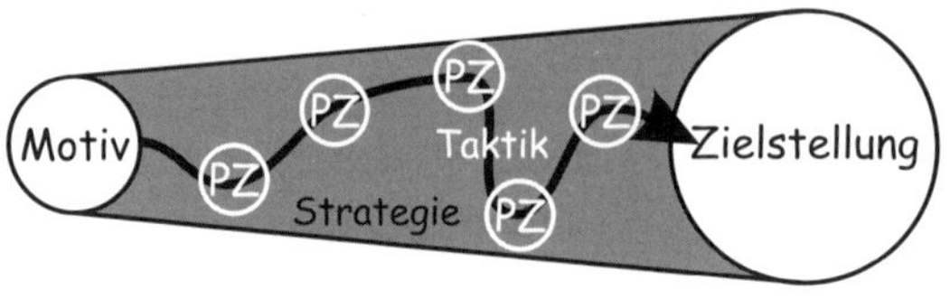

Abbildung 5.2: Die Strategie gibt den Korridor der Möglichkeiten vor (grau), wie wir ausgehend von einem Motiv eine Zielstellung erreichen können. Die Taktik ist dann der konkrete Weg von Planziel (PZ) zu Planziel, um die Strategie umzusetzen.

Bei Besprechungen geht es eher um taktische Themen und damit um Planziele bzw. deren Erreichung. Die deutlich aufwendiger zu erstellende motivierende und tragfähige Vision und die daraus abzuleitenden Zielstellungen sind dagegen meist besser in Strategie-Workshops zu bearbeiten.

5.1.2 Ziele erreichen: Strategie und Taktik

Den Unterschied zwischen Strategie und Taktik können wir ganz pragmatisch an der Analogie aus Abbildung 5.3 festmachen: Wie kommen wir zum Hauptbahnhof (Zielstellung)? Als Strategie wählen wie den schnellsten Weg und nicht andere Varianten wie die sicherste oder billigste Möglichkeit. Zur praktischen Umsetzung für einen bestimmten Tag und eine bestimmte Zeit wählen wir dann das Fahrrad, damit wir nicht mit Bus oder Taxi im Stau stehen.

Ziel: Was?
zum Hauptbahnhof
(und nicht zum Flughafen)

Strategie: Wie?
auf dem schnellsten Weg
(und nicht die sicherste oder billigste Möglichkeit)

Taktik: Womit?
mit dem Fahrrad (und nicht mit dem Bus oder Taxi,
um nicht im Stau zu stehen)

Abbildung 5.3: Analogie für Strategie und Taktik

Ein häufiger Fehler bei der Zielermittlung ist die Verwechslung von Ziel und Maßnahme. Eine Maßnahme ist Bestandteil der Taktik, mit der wir ein Planziel erreichen möchten. Auf diese Art können wir die Abstraktionsebenen hochwandern. Eine strategische Maßnahme kann z. B. das Aufstellen eines Regelwerks sein, um ganz bestimmte Aktivitäten der Mitarbeiter zu fördern wie z. B. Regeln für eine Umsatzbeteiligung. An einem kleinen Beispiel möchten wir das Zusammenspiel der Zielebenen und den Unterschied zu einer Maßnahme erläutern.

»Unser Ziel ist die Ablösung der aktuellen XY-Datenbank durch die ABC-Datenbank, die unser neuer Firmenstandard ist.« Solche oder ähnliche Aussagen haben wir sicherlich bereits gehört oder vielleicht selbst verwendet. Doch ist das so richtig? Handelt es sich nicht eher um eine Maßnahme? Maßnahmen sind Aktivitäten, die wir durchführen, um ein Ziel zu erreichen. Den Unterschied können wir erkennen, wenn wir uns nach dem *Warum* fragen.

Warum wechseln wir auf die Standard-Datenbank? Warum haben wir überhaupt eine Standard-Datenbank? Was wollen wir damit auf welcher Zielebene erreichen? Durch die Vereinheitlichung möchten wir vielleicht Wartungs- und Betriebskosten reduzieren. Dieses Ziel ist ein typisches Planziel. Dieses und andere ähnlich gelagerte Ziele gehören vielleicht zur Strategie, die Wirtschaftlichkeit einer Inhouse-IT zu verbessern, um im Vergleich zu Fremdanbietern konkurrenzfähig zu bleiben. Die Zielstellung wäre dann die Konkurrenzfähigkeit gegenüber externen Dienstleistern. Diese Zielstellung unterstützt eine Vision ähnlich wie »Wir sind der dauerhafte, anerkannte und renommierte IT-Partner unseres Hauptkonzerns!«

Nach diesem Muster ordnen sich z. B. auch Qualifizierungsmaßnahmen für die Mitarbeiter oder die Auslagerung eines fest umrissenen Teils der IT wie z. B. die Wartung von Client-PCs an einen externen Outsourcing-Partner ein. Auch sie dienen indirekt der Zielstellung *Konkurrenzfähigkeit*.

5.2 Ziele schriftlich erarbeiten

Ziele dienen zur Orientierung. Nur anhand der Ziele können wir Aufgaben überhaupt priorisieren. Über diese Ziele muss Konsens zwischen allen Beteiligten herrschen. Insbesondere Zielkonflikte sind sofort zu untersuchen. Wenn z. B. ein Auftraggeber eine effizient erstellte und langfristig wartbare Software in Auftrag gibt und der Dienstleister dort unerfahrene Mitarbeiter einsetzen möchte, um diese im Rahmen des Projekts gut auszubilden, wird dies früher oder später zu einem Zielkonflikt führen.

Ziele gehören zu den wenigen Dingen, die stets *schriftlich* zu dokumentieren sind. Beim Aufschreiben erhalten wir maximale Klarheit darüber und können sie so auch konkret kommunizieren. Schon die schriftliche Form erhöht die Wahrscheinlichkeit der Zielerreichung.

Wichtig ist, bei der Dokumentation unserer Ziele deren zeitliche Struktur zu berücksichtigen. Unterscheiden Sie zumindest in kurz-, mittel- und langfristige Ziele. Außerdem gilt es, deren Realisierbarkeit zu prüfen. Realistische Ziele motivieren, unrealistische demotivieren.

5.2.1 Zielkonflikte und technische Schulden

Ein wesentlicher Vorteil schriftlicher Ziele ist die Möglichkeit, diese auf Konflikte zu prüfen. Dafür ist oft die Klarheit vonnöten, die wir durch das Aufschreiben erhalten. Eine erste Orientierung sowie die Erläuterung dafür, dass fast alle Projekte in mehr oder weniger starke Zielkonflikte geraten, liefert das Teufelsquadrat nach Harry M. Sneed (*1940). Es stellt die Abhängigkeiten der vier Variablen Funktionalität, Qualität, Realisierungsdauer und Kosten dar. Die Leistungsfähigkeit des Teams wird darin als graue Fläche dargestellt, die über kurze und mittlere Zeiträume als konstant anzunehmen ist (Abb. 5.4).

Um einen Zielkonflikt auflösen zu können bedarf es zweierlei. Zum einen benötigen wir einen Spielraum bei mindestens einer, besser zwei der vier Variablen. Um diesen zu definieren und damit konkret arbeiten zu können, brauchen wir zum anderen eine geordnete Prioritätenliste, an der wir uns orientieren können [133]. Wenn wir z. B. einen Liefertermin und

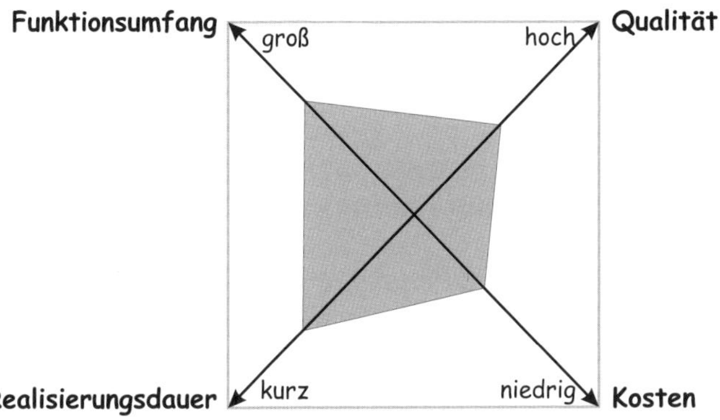

Abbildung 5.4: In einem Softwareprojekt versuchen wir einen angemessenen Kompromiss zwischen den grundlegenden Variablen eines Projekts zu finden. Deren Abhängigkeiten und die Möglichkeiten durch das Projektteam, darauf einzuwirken, werden im Teufelsquadrat deutlich. Die graue Fläche symbolisiert die Teamproduktivität [133].

ein festes Budget einhalten müssen, können wir am Funktionsumfang und der Qualität bei Bedarf *Einsparungen* vornehmen. Überall dort, wo dies nicht offen erfolgen kann, weil der notwendige Spielraum nicht gegeben ist, finden wir den impliziten Spielraum versteckt in der mangelnden inneren Qualität des Produkts.

Eine häufige Strategie zur Lösung solcher Zielkonflikte liegt darin, bewusst an der inneren und äußeren Qualität zu sparen. Die Erweiterbarkeit und Wartbarkeit wird nicht weiter beachtet, und auch von außen sichtbare Aspekte wie Bedienbarkeit oder Performance bleiben auf der Strecke. Wenn dies bewusst und in Abstimmung mit den Stakeholdern erfolgt, ist dagegen erstmal nichts einzuwenden. Wir haben damit jedoch technische Schulden gemacht. Wie bei richtigen Krediten zahlen wir dafür Zinsen. Natürlich ist es erlaubt und oft auch sinnvoll, Kredite aufzunehmen. Doch sollten wir dabei stets auch einen Rückzahlungsplan vorliegen haben. Wann korrigieren wir die Schwächen? Die entsprechenden Zeiten und die damit verbundenen Kosten sind einzuplanen. Wenn dies sichergestellt ist, können technische Schulden ein belastbarer Weg aus vorhandenen Zielkonflikten sein. Wenn dies verdeckt praktiziert werden muss und nicht kommuniziert werden darf, übernimmt hoffentlich ein anderes Team die Wartung des Produkts.

Zielkonflikte gehören zu den kritischsten Risiken für Projekte, die den Erfolg drastisch gefährden können. Daher sind sie mit besonderem Augenmerk zu beachten. Gemeinsame konsistente Ziele aller Stakeholder sind daher von übergeordneter Wichtigkeit für den Arbeitserfolg. Umgekehrt sind viele Konflikte, die im Laufe eines Projekts auftreten, oft Symptome für einen darunterliegenden Zielkonflikt der Beteiligten. Für alle Teammitglieder gilt es daher, besonders auf mögliche Zielkonflikte zu achten.

5.2.2 Mienenfeld Zielvereinbarung

Jährliche oder kürzer laufende Zielvereinbarungen sind ein weitverbreitetes Mittel zur Steuerung von Mitarbeitern. Sie funktionieren jedoch richtig gut nur in wenigen IT-Umfeldern. Betrachten wir zunächst, wie sie überhaupt funktionieren können, bevor wir genauer analysieren, warum sie so oft kontraproduktiv sind.

»Ziele sind gut, aber Zielvereinbarungen funktionieren nicht!«

Auf das Thema Zielvereinbarungen treffen wir in der Softwareentwicklung oft. Es findet jedoch kaum breite Unterstützung bei den Betroffenen. Es fällt leichter, Ziele in einem besser messbaren Umfeld wie dem Vertrieb zu setzen. Hier gibt es Größen, wie z. B. Verkaufszahlen, die sich viel besser für eine Zielvereinbarung eignen. Es ergibt sich jedoch immer wieder die Frage, inwieweit ein Mitarbeiter seine Ziele ausschließlich alleine beeinflussen kann. Und dann bleibt natürlich noch die Frage zu klären, ob Zielvereinbarungen denn überhaupt in der Softwareentwicklung anwendbar sind.

Idealerweise kann ein Mitarbeiter seine Ziele ganz alleine, d. h. ohne die Mithilfe von anderen, erreichen. Was im Vertrieb, z. B. bezüglich der Verkaufszahlen so scheint, trifft aber in Wirklichkeit nicht immer zu. Der Vertriebsmitarbeiter kann sich noch so anstrengen: Wenn die Produkte eine zu schlechte Qualität oder Innovation bieten, dann wird er weniger verkaufen, und das wird sich negativ auf seine Zielerreichung auswirken. Er kann also den Grad der Zielerreichung nicht alleine durch seine Leistung bestimmen. Diese Betrachtung führt schon bei vielen Mitarbeitern und auch Führungskräften zu einer Ablehnung gegenüber dem Werkzeug Zielvereinbarung.

In der Softwareentwicklung scheint dieses Problem noch viel stärker zu existieren. Was kann ein einzelner Mitarbeiter beitragen zum Erreichen eines Projektmeilensteins? Zeichnet seine Arbeit nicht gerade aus, dass er sehr viele Abhängigkeiten zu seinen Kollegen besitzt und sie alle nur im Team erfolgreich sein können? All dies sind valide Fragen. Die Antworten führen auch manchmal zu einer Zielvereinbarung, die nur die persönlich erreichbaren Ziele enthält. Dies kann das Schreiben einer bestimmten, klar abgegrenzten Funktionalität oder gar Klasse sein. Wird dieses Vorgehen bevorzugt, so haben wir in der Praxis beobachtet, dass das Team darunter leidet. Jeder fährt seine Ellbogen aus und versucht um jeden Preis, sein Ziel zu erreichen. Übergreifende Ziele, wie z. B. Projektmeilensteine, treten in den Hintergrund. Es wird also schnell klar, dass das Instrument der Zielvereinbarung kein einfaches ist. Im Folgenden möchten wir Ihnen einmal schildern, mit welchem

Vorgehen wir im Rahmen einer langfristigen Produktentwicklung die besten Erfahrungen gemacht haben.

Der erste Baustein erfolgreicher Zielvereinbarungen ist ein *Herunterbrechen* der Ziele beim Topmanagement angefangen. Das oberste Management muss sich einigen, welche Ziele verfolgt werden sollen, legt also z. B. fest, welche Produkte in den nächsten Jahren entwickelt werden sollen und wie diese Produkte gegenseitig priorisiert sind. Diese Ziele müssen auf den darunterliegenden Ebenen grob abgeschätzt und für realistisch befunden werden, ansonsten werden sie nicht angenommen. Ist das passiert, müssen die Ziele die Hierarchiestufen des Unternehmens *heruntergebrochen* werden. Die Mitarbeiter auf jeder dieser Ebenen überlegen sich, was das übergreifende Ziel für sie bedeutet. Steht dieses Zielvereinbarungsgerüst einmal, können wir uns mit der Dynamik beschäftigen. Hier ist es ganz wichtig, einen neuen Zugang zu den Zielen zu bekommen.

Es ist in der Realität nie so, dass ein Mitarbeiter seine Ziele ganz alleine beeinflussen kann. Trotzdem können Zielvereinbarungen eines Mitarbeiters mit einer Führungskraft sehr hilfreich sein, denn sie drehen die Informationsrichtung um. Nun muss ein Mitarbeiter auf das Erreichen eines Zieles achten. Von ihm wird zu Recht erwartet, dass er sich meldet, wenn die Zielerreichung aus seiner Sicht in Gefahr ist. Das ist ein sehr wertvoller und nicht zu unterschätzender Faktor. Der Mitarbeiter übernimmt ein Stück Verantwortung. Und wenn der Mitarbeiter sich mit solch einer *Gewinnwarnung* an seine Führungskraft gewendet hat, können diese beiden darüber reden und sogar die Ziele auch unterjährig noch einmal anpassen. Sie können auch zu dem Schluss kommen, dies nicht zu tun und bei der Abrechnung der Ziele die Zielverfehlung nicht im vollen Umfang zu berücksichtigen. So kann die Zielvereinbarung schließlich zu einem Frühwarnsystem und als Vertrauen bildendes Werkzeug heranwachsen, auf das keiner der Beteiligten verzichten möchte.

Warum sind Zielvereinbarungen so schwierig, dass der Aufwand in keinem Verhältnis zum Nutzen steht? Die Lösung dafür ist schon über 50 Jahre alt: das Ashby'sche Gesetz. Der Kybernetiker William Ross Ashby (1903 – 1973) hat das Gesetz der *erforderlichen Varietät* formuliert: Je größer die Varietät eines Systems ist, desto mehr kann es die Varietät seiner Umwelt durch Steuerung vermindern [37, 141].

Mit dem Begriff *Varietät* bezeichnet man in der Kybernetik[1] den Vorrat an Wirk-, Handlungs- und Kommunikationsmöglichkeiten. Ashbys Gesetz macht also Aussagen darüber, wie wir z. B. ein Projekt organisieren müssen, um auf Störungen aus dem Umfeld angemessen reagieren zu können (Abb. 5.5) [37, 141].

[1]Kybernetik ist die *Kunst des Steuerns*, also die Wissenschaft der Kommunikation, Kontrolle im Sinne einer Regelung von lebenden Organismen und Maschinen [141].

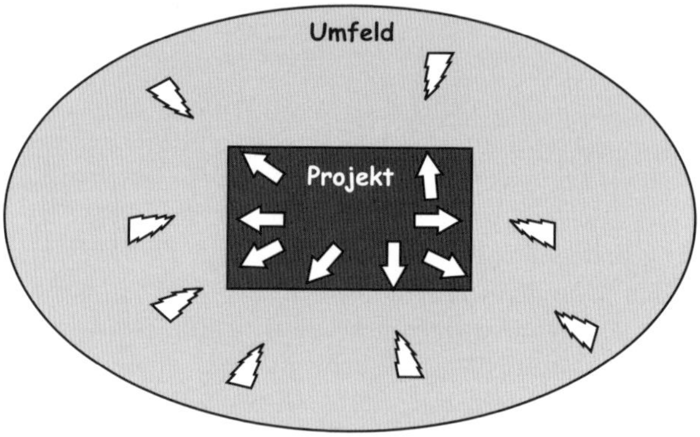

Abbildung 5.5: Eine stärkere, leider nicht allgemeingültige Formulierung des Ashby'schen Gesetzes besagt, dass die Varietät eines Steuerungssystems (Pfeile im Projekt) mindestens ebenso groß sein muss wie die Varietät der auftretenden Störungen (Blitze) aus dem Umfeld.

Was hat das mit der Softwareentwicklung zu tun? In vielen Fällen ist die Softwareentwicklung so komplex, dass die erarbeiteten Zielvereinbarungen zu schnell überholt sind, als dass sich ihr Aufwand bezahlt gemacht hätte. In diesen Fällen hat das Mittel der Zielvereinbarung eine zu geringe Varietät bezogen auf die Vielfalt der auftretenden Störungen. Die Störungen und Einflüsse auf das System *Projekt* treiben seine Menge grundlegender Variablen wie Funktionalität, Termin, Qualität und Kosten aus dem gewünschten Rahmen, wenn aus dem System *Projekt* heraus nichts dagegen getan wird (Abb. 5.4). Wir steuern daher aktiv gegen diese Störungen an. Das Problem der Zielvereinbarungen ist, dass ihre Varietät dafür nicht ausreicht. Wir müssten sonst bei der Erstellung der Zielvereinbarungen die meisten Störungen korrekt vorhersehen können. Bei komplexen Systemen ist dies jedoch nicht möglich. Zielvereinbarungen sind als *Regulatoren*, also regelnde Einheiten, unter solchen Bedingungen zu schwach.

Die Lösung besteht darin, über das Mittel der Selbstorganisation die geballte Kraft des Wissens aller Teammitglieder zu nutzen, um angemessene Lösungen zu entwickeln. Die Mitarbeiter werden damit zu Regulatoren. Damit dies funktioniert, liefert die Führung die Zusammenhänge und Rahmenbedingungen für die grundlegenden Variablen aus dem Teufelsquadrat (Abb. 5.4). Die notwendige Flexibilität im Projektalltag, mit Störungen umzugehen, wird daher etliche der konkreten Ziele einer Zielvereinbarung nicht mehr sinnvoll erscheinen lassen.

Sind denn dann Ziele überhaupt noch sinnvoll? Auf jeden Fall: Diese Ausführungen beziehen sich auf die sehr konkreten Inhalte einer Zielvereinbarung mit Mitarbeitern. Die übergeordneten Managementziele sind notwendig, um zu Prioritäten und Lösungen für Störungen zu kommen. Sie liefern die Landkarte zur Orientierung, das Bild, in das sich alles einpasst, und die Abhängigkeiten für die Variablen. Wenn wir konkrete Mitarbeiter-Zielvereinbarungen machen, dürfen diese jedoch nicht dogmatisch feststehen, sondern sie bilden ein ideales Zielszenario sowie eine Art Frühwarn- und Messsystem für die Anzahl und Stärke der Umfeldstörungen.

Eine andere Idee ist, mit den Zielvereinbarungen auf die Entwicklung der Persönlichkeit der Mitarbeiter zu fokussieren. Solche Zielvereinbarungen spannen dann eine neue Dimension neben den Projektergebnissen auf. Wir können damit das Verhalten eines Mitarbeiters im selbstorganisierten Team adressieren und unabhängig von den Details des Projektverlaufs betrachten. So können wir kreativ und pragmatisch mit Zielvereinbarungen arbeiten, ohne in deren typische Fallen zu treten.

5.3 Prioritäten setzen

Wir haben so viele Ziele zu verfolgen und daraus abgeleitete Aufgaben und Maßnahmen umzusetzen, dass wir sie kaum gleichzeitig durchführen können. Wir benötigen eine Rangordnung bzw. Hierarchie. Dazu ordnen wir den einzelnen Punkten eine Priorität zu. Wie können wir damit angemessen umgehen?

5.3.1 Das Pareto-Prinzip

Vilfredo Frederico Pareto (1848 – 1923) war ein italienischer Ingenieur, Ökonom und Soziologe. Er fand bei seinen statistischen Untersuchungen heraus, dass 80 Prozent des nationalen Vermögens im Besitz von 20 Prozent der Bevölkerung war. Daraus leitete er das Pareto-Prinzip ab. Dabei handelt es sich um einen statistischen Verteilungseffekt, bei dem eine kleine Menge hoher Werte mehr zum Gesamtergebnis beträgt als eine große Menge kleiner Werte.

Dieses Verteilungsprinzip wird oft ohne statistische Begründung heuristisch abgesichert auf andere Bereiche übertragen. Wir finden dann häufig die Meinung, dass in 20 Prozent der gesamten benötigten Zeit 80 Prozent der Aufgaben erledigt werden können. Wenn dieser Effekt also eintritt, kann mit der Fokussierung auf die richtigen Aufgaben enorm viel Zeit eingespart werden, solange keine perfekte Lösung erwartet wird. Auch nach unserer Erfahrung scheint dieser Verteilungseffekt oft einzutreten. Sicherlich wäre eine protokollierte Statistik der genutzten Funktionalität unserer Software für ähnliche Vergleiche äußerst nützlich.

Ungeachtet des fehlenden Beweises kann diese Grundidee zur Fokussierung von Aufgaben und Anforderungen in der Softwareentwicklung eingesetzt werden. Wir dürfen uns nur nicht sklavisch an ein exaktes Verhältnis von 20 zu 80 Prozent klammern.

5.3.2 Prioritäten finden – die ABC-Analyse

Falls die Pareto-Verteilung ungefähr zutrifft, ist es für uns besonders wichtig, die zentralen 20 Prozent der Aufgaben zu kennen. Im Projektmanagement verschafft uns dieses Wissen den notwendigen Spielraum, um sicherzustellen, dass die wesentlichen Aufgaben auch alle vollständig bearbeitet wurden. Als Verfeinerung des Pareto-Prinzips kann dazu die ABC-Analyse dienen. Bei der ABC-Analyse gibt es nur drei Prioritätsstufen (Abb. 5.6):

A – hoch – muss: Es ist sicherzustellen, dass alle Aufgaben dieser Prioritätsstufe vollständig erledigt werden.

B – mittel – soll: Es ist sicherzustellen, dass möglichst viele Aufgaben dieser Prioritätsstufe in ausreichender Qualität erledigt werden.

C – niedrig – kann: Aufgaben auf dieser Stufe können erledigt werden.

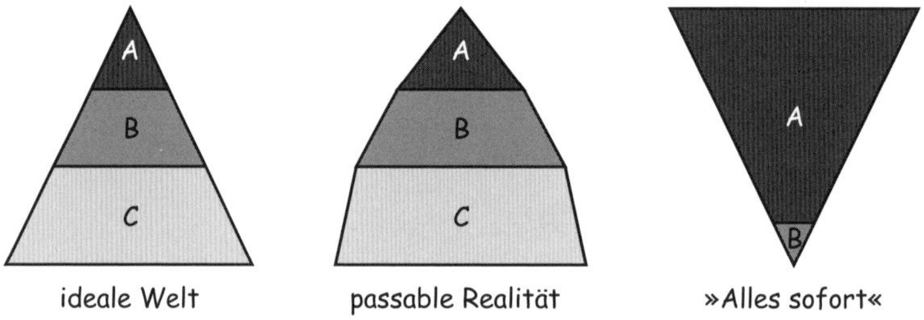

Abbildung 5.6: Prioritäten setzen: A – hoch, B – mittel, C – niedrig. Verhält sich die Bewertung unserer Aufgaben ähnlich der linken oder mittleren Verteilung, haben wir ausreichend Handlungsspielräume, um unsere Aufgaben angemessen und zielorientiert umzusetzen. Leider finden wir bei Auftraggebern oft eine Sichtweise ähnlich der rechten Verteilung.

Um den notwendigen Spielraum zu erhalten, ist es Voraussetzung, dass die Anzahl der Aufgaben und der damit verbundene Aufwand für die A-Priorität am niedrigsten und für die C-Priorität am größten ist. Wir versuchen durch diese Art der Priorisierung, die zentralen 20 Prozent herauszubekommen. Zusätzlich erhalten wir eine weitere Abstufung der verbliebenen 80 Prozent der Aufgaben. Diese Aufteilung kann nur gemeinsam mit den wichtigsten Stakeholdern bewältigt werden.

In der Praxis treten dabei zwei Probleme besonders oft auf, auf die wir noch näher eingehen werden: Der Stakeholder kann sich nicht entscheiden oder wir treffen auf zwei oder mehr völlig unterschiedliche Sichten auf die Prioritäten.

5.3.3 Relative Priorität: »Alles ist wichtig!«

Prioritäten zu setzen fällt vielen Menschen schwer. Stellen Sie sich vor, Sie möchten sich einerseits ein Boot kaufen, jedoch andererseits demnächst auch ein neues Auto. Beides zusammen ist für Sie zu teuer. Also ist es Ihre Aufgabe, sich auf eine Kaufentscheidung festzulegen, z. B. für das neue Auto. Leider fühlt sich diese Entscheidung oft eher an wie eine Entscheidung gegen das Boot. Und genau so fühlen sich dann auch viele Entscheider im Projekt: Sie entscheiden sich gefühlt gegen diese und jene Funktionalität.

Häufig ist es möglich, eine relative Priorität zu bestimmen [133]. Wir fragen unsere Entscheider, was wichtiger ist, Aufgabe 12 oder 16? Mit solchen Fragen stellen wir eine relative Reihenfolge aller zu priorisierender Aufgaben auf. Als mögliche *Einheiten* zur Clusterung von Aufgaben bieten sich Use Cases, Features oder Requirements-Listen an (Abb. 5.7).

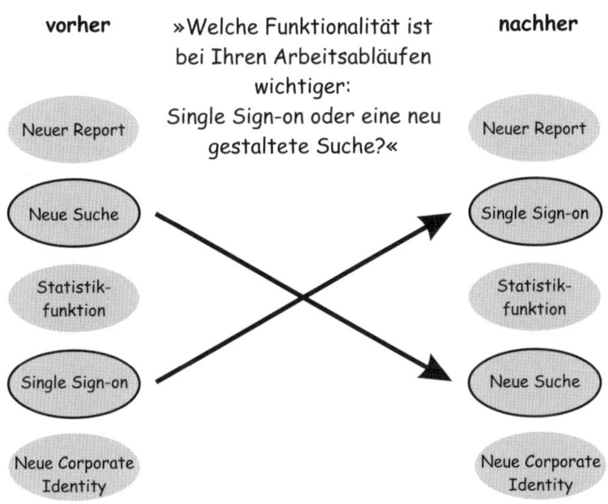

Abbildung 5.7: Relative Prioritäten können oft leichter gefunden werden als absolute. Dazu werden die einzelnen Elemente einer vorläufigen Liste immer wieder paarweise gegeneinander abgewogen und ggf. vertauscht, bis sich eine stabile Reihenfolge ergibt.

Nach einiger Zeit verfestigt sich eine Reihenfolge, die wir immer wieder durch Quer- und Wiederholungsfragen sicherstellen. Diese Reihenfolge bildet die Basis für unsere ABC-Prioritäten. Die ersten 20 Prozent bilden die A-Priorität, die nächsten 30 Prozent die B-Priorität usw. Wenn die Herausforderung zu groß ist, verschieben wir die Grenzen um wenige Prozentpunkte, doch nicht mehr.

Der Einstieg in dieses Verfahren fällt manchmal besonders schwer. Dabei kann uns eine Überzeichnung helfen, bei unserem Gegenüber den Wert der Priorisierung zu erkennen:

»Wenn alles gleich wichtig ist, dann ist auch alles gleich unwichtig!«

Nehmen wir exemplarisch zwei vermutlich in ihren Prioritäten weit auseinanderliegende Anforderungen und fragen nach den Konsequenzen, wenn diese beiden Anforderungen durch einen Fehler im laufenden Betrieb der Software fünf Tage lang nicht zur Verfügung stehen. Unter diesem Blickwinkel des Tagesgeschäfts fällt es vielen Auftraggebern leichter, die Prioritäten zu benennen. Es ist eben auch nicht alles gleich unwichtig.

Bei allen praktischen Schwierigkeiten ist die *relative Einordnung* ein Verfahren, das auch dann zu brauchbaren Lösungen führt, wenn wir nur wenig Detailinformationen zur Verfügung haben. Auch wenn Sie nicht wissen, wie viele Einwohner die isländische Hauptstadt Reykjavík hat, so werden doch die meisten richtigerweise vermuten, dass es weniger als in Berlin sind und mehr als in Bitterfeld[2].

Manchmal kann uns in solchen Situationen auch die *Wiedererkennungsheuristik* helfen. Wenn die wahren Werte aus Mangel an Information nicht zugänglich sind, kann es vielleicht ein Kriterium geben, das mit den fehlenden Informationen korreliert [141].

Im obigen Städtebeispiel könnte dies der Bekanntheitsgrad sein bzw. die Menge an anderen Informationen zu diesen Städten. Bei der Priorisierung von Anforderungen könnte dies die Anzahl der Stakeholder sein, die eine Anforderung kennen, obwohl sie sie selbst nicht nutzen. Diese Verfahren bergen natürlich etliche Risiken, doch helfen sie, aus vertrakten Stillstandsituationen herauszukommen und eine erste brauchbare Lösung zu finden.

5.3.4 Konflikt: »Das sehe ich ganz anders!«

Häufig tritt im Rahmen der Prioritätenfindung das Problem auf, dass völlig unterschiedliche Sichten auf die Prioritäten zu einer einheitlichen Sicht kombiniert werden müssen. Dazu führt jede Gruppe mit halbwegs einheitlicher Sicht eine eigene ABC-Priorisierung durch. Danach können jeweils zwei Sichten mathematisch als Vektorprodukt kombiniert werden. Die neue Priorisierung kann visualisiert und so verteilt werden, dass wir zu einer brauchbaren Abstufung der Prioritäten kommen (Abb. 5.8).

[2] Berlin ca. 3,4 Mio., Reykjavík knapp 120 000 und Bitterfeld-Wolfen knapp 50 000 Einwohner [141].

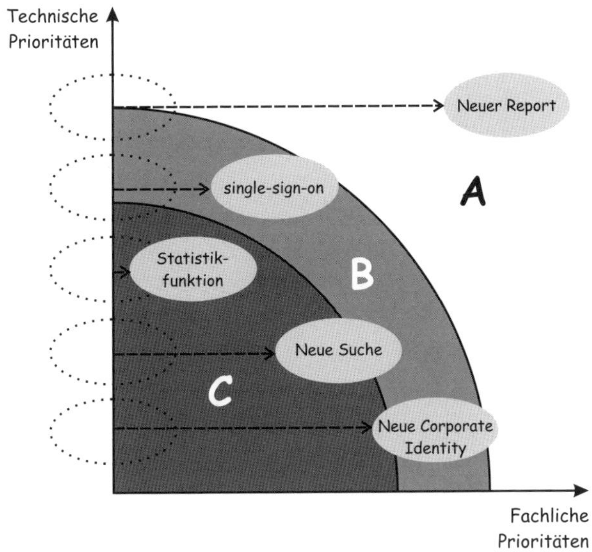

Abbildung 5.8: Haben zwei Gruppen eine unterschiedliche Sicht auf die Prioritäten, kann durch ein grafisches Verfahren eine Gesamtpriorität konstruiert werden. Die Wahl der Grenzen für A, B und C erfolgt dann nach dem gewünschten Verteilungsmuster von ca. 20 : 30 : 50 Prozent.

Dennoch bleibt oft noch eine Reihe ungelöster Prioritätskonflikte offen. Projekte definieren sich eben über ihren permanenten Mangel. Wir haben zu wenig Zeit oder Mitarbeiter und zu viele Aufgaben und unterschiedliche Anforderungen. Um damit angemessen umzugehen und mit unserem Projektteam manövrieren zu können, brauchen wir ausreichend Spielräume [25]. Wo finden wir diese Spielräume?

Die funktionalen Anforderungen an unsere hoch priorisierten Aufgaben sind meist recht fest. An der Art der Umsetzung können wir hingegen Freiräume gewinnen. In welcher Qualität erfolgt die Umsetzung? Selten benutzte Funktionen benötigen vielleicht nicht die gleiche aufwendige Benutzerführung wie die zentralen Elemente der Software. Wo kann an der Onlinehilfe oder den Handbüchern gespart werden? Wo fällt das Antwortzeitverhalten nicht so ins Gewicht? Welche Funktionsblöcke können mit geringem Aufwand für den Kunden später nachgeliefert werden? Welche individuelle Umsetzung kann durch eine Standardfunktion auch erreicht werden? Die Antworten auf diese und ähnliche Fragen verschaffen Ihnen die notwendigen Spielräume, um diese Art von Konflikten lösen zu können.

Natürlich sind auch diese Einschnitte für die Anwender unserer Software spürbar und lösen keine Jubelstürme aus. Doch sowohl unter betriebswirtschaftlicher Sicht wie auch unter Aspekten der Projektsteuerung ist dieses Vorgehen lohnenswert. Die Kosten jeder Funktion in unserem Softwareprodukt sollte durch ihren Nutzen begründet sein. Ein Vorgehen in unserer Softwareentwicklung, das zu regelmäßigen Lieferungen an unsere Kunden und Anwender führt, sichert nicht nur das Vertrauen unserer Kunden in unsere Arbeit. Es bildet auch die Basis für betriebswirtschaftliche Betrachtungen und stellt einen frühzeitigen Return on Investment (ROI) sicher.

5.3.5 In Krisen – die Triage

Eine extreme Form der ABC-Analyse stellt die Triage dar. Wenn ein Projekt drastisch zu scheitern droht und Sie als neuer Projektleiter die Aufgabe haben, zu retten, was zu retten ist, dreht es sich in vielen Fällen nur noch um das Einhalten einer oder weniger Rahmenbedingungen.

Ist eine Deadline unbedingt einzuhalten, so stellt sich oft nicht mehr die Frage, alle oder den weitaus größten Teil der Anforderungen umzusetzen. Es gilt, sich nur noch auf die zentralen, wesentlichen Requirements zu konzentrieren. Wenn Sie in einem Umfeld arbeiten, wo die Pareto-Verteilung halbwegs zutrifft, fokussieren Sie eben nur noch auf diese 20 Prozent. Die Triage ist also eine radikale Neudefinition der drei ABC-Kategorien mit einer ausschließlichen Fokussierung auf das absolut Notwendige:

A – hoch: Aufgaben dieser Prioritätsstufe sind so zu erledigen, dass die Anwender damit arbeiten können.

B – kann: Aufgaben dieser Prioritätsstufe können zumindest teilweise erledigt werden, wenn am Ende des Projekts noch Zeit übrig ist.

C – raus: Aufgaben dieser Prioritätsstufe werden gestrichen bzw. auf ein Folgeprojekt verschoben.

Solche drastischen Maßnahmen werden sich nur in dramatischen Krisen durchsetzen lassen, wenn auch alle Stakeholder den Ernst der Situation spüren und Krisenmanagement betreiben bzw. unsere Arbeit dahingehend unterstützen. Dann ist die Triage sicherlich eine der Erfolg versprechendsten Techniken.

6 Erfolgreiche Besprechungen

6.1 Grundstruktur von Besprechungen

»Verschwenden wir keine Zeit und kommen wir gleich zur Sache!« Sicher hat der ein oder andere Leser diesen Satz zu Beginn einer Besprechung oder eines Workshops schon gehört oder, wenn nicht, sich gewünscht bzw. es selbst so oder ähnlich formuliert. Doch ist das so wirklich sinnvoll oder wird der vermeintliche Gewinn doch schnell aufgebraucht? Warum bestehen externe Moderatoren in Workshops auf einer Vorstellungsrunde zu Beginn? Ich kenne doch die meisten bereits ...

Damit wir uns auf die anstehende Aufgabe konzentrieren können, gilt es vorab grundsätzliche organisatorische Fragen zu klären. Der Merkspruch lautet hierfür: **Struktur vor Inhalt**[1] (Abb. 6.1).

Abbildung 6.1: Zentrale Grundregel: Struktur klären, bevor inhaltlich gearbeitet wird.

Am Anfang werden also die Rahmenbedingungen geklärt wie der generelle Zeitraum, ggf. Pausen oder die Möglichkeit, andere Räume zu nutzen usw. Wer dazu Fragen hat, kann diese jetzt stellen. Es ist wichtig für alle Teilnehmer, alle offenen Fragen frühestmöglich zu klären, damit sie nicht die

[1]So beschreiben wir auf den ersten Seiten dieses Buchs (ab Seite xi) dessen Struktur und erläutern die verwendeten Symbole.

Denkkapazität für die eigentliche Aufgabe reduzieren. Dazu gehört auf jeden Fall, die Agenda vorzustellen und abzuklären. Darauf gehen wir gleich gesondert ein.

Doch selbst wenn sich alle Teilnehmer gut kennen, weil sie tagtäglich zusammenarbeiten, es doch nur eine Regelbesprechung ist und jeder die vorab herumgeschickte Agenda kennt, können wir nicht sofort loslegen. Wir sind keine Maschinen, an denen einfach nur ein Schalter umgelegt werden muss, um uns neu auszurichten und zu fokussieren. Wie bei einer alten Spiegelreflexkamera bedarf es etwas Zeit, manuell den Fokus auf ein neues Objekt einzustellen. Je nach Veranstaltung braucht es dafür nur ein oder zwei Minuten beim Hereinkommen und Orientieren oder einen eigenen Agenda-Punkt mit speziellen Inhalten bei umfangreichen Workshops, heterogenen Gruppen oder besonders schwierigen, emotionalen Themen. Diese Gedanken sind bereits für die Planung eines Treffens wichtig!

Diese Phase ist extrem wichtig für die spätere Ergebnisqualität und die mögliche Arbeitsgeschwindigkeit. Gelingt es uns, die Köpfe freizubekommen, ausreichend Abstand zu den vorhergehenden Arbeiten zu erreichen, alle anstehenden Fragen zu klären und uns gemeinsam auf die anstehende Aufgabe auszurichten, können wir eine in jeder Hinsicht befriedigende Besprechung abhalten. Diese wichtige Phase zu Beginn ist der *Vorkontakt* (Abb. 6.2).

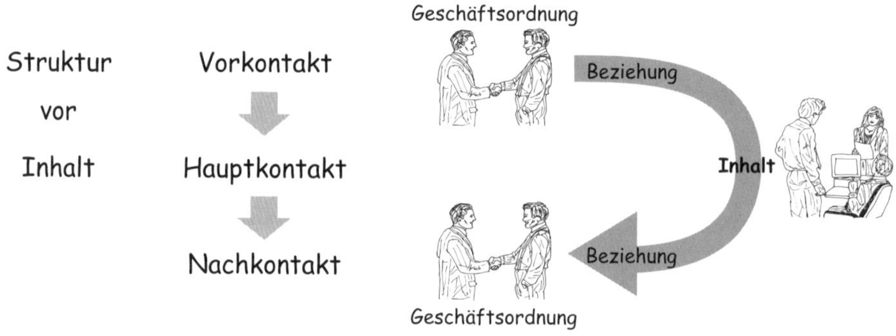

Abbildung 6.2: Vorkontakt – Hauptkontakt – Nachkontakt: Zuerst die Geschäftsordnung einhalten, dann die Beziehung aufbauen, um danach voll und ganz in die inhaltliche Arbeit einsteigen zu können.

Um auf die inhaltliche Ebene kommen zu können und für diese Arbeit eine tragfähige Basis zu bilden, sprechen wir vorher die im Eisbergmodell (Abb. 3.9 auf Seite 49) darunterliegenden Ebenen Geschäftsordnung und Beziehungen an. Diese werden im Vorkontakt adressiert. Der Smalltalk zu Beginn ist also tatsächlich wichtig.

Ebenso ist es am Ende wichtig, sich noch etwas Zeit für die Pflege von Beziehungen zu gönnen. Ein gemeinsamer Blick auf das erreichte Ergebnis schafft Klarheit und sorgt für einen definierten Abschluss. Je schwieriger sich die Besprechung gestaltet hat, umso wichtiger ist dieser Ausklang. Erst danach können wir auseinandergehen und uns ganz anderen Aufgaben widmen. Die Früchte dieser Beziehungspflege ernten wir beim nächsten Aufeinandertreffen.

»Verschwenden wir keine Zeit, kommen wir gleich zur Sache!«

Wir sind ja alle Profis und müssen uns nur über die Sachebene austauschen, denn jegliche Entscheidung basiert auf Fakten, und wenn wir uns nur immer daran halten, dann sind wir am effizientesten und schnellsten. Und mal ehrlich: Das hört sich doch auch echt schlüssig an, oder nicht? Wollen wir hier schon wieder ein Problem inszenieren? Ja, wollen wir. Wir wollen darauf aufmerksam machen, wie schon im obigen Text erwähnt, dass Struktur vor den Inhalt gehört. Es stimmt zwar, dass wir nur mit Fakten weiterkommen, aber dies gilt für alle Ebenen des Eisbergmodells.

Da wir nicht in jedem Meeting die Zeit und auch nicht den Auftrag haben, die Ebenen unterhalb der Wasseroberfläche ausreichend zu klären, brauchen wir Regeln. Diese Regeln bewahren uns, richtig definiert und gelebt, davor, zu viel Zeit z. B. auf der Beziehungsebene zu verbringen. Regeln aufzustellen bedeutet zusätzlichen Aufwand und es engt die Teilnehmer ein. Regeln begrenzen den Handlungsspielraum der Einzelnen zugunsten der Gruppe und dies auf einem Gebiet, das wir sowieso lieber nicht ansprechen wollen, eben unterhalb der Wasseroberfläche. Da ist es nur verständlich, dass sich manche Teilnehmer vehement dagegen wehren, Regeln zu akzeptieren oder gar selbst aufzustellen. Wer begrenzt sich schon gerne selbst? Diesen Teilnehmern fehlt dann meistens die Einsicht, dass die anderen Teilnehmer nicht zwangsläufig so denken und fühlen wie sie selbst. Deswegen verspüren sie auch keine Notwendigkeit, die eigene Wahrnehmung zu hinterfragen.

Aus unserer Beobachtung haben Führungskräfte meistens mit Teams zu tun, die aus Menschen bestehen, die Regeln lieben, und solchen, die Regeln hassen. Die einen lassen sich voll in die Regeln fallen, sie hinterfragen sie nicht, sie folgen ihnen blind. Meistens geht dabei der Blick für den eigentlichen Sinn verloren. Die Menschen, die Regeln hassen, kämpfen während des ganzen Meetings gegen die Regeln, sie können sich nicht auf den Inhalt konzentrieren.

Jetzt ist es für Sie als Führungskraft ganz wichtig, Ihre Ziele zu verdeutlichen. Woran wird der Erfolg dieses Meetings gemessen? Dies beschreibt gleichzeitig den Sinn der Besprechung. Dann geben Sie die Regeln vor und betonen, welchen gedanklichen Lösungsraum die Teilnehmer zur Lösungsfindung nutzen können. Sie beschreiben also, welches (Teil-)Problem die Teilnehmer bearbeiten sollen, und weisen darauf hin, dass hierfür die Verantwortung im Team liegt. So verdeutlichen Sie, dass den Teilnehmern ausreichend Raum zur Verfügung steht.

Als Metapher hierzu finden wir das Bild der *Leitplanken* sehr passend. Sie als Führungskraft definieren die Leitplanken einer Straße, auf der die Teilnehmer ihre Lösung finden können.

6.2 Allgemeine Regeln für die Durchführung

6.2.1 Agenda festlegen

Aus den ermittelten Planzielen bzw. Zielstellungen können wir eine erste Agenda ableiten. Dabei steht eine Veranstaltung stets unter einem *speziellen Licht*: Gilt es vielleicht Planziele zu erarbeiten oder eher Maßnahmen zur Erreichung von Planzielen zu finden? Oder bereiten wir ein Status-Meeting über den Stand bestimmter Maßnahmen vor, um daraus den Erreichungsgrad eines Planziels zu ergründen?

Damit geben wir der geplanten Veranstaltung eine erste sichtbare Struktur. Diese Struktur ist z. B. für die potenziellen Teilnehmer wichtig, um abschätzen zu können, warum ihr Kommen notwendig ist oder welche Konsequenzen ein Fortbleiben nach sich ziehen kann. In der Agenda können wir dann auch den Vor- und Nachkontakt in angemessener Weise berücksichtigen, und wenn es nur jeweils Zwei-Minuten-Punkte sind.

Wie halten es die Autoren mit der Agenda? Zu einer Besprechung ohne initiale Agenda gehen wir prinzipiell nicht. Daher fordern wir bei einer fehlenden Agenda diese vorab ein. Nur so können wir unsere Prioritäten klar festlegen und bleiben entscheidungsfähig. Ohne diese Möglichkeit müssten wir eigentlich zu jeder Veranstaltung gehen, da sie wichtig sein könnte. Dann bliebe vor lauter Meetings keine Zeit mehr zur inhaltlichen Arbeit, und meist würden wir uns doch nur langweilen.

Natürlich ist eine vorab festgelegte Agenda nicht in Stein gemeißelt und kann in der weiteren Vorbereitung oder sogar noch während der Veranstaltung modifiziert werden. Doch finden diese Veränderungen auf Basis der ersten Agenda statt. Sie gibt den Rahmen, an den wir uns halten oder Differenzen zur aktuellen Situation klar erkennen können. Ohne den Rahmen merken wir noch nicht einmal, dass etwas Wichtiges fehlt oder etwas in der Planung nicht angemessen berücksichtigt wurde. Damit führt die erste Agenda in der Einladung auch direkt zu einer besseren tatsächlichen Agenda zu Beginn des Meetings.

Zwangsläufig bleibt eine vorab entworfene Agenda recht grob. Im Wesentlichen werden es nur die vier bis sieben Tagesordnungspunkte sein, also die Überschriften. Doch bereits das ist wertvoll, um z. B. eine grobe

Zeitplanung zu entwerfen oder für einzelne Teilnehmer die Möglichkeit einer teilweisen Anwesenheit nur zu bestimmten Punkten zu geben. Kann das überhaupt passen, was wir uns vorgenommen haben? Eine erste Agenda hilft uns, Antworten auf diese Fragen zu geben und die weitere Vorbereitung der Besprechung zu konkretisieren. Und damit ist sie ein wesentlicher Erfolgsfaktor.

»Eine Agenda ist überflüssig, ein guter Titel reicht!«

Ach so, das heißt also, wenn die Besprechung nicht mal einen Titel hätte, würden Sie nicht hingehen, weil Sie ja gar nicht wüssten, was dort eigentlich behandelt wird? Vielleicht möchten Sie sich sogar vorbereiten oder eigene Themen einbringen?

Sie sehen schon, wir brauchen Vorabinformationen und wenn es nur der Titel ist. Und es ist in jedem Fall sehr einfach, mit einem unschlagbar günstigen Kosten-Nutzen-Aufwand noch mehr Stoff für die Teilnehmer zur Verfügung zu stellen. Sie ahnen es natürlich: Das ist die Agenda.

Schauen wir uns mal an, wie unterschiedliche Typen von Führungskräften reagieren, wenn sie vor der Aufgabe stehen, eine Agenda zu erstellen. Dabei bedienen wir uns der Typologie aus Abschnitt 1.2.4 ab Seite 16:

Warum-Führungskraft: Passt perfekt. Da der Warum-Mensch nach dem Sinn sucht, wird er eine Motivation haben, eine Agenda zu erstellen, weil er auch anderen den Sinn der Besprechung erläutern will. Schwer tun wird er sich dabei, die einzelnen Tagesordnungspunkte zu definieren, weil er ja gar nicht weiß, wie die Besprechung ablaufen wird.

Was-Führungskraft: Diese Führungskraft möchte ein perfektes Meeting vorbereiten und durchführen. Dazu gehört eine Agenda. Problem hier: Wie schafft sie es, wirklich alle Eventualitäten, die auftreten können, in nur einer Agenda festzuhalten? Sie müsste die Dynamik des Meetings vorhersagen können, um eine perfekte Agenda zu entwerfen.

Wie-Führungskraft: Einzelne Schritte? Kein Problem. Kochrezepte sind genau das Ding dieser Führungskraft. Es hagelt nur so von einzelnen Tagesordnungspunkten. Meist sind es dann im Endeffekt viel zu viele. Noch dazu versteht nur die Führungskraft ihr Vorgehen. Die Teilnehmer werden überfordert, und am Schluss verläuft die Besprechung völlig ohne Plan.

Wohin-noch-Führungskraft: Ihr fällt nicht wirklich eine Agenda ein, denn eigentlich gibt es nur einen Punkt: das Problem lösen. Na gut, erster Punkt *Vorbereitung*, dann *Problemlösung* und schließlich *Nachbesprechung*. Fertig. Interessanter ist wohl eher der Austausch danach, also Augen zu und durch.

Wie so oft sehen Sie, dass wir die vier Stärken der Führungskräfte kombinieren müssen, um zu einer guten Agenda zu kommen. Wir brauchen Sinn, Vollständigkeit, konkrete Tagesordnungspunkte und eine Vision.

Es ist uns unmöglich, vorher genau festzulegen, was in einem Meeting passieren wird. Wir müssen akzeptieren, dass eine Besprechung Kontrolle braucht und wir sie nie vollständig haben werden. Es helfen weder zu viele Punkte noch zu wenige auf der Agenda. Versuchen Sie, Ihre Agenda nach den vier Quadranten auszurichten. Treffen Sie Annahmen, wenn Sie nicht weiter wissen. Fragen Sie die Teilnehmer am Anfang des Meetings, ob die Agenda ihren Erwartungen einigermaßen entspricht.

6.2.2 Den Fokus halten

Wie können wir sicherstellen, dass wir in einer Veranstaltung den Fokus aufrecht halten und nicht abschweifen? Von besonderem Wert ist dabei eine explizite Moderation, die mit den Mitteln der Visualisierung für Klarheit und Transparenz sorgt. Defokussierungen können dann schnell erkannt werden, indem wir uns fragen, ob der Beitrag für einen der visualisierten Aspekte von Nutzen ist.

Eine weitere hilfreiche Technik ist die Vorabdefinition von Ergebnistypen. Zusätzlich kann noch eine Person aus dem Teilnehmerkreis als ergebnisverantwortlich für den Ergebnistyp definiert werden. Diese Person wird dann regelmäßig für eine ausreichende Fokussierung sorgen.

Mögliche Ergebnistypen sind z. B. priorisierte Listen von Vorschlägen für Maßnahmen oder ein in allen Punkten ausgefülltes, konkretisiertes Modell. Ohne die Vorgabe eines Ergebnistyps wird zwar auch ein Ergebnis geliefert, doch es ist nicht gewährleistet, dass es so wie gewünscht ist.

Hier kommen wir zur nächsten, zentralen Frage: Für wen wird eine Veranstaltung durchgeführt bzw. wer ist der *Auftraggeber*? Diese Person definiert genau den Rahmen, den ein Moderator oder Ergebnisverantwortlicher benötigt, um seine Aufgabe zu erfüllen. Daher sind diese Fragen spätestens zu Beginn einer Veranstaltung zu klären, besser jedoch vorher, z. B. beim Aufstellen und Entwerfen der Agenda.

6.2.3 Klare Formulierungen

»Das Dingsda ist eigentlich fast fertig!« Na, jetzt wissen wir wirklich genau Bescheid. Es gibt ein paar Wörter, die oft zu hören sind, aber leider Aussagen unscharf machen. Ein Seminarteilnehmer hat aus einigen der Lieblingswörter seiner Kolleginnen und Kollegen diesen »Dingsda«-Satz gebaut und als permanente Mahnung in seinem Büro an der Wand stehen.

Auch Gerald M. Weinberg (*1933) hat einige Beispiele für Wörter veröffentlicht, die unscharf und nicht eindeutig sind. Sie gaukeln uns etwas vor, was nicht da ist, wiegen uns so in Sicherheit, obwohl wir längst in Missverständnisse verstrickt sind [137]. So nennt er:

Sollen Gerade in Spezifikationen finden wir es häufig: »Die Ergebnisse sollen bis zum 12. Mai vorliegen.« Doch was ist wirklich gemeint? *Muss* das Ergebnis bis dahin vorliegen oder *wird versucht,* es bis dahin zu erreichen? Wenn wir also »sollen« hören oder lesen, fragen wir bitte nach und ersetzen es durch die gewünschte Aussage oder interpretieren es maximal defensiv als »wahrscheinlich nicht zu schaffen«. Eine andere spannende Frage ist in diesem Zusammenhang auch, was passiert, wenn das Ergebnis nicht bis zum 12. Mai vorliegt? Warum ist dieser Termin so wichtig? Was sind die Konsequenzen? Neben der Umformulierung gilt es auch diese Fragen zu klären, um z. B. ein angemessenes Risikomanagement durchführen zu können.

Einfach »Dann machen wir es beim nächsten Mal einfach genau so wie gestern!« Was ist daran schlimm? Nun, ist es wirklich so einfach wie gestern? Dieses kleine Wort verschleiert gerne mögliche oder tatsächliche Schwierigkeiten. Gestern war ein Coach dabei, nächstes Mal nicht. Oder gestern war die Gruppe klein und erfahren, nächstes Mal nicht. Was es auch konkret ist, einfach wird es bestimmt nicht sein.

Bald oder sein naher Verwandter **fast** wiegen uns ebenfalls in eine trügerische Sicherheit. Meistens sparen wir uns die Mühe einer fundierten Schätzung oder aber noch schlimmer: Wir haben keine ausreichende Basis für eine verlässliche Aussage. Auch diese beiden Wörter gehören sofort konkretisiert, damit wir wirklich wissen, woran wir sind bzw. was noch fehlt.

In dem »Dingsda«-Eingangssatz stecken noch weitere Beispiele. »Eigentlich« ist dabei ein wahrer Klassiker. Wir spüren bei genauem Hinhören den Druck nachzufragen, was denn *uneigentlich* bedeuten würde. Bei den unklaren Bezeichnungen wie *Dingsda* ist die Unschärfe offensichtlich.

6.3 Eine Besprechung vorbereiten

Nach den allgemeinen Aspekten schauen wir uns jetzt die Besprechungen genauer an. Wir fassen Besprechungen als eine Art von Workshop auf. In der Praxis gestalten sich Besprechungen häufig schwieriger als Workshops. Ein Grund dafür liegt darin, dass Workshops deutlich seltener anberaumt werden als Besprechungen. In der Regel werden Workshops viel intensiver vorbereitet als Besprechungen. So werden z. B. für die Moderation von Workshops gerne externe Spezialisten dazugeholt, für die häufig angesetzten Besprechungen mit dem Fachbereich wird jedoch noch nicht einmal eine Agenda entworfen geschweige denn ein Moderator bestimmt.

Daher fokussieren wir hier auf die Besonderheiten von Besprechungen und präsentieren Lösungsvorschläge, sodass Sie Ihre Besprechungen noch effektiver und effizienter gestalten können. Durch die Häufigkeit von Meetings multiplizieren sich negative Effekte deutlich stärker als bei den wesentlich seltener stattfindenden Workshops.

Die zentrale Weichenstellung für eine erfolgreiche Besprechung erfolgt bereits bevor die Teilnehmer zusammenkommen. Es gilt zu klären, ob eine Besprechung überhaupt sinnvoll ist und wer daran ggf. teilnimmt. Zunächst ist es wichtig und effizient, einen geeigneten Moderator auszuwählen. Ein wesentlicher Faktor für die Effektivität einer Besprechung ist es, die Ergebnistypen konkret festzulegen. Effizient oder effektiv, ist das ein Unterschied? Hier ist ein kurzer Einschub fällig [31]:

effizient: besonders wirksam und wirtschaftlich

effektiv: wirkungsvoll und im Verhältnis zu den aufgewendeten Mitteln lohnend

Wir möchten hier noch etwas genauer hinschauen, denn im Duden hätten Sie auch selbst nachschauen können. Effektivität und Effizienz haben meist unterschiedliche zeitliche Auswirkungen und laufen auf verschiedenen hierarchischen Ebenen ab (Tab. 6.1) [138].

Effektivität: strategisch	Effizienz: operativ
Doing the right things	Doing the things right
eher langfristig	eher kurz- und mittelfristig
Managementebene	operative Ebene, Umsetzung
eher schwieriger und komplexer veränderbar	meist schnell und einfach veränderbar

Tabelle 6.1: Effektivität und Effizienz [138]

Was bedeutet das in Bezug auf Besprechungen? Ein Moderator kann kurzfristig, häufig ohne Vorbereitung hinzukommen. Wir erleben es z. B., dass sich erst im Rahmen einer Besprechung zeigt, dass ein Moderator benötigt wird. Dieser wird erst dann hinzugerufen und kann trotz der extremen Kurzfristigkeit innerhalb weniger Minuten wirksam steuern und die Effizienz der Besprechung steigern. Ob die inhaltlichen Themen eine ausreichende Relevanz für den Aufwand haben oder die Besprechung strategisch sinnvoll ist, kann er in der Regel jedoch nicht beurteilen.

Einen zielführenden Ergebnistyp festzulegen ist dagegen oft deutlich aufwendiger. Dessen Aussagen müssen zu anderen Ergebnistypen kompatibel sein. Eventuell werden elektronische Templates benötigt oder gar ein ganzes Set aufeinander abgestimmter Dokumente oder Modelle. Dies braucht seine Zeit und wird auch eher langfristig seine Wirkung entfalten.

Wir betrachten also in der Vorbereitung, was die geeignete Form einer Zusammenkunft ist, hier eine Besprechung, wer die Teilnehmer sind und welche Rahmenbedingungen wie Raum, Ausstattung oder externe Moderation dafür notwendig sind. Neben dieser organisatorischen Vorbereitung ist meist auch eine individuelle Vorbereitung der Teilnehmer notwendig, um eine effiziente Besprechung durchführen zu können. Dafür benötigen diese eine Agenda. Wir können also in der Vorbereitung einen kleinen Fragenkatalog abarbeiten.

- Ziel der Besprechung
  - Welche konkreten Ergebnisse werden angestrebt?
  - Woran kann die Zielerreichung gemessen werden?
  - Welcher Zeitrahmen ist für die Zielerreichung zu erwarten?
  - Was ist als Rahmenbedingung für die Besprechung gesetzt?
  - Welche nachfolgenden Ergebnisse werden bis wann im laufenden Tagesgeschäft, in anderen Besprechungen, Workshops oder Kleingruppenarbeit erstellt?
  - Was muss auf jeden Fall zur Sprache kommen?
  - Was soll vermieden werden?
  - Was können verdeckte Ziele der anderen Teilnehmer sein?
  - Welche Zielkonflikte können entstehen?
- Teilnehmer an der Besprechung
  - Welche der Besprechung dienende Funktion hat jeder der Teilnehmer bzw. zur Besprechung eingeladenen Gäste?
  - Sind bestimmte Informationen notwendig, die nur von speziellen Personen beigesteuert werden können?
  - Wenn eine Koordination mit anderen Gruppen, Teams oder Abteilungen notwendig ist: Wer nimmt als Vertreter dieser Gruppen daran teil?
  - Wer wird mit hinzugezogen, obwohl diese Person keine aktive Funktion in der Besprechung hat, um durch den auf der Besprechung stattfindenden Informationsfluss Vertrauen aufzubauen oder zu erhalten? Dies können z. B. neue Kollegen oder ein Beobachter von Auftraggeberseite sein.
  - Falls Entscheidungen zu treffen sind: Wer kann bzw. darf die Entscheidung treffen?
  - Welche Gründe gibt es, von der idealen Anzahl an Teilnehmern einer Besprechung von 5 ± 2 abzuweichen?
  - Gibt es Teilnehmer, die nur zu bestimmten Teilen anwesend sein müssen?

- Agenda für die Besprechung
  - Welche Arbeitspunkte sind notwendig, um die Ziele zu erreichen?
  - In welche Zeitabschnitte können die Arbeitspunkte unterteilt werden?
  - Welche Anordnung der Arbeitspunkte berücksichtigt alle internen und externen Abhängigkeiten, z. B. wenn Teilnehmer nur zu bestimmten Tagesordnungspunkten anwesend sein möchten?
  - Welche Prioritäten können den Punkten zugeordnet werden?
  - Welche Arbeitsmaterialien werden für die einzelnen Punkte benötigt und sind vorab zu organisieren wie z. B. Metaplan-Wand, Beamer usw.

Viel zu oft haben wir keine Agenda und wenn doch, ist sie eine wenig aussagekräftige Sammlung von Oberpunkten in einer Reihenfolge. Gerade für wichtige oder aufwendige Besprechungen kann die Agendastruktur aus Abbildung 6.3 hilfreich sein [13].

Über die Agendastruktur können wir nicht nur die einzelnen Punkte auflisten, sondern bereits deren Bearbeitung unterstützen und den eingeladenen Personen ihre persönliche Einschätzung der Bedeutung der Besprechung oder einzelner Punkte erleichtern. So können wir bei einigen Kollegen den Druck reduzieren, unbedingt dabei sein zu wollen, um nichts zu verpassen. Ebenso können andere Mitarbeiter feststellen, dass ihre Anwesenheit nur zu bestimmten Punkten notwendig ist und wann das ungefähr der Fall sein wird. Auf jeden Fall wird die individuelle Vorbereitung aller Teilnehmer enorm erleichtert bzw. überhaupt erst ermöglicht.

Aus Abbildung 6.3 können wir den Punkten 1–7 auch eine Art *Meta-Agenda* für Besprechungen entnehmen [13]. Wir werden nur selten alle sieben Punkte in einer konkreten Besprechung benötigen, doch können wir uns sowohl in der Vorbereitung als auch in der Besprechung selbst gut daran orientieren. Die sieben Punkte lauten im Einzelnen:

1. Information geben: Auf dieser Grundlage entsteht alles Weitere.
2. Erkennen und Definieren des Problems: Worum geht es und warum sind wir in dieser Runde zusammengekommen?
3. Suchen nach Lösungen: möglichst viele Alternativen sammeln
4. Bewerten der Lösungen und Lösungsauswahl: Es ist wichtig, die Bewertung von der vorhergehenden Suche und Auflistung zu trennen und erst dann zu entscheiden.
5. Bündeln der Lösungen und Erstellen eines Handlungsplans: Was soll wann durch wen konkret gemacht werden und bis wann welche Ergebnisse liefern?

Thema: Architekturprototyp für ABC-Projekt definieren
Teilnehmer: Klaus, Peter, Karin, Jan, Steffi
Leitung: Steffi **Fotoprotokoll:** Jan
Datum und Uhrzeit: 12. Januar 2009 von 14^{00} bis 17^{00} (18^{00}) Uhr
Ort: Hauptgebäude Gruppenraum III (Metaplan-Wand, Karten, Stifte, Beamer)

Schritt	1	2	3	4	5	6	7	Vorbereitung (verantwortl.)	Dauer
Zusammenfassung der nicht funktionalen und architekturrelevanten funktionalen Anforderungen	x							Alle aktuelles UML-Analysemodell von Peter bis zum 7. Januar allen zur Vorbereitung bereitstellen (Beamer)	30'
Anforderungen an mögliche Prototypen sammeln	x	x	x			x		Alle Anforderungen auf Karten sammeln (Peter)	30'
Anforderungen technisch und fachlich priorisieren	x	x	x	x		x		Alle Prioritätsmatrix auf Metaplan-Wand (Klaus)	20'
Pause								Alle	10'
Stand des Aufbaus der Entwicklungsumgebung für den Prototyp	x						x	Alle Soll-Ist-Abgleich (Jan)	10'
Hoch priorisierte Anforderungen grob schätzen	x	x	x			x		Alle Drei-Punkt-Schätzungen auf Karten ergänzen (Karin)	35'
Anforderungen für 4-Wochen-Prototyp auswählen				x	x	x		Alle Prioritätspunkte vergeben, Konsens erarbeiten (Jan)	15'
Planung des weiteren Vorgehens					x	x		Alle Arbeitsaufträge auf Karten sammeln (Steffi)	30'

Legende: 1 - Information, 2 - Erkennen und Definieren des Problems, 3 - Lösungssuche, 4 - Bewertung von Lösungen und Lösungsauswahl, 5 - Bündeln von Lösungen und Erstellen eines Handlungsplans, 6 - praktische Durchführung der Lösung, 7 - Kontrolle durchgeführter Lösungen

Abbildung 6.3: Beispiel einer Agenda, die eine Besprechung strukturiert und gleichzeitig das Erarbeiten von Ergebnissen unterstützt (modifiziert, nach [13]).

6. Durchführen der Lösungen: Was kann bereits in der Besprechung von der Mehrheit der Teilnehmer erarbeitet werden ohne andere Teilnehmer zu langweilen?

7. Kontrolle der durchgeführten Lösungen: Was haben wir uns in der letzten Besprechung vorgenommen bzw. ist noch offen und wie ist der aktuelle Stand dazu?

Es gibt noch einen weiteren kleinen Trick, den wir der Beispiel-Agenda aus Abbildung 6.3 entnehmen können. In der Vorbereitung dient uns der Agendaentwurf als Hilfsmittel zur Planung der Besprechung. Wie bei jeder Planung stellt die Aufwandsschätzung dabei eine wesentliche Schwierigkeit dar. Die Zeitplanung in der Agenda ist ein erster Entwurf, auf den wir im nächsten Abschnitt noch zurückkommen werden.

Im Beispiel sind zwei Endzeitpunkte angegeben: 17 Uhr und in Klammern 18 Uhr. Hier wird eine Zielgröße und ein Maximalrahmen gesteckt. Der Maximalrahmen ist insofern wichtig, als dass wir auf andere Termine Rücksicht nehmen wollen oder für diese Zeit den Raum im Belegungsplan reservieren. Die Zieldauer ist der avisierte Zeitrahmen, in dem wir die Besprechung erfolgreich abschließen wollen, um effizient zu bleiben. Wenn sich nun in der Besprechung zeigt, dass wir mit der Zeit nicht auskommen, haben wir eine problemlos abrufbare Reserve, um auch wirklich zu tragfähigen und zufriedenstellenden Ergebnissen zu kommen.

Es besteht die Gefahr, dass sich eine Besprechung automatisch in die Reserve ausdehnt, ohne zu besseren Ergebnissen zu kommen. Ein Moderator oder die jeweils für die einzelnen Punkte verantwortlichen Mitarbeiter sind auch dafür verantwortlich, den idealen Zeitrahmen einzuhalten. Dies gelingt überraschend oft, da die meisten Entwickler lieber entwickeln, als an Besprechungen teilzunehmen. Die Moderation und explizite Ansage bei jedem Punkt, bis wann wir diesen abgeschlossen haben wollen, sind nach unserer Erfahrung für die Fokussierung der Teilnehmer meist ausreichend.

Eine Agenda gibt es auch bei extrem kurzen Regelbesprechungen wie einem *Daily Scrum*, also einem täglichen Statusmeeting von ca. 15 Minuten Dauer. Ken Schwaber hat die Standard-Agenda für eine solche Besprechung in seinem Buch in Form von drei Fragen festgelegt, die jeder Teilnehmer zu beantworten hat [106]:

1. Was habst du in diesem Projekt seit dem letzten Daily Scrum (also meist seit gestern) durchgeführt?
2. Was planst du bis zum nächsten Daily Scrum (also meist bis morgen) zu tun?
3. Welche Hindernisse sind bei der Umsetzung für die laufende Iteration *(Sprint)* und das gesamte Projekt aufgetreten?

Auch diese Agenda erfüllt ihr Ziel, der Besprechung eine Struktur zu geben und den Teilnehmern deren Vorbereitung zu ermöglichen. Es gibt daher keine Besprechung ohne Agenda!

Wir hoffen, dass wir damit der häufig zu sehr vernachlässigten Agenda ausreichend zu Ansehen verholfen haben, um bewusst und respektvoll mit ihr umzugehen. Nur weil sie leider oft im Alltag nicht oder nur schlecht erstellt wird, ist sie noch lange nicht überflüssig. Ganz im Gegenteil!

6.4 Eine Besprechung durchführen

Die Ziele der Moderation in einer Besprechung sind die stimmige inhaltliche Fokussierung der Teilnehmer auf die Themen und für jeden Teilnehmer für Klarheit und Transparenz zu sorgen. So können die Teilnehmer die angestrebten Ergebnisse erarbeiten. Das zentrale Hilfsmittel dafür ist die Agenda und die wesentliche Technik die der Visualisierung. So beginnen wir als Erstes, die Agenda zu visualisieren, d. h. auf ein Flipchart o. Ä. aufzuschreiben und die geplanten Zeiten zu vermerken. Wichtig ist es im Vorkontakt, wenn die Struktur noch geklärt wird, aktuelle Anpassungen der Agenda vorzunehmen.

Wer moderiert eine Besprechung? Wenn nichts anderes vorgesehen ist, übernimmt diese Aufgabe die Person, die zu der Besprechung eingeladen hat. Sie steht in der Ergebnisverantwortung. Natürlich kann diese Person diese Aufgabe an einen expliziten Moderator delegieren. Es kann auch eine wechselnde Moderation durch die Teilnehmer erfolgen, wobei ein Moderator jeweils einen oder mehrere Punkte moderiert, zu denen er selbst den geringsten inhaltlichen Beitrag leisten kann.

An der Agenda kann jetzt jeder abgearbeitete Punkt durch ein Häkchen gekennzeichnet werden. So wird der Fortschritt deutlich. Dieser Aspekt ist besonders dann wichtig, wenn schwierige, konfliktbehaftete Themen auf der Tagesordnung stehen. So kann der gefühlten Zähigkeit entgegengewirkt werden.

Bleiben wir noch kurz bei den Konfliktpunkten. Ein häufiger Fehler in der Vorgehensweise ist es, mit dem schwierigsten Punkt als Erstes zu beginnen. Wieso kann das problematisch sein? Es klingt doch auf den ersten Blick logisch und risikoorientiert. Natürlich benötigen wir für die schwierigen Punkte unsere volle Konzentration. Jedoch ebenso wichtig sind ein Gefühl der Zuversicht und eine eingespielte Beziehungsebene.

Und genau in dieser Hinsicht kann es die beste Taktik sein, als Erstes einen einfachen Aspekt zu behandeln. Dies wird den Teilnehmern locker von der Hand gehen und ihnen ein optimistisches Gefühl geben. Mit diesem positiven Anfangsschwung versehen, widmen wir uns dann dem eigentlichen, schwierigen oder konfliktbelasteten Punkt der Agenda.

Als ungünstig hat sich weiter die *Kleingruppenarbeit vor Zuschauern* gezeigt. Zwei Experten diskutieren tiefste technische Details, während die anderen vier Besprechungsteilnehmer nichts mehr verstehen oder sich langweilen. Hier sollte der Moderator einschreiten. Er hat ja zwei Aufgaben: Transparenz und Klarheit zu schaffen **und** für die Stimmigkeit der Kommunikation zu sorgen [133]. Stimmige Komunikation bedeutet, dass alle Teilnehmer sich an der Besprechung beteiligen können. Sollte dies nicht der Fall sein, haben wir verschiedene Möglichkeiten, die Stimmigkeit wieder herzustellen:

- Das Fachgespräch der beiden Experten vertagen, damit beim nächsten Thema wieder alle Beteiligten involviert sind. Dies geht dann einfach, wenn für den Agendapunkt keine Durchführung der Lösung vorgesehen ist, sondern vielleicht nur das Finden eines Lösungswegs. Die Experten treffen sich dann später zu einer separaten Besprechung.
- Den fachlich speziellen Punkt ans Ende der Besprechung verschieben, damit alle die Teilnehmer, die dazu nichts beitragen können oder wollen, gehen können. Eine Variante davon ist es, die nicht interessierten Teilnehmer für die geschätzte Dauer der Expertendiskussion von der Teilnahme zu befreien.
- Der Expertendiskussion wird nur eine kleine Timebox, also ein fester *Zeitrahmen* von maximal fünf Minuten, gegeben, um danach wieder zu der ursprünglichen Themenliste zurückzukehren. Diese Timebox wird nicht verlängert. Wenn das Unterthema nicht abschließend behandelt werden konnte, greift die erste Lösungsidee, und das Unterthema wird vertagt (s. o.). Zur genauen Definition des Begriffs *Timebox* siehe Anhang A.1.4 oder [131].
- Der Teilnehmerkreis wird kurzfristig um einen oder wenige Experten erweitert, damit diese die Diskussion mit ihrem Fachwissen oder ihrer Entscheidungsbefugnis in wenigen Minuten zu einem abschließenden Ergebnis führen können. Auch hierfür wird eine feste Timebox vorgegeben. Da sich die neuen Teilnehmer erst in den Stand der Besprechung einarbeiten müssen, wird die Timebox deutlich länger sein als bei der vorherigen Lösung und typischerweise 15 Minuten betragen. Diese Lösung ist dann erstrebenswert, wenn ohne die abschließende Klärung auch mit den anderen Punkten nicht weitergemacht werden kann und entsprechende Experten schnell dazustoßen können.

Um die Klarheit und Transparenz zu verbessern, kann ein Moderator oder der für den Agendapunkt verantwortliche Teilnehmer eine kurze Einführung und Zusammenfassung des Ist-Stands geben. Kurz bedeutet eine Minute und nur in Ausnahmefällen zwei.

Viele Besprechungen leiden auch darunter, dass nicht alle Teilnehmer ausreichend eingebunden sind und genug Raum für die Darstellung ihrer Sicht erhalten. Auch dafür ist der Moderator verantwortlich. Er bindet die stilleren Personen ein und würdigt *jeden* Beitrag. Am einfachsten erfolgt die Würdigung dadurch, dass der neue Aspekt oder eine veränderte Bewertung eines bereits bekannten Punkts in die Visualisierung aufgenommen wird.

Lassen Sie keine Störungen der Besprechung zu. Besonders intensive und wichtige Besprechungen werden deshalb gerne außerhalb des Büros abgehalten, z. B. in einem anderen Stockwerk oder Gebäude. Manchmal ist es hilfreich, den Firmenkontext ganz zu verlassen und externe Räumlichkeiten zu nutzen. Falls diese Ideen nicht umzusetzen sind, kann ein deutliches *Bitte nicht stören*-Schild an der Tür helfen, Störungen von außerhalb zu vermeiden.

Zu Störungen zählen z. B. auch klingelnde Mobiltelefone. Bitten Sie zu Beginn der Besprechung explizit darum, diese abzustellen oder zumindest lautlos zu schalten. Außer einem Feueralarm haben nur sehr wenige Ereignisse eine solche Priorität, dass eine Störung notwendig ist.

Das Zeitmanagement der Besprechung ist ebenfalls wichtig. Fangen Sie stets pünktlich an, auch wenn noch Teilnehmer fehlen. Bei Regelbesprechungen führt das pünktliche Anfangen oft zu einer impliziten Disziplinierung der *Zu-Spät-Kommer*. Ebenso wichtig ist das pünktliche Beenden einer Besprechung. Wenn die Teilnehmer nicht das Vertrauen haben, zum definierten Endzeitpunkt auch fertig zu sein, setzt oft der Trend ein, nach den vermeintlich wichtigsten Punkten gehen zu wollen. Entweder sind die verbliebenen Themen unwichtig, dann können alle gehen, und die Besprechung ist beendet, oder es bleiben alle, jedoch nur bis zum geplanten Ende.

Um die Klarheit über das Besprochene bei allen Teilnehmern zu verstärken, kann zum Abschluss eines Punkts vom Moderator eine kurze Zusammenfassung erfolgen. Wichtiger Bestandteil der Zusammenfassung sind die Konsequenzen für das weitere Vorgehen nach der Besprechung: Wer macht was wann und wo auf welche Art. Erst wenn diese Fragen beantwortet sind, kann ein Tagesordnungspunkt abgeschlossen werden [13].

Wenn Sie in der geplanten Zeit nicht alle Themen abhandeln können, ist es trotzdem wichtig, rechtzeitig abzuschließen und wenn es irgendwie möglich ist, Besprechungen als Timebox zu betrachten. Die noch offenen Punkte werden auf die nächste Agenda gesetzt und Feedback der Beteiligten eingeholt. Wie geht es den Teilnehmern mit dem Erreichten? Was denken sie über die offenen Punkte? Das sind wichtige Fragen für den Ausklang einer Besprechung. Die Antworten geben uns wertvolle Hinweise darauf, was wir beim nächsten Mal verbessern können. So lernen wir von Besprechung zu Besprechung und werden hoffentlich immer besser darin.

»Die meisten unserer Meetings sind so langweilig!«

Ach ja, den ganzen Tag Meetings. Und dann diese miserable Qualität. Da wird um die Sache herumgeredet, keiner bringt die wirklich wichtigen Fakten auf den Tisch, beschlossen wird nichts und alle gehen zufrieden und scherzend auseinander. Was wir hier beschrieben haben, kennen Sie vielleicht, wir nennen es das *Kuschelmeeting*. Hier werden keine Probleme gelöst und wenn, dann nur mit Lösungsansätzen, die keinen dazu zwingen, aus seiner kuscheligen Komfortzone herauszukommen.

Dass das nicht gut ist und irgendwann auch keinen Spaß mehr macht, drückt der Satz oben aus. Wie können Sie als Einziger dieses scheinbar implizite Abkommen aller Beteiligten durchbrechen? Was können Sie allein schon ausrichten?

Erstens ist es höchst wahrscheinlich, dass Sie mit diesen Gedanken nicht der Einzige sind. Also bekommen Sie wahrscheinlich Unterstützung, wenn sie dieses Thema ansprechen. Zweitens können Sie sich immer wieder den folgenden Satz durch den Kopf gehen lassen und danach handeln. Wir haben diesen Satz sogar schon ausgedruckt an den Wänden von Meetingräumen so mancher Firma gesehen, damit er allgegenwärtig ist. Er lautet: »Was trage ich gerade zum Gelingen dieses Meetings bei?«

Wenn Sie also das nächste Mal innerlich kochen oder zumindest merken, dass Ihre Temperatur steigt, überlegen Sie, was Sie jetzt und sofort dagegen tun können. Meistens dürfte das eine Wortmeldung Ihrerseits bedeuten, im Extremfall könnten Sie sich sogar entschließen, das Meeting zu verlassen. Das ist dann auch eine Botschaft, wenn auch eine sehr direkte, und wird dem Meeting sicherlich einen neuen Aspekt hinzufügen.

Ganz allgemein folgen wir hier einfach dem Prinzip *Bauch→ Kopf→ Handeln*. Sie fühlen sich unwohl (Bauch), denken nach, was Sie ändern können (Kopf), und entschließen sich zu handeln. Diese drei Schritte sind immer notwendig, wenn es darum geht, Entscheidungen zu treffen und umzusetzen. Stoppen Sie nach dem ersten Schritt, dann kann der obige Spruch dabei herauskommen. Sie fühlen nur, dass etwas nicht stimmt, haben aber noch keine Verantwortung für die weiteren Schritte übernommen. Unterbrechen Sie nach dem zweiten Schritt, dann wissen Sie vielleicht, was Sie tun könnten, aber setzen es nicht um. Häufig fallen dann später in der Kaffeeküche Sätze, die mit »Man müsste mal ...« beginnen. Das hilft auch keinem weiter und Sie könnten auch noch als Besserwisser abgestempelt werden. Seien Sie mutig und durchlaufen Sie in einer solchen Situation alle drei Schritte!

6.5 Eine Besprechung nachbereiten

6.5.1 Fotoprotokoll

Dem Protokoll lastet im Allgemeinen der Ruf der Zeitverschwendung und geringen Aussagekraft an. Das gilt leider nach unserer Erfahrung für viele *Text*protokolle tatsächlich. Sie sind zeitlich aufwendig zu erstellen und häufig sehr umfangreich. Dennoch steht der wichtige Aspekt, um den hinterher ein kleiner Streit ausbricht, gerade nicht im Protokoll. Was genau ist denn beschlossen worden? Wie sollte mit der Ausnahmesituation umgegangen werden? Hatte ich noch etwas Bestimmtes im Nachgang zu unternehmen?

Wenn wir bereits in der Besprechung die Ergebnisse visualisieren, reicht in den meisten Fällen ein einfaches Fotoprotokoll aus. Wir fotografieren dazu alle in der Besprechung erzeugten Visualisierungen. Im einfachsten Fall reicht eine Nummerierung der Fotos in der zeitlichen

Reihenfolge der Visualisierungen aus. Wenn Sie ein Dokument erstellen möchten, importieren Sie die Fotos in der gewünschten Reihenfolge in eine Textverarbeitungs- oder Präsentationssoftware und erstellen ein Deckblatt mit dem Titel und Datum der Besprechung sowie den Namen der Teilnehmer.

Diese Idee lebt von der Qualität der Visualisierungen. Es entspricht in etwa dem Erstellen von Programmcode. Wir können ihn selbstdokumentierend, gut lesbar gestalten und haben dann nur noch wenige Methoden- oder Klassen-übergreifende Aspekte in einem Modell oder Text zu dokumentieren. Oder wir stricken mit heißer Nadel ein paar Codefetzen zusammen, die vom Ersteller nach einer Woche selbst nicht mehr verstanden werden. Der notwendige Dokumentationsaufwand ist deutlich höher. Deswegen fällt er ähnlich wie ein aussagekräftiges Protokoll oft weg.

Die Nachbereitung lebt von der Visualisierung der erreichten Ergebnisse. Je klarer und aussagekräftiger uns das gelungen ist, desto klarer war es für alle Teilnehmer während der Besprechung und desto einfacher ist die Protokollierung im Nachgang. Das Fotoprotokoll reicht in den allermeisten Fällen aus. Und es hat den entscheidenden Vorteil, schnell erstellt werden zu können. Nur kurze Zeit nach der Besprechung ist es schon in unserem E-Mail-Eingang. Na ja, an ein paar Regeln für Fotoprotokolle können wir uns schon orientieren, doch schwierig sind sie nicht:

- Alle Artefakte wie Flipcharts, Metaplan-Wände oder Whiteboard-Skizzen erhalten eine aussagekräftige Überschrift links und das Datum rechts oben. So finden wir später einen gesuchten Inhalt schneller wieder.
- Alle Artefakte werden in der Reihenfolge der Erstellung durchnummeriert. So kann der Protokollant schneller die richtiger Reihenfolge für das Protokoll finden und hat dazu keine Rückfragen. Auch einfache Fotoausdrucke so gekennzeichneter Bilder sind in der Nacharbeit hilfreicher, wenn dann nur die einzelnen Seiten auf dem Schreibtisch liegen.
- Ein Template und evtl. auch ein Importmakro für unsere Textverarbeitung beschleunigen den Prozess weiter. Neben der Textverarbeitung kann auch eine Präsentationssoftware zur Dokumentenerstellung dienen. Häufig lassen sich in diesen Programmen einzelne Seiten und damit Fotos einfacher und übersichtlicher anordnen.
- Beim Fotografieren ist auf gleichmäßige und kontrastreiche Lichtverhältnisse zu achten. Am besten wird jedes Bild mit Blitzlicht erstellt. Bitte vermeiden Sie starkes Hintergrundlicht oder eine ungleichmäßige Ausleuchtung des Papiers. Am Whiteboard nicht frontal, sondern schräg etwas nach links oder rechts versetzt fotografieren. Das minimiert die Reflexion des Blitzes auf der lackierten bzw. emaillierten Oberfläche. Viele Fotoapparate zeigen den Blitzfokus am Objekt an. Er kann

dann so gewählt werden, dass nichts Wichtiges überstrahlt wird. Wenn wir uns unsicher sind, machen wir einfach zwei oder drei Bilder von verschiedenen Standpunkten und Winkeln. Mindestens ein Foto wird brauchbar sein.

6.5.2 Beschlüsse nachverfolgen

Ganz wesentlich für die Wirkung von Besprechungen ist die Nachverfolgung der Beschlüsse. Das Fotoprotokoll kann uns dabei meist nicht weiterhelfen. Wir brauchen den Transfer der relevanten Information in unser Standard-Planungsinstrument. Dieser Arbeitsschritt obliegt nach jeder Besprechung jedem Teilnehmer selbst. Das bedeutet konkret, dass wir einen Arbeitsauftrag oder eine Story Card neu schreiben bzw. aktualisieren, eine Aufgabe in unser gemeinsames Kalendertool eintragen, eine E-Mail versenden oder was eben im jeweiligen Projekt zur Einplanung von Aufgaben vorgesehen ist.

Hier schließt sich dann der Kreis, denn die Nachbereitung der letzten Besprechung vereinfacht uns die Vorbereitung der nächsten. Oder anders ausgedrückt: »Nach dem Spiel ist vor dem Spiel!« Je einfacher es für uns ist, eine Gesamtübersicht aller geplanten Aktivitäten zu erhalten, desto leichter und trotzdem vollständig wird unsere Agenda der nächsten Besprechung zu erstellen sein. Da der Mensch im Allgemeinen und Softwareentwickler im Speziellen eher dazu neigen, langweilige, monotone Aufgaben zurückzustellen, ist es bei der Nachverfolgung von Vorteil, das jeweils einfachst mögliche Verfahren auszuwählen. Story Cards auf einer Metaplan-Wand, eine zentrale Arbeitsauftragsdatenbank oder eine Aufgabenverfolgung über einen zentralen Kalender bieten sich hierbei eher an als komplizierte Projektplanungswerkzeuge.

7 Zeitmanagement

Wir möchten uns hier nicht in die aktuelle Diskussion um den Sinn und Unsinn von Zeitmanagement einmischen. Genauso wie es helfende Techniken und Ideen aus dem Zeitmanagement gibt, kritisieren einige Stimmen auch die durch den umsatzträchtigen Markt motivierten Auswüchse dieser Thematik [1]. Wir beschränken uns hier auf den Aspekt der Priorisierung von Aufgaben und Anforderungen. Mit einfachen und sinnvollen Techniken können wir unserer Führungsaufgabe besser gerecht werden.

7.1 Freiräume schaffen – Aufgaben delegieren

Ein erfolgreiches Management wird stets versuchen, Aufgaben aus der Kategorie Tagesgeschäft zu minimieren, denn solche Aufgaben sind dringlich und wichtig und müssen daher sofort angegangen werden. Erreichen diese Aufgaben jedoch einen Umfang, der nicht mehr von den dafür vorgesehenen Reserven abgedeckt ist, geraten wir in ein Planungs- bzw. Zeitproblem.

In der Folge werden z. B. strategische Aufgaben aufgeschoben. Diese sind wichtig, aber vordergründig nicht dringlich und leiden daher besonders unter einem hohen Anteil an Tagesgeschäft. Häufig wird dafür als Metapher ein kanadischer Holzfäller herangezogen, der eine große Anzahl von Bäumen zu fällen hat. Die Frage lautet in diesem Kontext: Wann unterbreche ich meine Arbeit, um die Säge zu schärfen, damit es danach wieder schneller und kraftsparender vorangeht? Oder für unseren Kontext noch passender: Welchen Zeitanteil möchte ich dem Schärfen der Säge widmen?

7.1.1 Die Methode des Präsidenten Eisenhower

Die skizzierte Problemstellung kann mit der Eisenhower-Methode angegangen werden (Abb. 7.1). Dabei werden Aufgaben nach zwei Aspekten kategorisiert:

wichtig: Die Führungskraft kümmert sich selbst darum.

dringlich: Die Aufgabe ist sofort zu erledigen, um nicht das Projekt zu gefährden.

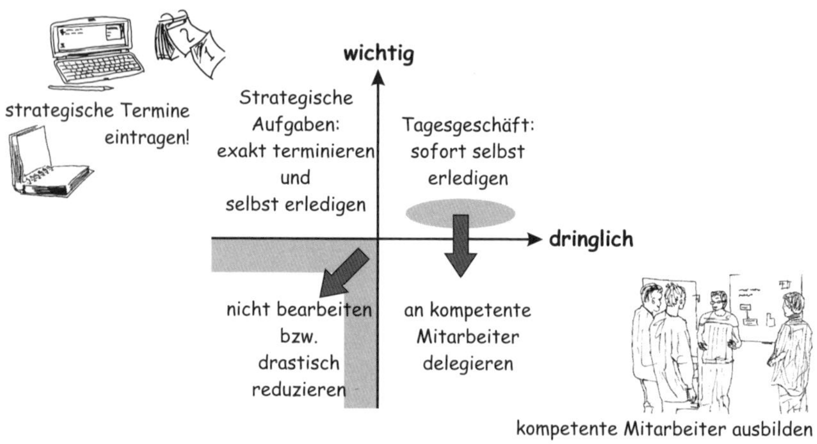

Abbildung 7.1: Das Zeitmanagement eines Präsidenten nach Dwight D. Eisenhower (1890–1969, Präsident der USA von 1953 bis 1961)

Mit Hilfe von vier Fragen können wir anstehende Aufgaben jeder Art unter Zuhilfenahme der Eisenhower-Methode strukturieren. Sie bringen uns neutral betrachtet und in einem sachlichen Kontext weiter, wenn es darum geht, Aufgaben zu bewerten und strategische Themen zu identifizieren:

- Können wir delegieren und wenn ja, an wen?
- Wann ist eine bestimmte Aufgabe in unserem persönlichen Tagesrhythmus am besten zu erledigen? Wenn ich z. B. nur zweimal am Tag meine E-Mails abrufen möchte, wann sind dafür die geeignetsten Zeitpunkte?
- Wie oder von wem kann eine Aufgabe effizienter und effektiver bearbeitet werden?
- Können wir die ganze Aufgabe oder Teile davon weglassen?

Aufgaben aus dem Tagesgeschäft, die doch nicht ganz so wichtig sind, können wir an kompetente Mitarbeiter delegieren. Dazu brauchen wir geeignete qualifizierte Mitarbeiter. Personalentwicklung und fortlaufende Mitarbeiterqualifizierung sind daher zentrale Grundlagen für ein realistisch durchführbares Projekt, weil damit die Flexibilität deutlich erhöht wird.

Noch schwieriger gestaltet sich für viele in der Praxis die Bearbeitung strategischer Aufgaben. Da sie vordergründlich nicht dringlich sind, können sie eben gut verschoben werden. Doch irgendwann ist es zu spät dafür, und wir finden unter dem großen Druck, unter dem ein Projekt dann steht, keine Zeit mehr, Dinge grundsätzlich und damit nachhaltig anzugehen. Wie in dem Beispiel zur Entscheidungsfindung anhand des Rubicon-Modells auf

Seite 193 gezeigt wird, ist der Schlüssel zum Erfolg unser Kalender. Damit diese geplanten Freiräume nicht dem Tagesgeschäft geopfert werden, schaffen wir so früh wie möglich Fakten und reservieren Zeit sowie Besprechungsräume dafür.

Erst recht wenn wir sehr flexibel unsere Aufgaben lösen, ist es wichtig, Freiräume für strategische Themen einzuplanen. Wir schaffen also eine Arbeitsanweisung, nach wie vielen *Bäumen die Säge zu schärfen* ist. Auch hierbei spielt das iterative Vorgehen seine Stärken aus.

Am Ende jeder Iteration haben wir bereits im Orientierungsteil etwas Zeit für solche Rückkopplungen, Retrospektiven und internen Reviews vorgesehen. Um bei der Holzfäller-Metapher zu bleiben: Wir schärfen unsere Säge regelmäßig. Genau so, wie wir eine Jahresplanung aufstellen können, von wann bis wann welche Iteration genau läuft, können wir z. B. vor wichtigen Releases auch Stabilisierungsiterationen einplanen [131].

Nach dem gleichen Schema können wir zwischen zwei Iterationen von vorneherein Freiraum für strategische Themen einplanen. Wie der Rhythmus dabei festzulegen ist, hängt von Ihren konkreten Umständen ab. Zwei bis vier solcher Blöcke von ca. zwei bis drei Tagen pro Jahr sind in den meisten Fälle ausreichend. Dieser scheinbar hohe Aufwand rentiert sich nach unseren Erfahrungen bereits in kurzer Zeit. So bleibt die Säge stets scharf!

Um in komplexen Umfeldern wie der Softwareentwicklung strategische Themen erfolgreich bearbeiten zu können, versuchen wir möglichst viele verschiedene Sichten einzubinden. Wir wählen Teams oder einzelne Mitarbeiter aus, um auf diesen gemeinsamen wenige Tage dauernden Veranstaltungen eine tragfähige und umsetzbare Basis zu schaffen. So schaffen wir Multiplikatoren, die bei der Umsetzung der Maßnahmen dafür soren, dass die strategischen Ziele auch erreicht werden.

Als besonders sinnvoll hat sich für die Durchführung solcher Strategietreffen gezeigt, dass diese nicht im Büro, sondern außerhalb als Event stattfinden. Die Kosten können auch auswärts durch einfach ausgestattete Räume und Selbstversorgung niedrig gehalten werden. Die Aussage ist in jedem Fall eindeutig: »Du bist uns wichtig und wir möchten deine Meinung und Ideen zu strategischen Themen hören!«

Natürlich gibt es zu dieser Art des Zeitmanagements auch Kritikpunkte. Häufig stehen wir in unserer Praxis vor dem Problem, dass wichtige Aufgaben selten dringlich und dringliche selten wichtig sind. So entfaltet die Eisenhower-Methode ihre volle Kraft als Weiterentwicklung der Triage. Wie wir oben dargestellt haben, kann sie uns im Alltag dabei helfen, strategische Themen zu identifizieren und unser Team so aufzubauen, dass wir über Mitarbeiter verfügen, an die wir bestimmte Aufgaben gut delegieren können. In vielen Situationen unserer Arbeitswelt kommen wir mit der konsequenten Umsetzung dieser Ideen schon einen guten Schritt weiter auf dem Weg zu einer langfristig wirksamen und professionellen Arbeitsweise.

7.1.2 Kanban-Board und WIP-Limit

Leider hat nicht jeder von uns einen hoch qualifizierten Stab an Mitarbeitern um sich herum wie der Präsident der USA. Einen weiteren Schritt zu einer erfolgreicheren Arbeitsorganisation können wir mit Ideen aus dem Kanban gehen [90]. Indem wir unsere Aufgaben auf einem Kanban-Board visualisieren, können wir Engpässe und prinzipielle Probleme schnell identifizieren (Abb. 7.2) [5].

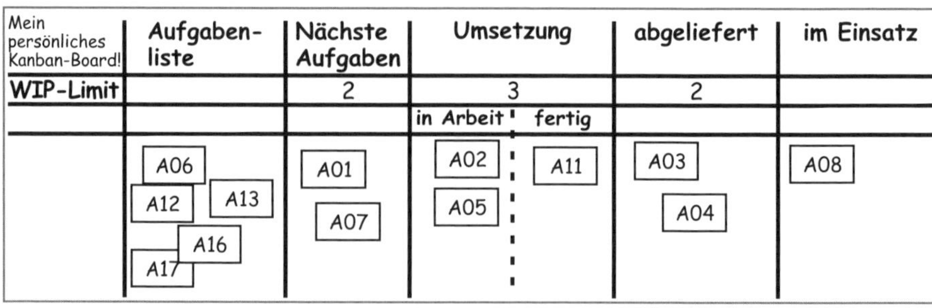

Abbildung 7.2: Über ein modifiziertes Kanban-Board können wir eine Übersicht über unsere Aufgaben gewinnen, Engpässe schnell erkennen und mit einer Limitierung paralleler Aufgaben unsere Effizienz steigern [65].

Häufig reicht dieser Vorlauf bereits aus, um wirkungsvolle Gegenmaßnahmen einleiten zu können. Legen wir zusätzlich ein Limit[1] für die Anzahl der parallel zu bearbeitenden Aufgaben fest, steigern wir unsere Effizienz und gewinnen darüber Spielräume [65].

So ein modifiziertes Kanban-Board kann Ihnen bei Ihren Managementaufgaben genau so helfen, wie es in der agilen Softwareentwicklung in den Teams angewendet werden kann. Durch ein Limit für einzelne Schritte wird die maximale Anzahl von Aufgaben in einer Spalte begrenzt. So können wir fokussiert arbeiten und erkennen sofort, wenn es im gesamten Prozess zum Stocken kommt.

Im Beispiel aus Abbildung 7.2 erkennen wir den Stau, der sich in den mittleren drei Spalten ergibt. Wir fangen jetzt also nicht weitere Aufgaben an, sondern kümmern uns darum, die bereits erledigten Aufgaben in den Einsatz zu bringen. Dies ist auch unter dem Aspekt möglicher Nacharbeiten oder notwendiger Ergänzungen wichtig, die erst im Einsatz sichtbar werden und zusätzliche Aufgaben zur Folge haben. Der geschäftliche Wert entsteht durch vollständig abgearbeitete Aufgaben und den Einsatz ihrer Ergebnisse und nicht durch die Menge offener Punkte einer Aufgabenliste!

[1] WIP-Limit, WIP = Work in progress.

»Ich kann nichts delegieren, weil das immer in die Hose geht!«

Es scheint wie verhext. Sie können sich vor Aufgaben nicht retten, wissen nicht, wo Ihnen der Kopf steht. Und Ihr Chef redet immer davon, dass Sie mehr delegieren müssen, mehr von Ihren Aufgaben abgeben müssen, um einen besseren Job zu machen. Und es ist ja beileibe nicht so, als hätten Sie das nicht schon versucht. Nur immer, wenn Sie es tun, haben Sie erstens kein gutes Gefühl dabei und zweitens klappt es auch nicht wirklich gut. Die Ergebnisse sind miserabel, sodass Sie in den meisten Fällen beschließen, es doch selbst in die Hand zu nehmen. Das kann bis zu Gedanken wie »Wenn man nicht alles selbst macht ...« führen. Ihre Mitarbeiter übernehmen keine Verantwortung, machen Dienst nach Vorschrift und Sie ackern sich ab. Alles nicht wirklich befriedigend.

Stopp! Hier läuft offensichtlich etwas ganz falsch und dem wollen wir jetzt mal auf den Grund gehen. Der Grundsatz für erfolgreiches Delegieren lautet: Es lässt sich nur Verantwortung delegieren! Das bedeutet, dass Sie genau überlegen müssen, wie Sie Ihre Arbeit unterteilen können, um dann eine oder mehrere Aufgaben vollständig zu delegieren.

Ein Beispiel: Als Projektleiter könnten Sie eine Testphase komplett selbst planen und das Erstellen, Ausführen und Abheften der Tests jeweils einzeln delegieren. Besser wäre es aber, die komplette Koordinierung einem Mitarbeiter oder gleich einem Team zu übergeben, das dann selbst über die einzelnen Schritte bestimmen kann. Sie müssen diesem Team dann nur Ihre Erwartungen mitgeben und mit ihm während der Ausführung in Kontakt bleiben. Sie übertragen also die Verantwortung für eine Aufgabe auf Ihre Mitarbeiter, geben Ihre Erwartung kund und schränken den Lösungsraum so wenig wie möglich ein. Es funktioniert eben nicht, wenn wir delegieren wollen und der mögliche Lösungsraum komplett vorgegeben ist. Das macht den Mitarbeiter zu einem rein ausführenden Organ und verhindert die nötige Motivation, die Aufgabe bestmöglich zu bearbeiten.

Nun können Sie zu Recht entgegnen, dass Sie bei dieser Art von Delegierung ja das Ergebnis nur noch sehr schlecht beeinflussen können. Und das ist tatsächlich der Preis, den Sie zu zahlen haben. Aber wie immer hat auch hier die Medaille zwei Seiten, denn wenn Ihnen andere und neue Lösungen präsentiert werden, so werden Sie sehr bald merken, wie das auch Ihren Horizont erweitert. Weiterhin wird die Motivation der Mitarbeiter steigen, denn indem Sie Verantwortung nach diesem Prinzip delegieren, zeigen Sie dem Mitarbeiter, dass Sie ihm vertrauen und dass Sie ihm diese Aufgabe zutrauen. Außerdem haben Sie wieder eine Möglichkeit mehr gewonnen, mit Ihren Mitarbeitern in Kontakt zu sein und ihre Leistung zu beurteilen. Das führt zu einer größeren Nähe zu den Mitarbeitern, die Ihnen im nächsten gegenseitigen Feedback zugute kommen sollte.

Übrigens noch ein Wort zu dem Thema *Verantwortung*. Wenn eine Aufgabe beendet ist, bekommt das manchmal auch Ihr Chef mit und fragt Sie, wer das Ergebnis zu verantworten hat. Hier ist es für Sie sehr wichtig, konsequent zu unterscheiden: Ist die Aufgabe gut gelaufen, dann ist es der Verdienst des Mitarbeiters oder Teams. Ist die Aufgabe dagegen schlecht bearbeitet worden, so müssen Sie sich vor Ihre Mitarbeiter stellen und die Verantwortung auf sich nehmen. In beiden Fällen können Sie so das von Ihren Mitarbeitern entgegengebrachte Vertrauen erhöhen.

7.2 Störungen blocken – goldene Stunde

Müssen wir wirklich immer und überall ansprechbar sein? Selbst eine kurze Störung zwischendurch reißt uns aus unserer aktuellen Arbeit und kostet uns dadurch Zeit und Energie. Wenn wir versuchen, unsere Produktivität dadurch zu steigern, dass wir mehrere Aufgaben parallel bearbeiten, werden wir vermutlich scheitern. Das ständige Wechseln der Aufgaben in einer aktiven Störungs*un*kultur lassen unsere tatsächlich nutzbare Arbeitzeit schmelzen wie einen Eiswürfel in der Sonne (Abb. 7.3).

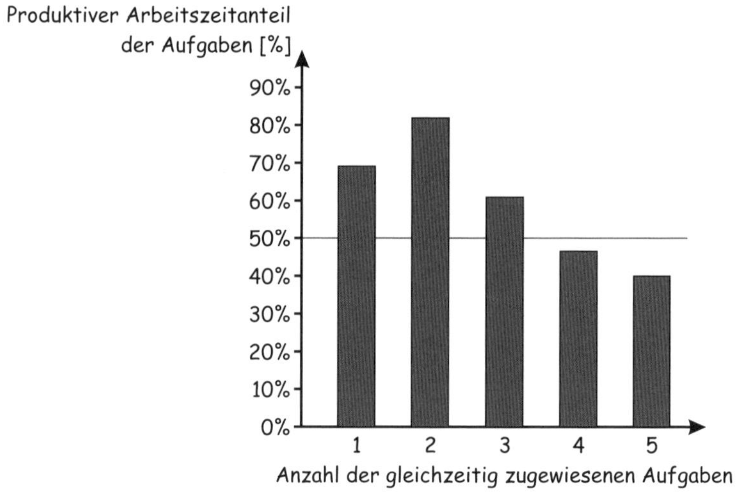

Abbildung 7.3: Die Produktivität nimmt bei mehr als zwei parallelen Aufgaben rapide ab (nach Clark und Wheelwright, 1993) [17].

Eine andere Studie ergab, dass wir alleine für die notwendigen Task-Wechsel mit der damit verbundenen Einarbeitung usw. zwischen 20 und 40 Prozent unserer Arbeitszeit aufwenden, wenn wir ein intensives Multitasking betreiben [14]. Der vermeintliche Gewinn durch viele parallele Aufgaben ist doch eher ein Pyrrhussieg: »Noch eine Aufgabe mehr und ich bekomme gar nichts mehr geregelt!«

Blättern Sie ruhig noch einmal kurz zurück zum Kanban-Board in Abbildung 7.2 auf Seite 116. Die WIP-Limits werden dabei so ausgewählt, dass pro beteiligtem Mitarbeiter in einem Schritt etwa zwei Aufgaben parallel bearbeitet werden können und nicht mehr. So optimieren wir unsere Produktivität. Doch zurück zum Thema *Störungen*.

Wenn Sie unter häufigen kurzen, aber auch längeren Störungen sehr leiden, versuchen Sie doch einmal Folgendes: Identifizieren Sie die Zeiten am Tag, an denen Sie am besten Ihre Aufgaben erledigen können. Dann schotten Sie sich regelmäßig und damit für alle Kollegen stets nachvollziehbar für eine feste Dauer von ein bis zwei Stunden ab. Fahren Sie Ihr E-Mail-Programm herunter, schalten Sie Ihr Handy stumm oder aus und stellen Sie Ihren Anrufbeantworter an. Eine entsprechende Notiz an der Tür macht dann auch dem letzten Mitarbeiter klar, dass Sie nur bei Feueralarm gestört werden wollen (Abb. 7.4).

Abbildung 7.4: Verschaffen Sie sich regelmäßig einen Zeitraum am Tag, an dem Sie ungestört arbeiten können.

Diese besonders wertvolle Zeit können Sie jetzt intensiv für die Bewältigung Ihrer Aufgaben nutzen. Neben dem befriedigenden Gefühl, mal wieder etwas geschafft zu haben, bringen Sie damit Ihre Projekte auch inhaltlich weiter.

Die im Beispiel aus Abbildung 7.4 angegebene Zeit ist kein Zufall. Sie passt in den Biorhythmus vieler Menschen, die genau zu dieser Zeit am produktivsten sind [63]. Oder prüfen Sie doch einmal für sich selbst, wann Sie Ihre beste Zeit für die goldene Stunde haben, und wählen diese dann aus. Standardtätigkeiten und Regelbesprechungen sollten nicht in diese Zeit gelegt werden.

Teil III

Entwickler führen

Die Aspekte, die Führung ausmachen, werden differenziert dargelegt. Ergänzend kommen Betrachtungen hinzu, was eine Führungspersönlichkeit ausmacht und welche Rollen sie einzunehmen hat. Abschließend werden Führungsebenen und typische, daraus resultierende Konflikte beleuchtet.

Führung erfolgt im Kontakt. Diese Nähe ist auch ein wesentlicher Faktor für die Motivation von Mitarbeitern. Das Thema *Motivation* geht jedoch noch weit darüber hinaus und wird daher tiefgehender diskutiert.

Führung in selbstorganisierten Systemen zeichnet sich durch hohe Prozesskompetenz aus. Aufgrund der kaum vorhandenen Hierarchie kann ein Führungsanspruch auch schwerlich aus einer hierarchischen Position abgeleitet werden. Die Chancen und Risiken selbstorganisierter Teams werden beleuchtet und insbesondere der Aspekt des empfundenen Drucks differenziert betrachtet.

Wie treffen wir Entscheidungen im Rahmen der komplexen Systeme, in denen wir arbeiten? Wie können wir die Entscheidungsfindung vorbereiten? Und besonders wichtig: Wie stellen wir sicher, dass Entscheidungen auch realisiert werden? Liegt wirklich eine ausreichende Motivation vor?

8 Wie funktioniert Führung?

Was ist überhaupt *Führung*? Wodurch zeichnen sich gute Führungskräfte aus? Können wir Führung lernen? Welche Probleme tauchen immer wieder auf? Wie kommen wir zu tragfähigen, belastbaren Entscheidungen? Diesen Fragen widmen wir uns in Teil III des Buchs. Zum Einstieg möchten wir kurz zwei Situationen betrachten, um das Thema *Führung* besser einordnen zu können.

Vielleicht kennen Sie auch die folgende Situation? In einer Besprechung taucht eine entscheidende Frage auf, von deren Antwort die nächsten Schritte direkt abhängen. Die Frage ist klar, und in den Köpfen der meisten Kollegen steht auch eine Reihe möglicher Antworten parat. Dennoch setzt schlagartig ein Schweigen ein, und die Blicke richten sich auf eine Person. Erst wenn diese Person ihre Meinung kundgetan hat, entsteht wieder die gewohnte Dynamik der Besprechung. Was ist hier passiert?

In bestimmten Situationen braucht die Gruppe die Orientierung an einer bestimmten Person. Vielleicht haben Sie dabei auch erlebt, dass diese Person nicht unbedingt die formale Führungskraft war. Die Gruppe hat in solchen Situationen das Bedürfnis nach Absicherung, weil die gestellte Frage die Grundlage der Arbeit betrifft. Ein formaler oder informeller *Leiter* der Gruppe übernimmt die Verantwortung und schafft damit die Basis für die nächsten Schritte der gemeinsamen Arbeit. So wird die aktuelle kleine Blockade durch einen *situativen* Leiter aufgelöst, und es kann weitergehen.

Doch spinnen wir diese Geschichte noch etwas weiter. Was passiert, wenn die erste Aussage des situativen Leiters objektiv betrachtet falsch oder zumindest suboptimal ist? Nur in strengen Hierarchien entsteht daraus ein Problem. Der situative Leiter ist dann stets die formale Führungskraft, die kaum angezweifelt wird. In offeneren Gruppen wird an dieser Stelle eine Diskussion entstehen, in deren Verlauf die anderen anderen Teilnehmer ihr Wissen kundtun, um eine bessere zweite Antwort zu erhalten. Der spannende Effekt ist, dass ohne den Impuls der ersten Antwort die zweite kaum gefunden wird. Führung heißt also, dass sich Menschen an anderen Personen, den situativen Führungspersonen, orientieren.

Es gibt jedoch noch eine zweite wichtige Orientierungsebene. Fritz B. Simon (*1948) nennt sie die *wissenschaftlich fundierte Führung*. Dazu möchten wir eine kurze Geschichte erzählen, die auf den ersten Blick nichts mit Softwareentwicklung zu tun hat. Sie spielt während des Ersten Weltkriegs und soll angeblich wahr sein [109]: Ein Aufklärungstrupp hatte sich in den Alpen während eines plötzlichen Schneeeinbruchs verirrt. Die Gruppe war verzweifelt und hatte sich bereits mit ihrem schlimmen Ende abgefunden, als einer in seinem Rucksack eine Karte fand. Daraufhin warteten sie den Schneesturm ab und machten sich auf den Rückweg, wobei sie sich gemeinsam an der Karte orientierten. Nach ihrer erfolgreichen Rückkehr ließ sich ein Leutnant diese rettende Karte zeigen, und es stellte sich heraus, dass sie die *Pyrenäen* beschrieb.

So weit diese Geschichte. Sie zeigt, dass Menschen sich nicht nur an Personen, sondern auch an *Landkarten* und Zielen orientieren, und wie wichtig die Führung für die Motivation des Teams ist. Gemeinsame Ziele sind für die erfolgreiche Führungsarbeit unerlässlich. Unterschiedliche Ziele führen dagegen früher oder später zu Konflikten. Das Thema *Führung* besteht aus vielen Facetten und Aspekten, die es so komplex machen.

Wenn wir uns der sarkastischen Definition von *Dilbert* anschließen, ist Führung in der Evolution deshalb entstanden, um Trottel aus dem Produktionsprozess zu entfernen [2]. Wir beginnen stattdessen mit dem Versuch einer konstruktiveren Definition, setzen uns intensiv mit dem Thema Motivation auseinander und gehen auf die Probleme näher ein, die mehrere Führungsebenen mit sich bringen.

8.1 Aspekte von Führung

8.1.1 Definition

Führung ist ein Phänomen, das in Gruppen erfolgt und von sozialer Beeinflussung handelt. Führung ist daher ein Interaktionsphänomen [146]. Aus organisationspsychologischer Sicht wird sie definiert als »unmittelbare, absichtliche und zielbezogene Einflussnahme durch Inhaber von Vorgesetztenpositionen auf Unterstellte mit Hilfe der Kommunikationsmittel« [95]. »Führung ist ein richtungweisendes und steuerndes Einwirken auf den anderen, um eine bestimmte Zielvorstellung zu erreichen« [72]. Ein besonderes Kennzeichen ist die Ungleichheit zwischen den Beteiligten, d. h. eine hierarchische Beziehung. Eine formale Führungskraft kann also *nicht Gleicher unter Gleichen* sein [72].

Auch implizit herrscht zumindest temporär oder aufgabenbezogen in einer Gruppe Gleichgestellter eine Hierarchie, solange eine Person aus der Gruppe die fachliche Führung übernimmt. Merkmal dieser Form der Führung ist dabei, dass die anderen Gruppenmitglieder diese Führung temporär bewusst oder unbewusst delegieren und die Führung dann auch akzeptieren.

8.1.2 Macht

Führung ist stets mit einer Form von Macht verbunden. Macht entsteht über einen oder mehrere von vier Wegen [72]:

Person und Persönlichkeit: Unsere Ausstrahlung und Persönlichkeit bilden die Grundlage für den Weg zu einer erfolgreichen Führungsposition. Dies kann durch ein Beziehungsgeflecht zu anderen, abhängigen Personen unterstützt werden.

Funktion: Hier finden wir Status wie Titel oder den formalen Zugang zu Machtmitteln sowie die Möglichkeit einer Belohnung.

Sache, Information und Expertise: Der Zugang zu bestimmten Informationen und deren Nutzung sowie bestimmte fachliche Expertise unterstützen diesen Weg.

Festlegung und Position: Hier finden wir die Möglichkeiten, Zwang auszuüben und die Legitimation, also das Recht, über die Position auf das Verhalten anderer einzuwirken. Ebenso liegen hier explizite und implizite Regeln und Tabus.

Der Machtbegriff ist schnell von positiven und negativen Emotionen begleitet, da wir alle Macht erlebt, erduldet und ausgeübt haben. Ganz neutral können wir zwischen sozial akzeptierter konstruktiver und sozial nicht akzeptierter destruktiver Macht unterscheiden. Verschiedene Rollen können Macht dabei auf ihre eigene Weise nutzen. Eine rollenbezoge Macht kann jedoch nur in dem Grad ausgeübt werden, der ihr von den anderen zugestanden wird.

In Gruppen gibt es eine explizite Machtstruktur z. B. durch einen formal eingesetzten und benannten Gruppenleiter mit Personalverantwortung und seinen offiziellen Stellvertreter. Daneben gibt es auch eine implizite Machtstruktur, die sich im Wesentlichen durch die Person und Persönlichkeit einzelner Gruppenmitglieder ergibt. Je besser es gelingt, die expliziten und impliziten Strukturen in Übereinstimmung zu bringen, desto leistungsfähiger wird die Gruppe sein. Anderenfalls werden Konflikte aus unterschiedlichen Handlungsweisen der expliziten und impliziten Machtstrukturen die Handlungsfähigkeit einschränken.

»Informationen bedeuten Macht!«

Wenn Sie nun denken »Ja, was ist denn hieran nun schon wieder falsch?«, dann kann ich Sie zumindest kurz beruhigen. Informationen bedeuten Macht, das sehen wir ganz genauso. Die Frage ist, warum das so wichtig ist.

Wir beobachten immer wieder Führungskräfte, die diesen Spruch als innerste Überzeugung von sich geben und dabei, sind wir ehrlich, so ein bisschen wie ein machtbesessener Diktator aussehen. Und da ist auch gleich der Punkt. Informationen alleine bedeuten nämlich an und für sich noch keine Macht, es kommt vielmehr darauf an, wer sie hat bzw. wer sie nicht hat. Wenn die Führungskraft bestimmte Informationen ihren Mitarbeitern vorenthält, dann geschieht das häufig unter dem Deckmantel des Schutzes. Die Mitarbeiter könnten die Informationen ja gar nicht verstehen, sie würden sofort demotiviert die Beine auf den Tisch legen und aufhören zu arbeiten. Also lieber nichts sagen. Nun lässt sich keine Information dauerhaft von den Mitarbeitern fernhalten, sie hätte sonst ja auch tatsächlich keine Auswirkungen auf sie. Die Folge ist, dass die Mitarbeiter dann meistens vor vollendete Tatsachen gestellt werden und den Werdegang der nun verkündeten Entscheidung nicht mehr nachvollziehen können. Ihnen fehlen schlicht Informationen. Aus diesem Unverständnis resultiert ein Vertrauensverlust gegenüber dem Management, was letztendlich dazu führt, dass die Mitarbeiter sich auch nicht mehr an der Umsetzung von anstehenden Veränderungen beteiligen werden. Genau hier liegt z. B. auch ein Grund für die allgemeine Politikverdrossenheit in unserem Land.

Aber zurück zum obigen Satz. Eine letzte Frage bleibt zu klären: Warum handeln Führungskräfte voller Überzeugung nach diesem Spruch und halten Informationen zurück? Ein Grund ist sicherlich, dass die Führungskraft dadurch ein gewisses Abhängigkeitsverhältnis zwischen sich und den Mitarbeitern aufbaut. Sie bindet die Mitarbeiter an sich, denn letztendlich brauchen diese die Informationen ja doch. Ein anderer Grund dürfte die bei Führungskräften vorherrschende Angst sein, dass wenn sie Informationen preisgeben, sie mit weitergehenden Fragen zu rechnen haben. Vielleicht müssten sie dann zugeben, dass nicht alles perfekt läuft, dass auch das Management Fehler macht und sie als Führungskraft ein Teil davon sind.

Unser Tipp: Geben Sie, natürlich immer in Abstimmung mit Ihrem Chef, so viel Informationen wie möglich preis und nicht nur so wenig, wie unbedingt nötig. Trauen Sie sich zuzugeben, dass sie nicht wissen, wie es weitergeht, oder dass Sie im Moment eine andere Meinung haben und was Sie deshalb noch unternehmen werden.

Oder kurz gesagt: Sprechen Sie mit Ihren Mitarbeitern auf Augenhöhe.

8.1.3 Führungsstil

Eine weitere Herausforderung für Führungskräfte ist es auch, die Differenz zwischen den expliziten und impliziten Werten und Regeln in der Gruppe konstruktiv zu handhaben und diese konvergieren zu lassen. Diese Aufgabe spiegelt sich im Führungsstil von Führungskräften in agilen Entwicklungsprozessen besonders ausgeprägt wider. Ein häufig anzutreffendes Beispiel aus der agilen Softwareentwicklung ist der Widerspruch zwischen der expliziten Regel, Konflikte sofort und direkt zu behandeln, und der impliziten Regel vieler Entwicklungsteams, unter allen Umständen harmonisch zusammenzuarbeiten. Das Problem hierbei ist, dass implizite Regeln ebenso wie implizite Machtstrukturen stärker sind als die expliziten, wenn sie zu ihnen im Widerspruch stehen.

Der individuelle Führungsstil eines Projektleiters, Chefarchitekten oder eines Personalvorgesetzten zeigt sich genau an der Auflösung solcher Widersprüche. Je mehr Selbstorganisation in einer Gruppe möglich ist, desto stärker sind diese Rollen auf der Ebene der Moderation von Prozessen zugange. Wir erleben hier einen XP-Coach oder Scrum Master, also eine prozessverantwortliche Führungsrolle, die nicht auf direkten Anweisungen basiert, sondern über Ziele und Bilder bzw. Metaphern, Visionen und Strategien die Gruppe weitgehend selbstorganisiert führt und moderiert [131].

Führung ergibt sich in Bezug auf ein Projekt oder eine Aufgabe. Dabei steht sie im permanenten Wechselspiel zwischen den beteiligten Menschen, der Struktur und den Ressourcen. Als äußere Rahmenparameter kommen noch Gesetze, die Gesellschaft mit ihren Normen und Regeln sowie die technische Entwicklung hinzu [78].

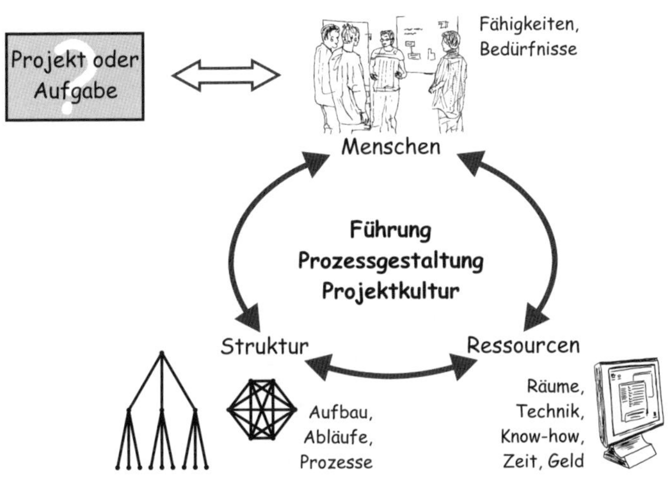

Abbildung 8.1: Führungsaspekte aus einem Systemmodell nach [78]

Führung und Firmenkultur bilden sich in diesem Spannungsfeld aus. Im Führungsverhalten selbst lassen sich drei wesentliche Aspekte erkennen, die gleichberechtigt nebeneinander existieren (Abb. 8.2) [4]:

- Aufgabenorientierung
  - Verfahren vorschlagen
  - Ziele setzen
  - Aufgaben koordinieren und die Gruppe organisieren

- Mitarbeiterorientierung
  - Persönliche Beziehungen pflegen
  - Direkte Kontakte zu den Mitarbeitern halten
  - Wünsche, Sorgen und Vorstellungen der Mitarbeiter kennen
- Mitwirkungsorientierung
  - Mitarbeiter um Rat fragen
  - Mitarbeiter in Lösungen bzw. Entscheidungen einbeziehen
  - Kenntnisse und Kompetenzen der Mitarbeiter nutzen

Abbildung 8.2: Drei Aspekte von Führung [4]

Gerade im IT-Umfeld mit der vergleichsweise hohen Anzahl eigenmotivierter Mitarbeiter gilt es oft, alle drei Bereiche auf möglichst hohem Niveau auszubalancieren. Betrachten wir dazu exemplarisch den gegenseitigen Bezug der beiden Aspekte Aufgaben- und Mitarbeiterorientierung (Abb. 8.3), so können wir daran verschiedene Führungsstile definieren.

Teammanager: starke Aufgaben- und Mitarbeiterorientierung. Die Menschen arbeiten eigenverantwortlich im Team zusammen, um hohe Leistungen zu erbringen.

Organisator: ausgewogene Aufgaben- und Mitarbeiterorientierung führt zu einer Balance zwischen Arbeitsinhalten und Arbeitsmoral.

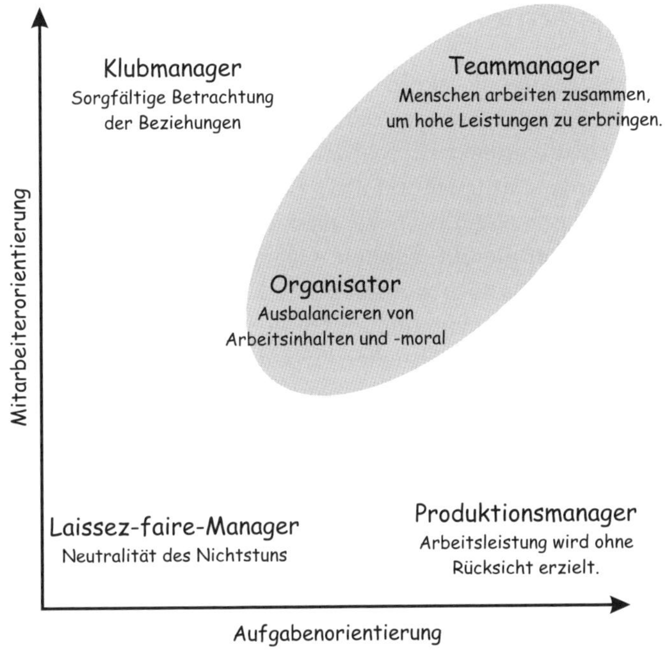

Abbildung 8.3: Verschiedene Führungsstile, die sich in Bezug der beiden Aspekte Aufgaben- und Mitarbeiterorientierung aufeinander ergeben [4].

Produktionsmanager: reine, hohe Aufgabenorientierung. Die Arbeitsleistung wird ohne Rücksicht auf die Mitarbeiter erzielt.

Klubmanager: reine, hohe Mitarbeiterorientierung. Die Arbeit erfolgt unter sorgfältiger Betrachtung der Beziehungen untereinander, um die Arbeitsatmosphäre zu optimieren.

Laissez-faire-Manager: keine Aufgaben- oder Mitarbeiterorientierung, Neutralität des Nichtstuns, Interesselosigkeit.

Häufig ist es in unserem Umfeld zielführend, die Führungsstile Organisator oder Teammanager anzustreben. Es gibt dabei im Führungsverhalten in Gruppen weder die optimale Persönlichkeit noch das optimale Verhalten. Wir haben stets den situativen Kontext zu berücksichtigen [95]. Gute Führung hängt also von der konkreten Situation ab.

Eine wesentliche Fähigkeit ist es dabei, erkennen zu können, welches Entscheidungsverhalten in welcher Situation angemessen ist. Diese Fähigkeit beruht auf Erfahrung und regelmäßiger Retrospektive. Oder anders ausgedrückt, zeichnet sich eine gute Führungskraft dadurch aus, dass sie über ihr eigenes Verhalten reflektiert.

8.2 Managementfolklore und Realität

In zwei grundlegenden Artikeln haben Henry Mintzberg (*1944) und Abraham Zaleznik (*1924) bereits 1975 bzw. 1977 das Bild des klassischen Managers als Führungskraft realistisch durchleuchtet und mit diversen Fehleinschätzungen aufgeräumt [81, 82, 145]. Leider verbreiten diverse Lehrbücher immer noch die These, dass ein Manager im Wesentlichen die folgenden Aufgaben ausübt: Planen, Organisieren, Koordinieren, Kontrollieren und Steuern. Danach werden in der Managementtheorie häufig junge Menschen ohne Berufserfahrung an Universitäten ausgebildet.

Wenn wir uns den tatsächlichen Arbeitsinhalt eines Projektleiters oder einer Führungskraft anschauen, sehen wir, dass diese fünf Tätigkeiten im konkreten Tagesgeschäft kaum eine Rolle spielen. Tatsächlich treibt der Job einen Manager dazu, sich mit zu vielen Dingen gleichzeitig zu befassen und sich damit zu überlasten. Er wird permanent in seinen Tätigkeiten unterbrochen und reagiert unter dem sich aufbauenden Zeitdruck auf komplexe Ereignisse mit eher unausgereiften Ideen. Unter Druck handelt er eher schnell, als dass er Zeit zum Nachdenken findet. Daraus resultieren dann Entscheidungen, die sich schlecht in die Projektlandschaft einfügen [81].

8.2.1 Die zehn Rollen eines Managers

Wenn wir einen Manager als eine Person definieren, die einem Unternehmen oder Teilen davon verantwortlich vorsteht, dann erkennen wir in der täglichen Arbeit kaum etwas von den eingangs genannten fünf Tätigkeiten wieder. Sein Tagesablauf wird dagegen eher durch zehn Rollen geprägt, die diese Person im permanenten Wechsel wahrnimmt (Abb. 8.4).

Eine Führungskraft und mit leichten Abstrichen auch ein Projektleiter erhalten durch ihre Ernennung eine formale Autorität und einen Status im Unternehmen. Mit dieser Autorität nehmen sie automatisch diese zehn Rollen an. Sie lassen sich in drei Kategorien gruppieren, die interpersonellen, die Informations- und die Entscheiderrollen [82]:

- Interpersonelle Rollen
  - Repräsentant des Bereichs oder Projekts innerhalb des Unternehmens und nach außen.
  - Verantwortliche Führungskraft für einen Bereich, die Mitarbeiter oder ein Projekt. Der Führungsstil des Managers ist im Wesentlichen dafür verantwortlich, welcher Umfang an Ergebnissen in welcher Qualität erarbeitet bzw. umgesetzt wird.
  - Kontaktpfleger bzw. Beziehungsnetzwerker zum Aufbau und der Pflege von Informationsnetzen innerhalb und außerhalb des Unternehmens.

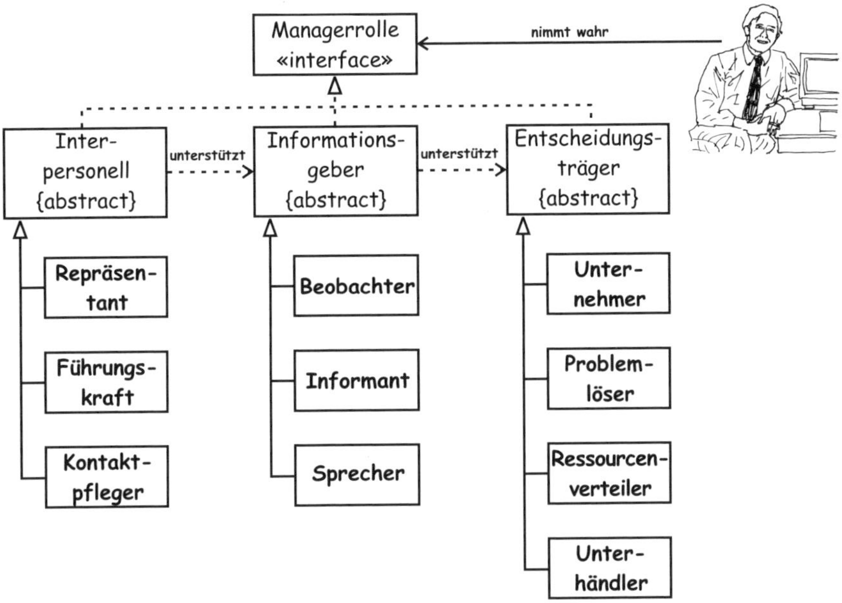

Abbildung 8.4: Die drei abstrakten Managerrollen mit ihren insgesamt zehn konkreten Ausprägungen nach [81, 82]

- Informationsrollen
  - Beobachter der verschiedenen und vielfältigen Informationskanäle, die als *Kontaktpfleger* aufgebaut wurden.
  - Informant der eigenen Mitarbeiter und Kollegen. Weitergabe der Informationen, die als Beobachter gesammelt wurden.
  - Sprecher in Richtung Topmanagement oder Auftraggeber über die Ergebnisse und Ereignisse aus dem Bereich bzw. Projekt.
- Entscheiderrollen
  - Unternehmer und Projektüberwacher, der viele neue Projekte und größere wie kleinere Aufträge anstößt.
  - Problemlöser bis hin zum Krisenmanager, der schnell auf aktuelle Sachzwänge reagiert.
  - Verteiler von Ressourcen, die damit auch Ausdruck der Prioritäten sind. Dies gilt vor allem für die eigene Zeit als wohl wichtigste Ressource eines Managers.
  - Unterhändler, der mit externen Partnern und Kunden sowie mit den internen Mitarbeitern größere wie kleinere Verhandlungen führt.

Kein Wunder, dass wir uns durch diese vielen Rollen, die wir im schnellen Wechsel wahrnehmen, fragmentiert und erdrückt fühlen, wenn wir von Thema zu Thema springen und dabei den Blick auf das große Ganze leicht verlieren.

8.2.2 Konzentration und Delegation

Wie können wir uns in diesem Rollengeflecht halbwegs sinnvoll bewegen? Vier Leitlinien können uns dabei helfen [81]:

- Werden wir uns bewusst, welche Rollen wir von unserer Natur aus präferieren. Aus dieser Komfortzone heraus können wir versuchen, uns Schritt für Schritt die anderen Rollen zu erarbeiten, die je nach Situation von uns gefordert werden.
- Die Arbeitslast ist auf dieser Detailtiefe und in diesem Umfang zu groß. Wir delegieren umfangreichere und weitergehende Aufgaben. Als notwendige Voraussetzung dafür tauschen wir viel Information und implizites Wissen aus.
- Viele schnelle und eher oberflächliche Entscheidungen vermeiden wir dadurch, dass wir Fachexperten früh hinzuziehen bzw. auf Grundlage ihrer Analysen entscheiden.
- Wir zwingen uns stärker dazu, die Dinge zu tun, an die wir auch wirklich glauben, und vermeiden nicht relevante Routinetätigkeiten. Wir lassen uns von den Mitarbeitern, deren Informationen uns wichtig sind, diese regelmäßig liefern. Durch regelmäßige Retrospektiven optimieren wir unseren Arbeitsprozess.

Durch unsere Sonderstellung als Führungskraft oder Projektleiter sind wir an deutlich besserer Position in einem viel dichteren Informationsnetz verankert als unsere Mitarbeiter, an die wir gerne Aufgaben abgeben möchten. Viele der auf uns zukommenden Informationen sind kaum als harte Fakten zu bezeichnen, sondern eher vage oder inkohärent. Aber das macht gerade den Wert einer solchen frühen und komplex vernetzten Information aus und ist das Geheimnis des Erfolgs vieler unserer Entscheidungen. Denn mit unserer intuitiven Wahrnehmung können wir sehr früh nützliche Hinweise aus diesen Informationen herausziehen, die als harte Fakten in Berichten oder Analysen erst viel später deutlich werden. Das möchten wir mit einem kleinen Beispiel verdeutlichen.

> Der leichte Unmut des Fachbereichsleiters nach dem Iterationsreview wird schnell übergangen. Der Abschlussbericht der Qualitätsicherung war in Ordnung. Doch zusammen mit der Nervosität des Chefarchitekten und der Erwähnung des Buildmanagers, dass es diesmal »echt schwierig war, alles hinzubekommen«, setzt sich ein

anderes Bild zusammen. Ein erneuter, tieferer Blick auf unsere Software lohnt sich und offenbart vielleicht Probleme, die wir ansonsten erst später bemerkt hätten.

Dieses Informationsnetz und die Fähigkeit, es richtig zu interpretieren, können wir nicht in einem Wiki ablegen oder in Word dokumentieren. Hierfür bedarf es einer expliziten Einarbeitung und der Einführung bestimmter Mitarbeiter in dieses Netz aus Menschen mit ihren Verbindungen. Nur dann wird die Delegation weiterer Aufgaben funktionieren.

Aufgrund der hohen Komplexität der Projekte wie des Umfelds kann ein Manager kaum die Konsequenzen seines Handelns vollständig überblicken. Anders als viele simplifizierende Metaphern, die den Manager gerne nur als Dirigenten eines Orchesters sehen, zeichnet die Realität eher das Bild einer Person, die Komponist, Dirigent, Konzertveranstalter und noch vieles mehr gleichzeitig ist [81]. Auch aus diesem Grund ist ein iterativer Managementprozess mit regelmäßigen Retrospektiven unabdinglich, um Prozesse verbessern und Projekte erfolgreich abschließen zu können, worauf Mintzberg auch in seiner aktuellen Arbeit von 2010 hinweist [82].

8.2.3 Pragmatiker oder Visionär?

Mit dem Begriff *Leadership* wird oft der Name John P. Kotter (*1947) verbunden. Doch ist hier Abraham Zaleznik mindestens ebenso zu nennen. Zaleznik betonte 1977 als Erster die typologische Seite der Unternehmensführung. Ob jemand nur managt oder wahrhaft führt, liegt nach seiner Meinung in der Persönlichkeitsstruktur begründet [145].

Typologisch dominiert nach Zaleznik das *Wohin noch?* die Persönlichkeit einer visionären Führungskraft, während ein pragmatischer Manager eher eine *Wie?*-Dominanz in seinen Präferenzen zeigt (Abb. 1.8 auf Seite 16). Wir erkennen beim pragmatischen Manager eher die Führungsstile *Organisator* und vielleicht noch den *Produktionsmanager* (Abschnitt 8.1.3 auf Seite 126) wieder. Eine visionäre Führungskraft wird dagegen eher den Stil eines *Teammanagers* pflegen. Die Unterschiede sieht Zaleznik in den Eigenschaften, die in der Tabelle 8.1 gegenübergestellt sind [145].

Diese Unterschiede sind schwer in einer Person zu vereinen. Daher wird die schnelle Lösung, einfach visionäre Manager auszubilden, auch fehlschlagen. Wir betrachten hier also meist zwei verschiedene Charaktere, zwei unterschiedliche Individuen.

Diese Ideen gehen konform mit den in Kapitel 10 ab Seite 159 erläuterten Ideen zur Führung selbstorganisierter Teams. Sie benötigen eine prozessorientierte Führungskraft mit den typologischen Präferenzen in den beiden Quadranten *Wohin noch?* und *Warum?* Die pragmatische Organisation der Arbeit kann dagegen sehr gut selbstorganisiert erfolgen, indem

	Manager	Führungspersönlichkeit
Ziele	entstehen aus dem, was notwendig ist	entstehen aus dem, was möglich ist
Initiative	ist eine Reaktion auf Reize von außen	entsteht aus sich selbst
Führungs-verantwortung	bedeutet, die Geschäfte zu leiten	bedeutet, eine Vision zu entwickeln und umzusetzen
Strukturen	sollen stabil bleiben	werden verändert
Kundenwünsche	sind umzusetzen	sind zu wecken
Konflikte	sind zu entschärfen	sind anzustacheln
Wahlmöglichkeiten	werden eingeschränkt	werden gefördert
Andersdenkende	werden mit Kompromissen besänftigt und ruhiggestellt	sind aufgefordert, neue Ideen beizutragen
Risiken	gelten als gefährlich und werden gemieden	gelten als vielversprechend und werden gesucht
Kommunikation	erfolgt indirekt über Signale	erfolgt direkt über Botschaften
Einfühlungsvermögen	ist gering ausgeprägt	ist stark ausgeprägt
Wissen	entsteht durch Lernen unter Gleichrangigen	entsteht durch Lernen von erfahrenen Lehrern

Tabelle 8.1: Gegenüberstellung der Eigenschaften von Managern und Führungspersönlichkeiten [145]

die einzelnen Teammitglieder die der Aufgabe und konkreten Situation angemessene Balance aus den Präferenzen *Was?* und *Wie?* finden.

8.2.4 Level 1 oder Level 5?

Jim Collins (*1958) hat in den 90er-Jahren in einer empirischen Untersuchung Unternehmen analysiert, die sich aus einer durchschnittlichen Marktposition zu absoluten Spitzenunternehmen entwickelt und diesen Standard mindestens 15 Jahre lang gehalten haben. Er fand dabei heraus, dass diese Unternehmen in der Zeit ihres Aufschwungs eine Persönlichkeit vom Typ *Level-5-Unternehmensführer* in der obersten Führungsposition hatten [18]. Dabei handelt es sich um etwas paradox wirkende Menschen, die durchweg zurückhaltend auftreten und dennoch aufs Äußerste entschlossen handeln, um ihr Unternehmen an die Spitze zu führen. Sie lenken ihren persönlichen Egoismus auf das höhere Ziel, ein Spitzenunternehmen aufzubauen. Natürlich besitzen auch diese Menschen ein Ego und handeln im Eigeninteresse. Dabei sind sie unglaublich ehrgeizig. Doch ihr Ehrgeiz gilt vor allem der Institution und weniger ihrer Person.

Die Bezeichnung *Level-5-Unternehmensführer*[1] entstammt einer hierarchischen Strukturierung von individuellen Führungskompetenzen (Abb. 8.5). Zu einem gewissen Grad spiegelt sich darin die Entwicklung eines Menschen wider vom begabten Individuum über ein sich einbringendes Teammitglied erst zum kompetenten und dann zum effektiven Manager. Häufig finden wir auf Level 4 sehr charismatische Führungspersönlichkeiten. Auf der fünften Ebene kommen noch bestimmte, paradox wirkende Charaktereigenschaften hinzu: Bescheidenheit und Durchsetzungsvermögen. Hier spielt vermutlich die Veranlagung mit eine Rolle [18].

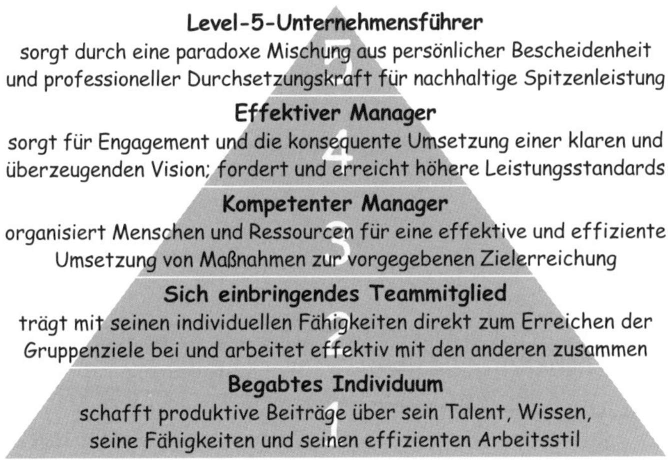

Abbildung 8.5: Die fünf Ebenen individueller Führungskompetenz [18]

In der Gegenüberstellung aus Tabelle 8.2 wird das paradox wirkende Verhalten klarer. Es sind die zwei Seiten einer Medaille, die wir zu sehen bekommen. Die Bescheidenheit steht im Widerspruch zur landläufigen Meinung, dass Spitzenleistungen nur mit egozentrischen Charismatikern zu erreichen sind. Deutlich wird dies im direkten Vergleich einer Level-5-Unternehmensführung und seines Managementteams mit einem *Genie,* der auf viele *Helfer* zurückgreifen kann (Level 4: effektiver Manager). Im Level-4-Unternehmen wird zuerst die Route festgelegt sowie die Strategie und Taktik entwickelt. Danach werden hoch qualifizierte Helfer angeheuert, um die Vision in die Tat umzusetzen.

[1]Engl.: Level 5 Executive.

Berufliche Entschlossenheit	Persönliche Bescheidenheit
sorgt für Spitzenresultate; übernimmt eine wichtige Katalysatorfunktion für den Unternehmensschwung	unauffällige Erscheinung; scheut öffentliches Lob; enthält sich Prahlereien
zeigt konsequente Entschlossenheit; tut, was getan werden muss, um langfristige Spitzenergebnisse zu produzieren, ganz gleich, wie schwierig das erscheint	handelt ruhig, aber bestimmt; motiviert nicht durch Charisma, sondern durch hervorragende Standards
setzt den Maßstab zum Aufbau eines dauerhaften Spitzenunternehmens und gibt sich nicht mit weniger zufrieden	stellt allen Ehrgeiz in den Dienst des Unternehmens, nicht seines Egos; wählt Nachfolger aus, die das Unternehmen in Zukunft noch erfolgreicher machen
blickt in den Spiegel und nicht aus dem Fenster, um Verantwortliche für schlechte Ergebnisse zu finden; beschuldigt keine anderen; macht keine äußeren Faktoren oder Pech verantwortlich	blickt aus dem Fenster und nicht in den Spiegel, um Unternehmenserfolge zu erklären: findet die Gründe bei Kollegen, äußeren Faktoren oder in glücklichen Umständen

Tabelle 8.2: Das paradoxe Verhalten von Level-5-Unternehmensführern [18]

Anders dagegen in einem Level-5-Unternehmen. Hier werden zuerst die richtigen Leute an Bord geholt und ein überlegenes Führungsteam aufgebaut. Danach erst wird über den für dieses Führungsteam passenden Weg zum Erfolg nachgedacht und dieser maßgeschneidert.

Bei der individuellen Entwicklung entlang der Pyramide aus Abbildung 8.5 müssen nicht alle Ebenen nacheinander durchlaufen werden. Fehlende Teile auf unteren Ebenen können auch nachgearbeitet werden. Dabei hilft uns unsere Persönlichkeitsentwicklung aus den typologisch präferierten Quadranten in die noch weniger stark ausgeprägten Bereiche hinein. Dennoch ist zu befürchten, das Level 5 einigen Menschen aufgrund ihrer individuellen Charakterzüge weitgehend verschlossen bleiben wird. Umso wichtiger ist eine entsprechende und rechtzeitige Auswahl von Führungskräften sowie Projektleitern. Erst wenn alle Schlüsselpositionen mit den besten Personen besetzt sind, die wir bekommen können, denken wir über den konkreten Lösungsweg nach. Wir berücksichtigen dies in unserer Arbeit meist implizit, indem wir unsere eigene Erfahrung mit den Fähigkeiten der beteiligten Mitarbeiter in unsere Entscheidungen einfließen lassen.

Die große Kraft, die von Level-5-Unternehmensführern ausgeht, liegt also zum größten Teil in den Menschen, mit denen sie arbeiten. Durch die Heterogenität im Führungsteam und oft auch unter den Produktivkräften können sich die Stärken einer Selbstorganisation am besten entfalten. So bleibt ein Unternehmen flexibel und kreativ.

8.2.5 Wie passen Level 5 und der Visionär zusammen?

Stehen Collins und Zaleznik mit ihren Aussagen nicht in Widerspruch? Wie passen der charismatische Visionär und der bescheidene, häufig eher wenig charismatische Level-5-Unternehmensführer zusammen? Typologisch liegt der Visionär im Quadrantenmodell aus Abbildung 1.8 (S. 16) mit seinen Präferenzen bei *Wohin noch?* und der Level-5-Unternehmensführer bei *Warum?*. Zalezniks Fokus liegt eher auf einer Differenzierung zwischen den Leveln 3 und 4, also zwischen dem kompetenten und dem effektiven Manager. Er unterscheidet dagegen kaum zwischen Level 4 und Level 5. Letztere sind eher die Ausnahme und daher schwer zu finden. Dazu kommt, dass die Typologie nur Präferenzen beschreibt und keine Schubladen definiert.

Ein Level-4-Manager präferiert typologisch eher die beiden Quadranten *Wie?* und *Wohin noch?* mit einer Dominanz im *Wohin noch?*. Bei Level 5 stehen dagegen die beiden Quadranten *Wohin noch?* und *Warum?* im Fokus mit einer Dominanz im *Warum?*. Ein kleiner, aber bedeutsamer Unterschied. Finden wir bei Level 4 eher den charismatischen Macher, der viele qualifizierte Helfer um sich schart, so baut ein Level-5-Unternehmensführer ein hochwertiges Team auf und schneidert die konkreten Maßnahmen auf diese zu. Nehmen wir den Level-4-Manager aus seinem System heraus, so bricht es häufig zusammen oder ist zumindest drastisch geschwächt. Anders beim Level-5-Unternehmensführer, der seine Nachfolge vorbereitet und genau auswählt. Hier sind die Kompetenzen im Team besser verteilt.

Beide Sichten passen unserer Meinung nach hervorragend zusammen und beschreiben eine prozessorientierte Führungskraft. Wichtig ist uns dabei die Reihenfolge, die Collins empirisch herausgefunden hat. Zuerst werden die besten Personen in Bezug auf eine initiale Vision als Mitarbeiter ausgewählt und erst dann wird gemeinsam mit ihnen eine kraftvolle und motivierende Vision konkretisiert und die dazu passende Strategie entwickelt. Dauerhaft erfolgreiche Führung spielt sich also typologisch im Wesentlichen in den oberen Quadranten des Vier-Quadranten-Modells ab.

Diese Sicht passt auch zu Ansätzen der Selbstorganisation. Eine Level-5-Führungskraft stellt dabei eine Art Katalysator dar, die dafür sorgt, dass die hervorragenden Mitarbeiter optimal arbeiten können. Eine solche Führungskraft nur als *dienende* Führungskraft zu beschreiben, wäre zu eng und eindimensional. Das wird den komplexen Aufgaben bei Weitem nicht gerecht. Ein Blick auf die zehn Rollen einer Führungskraft macht dies schnell deutlich. Bei Level-5-Unternehmensführern geht es darum, unter Einsatz der Stärken aus dem *Warum?*-Quadranten das bestmögliche Team zusammenzustellen und dann über die Stärken aus dem *Wohin-noch?*-Quadranten eine gemeinsame Vision zu entwickeln. Bei aller Klarheit und Härte in der Um- und Durchsetzung (*Wie?*-Quadrant) bilden die Werte aus dem *Warum?* die dominante Leitlinie.

8.3 Führungsebenen

Eine Führungskraft steht nur selten isoliert für sich alleine mit ihren Mitarbeitern, sondern ist meist ihrerseits in eine Führungshierarchie eingebunden. Es gibt dann mindestens zwei Führungsebenen. Jede höhere Führungsebene hat dabei unterschiedliche Bereiche zu verantworten und ist dadurch immer weiter von der konkreten Arbeit entfernt. Durch diese übergreifende Sichtweise höherer Führungskräfte kann es für eine Organisationseinheit zu sinnvollen Entscheidungen kommen, die zu Lasten eines ihrer Teile gehen (Abb. 8.6).

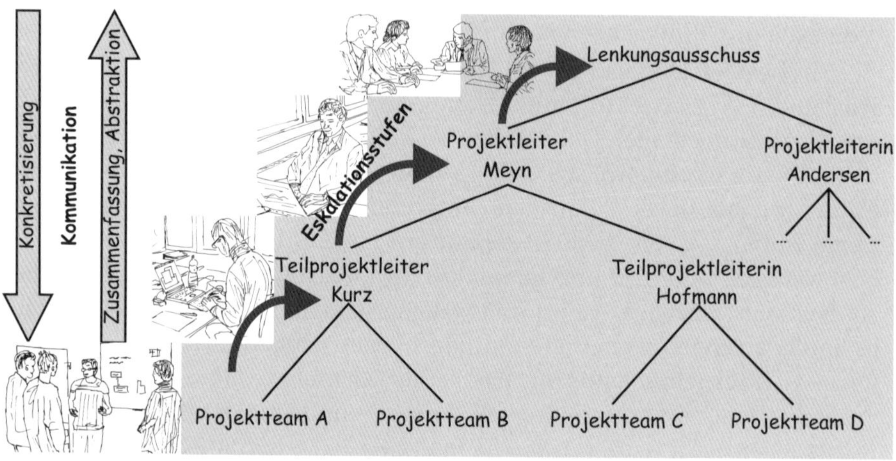

Abbildung 8.6: Beispiel für Führungsebenen und die Kommunikations- bzw Eskalationswege im Projektgeschäft

Führungsebenen bieten daher auch die Möglichkeit, definierte Eskalationsstufen aufzubauen. Eskalationsstufen sind für die Konflikte wichtig, bei denen innerhalb einer Ebene ein Konflikt von den Beteiligten nicht selbst gelöst werden kann. Auf der übergeordneten Eskalationsstufe können die gemeinsamen Prioritäten gesetzt werden, an denen sich eine Lösung orientiert. Als Beispiel denken Sie an Konflikte zwischen zwei Projektleitern bei der Zusammenstellung ihrer Teams oder an die Suche nach Lösungen, wenn ein Projekt starke zeitliche Verzögerungen aufweist und damit davon abhängige Projekte gefährdet.

Bei der Betrachtung von Führungsebenen kann es zu zwei Teufelskreisen[2] kommen, die leider in der Realität oft nur durch einschneidende negative Ereignisse wie den Fortgang leistungsstarker Mitarbeiter oder

[2]Diese Darstellung sowie der selbstverstärkende Mechanismus von sogenannten Teufelskreisen ist in [133] näher beschrieben.

das Scheitern von Projekten unterbrochen werden. So kann ein Teufelskreis einerseits durch eine nicht abgestimmte Strategie und eine ängstlichen Reaktion darauf entstehen (Abb. 8.7) und sich andererseits durch eine wahrgenommene Unstimmigkeit zwischen risikobezogenen Aussagen und tatsächlich sichtbarer Leistung ergeben (Abb. 8.8).

8.3.1 Die anderen schaffen es doch auch!

Vielleicht haben Sie die Situation aus Abbildung 8.7 auch schon erlebt. Die anderen unteren Führungskräfte verschweigen die aktuellen Probleme bei der Umsetzung neuer Anweisungen, und Sie stehen isoliert als *Rufer in der Wüste* allein auf weiter Flur.

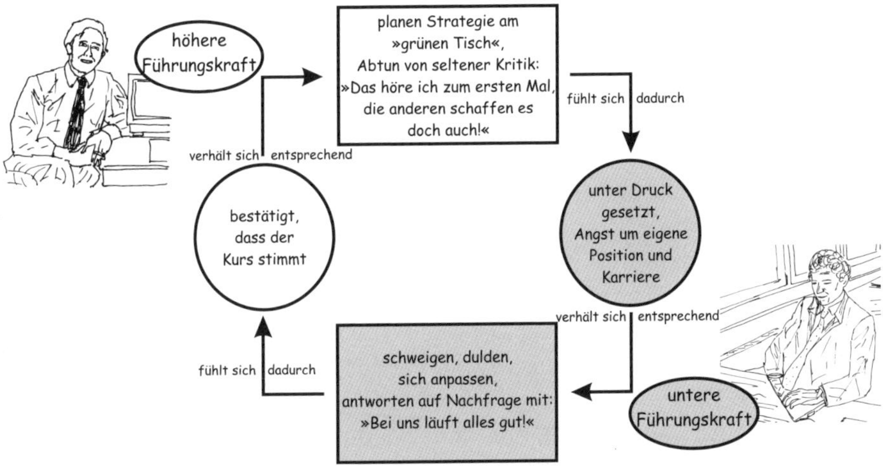

Abbildung 8.7: Obere und untere Führungskräfte können in einen Teufelskreis aufgrund einer nicht abgestimmten Strategie geraten.

Den formalen Rahmen für diesen Teufelskreis bilden verschiedene einzelne Untergruppen, denen jeweils eine untere Führungskraft vorsteht und die der gemeinsamen höheren Führungskraft berichtet. Dieser Teufelskreis kann dadurch gefördert werden, dass sich die unteren Führungskräfte untereinander und mit ihren Teammitgliedern kaum austauschen.

Es ist für erfolgreiche Veränderungsprozesse wie die Anpassung an eine neue oder veränderte Geschäftsstrategie unabdingbar, die unteren Führungsebenen und ihre Mitarbeiter mit einzubinden. So gelangen wir an alle notwendige Information, schaffen mehr Lösungsideen und legen die Basis für die spätere Akzeptanz. Wenn dies nicht erfolgt, kommt es fast zwangsläufig in der konkreten Umsetzung zu Problemen [30]. Wenn eine untere Führungskraft nicht erkennen kann, dass viele andere ebenfalls

Probleme haben, kann sie sich leicht unter Druck gesetzt fühlen. Es kann dann der Gedanke an eine Art *Selbstschutz* aufkommen, und die auftretenden Probleme werden verschleiert bzw. versteckt. Dies führt jedoch zu einer Verstärkung der möglicherweise verzerrten Wahrnehmung bei den höheren Führungskräften, dass alles in Ordnung ist. Wenn dann doch eine untere Führungskraft Bedenken äußert, steht sie alleine da. Einen solchen Teufelskreis als untere Führungskraft alleine zu durchbrechen, setzt sehr viel persönliche Stärke voraus. Es ist deutlich leichter, wenn sich mehrere untere Führungskräfte intern abgleichen und in ihren Aussagen gegenüber der höheren Führungskraft synchronisieren.

Die ideale Lösung lässt es gar nicht erst zu diesem Teufelskreis kommen. Ein Mitarbeiter einbeziehendes Change Management wird von vorneherein zu angemesseneren Lösungen führen. Doch wenn es zu einer solchen Situation erstmal gekommen ist, heißt es für die untere Führungskraft, Rückgrat zu zeigen. Beim Vorbringen von Einwänden kann es hilfreich sein, diese so zu formulieren, dass sie der aktuellen typologischen Präferenz des Empfängers entsprechen.

Die einfache Typologie aus [133] kann dabei zum Einsatz kommen. Fokussieren wir eher auf die fehlende Antwort nach der individuellen *Warum*-Frage eines Mitarbeiters oder doch lieber auf die eingeschränkten Möglichkeiten in der Zukunft *(Wohin noch)*? Oder brauchen Sie eher eine nüchterne, detaillierte Darstellung der Fakten *(Was)*? Vielleicht gilt es auch einfach nur anzupacken und die Defizite schnell und pragmatisch abzubauen *(Wie)*. Die Typologie kann uns sowohl bei der empfängerorientierten Formulierung von Einwänden wie auch bei einer angemessenen Reaktion darauf helfen. Wichtig ist es dabei, den anderen dort abzuholen, wo er sich befindet, oder anders formuliert: Wir adressieren mit unserer Kommunikation den aktuell präferierten Quadranten des Gegenübers.

Dies bedeutet nicht, jemandem nach dem Mund zu reden! Wir möchten vielmehr die Sicht des anderen einnehmen und die für ihn wichtigen Aspekte eines Sachverhalts so hervorheben, dass es ihn anspricht. Besonders offensichtlich wird dies bei der Formulierung eines *Nein* gegenüber dem Wunsch einer anderen Person. Wir *färben* das Nein so ein, dass es unser Gegenüber, in dem Fall eine übergeordnete Führungskraft, annehmen kann:

Warum: »Ich verstehe genau, warum du das jetzt so machen möchtest. Ich glaube, das könnte die Ursache des Problems auch beseitigen. Doch leider glaube ich auch, dass wir so nicht die Akzeptanz der Entwickler für den neuen Prozess gewinnen werden. Dieses Vorgehen würde mich als Führungskraft in echte Schwierigkeiten bringen. Stattdessen möchte ich lieber die Mitarbeiter mit ihren konstruktiven Ideen von vorneherein einbinden. So kommen wir dann letztendlich auch mit deinem Problem weiter!«

Was: »Dieses Vorgehen hält sich nicht an die allgemein gültigen Standardvorgehensweisen, wie sie z. B. bei Doppler nachzulesen sind. Wir sollten alle Details versuchen im Auge zu behalten und von daher wie in [30] vorgeschlagen, die Mitarbeiter frühzeitig einbinden.«

Wie: »Sorry, das wird so nicht klappen. Ich schlage dagegen folgende drei Aktionspunkte vor. Erstens ...«

Wohin noch: »Ich befürchte, diese Art der Einführung wird sowohl unsere zukünftige Flexibilität einschränken wie auch die positiven Aspekte deiner Idee nicht zur Entfaltung bringen. Um diese Qualitäten zu erreichen, sehe ich daher eher Folgendes ...«

8.3.2 Sie haben es doch bisher auch immer geschafft!

Manchmal scheint es, als ob Entwicklungsteams *zu gut* sind. Trotz aller Widrigkeiten und eintretender Risiken werden die Termine eingehalten. Dies kann in den höheren Führungsebenen zu einer verschobenen Wahrnehmung der tatsächlichen Risiken führen (Abb. 8.8).

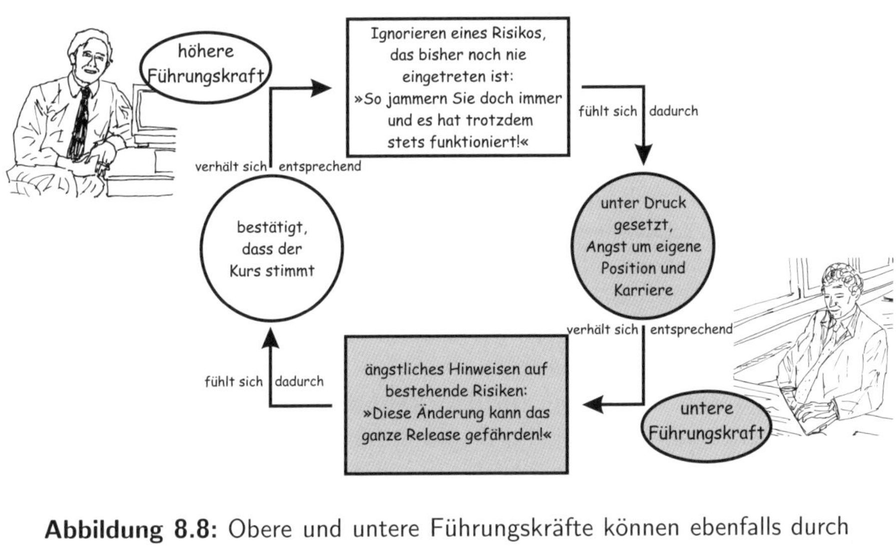

Abbildung 8.8: Obere und untere Führungskräfte können ebenfalls durch ein zu erfolgreiches Krisenmanagement in einen Teufelskreis geraten.

Hier findet ein Projekt-Risikomanagement nicht die angemessene Berücksichtigung. Die höhere Führungskraft kann die weichen Faktoren und die notwendigen technischen Aspekte vermutlich nicht ausreichend nachvollziehen. Wenn wir es nicht zum Schlimmsten kommen lassen wollen, können wir versuchen, unsere Argumentationslinie zu verändern. Auch hier hilft eine empfängerorientierte Sichtweise weiter: Wir brauchen greifbare Zahlen und Fakten, die sich in Euro übertragen lassen. Vielleicht können wir dazu auf interne Controlling-Daten zurückgreifen.

»Die Anzahl der Entwicklerstunden pro realisiertem Use Case Point hat sich im letzten Jahr verdoppelt. Ich möchte mir nicht ausrechnen, wie wir so Ende des Jahres dastehen werden. Den Grund für diesen Effekt finden wir darin, dass wir viele technische Kompromisse zur Ersteinführung des Produkts machen mussten, um die Termine einzuhalten. Wir brauchen eine intensive Refactoring-Phase, um unsere alte Produktivität und Wirtschaftlichkeit wieder langfristig zu erreichen.«

Wir versuchen so, die Risiken für den Empfänger besser greifbar zu machen. Doch leider brauchen manche höheren Führungskräfte anscheinend die schmerzhafte Erfahrung des Scheiterns, bevor sie umdenken.

8.3.3 Wissen, Machen und Können

Wir möchten das Kapitel zum Thema *Führung* mit ein paar generellen Bemerkungen zur Umsetzung von Wissen und zur Leistungsfähigkeit von Organisationen beenden. Wir nutzen dabei Ideen, die auf Gerhard Wohland (*1946) und Matthias Wiemeyer (*1964) zurück gehen [143].

Wir alle haben in unserer Ausbildung gelernt, dass Wissen Macht ist. Doch stimmt das wirklich? Wissen ist in erster Linie Information, die uns sofort zur Verfügung steht. Der Wert entsteht jedoch in der Umsetzung. Dabei beweisen wir unser Können. Doch wie werden wir vom Wissenden zum Könnenden? Der Weg führt über das Machen!

Gerade in komplexen Zusammenhängen wie der Führung von Menschen oder der Arbeit in selbstorganisierten Teams können wir zwei Aspekte nicht vorhersehen[3], nämlich wie eine Idee in der Realität einer Gruppe funktioniert und wie wir uns in einer solchen Situation konkret verhalten bzw. wie wir dabei auf andere wirken. Es bleibt uns nichts anderes übrig, als eine Idee auszuprobieren.

Wir sind dabei natürlich für den Rahmen verantwortlich. Wie wir gesehen haben, bildet ein Regelkreis ein dafür sinnvolles Umfeld. Wir gehen also iterativ vor und nutzen regelmäßig Retrospektiven, um Anpassungen vorzunehmen. Ab dem Moment heißt es Ausprobieren und Lernen. So werden wir über das Machen zum Könner. Nur das Können lässt uns in der IT erfolgreich werden. Unser Wissen ist dazu notwendig, doch für sich alleine kraftlos. Alles, was Sie in diesem oder anderen Büchern als sinnvoll empfinden, entfaltet seine Wirkung erst durch das Ausprobieren, Lernen und Adaptieren. Und genau dazu möchten wir Sie ermuntern.

[3]Durch ihre Nichtvorhersehbarkeit definiert sich ja *Komplexität*.

9 Kontakt und Motivation

9.1 Führung und Nähe

Die Grundlage einer Mitarbeiterorientierung ist der direkte Kontakt. Er ist unserer Meinung nach auch durch moderne Kommunikationsmedien und virtuelle Teams nicht zu ersetzen. Die Übung B.1 auf Seite 327 demonstriert dies in einfacher Form.

In der idealen Welt kleiner Teams, wie sie z. B. in XP-Projekten vorkommen oder sich im Daily Scrum äußern, ist dies vergleichsweise einfach zu realisieren bzw. kleinere Teams bilden die Grundlage für agile Vorgehensweisen. Doch wie schaffen wir es, auch in Großprojekten oder einer auf mehrere Standorte verteilten Entwicklung eine ausreichende Nähe herzustellen?

Die Antwort auf diese Frage erscheint nicht nur uns besonders wichtig [32, 33]. Wie bereits dargelegt, funtioniert Führung nur, wenn man nah genug dran ist. Doch wie nah ist nah genug, wie oft und wann genau benötigen wir den direkten Kontakt?

Es gibt im Projektverlauf bestimmte Zeitpunkte, zu denen der direkte Kontakt durch nichts zu ersetzen ist. Dies betrifft insbesondere die Projektvorbereitung und die initialen Aktivitäten zu Projektbeginn. Im weiteren Verlauf ist ein regelmäßiger Kontaktrhythmus ratsam, der sich idealerweise an festen Iterationen orientiert (Abb. 9.1) [131]. Betrachten wir diese Zeitpunkte etwas differenzierter.

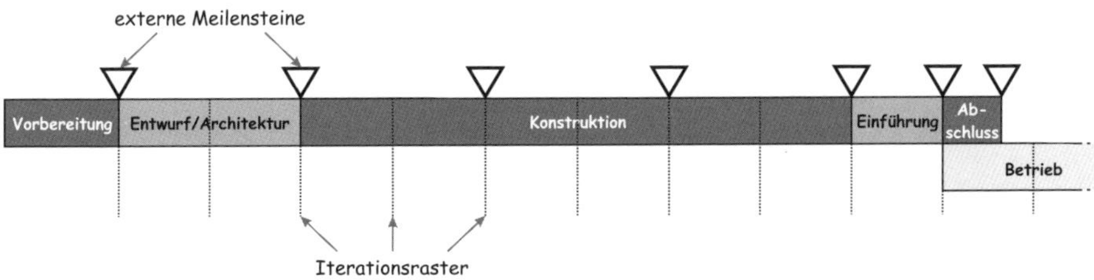

Abbildung 9.1: Phasenstruktur eines Projekts mit Iterationsraster [131]

»Nähe heißt Smalltalk. Das ist so aufgesetzt und überflüssig!«

Hm, müssen wir als Führungskraft wirklich mit allen Mitarbeitern Smalltalk führen und über was soll man sich denn bitte immer unterhalten? Was soll das überhaupt bringen? Was hat denn der Mitarbeiter davon? Und was springt für die Führungskraft raus?

Das sind alles interessante Fragen, die wir nun beantworten wollen. Als Erstes wollen wir klären, was beim Smalltalk passiert. An der Oberfläche wird über scheinbar belanglose Dinge, wie z. B. das Wetter, geredet. Und obwohl das Thema belanglos ist, können wir auch hier die vier Aspekte der Kommunikation wiederfinden [103]. Während auf der Sachebene kaum Inhalte transportiert werden, läuft dennoch etwas auf der Beziehungsseite ab, und es findet auch eine Form der Selbstkundgabe statt. Jede Kommunikation ist ein Austausch von Anerkennung, d. h., auf der Beziehungsebene wird damit signalisiert: »Du bist es mir wert, mich mit dir zu unterhalten!« Dazu kommt, dass selbst wenn wir über scheinbar unwichtige Dinge reden, wir dennoch einen Teil unseres persönlichen Empfindens preisgeben (Selbstkundgabe). Und diese beiden *Aspekte der belanglosen Kommunikation* sind es, die den Smalltalk wertvoll machen. Sie geben Ihrem Gegenüber Anerkennung und etwas von sich preis.

Das Ganze funktioniert tatsächlich nur, wenn Sie wirklich etwas von sich preisgeben, ansonsten wird der verbale Austausch beim Gegenüber schnell als langweilig und überflüssig eingestuft. Er wird ihn abbrechen oder ein anderes Thema suchen. Achten Sie also darauf, Ihre Meinung auch in Gesprächen über scheinbar belanglose Dinge zu äußern. Smalltalk sollten Sie auch eher zufällig anwenden und nicht gezielt durch die Abteilung gehen, um mit jedem zu reden. Das würde Ihren Mitarbeitern ganz bestimmt auffallen und Ihnen würde schnell mangelnde Authentizität attestiert. Und oft kommen nach einem erfolgreichen Smalltalk dann doch noch wertvolle Informationen, die Sie ohne diesen *Door-Opener* nicht bekommen hätten. Das Warmreden hat sich also gelohnt. Auch zur Netzwerkbildung eignet sich Smalltalk. Gerade wenn Sie Ihr Gegenüber noch nicht so gut kennen und Schwierigkeiten auf der Sachebene befürchten, bietet sich Smalltalk zum ersten Kennenlernen an.

Also, fangen Sie jetzt gleich mal an! Fragen Sie, wie das Wochenende war, wie alt eigentlich die Kinder inzwischen sind usw. Die Einstiege in einen Smalltalk sind höchst situationsabhängig. Schauen Sie den Mitarbeiter kurz an und achten darauf, was Ihnen auffällt. Sieht er entspannt aus oder hat er dicke Augenringe, spricht er heute lauter oder hat sich besonders gekleidet?

9.1.1 Projektvorbereitung

In der Projektvorbereitung ist oftmals Zeit der wesentliche Faktor. Es gilt, viele unterschiedliche Informationen zusammenzutragen, um die zentralen

Anforderungen in den Griff zu bekommen und daraus eine tragfähige Projektabschätzung für ein Angebot oder eine Budgetplanung abzuleiten. Die Möglichkeiten für den direkten Kontakt haben sich dem Zeitdruck unterzuordnen. Meist ist dies unproblematisch, da der Projektleiter sowieso alle relevanten Informationen von anderen Experten einfordert und diese an ihn zentral zurückfließen. Er kann ohne Kontakt gar nicht sinnvoll arbeiten.

Auch im Workshop zur Aufwandsschätzung, in dem es darum geht, unterschiedliche Prämissen abzugleichen, Risikofaktoren zu ermitteln und zu bewerten sowie erste Alternativen oder Ideen für Notfallpläne zu beleuchten, ist direkte Kommunikation erforderlich. Diese Arbeit würde durch eine asynchrone Kommunikation über E-Mail oder Dokumente extrem verlangsamt und in ihrer Qualität negativ beeinflusst werden. Eine Telefonkonferenz ist hier das Mindestmaß an direkter Kommunikation, um einen solchen Workshop in vergleichsweise kurzer Zeit mit brauchbaren Ergebnissen abschließen zu können [26].

9.1.2 Projektbeginn und Projektabschluss

Die Grundvoraussetzung, um asynchrone Kommunikation später erfolgreich und mit nur wenigen Missverständnissen durchführen zu können, ist, dass sich die beteiligten Personen persönlich kennen. So sind wir in der Lage, die individuellen Eigenarten in unserer Interpretation einer E-Mail oder eines Dokuments zu berücksichtigen.

Unserer Meinung nach ist es daher unerlässlich, dass sich alle zu dem Zeitpunkt bekannten Teammitglieder zu Projektbeginn im Rahmen einer Auftaktveranstaltung kennenlernen. Dadurch wird ein erstes Gruppen- und Zusammengehörigkeitsgefühl aufgebaut, das es später vereinfacht, eine »Ich bin O.K., du bist O.K.«-Position einzunehmen [133].

Auch der leider viel zu oft vergessene Projektabschluss stellt ein solches Ereignis dar. Natürlich ist es wichtiger, überhaupt einen Projektabschluss mit einer selbstkritischen Rückbetrachtung und dem Sammeln und Dokumentieren wichtiger Erfahrungen durchzuführen, als alle Beteiligten dabei zusammenzubringen. Wenn jedoch in der Rückbetrachtung kritische Punkte aufkommen und behandelt werden sollen, sind über eine asynchrone Kommunikation die Missverständnisse vorprogrammiert. Gerade aus den kritischen Punkten können wir im Projektabschluss wertvolle Erkenntnisse gewinnen. Missverständnisse, die nicht sofort aufgelöst werden können, können Folgeprojekte belasten.

9.1.3 Iterationen und Meilensteine

Vom Vorgehen her brauchen wir zu Projektbeginn eine breite Übersicht über die Anforderungen (Product Backlog). Eine solche Übersicht ist zu diesem frühen Zeitpunkt noch recht oberflächlich. Sie reicht aber aus, um eine grobe Gesamtschätzung durchzuführen und die Aufgaben gegeneinander zu priorisieren. Innerhalb einer Iteration bzw. eines Sprints vertiefen wir ausgewählte Anforderungen (Sprint Backlog) und setzen diese um. So entsteht eine inkrementell wachsende Software, die nach jeder Iteration fachlich getestet, einer Teilabnahme unterzogen und ggf. ausgeliefert werden kann (Abb. 9.2) [130].

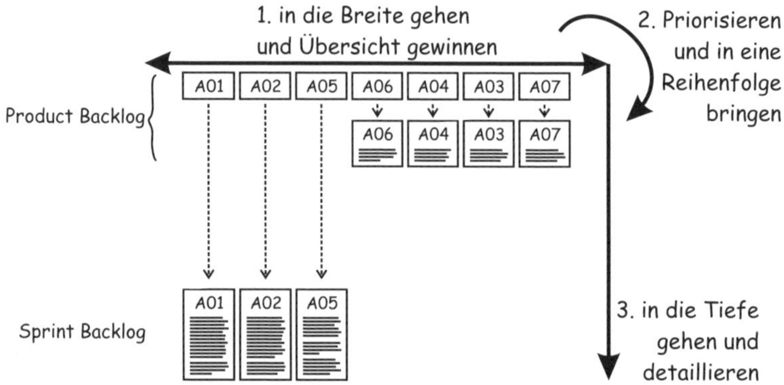

Abbildung 9.2: Das prinzipielle Vorgehen in einem iterativen Prozess [130]

In größeren Projekten kann eine Iteration eine äußere und eine innere Struktur haben, um die Kommunikation zwischen den verschiedenen Teams, Entscheidungsebenen und anderen Stakeholdern zu optimieren (Abb. 9.3) [131]. An der inneren Struktur richten sich dann die verschiedenen Arten von Treffen und Besprechungen aus. Die äußere Struktur wird durch drei feste Termine als Timebox bestimmt: Iterationsbeginn, Iterationsende und interner Liefertermin. Letzterer unterteilt eine Iteration in den größeren Fortschrittsteil und den abschließenden Orientierungsteil.[1]

Für den Iterationsauftakt und den -abschluss gilt das Gleiche wie für Projektbeginn und -abschluss. Zu diesen Zeitpunkten ist eine direkte Kommunikation erforderlich. Hier werden die Weichen für die Folgeiterationen gestellt, weshalb möglichst viel Wissen zur Beurteilung und Bewertung der aktuellen Lage wie z. B. die Abschätzung anstehender Meilensteine abgerufen werden sollte. Wenn wie in Abbildung 9.3 der Abschluss der vorherigen Iteration direkt auf den Auftakt der Folgeiteration trifft, können beide Veranstaltungen direkt aufeinander folgen, was deren Organisation manchmal deutlich vereinfacht.

[1]Auf die iterative Planungstechnik und das dazugehörige Projektmanagement gehen wir in diesem Rahmen nicht weiter ein und verweisen auf Anhang A.1.4 und die entsprechende Literatur, z. B. [131].

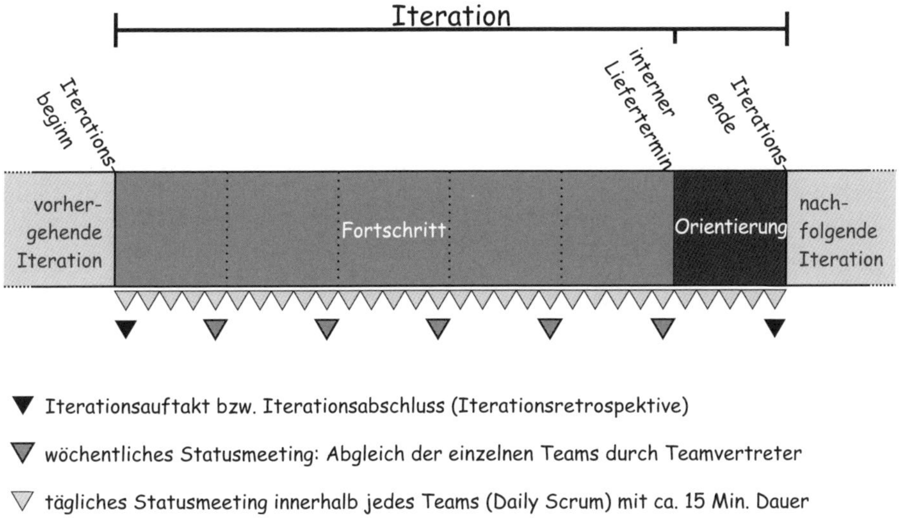

Abbildung 9.3: Innere Struktur einer Iteration mit Meetings [131]

Bei verteilten Projekten bedeutet das eine hohe Reisebelastung für die zentralen Projektmitglieder wie Projektleiter und Teilprojektleiter. Damit dies einigermaßen ausgeglichen wird und gleichzeitig der direkte Kontakt zu allen Beteiligten zumindest bei einigen Iterationen erfolgen kann, wechseln die Treffpunkte zwischen den betroffenen Standorten. Das entsprechende Reisebudget kann bei der initialen Grobplanung über die festgelegte Iterationsdauer und die Anzahl der Standorte brauchbar abgeschätzt und eingeplant werden. Nach unserer Erfahrung rechnet sich diese Investition mehr als ausreichend.

Täglich kommt jedes einzelne Teilteam zu einer kurzen Statusbesprechung, wie z. B. einem Daily Scrum, zusammen, in der jeder Teilnehmer die drei Fragen beantwortet [106]:

1. Was habe ich seit dem letzten Meeting getan?
2. Was plane ich bis zum nächsten Meeting zu tun?
3. Was für Probleme oder Erkenntnisse von allgemeinem Interesse sind seit dem letzten Meeting aufgetreten?

Diese Besprechungen im direkten Kontakt durchzuführen ist oft unproblematisch, da die wenigen Beteiligten auch sonst direkt zusammenarbeiten. Wenn dies für einzelne Mitglieder oder die ganze Gruppe nicht gilt, kann die Besprechung auch problemlos mit anderen technischen Mitteln wie Telefon- oder Videokonferenz usw. durchgeführt werden, da die Struktur einfach und klar ist und die Dauer nur ca. 15 Minuten beträgt.

Wöchentlich finden weitere Statusmeetings statt, in denen der Gesamtprojektleiter eine Übersicht über den aktuellen Stand im Projekt gewinnt. Dazu kommen idealerweise die verschiedenen Teilteams zusammen. Wenn dies nicht möglich ist, werden sie durch ihre Teamleiter vertreten. In verteilten Projekten können diese wöchentlichen Zusammenkünfte auch mit technischen Mitteln sichergestellt werden. Eine einfache Telefonkonferenz reicht in den meisten Fällen auch aus. So lassen sich die effizienten direkten Strukturen und Abläufe aus kleinen, agilen Teams auch in mittleren und großen, sowie verteilten Projekten umsetzen.

9.2 Mythos Motivation

Mythos Motivation!? Irgendwie scheint sich jedes Führungsthema darum zu drehen. Doch nicht umsonst hat Reinhard K. Sprenger (*1953) eines seiner Bücher genau so genannt [114]. Wenn wir in Unternehmen schauen und die Aspekte von Motivation betrachten, so finden wir viele Maßnahmen, doch kaum positive Wirkungen.

9.2.1 Klassische Motivationstheorien

Motivation wird oftmals nur im eingeschränkten Sinne der Theorien von Abraham Maslow (1908 – 1970) oder Frederick Herzberg (1923 – 2000) gesehen. Maslow hat in seiner ursprünglichen Theorie eine Hierarchie von Bedürfnissen entwickelt, die weithin bekannte Bedürfnispyramide (Abb. 9.4). Diese Hierarchie fundiert auf den körperlichen Grundbedürfnissen und baut sich dann über die Bedürfnisse Sicherheit, soziale Beziehungen und soziale Anerkennung bis zur Selbstverwirklichung auf.

Die Defizitbedürfnisse auf den unteren drei Stufen und Teilen der vierten müssen befriedigt sein, damit wir zufrieden sind. Sind sie erfüllt, besteht keine weitere Motivation mehr in dieser Richtung. Dagegen stehen die Wachstumsbedürfnisse der darüberliegenden Stufen, die nie vollständig befriedigt werden können. Hier sieht Maslow die Triebfedern für unseren lebenslangen Versuch, uns weiterzuentwickeln.

Herzberg geht in seiner Zwei-Faktoren-Theorie davon aus, dass es einerseits sogenannte Hygienefaktoren gibt, die eine Unzufriedenheit ausschließen, jedoch nicht aktiv zur Zufriedenheit beitragen, und andererseits sogenannte Motivatoren existieren, welche die Motivation zur Leistung beeinflussen. Motivatoren betreffen primär die Arbeitsinhalte und verändern die Zufriedenheit positiv. Ihre Abwesenheit führt jedoch nicht zwangsläufig zu Unzufriedenheit. In Tabelle 9.1 auf Seite 150 sind typische Hygienefaktoren und Motivatoren gegenübergestellt. In der Kombination von Hygienefaktoren und Motivatoren ergeben sich vier Grundsituationen [141]:

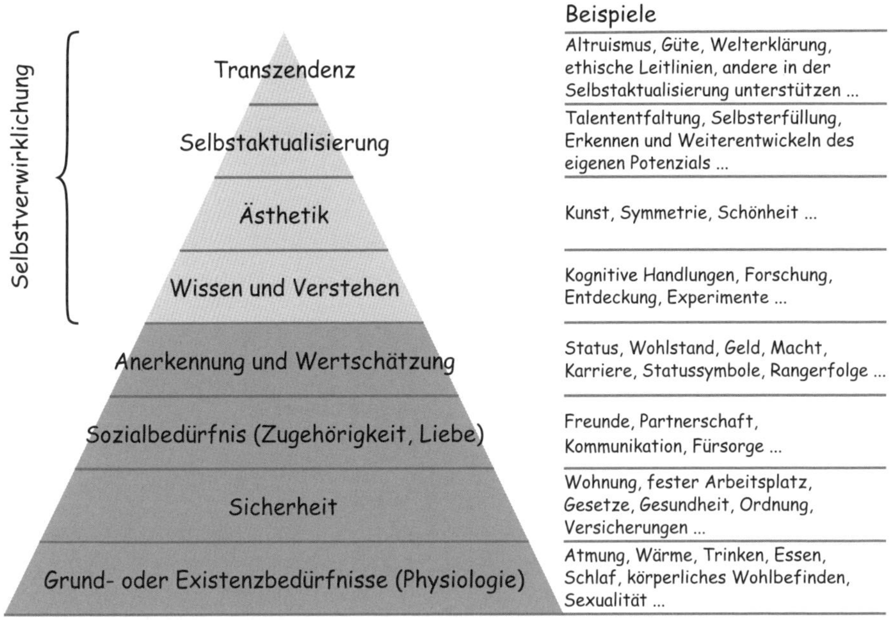

Abbildung 9.4: Hierarchie der Bedürfnisse, modifiziert nach Maslow [146]

Hohe Hygiene/hohe Motivation: Idealsituation mit hoch motivierten Mitarbeitern und wenigen Beschwerden

Hohe Hygiene/geringe Motivation: kaum Beschwerden, aber schlechte Motivation (Söldner-Mentalität)

Geringe Hygiene/hohe Motivation: aufregender, herausfordernder Job unter schlechten Arbeitsbedingungen: hoch motivierte Mitarbeiter mit vielen Beschwerden

Geringe Hygiene/geringe Motivation: unmotivierte Mitarbeiter mit vielen Beschwerden

9.2.2 Intrinsische Motivation

Die Motivation der Mitarbeiter gilt als klassische Aufgabe der Projektleitung und von Personalverantwortlichen. Oftmals wird sie dabei auf die äußere, die sogenannte *extrinsische* Motivation reduziert. Äußere Anreize sollen dabei der Steuerung und Motivation dienen. Leider stumpfen äußere Anreize schnell ab und zeigen keine Wirkung mehr.

Eine solche äußere, also extrinsische Motivation ist daher kaum möglich und wenn, nur von kurzer Dauer. Typischerweise erfolgt sie über äußere Anreize sowohl monetär wie über Prämien oder Gehaltserhöhungen als

Hygienefaktoren	Motivatoren
Entlohnung und Gehalt	Leistung und Erfolg
Personalpolitik	Anerkennung
zwischenmenschliche Beziehungen zu Mitarbeitern und Vorgesetzten	Arbeitsinhalte
Führungsstil	Verantwortung
Arbeitsbedingungen	Aufstieg und Beförderung
Sicherheit der Arbeitsstelle	Wachstum
eigenes Leben	

Tabelle 9.1: Gegenüberstellung von Hygienefaktoren und Motivatoren nach Herzberg [141]

auch über den Status, z. B. durch zusätzliche Privilegien wie ein eigenes Büro. Äußere Anreize verblassen schnell und erzeugen einen Gewöhnungseffekt, der leicht ins Gegenteil verfallen kann: »Ich habe die Prämie die letzten vier Jahre bekommen, wieso dieses Jahr nicht?«

Der Führungsrolle kommt daher beim Thema Motivation nur die Aufgabe zu, mögliche Demotivatoren, die Hygienefaktoren, zu erkennen und weitestgehend zu eliminieren [114]. Für ihre innere, d. h. *intrinsische* Motivation sind die Teammitglieder selbst verantwortlich. Die Teamzusammenstellung stellt damit einen entscheidenden Erfolgsfaktor dar. Der wesentliche Faktor ist neben der fachlichen Kompetenz die intrinsische Motivation der einzelnen Kandidaten. Das *Job Characteristics Model* nach J. Richard Hackman und Greg R. Oldham kann dazu Hilfestellung geben [85].
Dabei geht es im Wesentlichen um drei Aspekte:

Sinn: Der Mitarbeiter erlebt, dass sein Handeln und Wirken einen Sinn hat.

Verantwortung: Der Mitarbeiter ist für sein Handeln im vorgegebenen Rahmen verantwortlich und hat einen entsprechenden Entscheidungsspielraum.

Sichtbarkeit: Der Mitarbeiter erhält Rückmeldungen über die Wahrnehmung seiner erzielten Ergebnisse.

Als Führungskraft sind wir dafür verantwortlich, in den Arbeitsinhalten und dem Arbeitsumfeld diese drei Aspekte möglichst gut wahrnehmbar zu berücksichtigen und zu integrieren. Dies betrifft typischerweise die Aufteilung und Verteilung von Aufgaben und die Einbindung der Mitarbeiter in die Prozesse des Arbeitsumfelds. Kennen die Entwickler die Welt der Anwender und einige der Anwender persönlich? Gibt es einen regelmäßigen

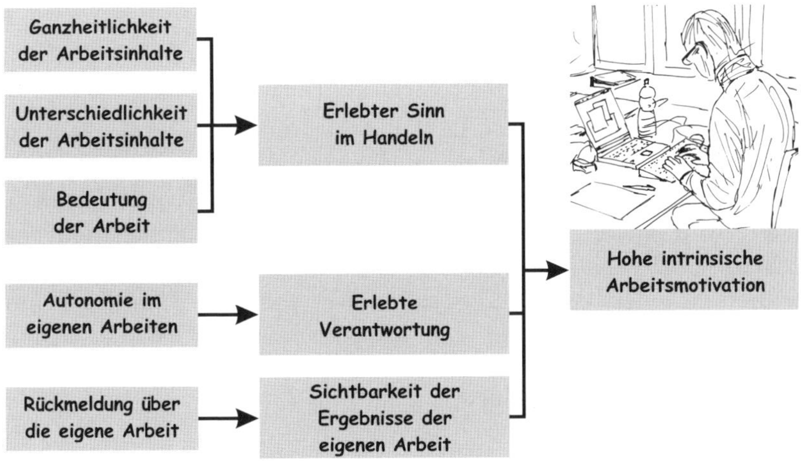

Abbildung 9.5: Das *Job Characteristics Model* zeigt die fünf vorteilhaften Kernmerkmale von Arbeit auf (links) und deren Wirkung auf die intrinsische Motivation [85].

direkten Kontakt? Haben die Entwickler einen eigenen Entscheidungsspielraum, den sie ausnutzen können? Wie führen wir sie an weitere Aufgaben und Verantwortlichkeitsbereiche heran? Weiß jeder, was er zum Gesamtergebnis beiträgt? Diese Fragen gilt es im konkreten Kontext eines Entwicklungsteams zu beantworten, und zwar für jedes Mitglied individuell.

Die Bedeutung und Wahrnehmung dieser Faktoren ist von Mensch zu Mensch unterschiedlich, weshalb es auch kaum allgemeingültige Lösungen gibt. Doch der Aufwand lohnt sich, denn oft führen bereits kleine individuelle Veränderungen und Anpassungen zu überraschend großen Wirkungen. Damit wird auch deutlich, dass ein regelmäßiger direkter Kontakt zwischen Führungskraft und Mitarbeitern notwendig ist, damit deren intrinsische Motivation erhalten bleibt. Die beiden Themen *Nähe* und *Motivation* sind daher eng miteinander verknüpft.

9.2.3 Wirkungslosigkeit extrinsischer Motivation

Warum ist der monetäre Aspekt unserer Arbeit so häufig eher ein Demotivator denn ein Motivator? Wieso sind Prämienregelungen oft so problematisch? Aus psychologischer Sicht verschiebt eine von außen wirkende Motivation wie eine Prämie die gefühlte Motivation von innen nach außen. Extrinsische ersetzt die intrinsische Motivation.

Dies ist gerade in der IT besonders tragisch, da nach unserer Erfahrung so viele Mitarbeiter eine besonders hohe intrinsische Motivation haben. Wir haben Spaß an der Arbeit und möchten einen wirklich guten Job machen. Larry Constantine (*1943) nennt als zentrale Motivation von Softwareentwicklern »Have fun and do good work!« [20].[2]

Durch den Versuch, diese Leistung zu prämieren, wird der Bezug zur Leistung in unserem Empfinden neu definiert. Wir entwickeln die Software mehr und mehr für die Prämie. Doch extrinsische Motivation kann süchtig machen. Und wie ein Drogensüchtiger möchten wir immer mehr von diesem *Ersatzstoff* erhalten. Diese Verschiebung hat kritische Konsequenzen, über die sich jeder bewusst sein sollte. Was passiert, wenn die Prämie geringer ausfällt als letztes Jahr oder gar ganz ausbleibt? Wir sind sauer und demotiviert: »Wieso denn das? Ich habe mich doch genauso angestrengt wie letztes Jahr!« Ein kleines Beispiel dient hier zur Illustration.

> Paul ist Projektleiter bei einem Produkthersteller und ist hoch engagiert. Die Geschäftsleitung bietet ihm daher eine Änderung seines Gehaltsmodells an, das die Möglichkeit für eine sehr hohe Prämie bei gutem Umsatz der Firma enthält. Dies läuft die ersten Jahre hervorragend, weil die Produkte am Markt gefragt sind und Produktmanagement, Entwicklung, Vertrieb und Marketing einen guten Job machen. Alle sind zufrieden.
>
> Wegen eines extrem aggressiv vorgehenden Konkurrenten bricht nach vier Jahren der Umsatz leicht ein. In der Folge fallen die Prämien spürbar geringer aus. In diesem Zusammenhang fällt jetzt der obige Satz. Paul ist sauer. Es ist noch nicht dramatisch, doch seine Motivation bröckelt. Er ist weiter engagiert bei der Sache, doch die daraus resultierenden Diskussionen mit anderen betroffenen Kollegen kosten Zeit und Kraft. Einige Mitarbeiter sind irritiert.
>
> Im nächsten Jahr verringert sich der Umsatz noch stärker und die Prämien entfallen ganz. Paul verdient jetzt im Jahr zwar nur geringfügig weniger als vor der Einführung des Prämienmodells, doch seine Motivation ist ganz im Keller: »So kann ich hier nicht arbeiten. Das hat ja keinen Sinn mehr hier, und Spaß macht es erst recht nicht!« Paul kündigt und geht zur Konkurrenz.

Anstatt dass alle Mitarbeiter an einem Strang ziehen und sich der Herausforderung durch den Konkurrenten mit Kreativität stellen, reiben sie sich in internen Diskussonen auf. Die eigentliche, intrinsische und unsere Kreativität fördernde Motivation für unsere Arbeit ist durch den externen Faktor *Prämie* ersetzt worden. Liefert uns das aktuelle Umfeld nicht genug davon, suchen sich viele ein anderes.

---

[2]Dieses markige Zitat geht nicht direkt auf Constantine zurück, sondern er bezieht sich dabei auf Rob Thomsett.

Nicht dass wir uns missverstehen: Jeder soll für seine Arbeit angemessen bezahlt werden! Doch ist die Kopplung von Motivation an die Entlohnung in der Softwareentwicklung das kritische Moment. Die Kopplung in Form eines Akkordzuschlags ergibt durchaus mehr Sinn, z. B. in der Automation. Hier werden von den Mitarbeitern nur Einzelteile gesehen und nicht das Produkt im Ganzen. Dort ersetzt der Akkordzuschlag den nicht erkennbaren übergeordneten Sinn der Arbeit.

In der Softwareentwicklung gehen wir davon aus, dass jeder Entwickler das Gesamtprojekt nicht aus dem Auge verliert und so den Sinn seiner Arbeit erkennen kann. Zumindestens sollten die Aufgaben im Projekt so strukturiert sein, dass dies den hoch qualifizierten und ursprünglich intrinsisch motivierten Mitarbeitern ermöglicht wird. Dadurch, dass wir in der IT ein vergleichsweise gutes Gehaltsniveau haben, sind die zentralen Faktoren für unsere Motivation in den oberen Ebenen der Maslow'schen Pyramide zu finden. Wir möchten attraktive Aufgaben in einer zu uns passenden Gruppe bearbeiten und den Sinn unserer Arbeit wie auch persönliche Perspektiven sehen. Have fun and do good work!

9.2.4 Agile Projekte

Gerade in agilen Projekten besteht eine besonders gute Ausgangsbasis für eine dauerhaft hohe intrinsische Motivation unter den Projektmitgliedern. Das agile Vorgehen basiert auf einem besonderen Menschenbild:

1. Menschen handeln zielgerichtet und in positiver Absicht, d. h., um ihre Bedürfnisse zu erfüllen.
2. Menschen leisten gerne einen Beitrag, wenn drei Rahmenbedingungen gelten:
   - Sie können es freiwillig tun.
   - Es stehen keine eigenen Bedürfnisse im Weg.
   - Sie können darauf vertrauen, dass ihre eigenen Bedürfnisse berücksichtigt werden.

Aus dem ersten Punkt ergibt sich die Möglichkeit, einen konstruktiven Umgang mit Fehlern zu erlernen. Wir beheben sie und lernen als Individuum und Gruppe daraus, anstatt als Erstes einen vermeintlich Schuldigen zu suchen. Dies bildet die Basis für ein selbstlernendes System, das permanent die Abläufe und Produkte verbessert.

Aus dem zweiten Punkt folgt, dass Führung eher eine Dienstleistung am Team und für das Team darstellt. Sie erfolgt daher explizit **nicht** als *Command and Control*. In einem solchen Kontext ist es für die Führung notwendig, dass die Teammitglieder auch die Kompetenz besitzen, für ihre eigenen Bedürfnisse in angemessener Form einzustehen. Hier schließt sich der Kreis zu den Soft Skills. Aus diesem Menschenbild leiten sich dann auch die bekannten vier agilen Werte aus dem *Agilen Manifest* ab [9]:

> We are uncovering better ways of developing software by doing it and helping others do it. Through this work we have come to value:
>
> - Individuals and interactions over processes and tools
> - Working software over comprehensive documentation
> - Customer collaboration over contract negotiation
> - Responding to change over following a plan
>
> That is, while there is value in the items on the right, we value the items on the left more.[3]

Als Basis für diese Form der Führung und Zusammenarbeit ist die gegenseitige Wertschätzung von besonderer Bedeutung. Sie hilft uns die Frage zu beantworten, warum jemand eine Aufgabe übernimmt, weil jemand anderes möchte, dass wir das tun. Grundsätzlich können vier Gründe dafür genannt werden, mit denen wir bereits im Laufe unserer frühkindlichen, kindlichen und jugendlichen Entwicklung konfrontiert waren [94]:

Gehorsam: Die Autorität hat es so gesagt, also tue ich es so. Früher waren es unsere Eltern, heute ist es ein bekannter Fachautor oder unser Experte in der Stabsabteilung.

Angst: Wir haben Angst vor den Konsequenzen: Wenn ich es nicht tue, hat diese Unterlassung für mich unangenehme Folgen. Der Chef will diesen Bericht unbedingt bis 14 Uhr haben, sonst gibt es ein gehöriges Donnerwetter.

Schuld oder Scham: Wir glauben, für die Gefühle der anderen verantwortlich zu sein. Peter ist stark unter Druck und völlig fertig, also übernehme ich einen Teil seiner Aufgaben mit, obwohl ich selbst bereits mehr als genug zu tun habe. Wir kennen diesen Aspekt wohl am stärksten aus unserem Elternhaus, wenn unsere Mutter ganz traurig war, wenn wir den Teller nicht leergegessen haben.

Wertschätzung: Wir haben Freude daran, zum Wohle anderer Menschen beitragen zu können und damit auch zu unserem eigenen Wohl. Diese Anstrengung wird von anderen gesehen, anerkannt und geschätzt.

In agilen Projekten wirkt die gegenseitige Wertschätzung als zentraler Mechanismus zu der Motivation, sich für das einzusetzen, was im Sinne aller ist. In einer solchen Atmosphäre kann dann besonders aktiv, kreativ und

[3] Für die Übersetzung und weitere Informationen s. Anhang A.1 ab Seite 307.

effizient gearbeitet werden. Wir kommen im letzten Teil des Buchs beim Thema *Hochleistungsteams* darauf zurück.

9.2.5 Balance zwischen Aufwand und Ertrag

Den Aspekt *Motivation* möchten wir nicht abschließen, ohne noch kurz auf das Phänomen der Open-Source-Entwicklung einzugehen. Bei Open-Source-Entwicklungen arbeiten weltweit Entwickler oder Firmen zusammen, um leistungsfähige und frei nutzbare[4] Softwareprodukte zu erstellen, ohne dafür direkt Geld zu bekommen. Diese hohe intrinsische Motivation finden wir auch bei ehrenamtlichen Tätigkeiten wieder, doch hat er in der Softwareentwicklung eine besondere Ausgestaltung erfahren.

Normalerweise sind wir darauf angewiesen, unsere Arbeitskraft für Geld anzubieten, um unseren Lebensunterhalt sicherzustellen. Was motiviert uns zu unserem Job? Wenn wir kein Gehalt mehr beziehen würden, kämen viele sicherlich nicht mehr zur Arbeit. Doch in unserem Beruf ist da oft noch mehr!

Es geht in unserem Beruf um einen Ausgleich und einen Ertrag. Wir stecken einen persönlich wahrgenommenen Aufwand in unsere Arbeit und erhalten dafür einen ganz bestimmten, persönlich wahrgenommenen Ertrag. Wenn möglich, suchen wir uns einen Beruf aus, in dem dieses Verhältnis von vorneherein für uns persönlich nicht zu negativ ausfällt. Wir benötigen in unserem Beruf noch zusätzlich eine Kompensation in Form unseres Gehalts, damit wir insgesamt einen positiven Ertrag erhalten. Nur dort, wo der persönlich wahrgenommene Ertrag bereits höher ist als der Aufwand und wenn wir unseren Lebensunterhalt gesichert haben, können wir ohne Kompensation, also Gehalt, tätig werden (Abb. 9.6) [72].

Wir erkennen an der Darstellung in Abbildung 9.6, dass der Ertrag einen deutlich größeren Bereich einnimmt als die Kompensation. Dies deckt sich mit unseren Erfahrungen in der IT-Branche. Der Ertrag über Anerkennung und die Möglichkeiten, Freiräume gestalterisch zu nutzen, Neues zu lernen oder Erfolg und Spaß zu haben, wirkt deutlich stärker als die monetäre Kompensation. Daher ist es für Führungskräfte besonders lohnenswert, an diesen Faktoren zu arbeiten, um eine geringe Fluktuation im Team zu erreichen. Softwareentwickler wird man kaum über das Gehalt halten können, sondern viel stärker über den persönlichen Ertrag. Wichtig ist dabei, dass der Ertrag etwas Individuelles ist und von den persönlichen Bedürfnissen des Einzelnen abhängt.

Wir müssen also unsere Mitarbeiter gut kennen und uns regelmäßig mit ihnen austauschen, um einen solchen Führungsstil anzuwenden. Sonst bieten wir etwas Falsches an, was nicht den persönlichen Ertrag steigert,

[4] Nach den GNU-Lizenzbestimmungen.

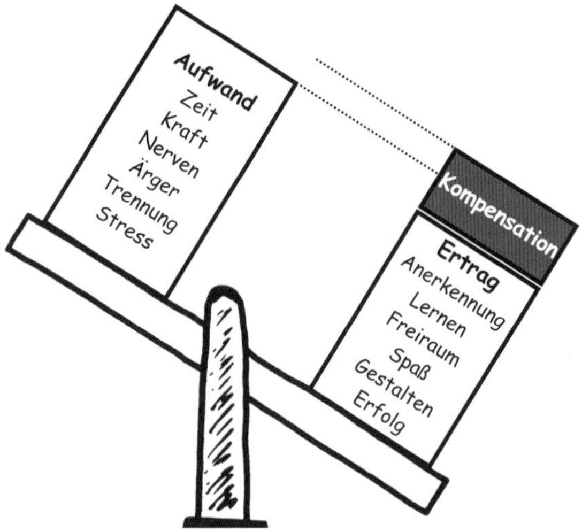

Abbildung 9.6: Eine positive Bilanz zwischen Aufwand und Ertrag + Kompensation ist wichtig für eine dauerhafte, motivierende Arbeit [72].

sondern schlimmstenfalls sogar den Aufwand erhöht. Ein typisches Beispiel dafür ist es, einem Mitarbeiter ohne Rücksprache mehr Verantwortung zu übertragen, in der Annahme, die zusätzliche Anerkennung wäre ihm wichtig. Wenn das wirklich der Fall ist, funktioniert das. Wenn nicht, steigert es nur den Aufwand und reduziert sogar den Ertrag, da dieser Mitarbeiter dann z. B. unter einem als zu hoch empfundenen Druck steht oder vermehrt Aufgaben wahrnehmen muss, die ihm nicht zusagen. Prinzipiell bleiben einem Mitarbeiter bei einem gefühlten negativen Aufwand-Ertrag-Verhältnis drei Verhaltensstrategien [72]:

A-Minus-Strategie: Mit einem *Dienst nach Vorschrift* wird der Aufwand so lange reduziert, bis er wieder zum Ertrag passt.

C-Plus-Strategie: Durch eine höhere Kompensation über mehr Gehalt oder geldwertem Vorteil wird versucht, die Diskrepanz zwischen wahrgenommenem Aufwand und erlebtem Ertrag wieder in Einklang zu bringen. Dies kann im Extremfall bis hin zu einer als *Schmerzensgeld* erlebten Zusatzvergütung gehen.

E-Plus-Strategie: Durch eine Steigerung des Ertrags z. B. über mehr Anerkennung oder zusätzlichen Status wird versucht, ein positives Verhältnis herzustellen.

Bei vielen Menschen, und wir denken, dass ihr Anteil in der IT sogar besonders hoch ist, dominiert die E-Plus-Strategie [72]. Dies ist der Grund, warum wir über die individuell erlebte Ertragssteigerung Zufriedenheit bei einem Mitarbeiter dauerhaft wiederherstellen können. Und hier liegt wohl auch ein wesentlicher Grund für das Phänomen der Open-Source-Entwicklung. Der individuelle, persönlich erlebte Ertrag durch Anerkennung aus der Community, Erfolg usw. ist so hoch, dass viele Entwickler einen Großteil ihrer Freizeit dafür als Aufwand investieren. Unter Umständen erhalten sie dort den Ertrag, den sie in ihrer regulären Arbeit in dieser Form nicht erhalten. Das ist deshalb so wichtig, weil auf der Ertragsseite unsere individuellen Bedürfnisse erfüllt werden.

»Den Job vom Chef könnte ich auch machen, und zwar besser!«

Wenn dieser Spruch kommt, dann handelt es sich ebenfalls um ein Ungleichgewicht zwischen Aufwand und Ertrag. Wenn ein Mitarbeiter meint, dass sein Chef seinen Job nicht richtig macht, dann ist er gleichzeitig immer der Meinung, es geht ihm, gemessen an der Leistung, die er bringt, zu gut. Das heißt also, der Chef zieht einen hohen Ertrag aus der Arbeit mit zu wenig Aufwand. All dies geschieht natürlich nur in der Wahrnehmung des Mitarbeiters. Ob der Chef die Situation genauso wahrnimmt, ist äußerst fraglich. Der zu hoch wahrgenommene Ertrag resultiert oft aus der vermuteten Gehaltshöhe der Führungskraft oder aus anderen Statussymbolen, wie z. B. einem besonderen Handy oder einem Firmenwagen. Und weil der Mitarbeiter der Führungskraft eine viel höhere Verantwortung zuschreibt als die Führungskraft sich selbst, hat der Mitarbeiter den Eindruck, der von der Führungskraft investierte Aufwand sei zu gering.

Zum Beispiel könnte der Mitarbeiter der Meinung sein, dass es die Aufgabe der Führungskraft ist, für eine klare Roadmap oder z. B. für Harmonie zwischen allen Mitarbeitern zu sorgen. Wann immer die Führungskraft nun auftaucht und etwas von ihrem Ertrag (z. B. Statussymbole wie Firmenwagen) zeigt, wird dem Mitarbeiter klar, dass seine Forderungen gegenüber der Führungskraft nicht erfüllt werden, diese jedoch scheinbar am Ziel angekommen ist. Das wird im Allgemeinen als höchst ungerecht empfunden und wirkt ungeheuer demotivierend auf den Mitarbeiter. Die Führungskraft, die oft nichts von dieser als ungerecht wahrgenommenen Situation spürt, wundert sich, warum sie keinen Draht zu ihren Mitarbeitern bekommt. Insgesamt eine unschöne und festgefahrene Situation.

Wie so oft, ist hier weder der eine noch der andere schuld an der Situation. Der Mitarbeiter hat gute Gründe für seine Wahrnehmung, und genauso gibt es immer auch Gründe für das Handeln der Führungskraft. Schauen wir uns das Beispiel näher an, bei dem von der Führungskraft seitens der Mitarbeiter eine Roadmap erwartet wird. Die Führungskraft wird ihrerseits wahrscheinlich alles daran setzen, eine solche zu erstellen. Da aber eine Roadmap immer das Ergebnis eines Abstimmungsprozesses ist, hat die Führungskraft den Prozess nicht komplett in der Hand. Die Mitarbeiter benötigen die Roadmap für ihre täglichen Entscheidungen und erwarten sie vorgefertigt von der Führungskraft. Die dafür erforderliche komplexe und langwierige Abstimmung ist ihnen dabei nicht bewusst.

Hier liegt denn auch die Lösung des Problems. Sie ist im Grunde sehr einfach und gar nicht überraschend. Mitarbeiter brauchen ein Forum, in dem sie ihre Erwartungen an die jeweilige Führungskraft äußern und verifizieren können. Dafür sind alle Arten von Mitarbeiterbefragungen geeignet, sei es nun persönlich, in der Gruppe oder anonym. Die Führungskraft ihrerseits muss natürlich auf die geäußerten Erwartungen reagieren. Sie muss die Motivation verstehen, die Äußerungen wertschätzen und als letzten Schritt den Mitarbeitern zurückmelden, welche der Erwartungen sie auch an sich selbst stellt – also, welche der Erwartungen sie anstrebt zu erfüllen und welche nicht, weil sie z. B. die Verantwortung nicht bei sich sieht. Diese Transparenz ist die einzige Lösung für das obige Problem. Wird sie angewandt, so ist es keinem mehr möglich, sich als Opfer oder Verfolger[5] zu fühlen.

[5]Die drei Rollen *Retter*, *Opfer* und *Verfolger* kommen aus dem Modell des Drama-Dreiecks nach Eric Berne (1910–1970) [11, 133].

10 Führung und Selbstorganisation

Führung in komplexen, selbstorganisierten Systemen bedeutet einen direkten, engen und permanenten Führungsstil. Diese Führung beruht nicht auf Anweisungen und Direktiven, sondern ist prozessorientiert sowie moderierend und nutzt darüber das Potenzial des Teams. Die Softwareentwicklung in einem solchen Umfeld ist sehr anspruchsvoll, und der Führungsstil beruht nicht auf dem technischem Können, das wir als Entwickler an den Tag legen. Die hierfür wesentlichen Führungstechniken lassen sich zumeist im ausreichenden Maß erlernen [129].

10.1 Wie sieht eine evolutionäre Führung aus?

10.1.1 Bewährtes nutzen

Wie führen wir nun ein solches komplexes System in der Softwareentwicklung konkret? Aus dem klassischen Management lassen sich drei Techniken als elementar für die Orientierung aller Teammitglieder und Projektbeteiligten identifizieren:

Konkrete Ergebnistypen: Alle einzelnen Arbeitsaufträge müssen eindeutig im Ergebnis überprüfbar und für die Mitarbeiter so konkret wie möglich verfasst sein. Dies gelingt über die Festlegung eines konkreten Ergebnistyps. Dafür können z. B. für analytische Aufgaben Templates oder konkrete Beispiele aus anderen Projekten herangezogen werden. Eine Realisierungsaufgabe kann z. B. über fachliche Testfälle und die Vorgabe von Unit Tests mit 85 Prozent Zweigüberdeckung definiert werden.

Eindeutiges Priorisieren bzw. Re-Priorisieren: Es gibt nur eine Liste mit allen Anforderungen, Fehlern und Änderungswünschen. Deren Reihenfolge bestimmt die Priorität. In regelmäßigen Abständen wird mit Vertretern aus der Entwicklung, den Fachbereichen, der Qualitätssicherung und des Kunden zusammen mit dem Projektleiter die aktuelle Priorität neuer Einträge bestimmt, die bisherige Priorität bestehender Einträge geprüft und ein aktuelles Backlog erstellt. Als brauchbares Intervall in vielen Projekten hat sich ein Zeitraum zwischen einer Woche und der konkreten Iterationsdauer bewährt. In Krisensituationen kann sich dieses Intervall weiter verkürzen. Häufig wird dieses Gremium als Change Control Board bezeichnet.

Regelmäßiges Risikomanagement: Mindestens einmal zum Ende in jedem Orientierungsteil einer Iteration auf Projektmanagementebene sollte ein Workshop zum Risikomanagement stattfinden. Alle Risiken werden dazu in einer Liste nach ihrer Priorität geordnet dokumentiert und initial bewertet bzw. überprüft.

Diese Orientierungspunkte sind auch in einer evolutionären Führung eines komplexen Systems notwendige Erfolgsfaktoren. Doch wie können wir eine hohe Steuerbarkeit erreichen?

10.1.2 Vision entwickeln und Prozesse steuern

Jede Führungsarbeit kann sich aufgrund der hohen technischen und fachlichen Komplexität meist nur noch auf Prozesse und Regeln beziehen. Die konkrete Orientierung erfolgt auf Basis abstrakter Bilder, Visionen und Strategien. Die Führungsrolle zerfällt also in zwei Rollen, den Methoden-Coach und den Strategen bzw. Architekten. Die Umsetzung erfolgt in den Rollen mit den konkreten Aufgaben, die das taktische Handeln und das detaillierte Fachwissen voraussetzen. Diese vier Rollen bilden sehr gut die verschiedenen Aspekte psychologischer Typologien ab (Abb. 10.1) [47, 133].

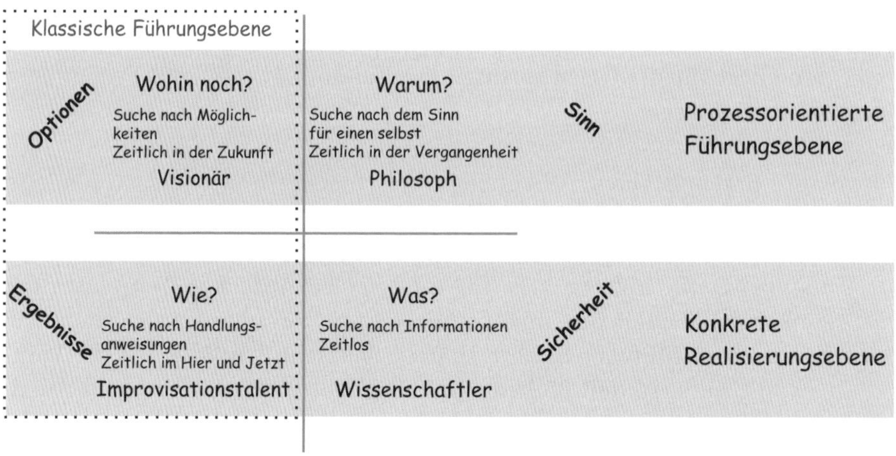

Abbildung 10.1: Klassische und prozessorientierte Führung aus typologischer Sicht [47]

Explizite Führungsaufgaben in einer Selbstorganisation liegen in den beiden oberen, die Realisierungsaufgaben in den beiden unteren Quadranten.

Konkret heißt das für die Führungsrolle, immer wieder strategische Ziele zu erarbeiten, Optionen und Möglichkeiten zu schaffen und diese zu planen bzw. den Plan permanent von Iteration zu Iteration auf seinen verschiedenen Konkretisierungsebenen anzupassen und zu modifizieren [131]. Daneben gilt es, das Team als Moderator, Coach und im Konfliktfall auch als Mediator zu begleiten. Die klassische direktive Führung spielt sich dagegen überwiegend in den beiden linken Quadranten aus Abbildung 10.1 ab.

Da uns Menschen alle vier Quadranten zu eigen sind, können wir auch vielfältige Aufgaben bewerkstelligen. Wir haben meist für einen oder zwei Quadranten eine gewisse Präferenz und dort quasi unsere Komfortzone, in der wir uns ohne Stress leistungsfähig fühlen. In Softwareentwicklungsteams sind diese Präferenzen nicht gleichmäßig verteilt. Da sich bestimmte charakterliche Präferenzen auch in der Berufswahl widerspiegeln, finden wir z. B. im Bereich der Softwareentwicklung eine Mehrheit an Personen mit Präferenzen in den unteren beiden Quadranten [124]. Umso bedeutsamer ist es, Personen zu finden, die die Führungsaufgaben aus den oberen beiden Quadranten angemessen wahrnehmen können.

Jegliches Steuern funktioniert am besten direkt, wenn wir nah am zu steuernden Objekt sind. Jede Indirektion verlangsamt den Prozess deutlich. Hier ist der regelmäßige enge Kontakt der Führungspersönlichkeiten mit jedem Mitarbeiter gefordert. Wie ist der aktuelle Status? Was ist als Nächstes geplant? Was steht im Weg? Was müssen die anderen wissen? Wie können die Kollegen oder Führungspersonen helfen? Diese Fragen gilt es immer wieder in angemessenen kurzen Abständen von einem bis maximal fünf Tagen zu beantworten.

Selbstorganisierende Teams können durch wenige explizite Führungskräfte gesteuert werden, die permanent zwischen den Teams als Coaches und Moderatoren nach einem festen Zyklus wechseln. Ähnlich wie Katalysatoren in der Chemie initialisieren sie die Reaktionen innerhalb des Teams, ohne selbst daran mitzuwirken (Abb. 4.9 auf Seite 75). Ein Scrum Master oder ein XP-Coach stellt eine solche coachende Führungskraft dar und bringt seine Prozesskompetenz ein, damit die Teammitglieder ihre Fachkompetenz optimal einsetzen können und der Entwicklungsprozess steuerbar bleibt. Weitere Führungsaufgaben werden bei Bedarf durch einzelne methodenkompetente Mitarbeiter aus dem Team wahrgenommen. Die Anzahl der Personen, die konkrete Führungsaufgaben leisten, kann also verglichen mit der klassischen direktiven Führung hoch sein.

10.2 Prozesskompetente Führungskraft

Je mehr Prozesskompetenz bei den Teammitgliedern vorhanden ist, desto weniger explizite Führungskräfte sind notwendig. Was gehört alles zu dieser Prozesskompetenz? Dazu gehören eine Coaching-Methodik wie z. B. der Einsatz des GROW-Modells (Kap. 13 ab Seite 211) und eine qualifizierte Moderationstechnik inklusive einer für sich sprechenden Visualisierung. Zum Einsatz kommen hierbei so *uncoole* Tools wie Metaplanwände und -karten, Whiteboards oder Flipcharts. Eine solche Führungsarbeit beinhaltet auch grundlegende Kommunikationstechniken wie Fragetechniken, aktives Zuhören und Feedback. In Konfliktsituationen gilt es diese frühestmöglich zu erkennen und ggf. mit einer Konfliktmoderation einzugreifen. Tiefergehende Konflikte können nicht mehr aus der beteiligten Gruppe heraus geklärt werden und bedürfen einer Mediation, eines definierten Konfliktbearbeitungsprozesses, durch einen ausgebildeten Mediator [133].

Diese Methodenkompetenz ist für die meisten, auch angehenden Führungskräfte in ausreichendem Maße erlernbar. So lässt sich im Team eine entsprechende Fähigkeit aufbauen, die sich in kurzer Zeit positiv auf alle internen Abläufe und die Kontakte nach außen z. B. zu den Fachbereichsmitarbeitern und Anwendern auswirken sollte. Die wichtigste Voraussetzung dafür ist die eigene Motivation der Teammitglieder.

Die Steuerung erfolgt dabei über zwei Kanäle. Zum einen sind dies Ziele und die dahinter stehenden Intentionen: Was wollen wir erreichen und warum? Zum anderen werden die Regeln der Zusammenarbeit gestaltet. Innerhalb dieses Regelwerks können die selbstorganisierenden Regelkreise wirken und alle Teammitglieder ihre Fachkompetenz einbringen sowie konkrete Lösungen entwickeln. Die Führung erfolgt dabei situativ durch die Teammitglieder, die der Komplexität der aktuellen Aufgabe gewachsen sind. Sie stellen für die anderen Teammitglieder das Verständnis für die Zusammenhänge und Abhängigkeiten her, sodass diese alle notwendigen, komplizierten Maßnahmen durchführen können, um ihre Aufgabe zu bewältigen. So berücksichtigen wir in einem selbstorganisierten Team das Ashby'sche Gesetz, das wir in Abschnitt 5.2.2 ab Seite 86 kurz erläutert haben.

10.2.1 Regelwerk ...

Wesentlicher Aspekt der Führungsarbeit ist es, die impliziten Handlungsgrundsätze in Deckung mit den expliziten Regeln zu bringen. Da es sich bei einem Softwareentwicklungsteam um ein regelbasiertes soziales System handelt, kommt diesen Regeln eine besondere Bedeutung zu. Wie gehen wir miteinander um? Wie lösen wir Konflikte? Welche Schritte brauchen wir zur Bearbeitung eines Arbeitsauftrags? Wann brauchen wir mehr Informationen bzw. Vorgaben? Und zu welchem Zeitpunkt ist die konkrete lauffähige Software als Ergebnistyp für eine Rückkopplung mit dem Auftraggeber bzw. den Fachbereichen wichtig? Diese Fragen gilt es immer wieder im Tagesgeschäft konkret neu zu beantworten. Über Regeln kann eine Führungskraft maßgeblich das Projekt steuern.

Wie sehen diese expliziten Regeln konkret aus? Die Regeln werden in Richtung auf ein selbststeuerndes Verhalten formuliert. Als Beispiel dient uns hier die Art der Zuordnung von Mitarbeitern zu ihren Linienvorgesetzten. Die erste Regel könnte folgendermaßen aussehen: »Mitarbeiter suchen sich ihre Vorgesetzten aus.« Klingt spannend, ist aber für sich alleine noch nicht ausreichend. Es sind noch zwei weitere Regeln erforderlich, wie: »Ein Mitarbeiter darf nur alle 18 Monate die Führungskraft wechseln« und: »Eine Führungskraft darf einen anfragenden Mitarbeiter ablehnen.«

Die sich daraus ergebende Dynamik kann ein sehr bewusstes Führungsverhältnis ergeben, bei dem sich die Linienführungskräfte sehr intensiv und konstruktiv mit ihrer Rolle auseinandersetzen. Auch die Mitarbeiter werden sich vermutlich intensiver mit ihrer Mitarbeiterrolle befassen und diese tiefer ausgestalten. Spielen Sie doch mit dieser vielleicht etwas unkonventionelle Idee in Gedanken ein wenig herum!

10.2.2 ... und Vision

Neben dem Regelwerk sind die Visionen, die daraus abgeleitete Strategie und deren Umsetzung das zweite zentrale Steuerungsinstrument in einer selbstorganisierten Softwareentwicklung. Da die meisten Führungskräfte wie Projektleiter oder Softwarearchitekten nicht mehr die tiefe Detailkenntnis haben können, brauchen wir andere Steuerungsinstrumente als die direktive Vorgabe. Führungskräfte in einer Selbstorganisation müssen ihren Mitarbeitern ihre Visionen und Intentionen klar vermitteln können, damit diese in der Lage sind, mit ihrer Fachkompetenz die richtigen Detail- und Umsetzungsentscheidungen zu treffen.

Diese Art der Führung orientiert sich stark am Delegationsprinzip, bei dem ein Mitarbeiter mit der Lösung einer Aufgabe betraut und mit den dazu notwendigen Entscheidungskompetenzen ausgestattet wird. Grundlage dieses Führungsstils ist Vertrauen. Die Führungskraft gibt die Vision, Intention und Strategie als eine Art *Leitplanken* vor bzw. achtet auf die dahin zielende Ausrichtung seiner Mitarbeiter. Dazu formuliert sie mit Metaphern, definiert Aufgaben über deren Ergebnistypen und priorisiert die zentralen Tätigkeiten. Die Mitarbeiter realisieren die Aufgaben innerhalb des so geschaffenen Rahmens.

»Führung hat das Ziel, sich selbst überflüssig zu machen!«

Dieser Spruch ist hervorragend dazu geeignet, sich das Ziel jeglicher Form des Managements klarzumachen! Was bedeutet diese Aussage genau?

Im Grunde heißt das, wenn ich als Führungskraft einen guten Job mache, mache ich mich dann selbst arbeitslos. Hm, eigentlich doof. Und deshalb funktioniert das auch so schlecht. Aber warum müssen wir uns als Führungskraft überflüssig machen? Drehen wir es um: Wir sind genau dann überflüssig, wenn wir keine Mitarbeiter mehr haben oder wenn alle Mitarbeiter wissen, was sie zu tun haben, welche Schnittstellen sie haben und wie sie erfolgreich über diese Schnittstellen kommunizieren können. Dies aber sollte ja das Ziel einer jeden Gruppe sein, und verantwortlich, hierfür die Voraussetzungen zu schaffen, ist die Führungskraft. Das gilt natürlich auch durch die Hierarchie hindurch und selbst für z. B. den Vorstand oder den Geschäftsführer.

Was hindert nun in der Praxis die Führungskräfte daran, diesem Spruch Folge zu leisten? Natürlich will sich keine Führungskraft überflüssig machen, sie möchte weiterhin ihre Mitarbeiter führen und wird vielleicht sogar gegen allzu viel Eigenverantwortlichkeit der Mitarbeiter angehen. Meistens fallen dann Sätze wie: »Wer ist denn dann verantwortlich?« oder: »Wer kontrolliert die Arbeitsergebnisse dann?« Das sind natürlich alles berechtigte Fragen, und sie zeigen letztendlich an, dass die Organisation noch nicht so weit ist, eigenverantwortliche Strukturen aufzubauen und zu fördern. Oft wird auch das Prinzip *Informationen bedeuten Macht* (Seite 125) dazu verwendet, die Mitarbeiter an sich zu binden und sich so eine Existenzberechtigung zu geben.

Überlegen Sie mal: Handeln Sie selbst wirklich jeden Tag dem Ziel folgend, dass Ihre Mitarbeiter die Aufgaben eigenverantwortlich erledigen? Wie würde Ihr Job aussehen, wenn Ihre Mitarbeiter das täten? Was würde passieren, wenn Sie überflüssig wären? Wie würde Ihr Chef reagieren? Würde es neue Herausforderungen für Sie geben? Was würden Sie dann machen? Könnten Sie sich vorstellen, auch wieder eine Hierarchiestufe niedriger zu arbeiten? Davor haben die meisten die größte Angst, was aber keineswegs das Ziel dieser Auffassung von Führungsstil ist.

10.3 Heterarchie und Hierarchie

Natürlich kann es aufgabenbezogen innerhalb einer Heterarchie einzelne kleine Hierarchien geben. Typischerweise ist der Anteil an Universalisten in einer selbstorganisierten Softwareentwicklung vergleichsweise hoch, doch finden wir selbstverständlich auch zahlreiche Spezialisten. Letztere werden gerne zur Realisierung einer zusammenhängenden Aufgabengruppe innerhalb des selbstorganisierten Netzes als kleine Hierarchie strukturiert. Auch bei der Einarbeitung neuer, unerfahrener Mitarbeiter kann eine kleine hierarchische Struktur hilfreich sein.

Kennzeichen dieser Hierarchien ist, dass sie nur so lange existieren, wie sie aufgabenbedingt notwendig sind. Ist der neue Mitarbeiter eingearbeitet und kann sich selbstständig orientieren, so wird diese Hierarchie aufgelöst.

Hat ein Spezialist nach einigen Jahren Lust, sich in ein neues Feld einzuarbeiten, so ermöglichen ihm Personalführungsregeln, wie sie oben kurz beschrieben sind, den einfachen Wechsel in eine andere kleine Hierarchie oder das heterarchische Netz.

Die so entstehende Dynamik mag kurzfristig zu Effizienzeinbußen führen. Auch werden bei vielen Universalisten Wissen und Fertigkeiten redundant vorhanden sein. Langfristig wird ein solches Team sich immer wieder erfolgreich an sich ändernde Rahmenbedingungen aufgabenspezifischer oder wirtschaftlicher Natur anpassen können. Diese Flexibilität macht die Stärke einer selbstorganisierenden Gruppe aus.

»Flache Hierarchien sind toll, dann kann ich tun, was ich will!«

Tja, ist das nun positiv oder negativ? Im Grunde ist ja nichts Negatives dabei, wenn ein Mitarbeiter das tun kann, was er für richtig hält. Das sollte ihm die größtmögliche Motivation verschaffen. Und das scheint ja z. B. in einer Netzwerkorganisation, die eine populäre Form der Heterarchie ist, möglich zu sein. Dort gibt es keine oder nur sehr wenige Chefs, und die kümmern sich nicht darum, was die Mitarbeiter machen, lassen sie selbstständig arbeiten und freuen sich stets, wenn dabei etwas Sinnvolles herauskommt.

Nun gut, nicht immer läuft so etwas reibungslos ab. Aber was sind die Grundpfeiler einer jeden Organisation und ab wann wird vielleicht sogar der Unterschied zwischen Heterarchie und Hierarchie bedeutungslos?

In der Hierarchie ist eines ganz offensichtlich. Es gibt Vorgaben vom Chef, denen Folge zu leisten ist. Dieser Chef bekommt seinerseits auch Vorgaben von seinem Chef usw. Das ist ein markantes Merkmal der Hierarchie und kann misslingen, wenn die Vorgaben nicht verstanden und dann anders ausgelegt oder ignoriert werden. Läuft es aber gut, besteht die Chance für eine Organisation, sich gleichmäßig auszurichten. Geschieht dies schnell und effizient, kann der Organisation auch eine gute Flexibilität bescheinigt werden. Das heißt, sie wird sich schnell externen oder internen Veränderungen anpassen können. Um gute Vorgaben zu machen, benötigen die Chefs Informationen seitens ihrer jeweiligen Mitarbeiter. Geschieht dies offen und ohne Vorbehalte, steht einem guten Funktionieren innerhalb der Hierarchie nichts mehr im Wege.

In einer Heterarchie liegt eines auf der Hand: Der Wert der Selbstorganisation wird großgeschrieben. Es gibt einzelne Gruppen, die vielleicht sogar ein rotierendes Teamleitersystem aufgebaut haben, das in dieser Form auch nach außen agiert. Dies kann gründlich schiefgehen. Heterarchische Gruppen können weiter z. B. über das Herausbilden eines Feindbildes gegenüber anderen Gruppen eine Schutzmauer nach außen und ein noch engeres Zusammengehörigkeitsgefühl im Team entwickeln. Keine Führungskraft wie bei einer Hierarchie gebietet einer solchen Entwicklung Einhalt. Diese Gruppen werden dann tun und lassen, was sie für richtig halten, ganz nach dem obigen Spruch. Sie werden sich selten auch auflösen und neu zusammensetzen, wenn es externe oder interne Veränderungen erforderlich machen.

Läuft es allerdings gut, dann versteht sich jede Gruppe als temporäre Arbeitsgemeinschaft, die eine bestimmte Verantwortung als Gruppe übernommen hat und diese versucht zu erfüllen. Sie wird Defizite innerhalb der Gruppe ausgleichen und ein eigenes kleines Wertesystem aufbauen. Kommt es zu Veränderungen, erkennt es die Gruppe. Sie kann sich auflösen und ggf. auch mit anderen Mitarbeitern eine neue Gruppe bilden.

Und nun die entscheidende Frage: Was ist besser? Heterarchie oder Hierarchie? Wir plädieren ganz deutlich für das Beste aus beiden Welten. Die Hierarchie gibt Rahmenbedingungen vor, die eine effektive und effiziente Arbeit ermöglichen, und die Heterarchie organisiert sich selbst, um die Aufgaben bestmöglich und mit der höchstmöglichen Motivation auszuführen.

In Firmen haben wir schon öfter beobachtet, dass genau das passiert: Es wird, quasi unbewusst, das Beste aus beiden Welten herausgesucht, sodass in diesen Firmen das Pendel immer zwischen Heterarchie und Hierarchie hin- und herschwingt. Leider geschieht dies meistens durch Ablösung im Topmanagement, und *der Neue* propagiert genau das Gegenteil von dem, was vorher *en vogue* war. Schade nur, dass die Organisation so insgesamt nicht lernt, denn die bereits gemachten Erkenntnisse gehen verloren, die Mitarbeiter resignieren und koppeln sich vom Management ab.

10.3.1 Chancen und Risiken

Die Möglichkeiten eines selbstorganisierten Teams in komplexen Projekten sind enorm und steigern damit die Erfolgswahrscheinlichkeit. Auch größere Projekte bleiben so steuerbar. Das Team arbeitet dabei wie ein eigenständiger Organismus, wobei jedes Mitglied seine eigenen Wahrnehmungssensoren hat und Ideen entwickeln kann.

Der Anspruch an die Qualifikation, Flexibilität und Leistungsfähigkeit aller Beteiligten ist aber ebenfalls enorm hoch und kann derzeit von vielen Teams, ihren Führungskräften, den betroffenen Fachbereichen und deren Auftraggebern nicht geleistet werden. Die von uns beobachtete Folge ist dann häufig ein aus einer Überforderung entstehender Druck auf die einzelnen Mitarbeiter. Dies resultiert in typischen Stressverhaltensformen wie Lähmung oder Flucht. Wir können diesen Effekt also an der Abnahme der Produktivität oder einer erhöhten Fluktuation im Unternehmen erkennen. Damit ist auch dem Risiko von Burn-out die Tür geöffnet. Das Umfeld muss daher beim Aufbau eines selbstorganisierten Teams in Bezug auf die Prozess- und Sozialkompetenz der Mitarbeiter sowie die Zusammenarbeit sehr gut vorbereitet sein.

Ein weiteres Risiko besteht darin, dass einige klassische Führungswerte wie Orientierung, Geborgenheit und Sicherheit für einige Projektbeteiligten nicht ausreichend gegeben werden. Hier kann nur durch große Nähe der führungs- und prozesskompetenten Mitarbeiter zu allen anderen Teammitgliedern dafür gesorgt werden, dass diese Werte ausreichend gelebt werden können. Sobald die Distanz zu groß wird, fühlen sich viele Mitarbeiter im Projekt unwohl und bringen nicht mehr ihre volle Leistungsfähigkeit.

10.3.2 Positiver und negativer Druck

Wir haben in Abschnitt 4.1 ab Seite 63 bereits auf die Stärken und Schwächen von Selbstorganisation in Teams hingewiesen. Ein starkes Risiko geht dabei vom erzeugten Druck auf die einzelnen Teammitglieder aus.

Per se ist Druck nicht etwas Negatives. Ganz im Gegenteil kann Druck in geringem Maße hilfreich sein und dazu dienen, dass sich einzelne Teammitglieder stärker auf die anstehenden Aufgaben fokussieren. Wichtig bei diesem steuernden Einsatz von Druck ist der stete Wechsel von Druck und Entspannung. Dadurch bleibt auch bei nur geringen Schwankungen des Drucks seine gewünschte fokussierende Eigenschaft erhalten. Anderenfalls gewöhnt man sich an den Druck, und er zeigt keine positive Wirkung mehr. Im Gegenteil kann ein solcher Zustand, wenn er lange währt, dazu führen, dass sich schädliche Stressphänomene einstellen (Anhang A.5 ab Seite 318).

Hier geht es darum, einen Rahmen zu schaffen, der das Auftreten von einem sich negativ auswirkenden Druck minimiert. Doch so einfach ist das nicht, da Druck sehr individuell wahrgenommen wird. Was von einem Teammitglied kaum als Druck wahrgenommen wird, kann ein sich bei einem anderen als bereits hoher Stress auswirken. Wir möchten hier auf allgemeine Möglichkeiten hinweisen, Druck zu erkennen, mit diesem angemessen umgehen zu können und so aktiv Führung zu leben.

10.3.3 Führungsrahmen und regelmäßiges Feedback

Ein großer Teil des sich eher negativ auswirkenden Drucks entsteht in selbstorganisierten Gruppen durch die eigene Unsicherheit. Was erwarten die anderen jetzt von mir? Was erwartet mein Chef oder der Scrum Master von mir? Erfülle ich die Erwartungen der anderen Teammitglieder?

Wir können wie folgt darauf reagieren. Zum einen helfen uns regelmäßige Feedback-Runden z. B. nach dem Daily Scrum oder wie wir unser regelmäßiges Statusmeeting auch immer nennen. Das Muster ist jeweils ähnlich einfach. Für jedes Teammitglied werden von den anderen Gruppenmitgliedern die folgenden Fragen beantwortet:

- Was hat mich von Deiner Arbeit bei meinen Aufgaben unterstützt?
- Was nehme ich als Stärke von dir wahr?
- Welche Handlungen wünsche ich mir von dir anders, noch mehr oder lieber weniger?

Es muss nicht jeder aus der Gruppe darauf antworten, sondern nur diejenigen, die etwas inhaltlich zu einer der Fragen beisteuern können. So können aus dem Team heraus nützliche Eigenschaften und Aktivitäten positiv verstärkt und negative gedämpft werden. Auch wenn manchmal für den Einzelnen nur schwierig umzusetzende Wünsche genannt werden, so wird der stärkende und Sicherheit über das eigene Verhalten gebende Aspekt des Feedbacks deutlich überwiegen.

Zum anderen können Freiheitsgrade, wie sie eine Selbstorganisation ermöglichen, durch einen Führungsrahmen erleichtert werden. Dieser Rahmen definiert die Freiheitsgrade (Abb. 10.2). Ein Problem selbstorganisierter Gruppen ist es manchmal, dass sie sich selbst in ihrer Handlungsfreiheit unnötig einschränken. So werden z. B. Rollen aus der gemeinsamen Historie mit in die selbstorganisierte Gruppe übernommen. Auch wenn z. B. der Teamleiter selbst dies nicht in seinem Verhalten ausdrückt, so ist seine alte Rolle doch in den Köpfen der anderen Teammitglieder verankert.

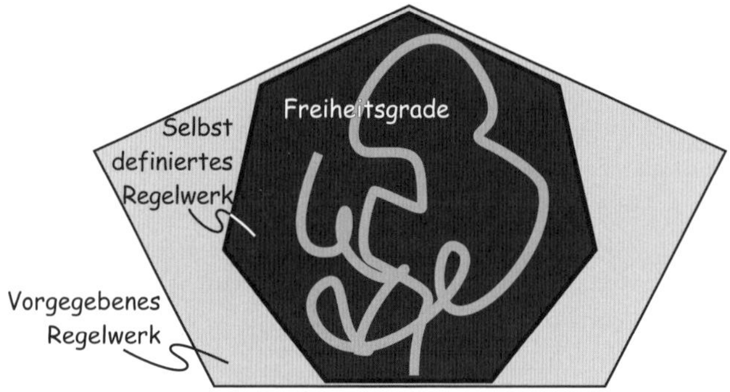

Abbildung 10.2: Um Freiheitsgrade (graue Kurve) nutzen zu können, müssen wir uns dieser bewusst sein. Ein abgesteckter Rahmen als Regelwerk (äußeres Fünfeck) kann uns dabei helfen. In selbstorganisierten Gruppen wird zumindest ein Teil dieser Regeln (inneres Siebeneck) selbst definiert.

Dieser Führungsrahmen ist ein einfaches Regelwerk, das die Freiheitsgrade der einzelnen Gruppenmitglieder definiert. Wichtig ist dabei eine einschließende *und* ausschließende Definition. Diese Regeln können und sollten von der Gruppe gemeinsam erarbeitet und schriftlich fixiert werden, damit auch später aufgenommene Teammitglieder sich schnell damit vertraut machen können. Ein Beispiel zum Thema Entscheidungsregeln illustriert dieses Vorgehen.

Eine zentrale Fragestellung selbstorganisierter Teams ist die nach abschließenden Entscheidungen. Gibt es einen *König*, der im Konfliktfall das letzte Wort hat? Wer ist wann der König und für welche Fragestellungen?

Brauchen wir einen Gruppenkonsens? Oder reicht eine Mehrheitsentscheidung? Wie sieht die Fall-back-Lösung aus, wenn in der geplanten Zeit kein Konsens gefunden werden kann? Wer hat für welche Themen welche Entscheidungsbefugnisse? Wie wird mit nicht geregelten Situationen umgegangen? Wie und wann können die Regeln wieder geändert werden? Auf das Thema der Entscheidungen in Gruppen kommen wir in Abschnitt 11.5 ab Seite 193 noch genauer zu sprechen.

Bitte halten Sie diese Regeln kurz, knapp und einfach. Es muss auch bei Weitem nicht alles geregelt werden, sondern nur die Aspekte, die häufig auftreten. So bleiben der zu leistende Aufwand und das erstellte Regelwerk überschaubar.

Es kann sein, dass die Gruppe alle oder zumindest einen Teil dieser Regeln selbst bestimmt. So kann es einen extern festgelegten Führungsrahmen um einen intern von der Gruppe erstellten Führungsrahmen geben. Innerhalb dieses Rahmens können alle Freiheitsgrade von den Teammitgliedern genutzt werden (Abb. 10.2). Der Wert eines solchen Rahmens liegt darin, dass er jedem Einzelnen Sicherheit in seinem Handeln gibt und hilft, die Freiheitsgrade zu definieren.

10.3.4 Mentoring

Mit Mentoring bezeichnen wir die Tätigkeit einer erfahrenen Person als Mentor, die ihr Wissen, ihre Werte und Fähigkeiten an eine noch eher unerfahrene Person, den Mentee, mit dem Ziel weitergibt, dessen persönliche und berufliche Entwicklung zu fördern. Der Mentor nimmt dabei keine neutrale Position ein und zeichnet sich durch ein besonderes persönliches Engagement aus.

Mentoring kann also auch dazu dienen, den Druck auf einzelne Mitarbeiter zu mindern. Mentoring kann darüber hinaus noch mehr. Es ist eine gezielte Förderung von Mitarbeitern außerhalb des üblichen Vorgesetzter-Untergebener-Verhältnisses. Wir können so z. B. [24]:

- informelle und implizite Regeln vermitteln
- jemanden in bestehende Netze einführen
- praktische Tipps für konkrete Situationen geben
- langfristige Karrieren fördern und die Mitarbeiter so an unser Unternehmen binden

Ein geeigneter Mentor ist oft schwer zu finden. Er muss eine absolut glaubwürdige Person sein, die ihre positiven und negativen Botschaften kraft ihrer Integrität vermittelt. Er gibt stets das Gefühl zuzuhören, auch und gerade dann, wenn gelegentlich unangenehme Inhalte besprochen werden. In der Zusammenarbeit und Förderung spornt er dazu an, noch besser zu werden. Dabei vermittelt er die notwendige Sicherheit, um kontrolliert Risiken eingehen und Entscheidungen treffen zu können. Auch schafft er es, das notwendige Selbstvertrauen aufzubauen, um über Ängste und Zweifel hinauszuwachsen. Dabei hilft er auch, sich die notwendigen, fordernden Ziele zu setzen. Durch seine erweiterten Kompetenzen kann er Chancen bieten oder Hinweise geben auf Möglichkeiten, die der Mentee ansonsten vielleicht übersehen oder anders bewertet hätte [24].

Auch alle Personen, die Prozessverantwortung tragen, können Mentoren werden. Ein XP-Coach, also eine Person, welche die Einführung von eXtreme Programming[1] begleitet, oder ein Scrum Master kann sich selbst um den neuen Mitarbeiter im Team wie ein Mentor kümmern oder diese Aufgabe an eine geeignete Person im Team delegieren. Die Einarbeitung sollte so deutlich schneller erfolgen.

Häufig wird beim Mentoring der Fehler gemacht, dieses äußerst leistungsfähige Förderungsmittel nur einigen wenigen, herausragenden Mitarbeitern zugutekommen zu lassen. So lassen wir viel Potenzial links liegen. Bis zu 70 Prozent unserer Mitarbeiter leisten mehr oder weniger durchschnittliche Arbeit und etwa 10 Prozent sogar Höchstleistungen [72]. Diese gilt es alle zu fördern. Doch wie kann das vonstatten gehen, wenn die Anforderungen an einen Mentor so hoch sind?

Wir können versuchen, diese Mitarbeiter in besonders interessante Projekte oder in funktionsübergreifende Teams mit Spitzenleuten einzubinden. So können sich Multiplikationseffekte ergeben.

Im Wesentlichen bleibt jedoch nur die Eigenverantwortung im Team selbst, die zu einem *Co-Mentoring* führt. Dabei gibt es nicht einen Mentor, sondern eine kleine Gruppe von drei bis fünf Personen führt gegenseitig ein themenbezogenes Mentoring durch. Jeder aus der Gruppe versucht für einen geeigneten Aspekt der Mentor für einen oder mehrere andere Kollegen zu sein und genießt gleichzeitig ein eigenes Mentoring durch die anderen bei ganz bestimmten Themen. So kann ein besonders erfahrener und guter Softwaredesigner für andere Designer eine Art Mentor sein. Selbst hat er vielleicht einen anderen Kollegen als Mentor für die Organisation und Durchführung von Workshops mit den Entwicklern.

Natürlich ist das Co-Mentoring nur ein Hilfsmittel von vielen, doch führt es zu einer fordernden, sich gegenseitig fördernden und Sicherheit vermittelnden Atmosphäre im Team, die sich gerade in schwierigen Situationen besonders positiv auswirkt. Und nebenbei fördern wir so eine Reihe von erfahrenen Mentoren von morgen.

[1] Siehe Anhang A.1.3.

11 Entscheidungen: Über den Rubicon

Wir treffen Entscheidungen immer rational auf Basis von Argumenten. Von Werbung lassen wir uns sowieso nicht beeinflussen und von anderen Menschen werden wir nie manipuliert. Hallo, aufwachen! Auch Entwickler sind Menschen wie alle anderen auch. Wir werden genauso von unseren Gefühlen gelenkt und reagieren auf die gleichen Impulse. Oder ist Ihnen eine Situation wie in Abbildung 11.1 noch nie passiert?

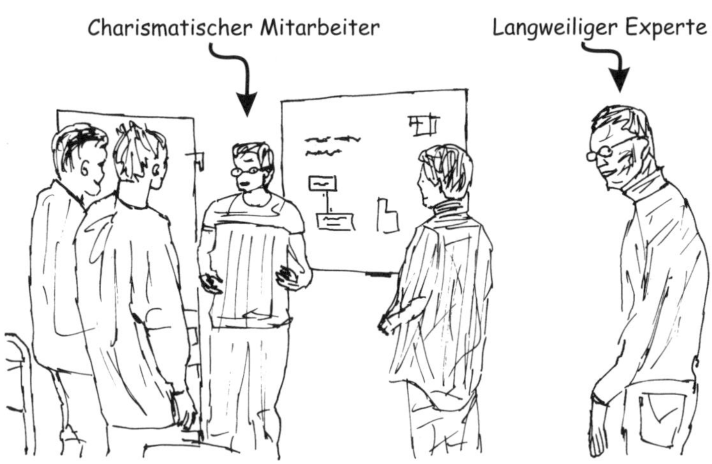

Abbildung 11.1: Wir lassen uns bei unseren Entscheidungen von Kollegen, Experten und Führungskräften beeinflussen. Das erfolgt nur bedingt aufgrund der Fakten und Argumente, sondern zu einem großen Anteil über die Ausstrahlung und Akzeptanz der Person.

Wie treffen wir wirklich Entscheidungen? Wie können wir unsere Entscheidungen bei anderen Personen durchsetzen? Wovon hängen Entscheidungen ab? Was bedeuten dabei Parameter wie Qualität, Akzeptanz und Ökonomie einer Entscheidung bzw. eines Entscheidungsprozesses?

11.1 Entscheidungen treffen

Jeden Tag treffen wir Entscheidungen. Das fängt morgens mit der Entscheidung für das Aufstehen an – oder eben auch dagegen – und hört abends mit dem Schlafengehen und Weckerstellen für den nächsten Tag auf. Dazwischen liegt ein ganzer Tag, an dem ständig kleine und manchmal auch große Entscheidungen zu treffen sind. Für Führungskräfte und Berater stehen z. B. immer wieder wichtige Personal- und Budgetentscheidungen an. Sicherlich sind Sie dabei bemüht, immer zu bestmöglichen und vielleicht sogar noch gerechten Ergebnissen zu gelangen. Wer ist jetzt der geeignete Projektleiter? Welchen Berater wähle ich aus? Warum? Wie begründe ich das ggf. meinen eigenen Vorgesetzten gegenüber? Bei all der Mühe, die Sie sich dabei geben, sind Sie aber auch nur ein Mensch. Viele Entscheidungen laufen unbewusst ab.

11.1.1 Was sind Entscheidungen eigentlich genau?

Ein Entscheidungsprozess besteht grob aus den folgenden Schritten:

- Formulierung des Problems
- Präzisierung der Ziele
- Erforschung der möglichen Handlungsalternativen
- Entscheidung: die Auswahl einer Alternative
- Nachgeordnete Entscheidungen in der Umsetzung

Diese Schritte sind nicht isoliert zu betrachten, und es ist nicht erforderlich, die obige Reihenfolge einzuhalten, solange prinzipiell alle durchlaufen werden. Die Suche nach Alternativen und die stufenweise Präzisierung der Ziele bedingen sich oft gegenseitig, sodass diese Schritte dann mehrfach durchlaufen werden. Die Handlungsalternativen werden durch Gegebenheiten in der Umwelt bzw. dem Umfeld beeinflusst. Unterschiedliche Konstellationen dieser Gegebenheiten werden Umweltzustände genannt. Eine verbreitete Möglichkeit, die Umweltzustände zu strukturieren, besteht in [53] (Abb. 11.2):

Sicherheit: Der eintretende Umweltzustand ist bekannt.

Ungewissheit: Es können mehrere Zustände eintreten. Zum Zeitpunkt der Entscheidung ist nicht bekannt, welcher Zustand eintreten wird. Dies kann weiter differenziert werden zu *Ungewissheit unter ...*

Unsicherheit: Es ist nur bekannt, dass irgendein möglicher Zustand eintreten wird.

Risiko: Es sind subjektive oder objektive Eintrittswahrscheinlichkeiten bekannt.

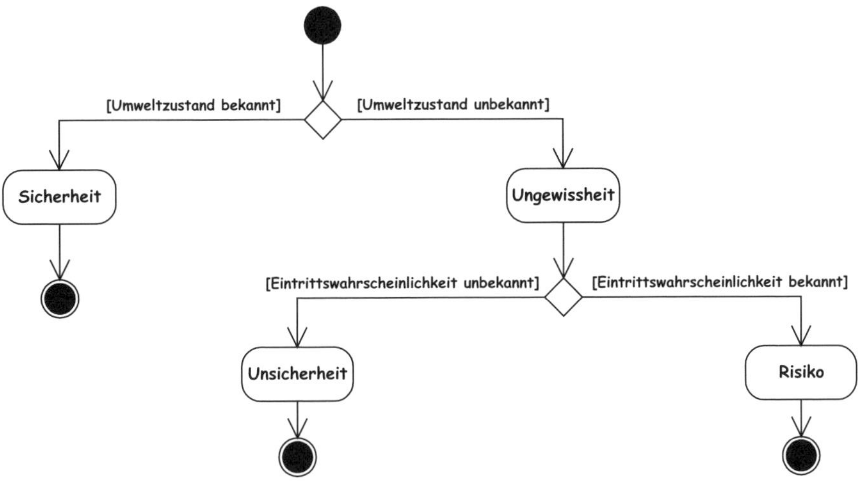

Abbildung 11.2: Folgen von Umweltzuständen [53], Darstellung nach [80]

Meist haben wir bei unseren Entscheidungen nicht nur einen Umweltzustand zu berücksichtigen, sondern mehrere. Dies führt in der Kombination zu einer Konsequenz für die gekoppelte Betrachtung, die in Abbildung 11.3 für die Kombination aus zwei Umweltzuständen dargestellt ist. Da wir uns in der Regel mit einer Kopplung vieler Umweltzustände auseinanderzusetzen haben, sind die meisten Entscheidungen unter *Unsicherheit* zu treffen. Oder anders ausgedrückt: Wir haben zu wenige Informationen.

	Sicherheit	Risiko	Unsicherheit
Sicherheit	Sicherheit	Risiko	Unsicherheit
Risiko	Risiko	Risiko	Unsicherheit
Unsicherheit	Unsicherheit	Unsicherheit	Unsicherheit

Abbildung 11.3: Konsequenzen aus zwei kombinierten Informationszuständen: Unsichere Umweltzustände bestimmen das Gesamtergebnis [75].

Wir können also unsere Entscheidungsfindung prinzipiell dadurch verbessern, dass wir möglichst viele Informationen einholen. Dies gilt insbesondere dann, wenn wir Entscheidungstechniken wie Entscheidungsbäume usw. einsetzen, da diese Verfahren direkt von der Informationsqualität abhängen. Bei der Komplexität unserer Arbeitsumwelt werden wir vermutlich den größten Teil der im Projekt wichtigen Entscheidungen gerade in der ersten Zeit eines Projekts unter *Unsicherheit* zu treffen haben. Da helfen uns aufgrund der mangelnden Informationen die Entscheidungstechniken kaum weiter. Hier gilt es unsere Erfahrung und Intuition zu nutzen.

11.1.2 Architekturentscheidung unter Unsicherheit

Bei Entscheidungen mit einem langen zeitlichen Wirkungshorizont sind häufig mehrere Alternativen zu betrachten, die sich unterschiedlich gut für einige der möglichen Zukunftsszenarien eignen. Als Beispiel betrachten wir die häufige Abwägung zwischen einer direkten, einfachen Implementierung und einer generischen Lösung. Um das Beispiel einfach zu halten, nehmen wir die Umsetzung eines umfangreichen Regelwerks z. B. für ein Abrechnungsmodul. Wir können die Regeln direkt einprogrammieren oder einen Regelinterpreter und Editor bereitstellen, über den die Anwender die Regeln selbst eingeben und pflegen (Abb. 11.4).

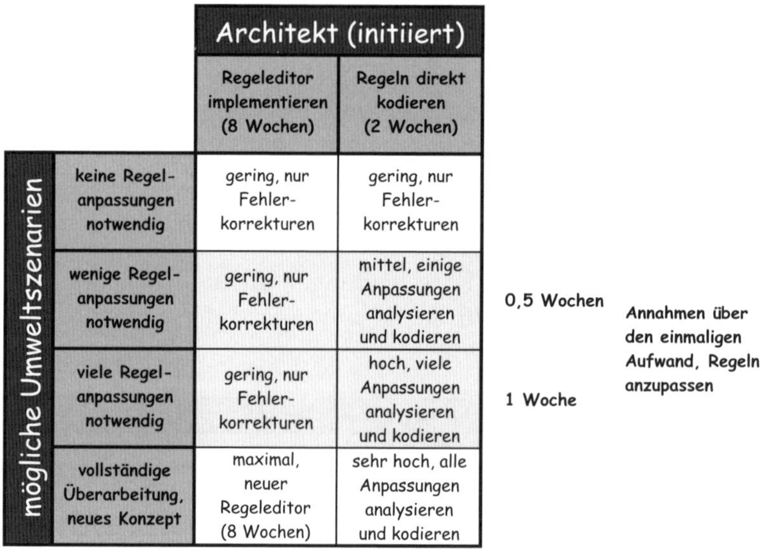

Abbildung 11.4: Beispiel für eine Architekturentscheidung: Ob es sich lohnt, ein umfangreiches Regelwerk einfach und direkt zu implementieren (rechts) oder dafür einen aufwendigen Regeleditor bereitzustellen, über den die Anwender ihre fachlichen Regeln selbst pflegen, kann analysiert und für verschiedene Szenarien berechnet werden.

Betrachten wir die Auswahl zwischen beiden Alternativen in Bezug auf vier mögliche Umweltszenarien. Da wir kein genaues Wissen darüber haben, was wirklich eintreten wird, handelt es sich um eine Entscheidung unter Unsicherheit. Wenn wir den Aufwand für die initiale Erstellung und die notwendigen Reaktionen der Entwicklung auf die vier in diesem Beispiel möglichen Umweltszenarien betrachten, können wir einen *Break-even* berechnen. Dieser sagt aus, ab wann eine Lösung die bessere ist. Rechnen wir das Beispiel dazu exemplarisch durch.

Die beiden extremen Szenarien *keine Regelanpassungen notwendig* und *vollständige Überarbeitung* liefern mit der direkten Kodierung einen eindeutigen Sieger, sind aber extrem unwahrscheinlich. Spannender sind die beiden wahrscheinlichen mittleren Szenarien. Wenn nur stets wenige Regelanpassungen mit jeweils einer halben Woche Aufwand notwendig sind, errechnet sich der Break-even b_e für die Implementierung des Regeleditors aus der Formel $2 + (b_e \times 0,5) = 8$, wobei wir von 2 Wochen initialem Erstellungsaufwand für die direkte Kodierung und 8 Wochen Erstellungsaufwand für den Regeleditor ausgehen. Wir brauchen also zwölf Regeländerungszyklen, bevor sich der Regeleditor amortisiert.

Etwas günstiger verhält es sich bei vielen Regelanpassungen, die jeweils eine Woche Aufwand nach sich ziehen. Aus der Formel $2 + (b_e \times 1) = 8$ ergibt sich, dass sich der Regeleditor bereits nach sechs Regelanpassungen rechnet.

Aus unserer Erfahrung mit der Dynamik der Regelanpassungen können wir jetzt einen Zeithorizont abschätzen, ab wann sich der Aufwand für einen Regelinterpreter und Editor lohnt. Wenn dies nach zwölf bis 18 Monaten der Fall ist, werden wir uns wohl für den aufwendigeren Editor entscheiden, ansonsten für die weniger aufwendige Lösung. Zeithorizonte über zwei Jahre in die Entscheidungen mit einzubeziehen ist natürlich erlaubt, doch werden Prognosen dann typischerweise immer unzuverlässiger und sollten besonders kritisch hinterfragt werden. Oft verbirgt sich *Schönrechnerei* dahinter, um eine Lieblingslösung durchzusetzen.

In diesem Zusammenhang können wir eine interessante Unterscheidung treffen. Ein *Spezialist* ist jemand, der ein tiefes Detailwissen auf einem begrenzten Gebiet hat. Entscheidungen kann eine solche Person daher auch nur innerhalb dieses Rahmens treffen. Sobald es um die Bewertung übergeordneter Handlungsalternativen geht, sind Spezialisten oft ratlos. Hier zeichnet sich ein wahrer *Experte* aus. Im Gegensatz zum Spezialisten kann ein Experte schnell gute Entscheidungen treffen. Doch was macht einen Menschen zum *Experten*?

Am obigen Beispiel erkennen wir, dass Erfahrung im Zusammenspiel der einzelnen Faktoren den Unterschied ausmacht. Ein Spezialist kann uns einen hervorragenden Regelinterpreter mit Editor programmieren. Der Experte erkennt, wie sich ein solches Feature auf die Anwender und die Weiterentwicklung und Wartung auswirkt. Auf dem Weg vom Spezialisten zum Experten kann es daher hilfreich sein, seine Erfahrungen bewusst nutzbar zu machen. Dies kann über regelmäßige Reflexion oder Statistiken und Projektnachkalkulationen erfolgen. Wichtig ist, *bewusst* vorzugehen.

11.1.3 Rationale und emotionale Anteile

Gemeinsam haben die meisten Entscheidungen, dass sie emotionale und rationale Elemente enthalten. Wir sind keine Computer oder programmierte Roboter, die grundsätzlich rational und nach streng logischen Gesichtspunkten entscheiden. Ein Mensch entscheidet vielmehr emotional, also nach Gefühl. Dabei spielen positive wie negative Erfahrungen aus der Vergangenheit eine Rolle. Zusätzlich wird dabei auch das rationale erlernte Wissen unbewusst in jede Entscheidung einbezogen.

Im Folgenden wenden wir uns den emotionalen Entscheidungen zu, weil sie in der Realität die Hauptrolle spielen. In der Praxis entscheidet ein Individuum nicht nur bedingt rational aufgrund seiner kognitiven Fähigkeiten, sondern handelt auch emotional. Wir bekommen sogar von den meisten inneren Vorgängen, die sich dabei abspielen, nicht das Geringste mit [60].

Dazu kommt, dass intuitives Entscheiden ein Zeichen für die Zuversicht einer Führungskraft ist und ein Charakterzug, der einen unschätzbaren Wert für Entscheider darstellt. Bauchentscheidungen werden gerade in kritischen Situationen getroffen, also dann, wenn keine Zeit für das Abwägen von Argumenten und Berechnen möglicher Ergebnisse vorhanden ist. Bauchentscheidungen sind auch erforderlich, wenn eine Situation nicht mit einer früheren verglichen werden kann und daher wenige analysierbare Fakten vorhanden sind.

Manchmal werden Bauchentscheidungen sogar erfolgreich gegen die rational zugänglichen Fakten getroffen [16]. Ein Beispiel dafür ist die amerikanische Coffeeshop-Kette Starbucks, als sie entgegen aller anderslautenden Ansichten anfing, US-Amerikanern erfolgreich geschmacklich verfeinerten Kaffee zum deutlich über dem Marktpreis liegenden Preis von drei US-Dollar zu verkaufen. Ihre Konkurrenten hatten sich bis zu diesem Zeitpunkt stets gegen einen solchen Versuch entschieden, ein Hochpreissegment aufzubauen. Doch kann es sich lohnen, einmal als richtig getroffene Entscheidungen unter veränderten Rahmenbedingungen neu zu überdenken. Der richtige Zeitpunkt ist daher oft entscheidend.

Emotionale Entscheidungen können sich folglich auch dann als optimal erweisen, wenn die Fakten vorher dagegen gesprochen haben. Manche Menschen glauben stark an Erfolg durch intuitive Entscheidungen. Sie befinden sich dann mit ihren typologischen Präferenzen in den beiden oberen Quadranten (Abb. 1.8 auf Seite 16). Mit *Wohin noch* entwickeln sie die visionäre Kraft, im *Warum* widmen sie sich der Frage, warum jemand etwas kaufen bzw. machen möchte. Wenn wir erfolgreich verhandeln oder etwas verkaufen, orientieren wir uns stets am erwarteten menschlichen Verhalten, unabhängig davon, ob wir im direkten Kontakt mit dem Kunden stehen oder etwas in einem Online-Shop anbieten. Das ist bei Projekten und der Entwicklung von Software nicht anders als beim sonntäglichen Brötchenkauf.

11.1.4 Intuition nutzbar machen

Intuition erfasst direkt das Ganze und geht nicht den Weg vom Teil zum Ganzen wie beim analytisch-wissenschaftliches Vorgehen. Intuition basiert auf einem weit vernetzten Denken. Wir können auch sagen, dass Logik beweist und Intuition entdeckt. Gerade strategisches Denken verlangt förmlich nach Kreativität und Synthese. Daher verträgt es sich oft besser mit Intuition als mit Analyse. Unsere Intuition ist dabei ein persönliches Gut, das nicht übertragbar ist und den Wert einer erfolgreichen Führungskraft steigert. Oftmals dient uns unsere logische Erklärung, die wir nach außen geben, nachträglich als Interpretation und Legitimation einer eher intuitiv getroffenen Entscheidung, deren Gründe und Hintergründe wir gar nicht genau kennen und an deren Zustandekommen unser Verstand kaum beteiligt war [97].

Das intuitive vernetzte Denken verbindet unser Bewusstsein mit dem Unbewussten (Abb. 1.6 auf Seite 9). Damit wir diese Kraft nutzen können, brauchen wir etwas Zeit und Abstand. Wir benötigen eine kleine Reserve, etwas *slack time*. Auch aus diesem Grund ist die Regel aus dem eXtreme Programming vom Acht-Stunden-Tag wichtig und ernst zu nehmen [8]. Wie viele gute Ideen sind uns schon nach Feierabend gekommen!

Obwohl die Macht der Intuition nicht zu leugnen ist, ist die strikte Trennung von Intuition und analytischem Denken nicht zu empfehlen. Unser Intellekt kann beides verbinden und gemeinsam nutzen [16]. Dabei sollten Sie sich aber auch darüber im Klaren sein, dass bereits Ihre bewusst erlebten Kognitionen vorbewusst eingefärbt und dadurch bewertet wurden [123]. Zu beachten ist auch, dass Nachdenken nicht immer effektiv ist, weil der Verstand nur eine geringe Verarbeitungskapazität hat. Es können nur begrenzte Informationsmengen aufgenommen und verarbeitet werden. So erreichen nur 0,004 Prozent aller Informationen aus der Außenwelt unser Bewusstsein. Viele Reize und Signale werden vom Gehirn ausgefiltert und sofort unbewusst in Verhalten umgesetzt [51]. Wir Entscheider würden fundiertere Entscheidungen treffen, wenn wir dieses Wissen umsetzten und versuchten, nur relevante Informationen zu verwenden. Doch leider werden wir oft von der Informationsflut erschlagen.

In der Praxis ist es nur allzu oft so, dass Entscheider die relative Wichtigkeit von Argumenten nicht entsprechend beurteilen und einsetzen. Je mehr Informationen berücksichtigt werden, umso ungenauer wird die Entscheidungsgrundlage und umso weniger angemessen die Entscheidung. Die logische Folgerung aus diesem in Experimenten gezeigten Verhalten ist, dass längeres Nachdenken nur zu besseren Entscheidungen führt, wenn eine gewisse Menge an Informationen berücksichtigt wird. Intuition führt an dieser Stelle weiter. Das Unbewusste kann eine größere Menge Informationen verarbeiten und so signalisieren, welches die beste Entscheidung ist. Das Unbewusste wird z. B. aktiviert, wenn über eine Entscheidung eine Nacht geschlafen wird und der Entscheider sich zuvor bewusst mit damit zusammenhängenden Informationen beschäftigt hat, um sein Unbewusste zu beeinflussen [27]. Um emotionale Entscheidungen nicht nur aus dem Bauch heraus intuitiv zu treffen, sondern gezielt einzusetzen, können wir unterstützende Methoden wie *Buridans Esel* oder Imaginationstechniken verwenden.

11.1.5 Nicht verhungern wie Buridans Esel

Die Metapher von Buridans Esel (Abb 11.5) bezieht sich als Gleichnis auf die Arbeit des mittelalterlichen Scholastikers Johannes Buridan (ca. 1300 – 1358). Es besagt, dass sich ein Esel für keinen von zwei gleichen Heuhaufen entscheiden konnte, von denen er gleich weit entfernt war, und deshalb verhungerte. Wenn wir das auf unsere heutige Situation übertragen, gibt es immer wieder Momente, in denen keine Präferenzen vorliegen und deshalb die Entscheidungsfähigkeit blockiert ist [87].

Abbildung 11.5: Das kleine Drama um Buridans Esel: Das Tier konnte sich nicht zwischen zwei Heuhaufen entscheiden und verhungerte (nach [87]).

Der Mensch strebt nach Eindeutigkeit. Wenn sie nicht gegeben ist, fallen Entscheidungen schwer. Die Lösung bietet hier der Zufall. Wenn Sie eine Entscheidung zwischen Lösung A und B nicht treffen können, weil es für beide gute Gründe gibt, können Sie eine Münze werfen, bei der vorher Kopf oder Zahl der Lösung A oder B zugeordnet wurde. Dann haben Sie ein Ergebnis vorliegen. Der Trick dieser Lösung besteht darin, dass Sie als Entscheider an dieser Stelle nur noch einmal die Chance haben, sich umzuentscheiden. Wenn Sie das nicht wollen, gilt die Entscheidung der Münze. Der Nutzen dieser Entscheidungshilfe liegt darin, dass sie Eindeutigkeit herstellt. Der Entscheider gerät unter Druck und spürt unter Umständen, dass die Münzentscheidung nicht seinen Wünschen entspricht.

Vielleicht haben Sie diese Erfahrung in Ihrer Berufslaufbahn auch schon mal gemacht. Erst wussten Sie nicht, was Sie wollen. Dann haben die Umstände etwas entschieden, und urplötzlich war Ihnen klar, was Sie gewollt hätten. Wenn Sie Buridans Esel anwenden, haben Sie den Vorteil der Korrekturmöglichkeit und können dann doch noch in Ihrem Sinne den geeigneten Weg gehen. So helfen Sie Ihrem Bauchgefühl auf die Sprünge.

»Mein Chef entscheidet nichts, er sitzt Probleme aus!«

Diesen Spruch kann man auch mit dem Ausspruch »Die Angst des Schützen vor dem Elfmeter« umschreiben. Warum werden manchmal einfach keine Entscheidungen getroffen, wo doch in vielen Fällen die Faktenlage eindeutig zu sein scheint? Was geht in den Führungskräften vor? Warum existiert diese Entscheidungsschwäche?

Eine Entscheidung basiert auf zwei Säulen. Zum einen ist es der Verstand. Für eine gute und nachhaltige Entscheidung muss die Faktenlage eindeutig sein, d. h., alle Betroffenen müssen ein gemeinsames Bild bezüglich der Fakten entwickelt haben. Sie müssen sich einig sein, dass die Fakten richtig erhoben und für sie wahr sind. Dann geht es darum, auf diesem gemeinsamen Fundament mögliche Szenarien zu entwickeln, also verschiedene Entscheidungsalternativen zu finden und durchzuspielen.

Die andere Säule ist der Bauch oder die Intuition. Meistens gewinnen die Betroffenen beim Durchspielen Klarheit über die zweite Säule, nämlich ihr Bauchgefühl. Wenn sie nun entscheiden müssten, so könnten sie es. Gut geeignet hierfür ist die Frage »Wenn Ihnen die Firma gehören würde und Sie müssten jetzt, ohne Wenn und Aber, eine Entscheidung treffen, wie würden Sie sich dann entscheiden?«

Haben Sie es mit einer Führungskraft zu tun, die nicht entscheidet, dann wurde der Prozess der Entscheidungsfindung vielleicht irgendwo auf seinem Weg gestoppt. Es kann jedoch auch sein, dass er komplett durchlaufen wurde, allen Beteiligten ist die zu fällende Entscheidung eigentlich klar und die Führungskraft müsste sie nur noch treffen. Wenn das nicht geschieht, können Sie davon ausgehen, dass die Führungskraft unbewusst Angst vor den Folgen ihrer Entscheidung hat. Das ist meistens der Fall, wenn durch die Entscheidung die Verantwortung der Führungskraft in einer Sache transparent und damit für alle sichtbar wird. Die Angst bezieht sich dann darauf, dass die Führungskraft fürchtet, die an sie gestellten Anforderungen nicht erfüllen zu können. Sie schiebt die Entscheidung vor sich her.

Ein anderes Phänomen, das wir häufiger beobachten, ist, dass die Faktenlage klar ist, es gibt Befürworter für jede mögliche Entscheidung, und eigentlich sind sich alle durch die vorangegangenen Diskussionen darüber einig, dass es keinen großen Unterschied macht, welche Entscheidung gefällt wird. Jeder ist nur noch bedacht, seine individuellen Belange durchzubekommen. Um die Sache geht es hier nicht mehr. Für die Führungskraft einer solchen Gruppe heißt es spätestens dann: Jetzt muss eine Entscheidung gefällt werden. Und da Sie Fehler machen dürfen, können Sie das in diesem Fall auch riskieren. Denn hier ist nur wichtig, dass eine Entscheidung gefällt wird und nicht welche. Denn solange keine Entscheidung getroffen wird, steht der Prozess und läuft erst wieder an, wenn die Entscheidung gefällt wurde.

11.1.6 Die Kunst der Vorstellung: Wie fühlt es sich an?

Imaginationstechniken basieren auf der Distanzierung von der Situation, der sogenannten Dissoziation. Bei Entscheidungen, die seelisch belasten oder beängstigen, kann diese Distanzierung hilfreich sein.

Wenn Sie unter Druck stehen, ist Ihre Entscheidungsfähigkeit unter Umständen blockiert. Bei der Anwendung von Imaginationstechniken entziehen Sie sich der belastenden Situation, indem Sie sich die Lage anders vorstellen. Die Richtung der Vorstellung bleibt ganz Ihrer Vorliebe überlassen. Die Methode hilft aber nur dann, wenn Sie sich auf Ihre Imagination einlassen. Hierfür bieten sich verschiedene Möglichkeiten an:

- Verschieben Sie den zeitlichen Horizont. Dazu dient die Vorstellung der Situation in etwa einem Jahr unter der Fragestellung, was dann sei. Existiert das Problem noch? Entwickeln Sie die Vorstellung möglichst konkret! Verschieben Sie den Zeithorizont noch weiter nach hinten. Was passiert dann?
- Stellen Sie sich vor, dass nicht Sie als Entscheider das Problem haben, sondern eine Ihnen nahestehende Person. Was würden Sie dieser Person raten?
- Versetzen Sie sich in die Situation eines Gegenspielers, wenn es diesen gibt. Wie sieht er die Lage? Überlegen Sie, was er wohl erwartet. Was würde der Gegenspieler tun?
- Stellen Sie sich vor, wie eine weise Person als Entscheider handeln würde. Überlegen Sie, was sie tun würde und warum.
- Verschaffen Sie der Situation ein neues Umfeld. Seien Sie kindlich und albern und versuchen sich vorzustellen, wie die Situation im Kindergarten oder Zoo aussehen würde und welche Entscheidung Sie dann treffen würden.

Durch die Distanz betrachten Sie die Dinge aus einer anderen Perspektive. Der Kopf wird frei für neue Ideen, und Blockaden lösen sich. Verstand und Intuition werden so zielgerichtet zusammengeführt [87].

Mit dieser Technik können Sie sich auch leichter extremen Szenarien nähern. Bestehende Tabus können in Gedanken kurzzeitig außer Kraft gesetzt werden.

11.1.7 Mögliche Fallen bei intuitiven Entscheidungen

Bei intuitiven Entscheidungen besteht die Gefahr, dass eine Entscheidung in routinierter Reaktion auf bestimmte Signale getroffen wird. Es wird dann nicht nach Fakten, sondern nach persönlichem Stil entschieden. Entscheidungen nach persönlichem Stil haben den Nachteil, dass Situationen oder Dinge nur danach bewertet werden, ob sie dem Entscheider persönlich gefallen oder nicht. Das kann z. B. bei Projektleitern untragbar sein und zu willkürlichen Entscheidungen führen, die später aufwendig zu korrigieren sind [23].

Aussagen über die Zukunft können nur Schätzungen sein, und die Berücksichtigung subjektiver Wahrscheinlichkeiten ist kritisch zu betrachten. Aber auch Entscheidungstechniken, die diese Faktoren berücksichtigen, haben ihre Berechtigung, weil sie dazu beitragen, komplexe Entscheidungssituationen zu strukturieren und sie damit transparenter machen [108]. Entscheidungen hängen letztlich auch davon ab, wie ein Entscheider Zeit und Energie auf das Treffen der Entscheidung verwendet. Letztendlich hat es der französische Mathematiker und Philosoph Blaise Pascal (1623 – 1662) treffend beschrieben: »Der letzte Schritt der Vernunft ist anzuerkennen, dass unendlich viel über sie hinausgeht.«

11.1.8 Visuelle Unterstützung des Entscheidungsprozesses

Informationen und Klarheit der Ziele stellen die Basis für eine fundierte Entscheidung dar. Je genauer die Informationen und Ziele für alle Beteiligten offen zusammengetragen und analysiert werden, umso fundierter kann die abschließende Entscheidung sein. Visualisierung wie in Abb 11.6 ist ein Werkzeug, das den Vorgang des Zusammentragens strukturiert.

Visualisieren, d.h. sichtbar vor Augen führen, kann man Informationen, Ziele, Gedanken und Ideen. Dabei helfen uns einfache Werkzeuge wie Flipchart oder ein Whiteboard. Für die Entscheidungsfindung kann zusätzlich eine Tabelle hilfreich sein wie in Abb 11.6 dargestellt. Dabei werden die verschiedenen Optionen bezüglich unterschiedlicher Faktoren wie Konsequenzen, Risiken, betroffener Personen, Aufwand oder Konformität zu übergeordneten Zielen und Strategien beurteilt. Die Visualisierung unterstützt uns in der Bewertung der Optionen für einen konkreten Sachverhalt.

11.2 Spieltheoretische Grundlagen

Die Spieltheorie wird auch als *Wissenschaft vom strategischen Denken* bezeichnet und ist ein Zweig der Sozialwissenschaften. Die Spieltheorie entstand Anfang bis Mitte des 20. Jahrhunderts. Der Mathematiker John Nash (*1928) erfand 1947 während seines Studiums das Spiel Hex. Das Spiel

	Realisierung der Erweiterungen im Zustandsmodell					
	State-Pattern einführen ☺ 😐 ☹		in neuer Zustandsklasse kapseln ☺ 😐 ☹		2 neue int-Attribute einführen ☺ 😐 ☹	
Konsequenzen	saubere Kapselung, beste Erweiterbarkeit	alle Entwickler müssen das Pattern kennen, umfassendes Refactoring	brauchbare Kapselung, gut zu State-Pattern erweiterbar		einfach umsetzbar	schwer testbar, spätere Erweiterungen werden schwieriger
Betroffene	alle Entwickler informieren und Pattern erläutern		alle Entwickler informieren		Paul und Ina	
Risiken und Aufwand		relativ der höchste Aufwand	mittlerer Aufwand		geringer Aufwand	
Zielerreichung und Strategie-konformität	erfüllt Architektur-strategie		brauchbarer Zwischenschritt			späteres Refactoring noch aufwendiger

Abbildung 11.6: Eine Entscheidungstabelle wie im obigen Beispiel kann bei der Bewertung von Alternativen unterstützen.

war streng logisch aufgebaut: Wer den ersten Zug machte, gewann, wenn er keinen strategischen Fehler machte. Der deutsch-ungarische Mathematiker John von Neumann (1903 – 1957) war ebenfalls auf der Suche nach optimalen Spielstrategien und analysierte ab 1928 Gesellschaftsspiele. Seine Erkenntnisse führten gemeinsam mit dem österreichischen Ökonomen Oskar Morgenstern (1902 – 1977) zur modernen Spieltheorie, die auch ökonomisches Verhalten beinhaltet [29].

Inhalt der Spieltheorie ist die Erklärung von Konfliktsituationen, in denen das Resultat für alle Teilnehmer von den Entscheidungen der anderen abhängt. Um optimal zu entscheiden, sind von allen Beteiligten die Überlegungen, wahren Absichten und Möglichkeiten der Gegenspieler zu berücksichtigen. Für diese Probleme entwickelten von Neumann und Morgenstern mathematische Lösungswege, die voraussetzen, dass alle Beteiligten streng rational handeln. Basis für die Annahme war das damals bestehende Bild des rationalen *homo oeconomicus*.

In der zweiten Hälfte des 20. Jahrhunderts begannen Wissenschaftler und Soziologen wie Herbert A. Simon (1916 – 2001), dieses rationale Menschenbild zu hinterfragen. Daraus entstand das Modell des eingeschränkt rationalen Verhaltens, auf das wir im Anschluss an die Ausführungen zur Spieltheorie ab Seite 188 kurz eingehen werden. In der aktuellen Forschung wird an Entscheidungsmodellen gearbeitet, die den Menschen, wie wir ihn heute sehen und erleben, anstatt des künstlichen *homo oeconomicus* abbilden [70].

11.2.1 Was ist ein Spiel?

Das *Spiel* steht für eine Mehr-Personen-Entscheidung, in dem mindestens zwei Spieler jeweils als eigenständige Entscheider ihre Strategien wählen müssen. In den Strategien sind die Handlungsweisen für alle möglichen Situationen festgelegt. Jeder einzelne Entscheider erhält aus der gewählten Strategie einen Nutzen, der auch Auszahlung genannt wird. Die Höhe des Nutzens hängt ab von der eigenen Strategiewahl und vom Strategiewahlverhalten der anderen Entscheider. Es wird vorausgesetzt, dass jeder Spieler seine Strategie so wählt, dass sein eigener Nutzen maximal ist [53]. Im Hinblick auf das Strategiewahlverhalten stehen zwei Möglichkeiten zur Verfügung:

simultan: Alle Spieler wählen ihre jeweilige Strategie gleichzeitig, ohne die Wahl der Gegenspieler zu kennen.

sequenziell: Die Spieler wählen ihre Strategien zeitlich versetzt.

11.2.2 Spiele im Gleichgewicht

Nach Nash entsteht das sogenannte Nash-Gleichgewicht, wenn kein Spieler mehr von seiner gewählten Strategie abweicht, weil aus der Wahl einer neuen Strategie kein größerer Nutzen entstehen würde und es keine einseitigen Verbesserungsmöglichkeiten mehr gibt. Ein Beispiel für ein solches Nash-Gleichgewicht, das auch auf Preiskriege zutrifft, ist das Gefangenendilemma. Dazu bekommen zwei Gefangene getrennt voneinander das gleiche dreiteilige Angebot (Abb. 11.7) [70]:

- Wenn einer alleine die Tat gesteht und damit den anderen belastet, wird er als Kronzeuge freigesprochen. Als Folge erhält der Gegenspieler 20 Jahre Haft.
- Wenn beide gestehen, bekommt jeder zehn Jahre Haft.
- Wenn beide nicht gestehen, bekommen beide für kleinere, beweisbare Vergehen jeweils fünf Jahre Haft.

Da keiner die Absicht und Strategie des anderen kennt, neigen die Gefangenen zum Geständnis (Abb. 11.7). Als Folge der eigenen Unsicherheit über das Verhalten des anderen und der Hoffnung, ungeschoren davonzukommen, sitzen beide für zehn Jahre ein. Spieltheoretisch müssten beide schweigen, wofür sie nur jeweils fünf Jahre bekämen.

		Räuber Heinz	
	Strategien	gestehen	nicht gestehen
Räuber Paul	gestehen	10 / 10	20 / 0
	nicht gestehen	0 / 20	5 / 5

Abbildung 11.7: Das Gefangenendilemma als spieltheoretische Matrix [53]). In den geteilten Zellen ist jeweils die Dauer der Gefängnisstrafen für die beiden Räuber angegeben.

Wie lässt sich das auf unseren IT-Kontext übertragen? Gehen wir dazu von zwei konkurrierenden Beratungsunternehmen aus, die beide für einen großen Kunden tätig sind. Eine der beiden Firmen könnte auf die Idee kommen, die andere preislich zu unterbieten und so beim Kinden zu verdrängen. Hier liegt ein dem Gefangenendilemma vergleichbares *Spiel* vor, dass wir uns im Folgenden genauer anschauen werden.

11.3 Anwendungsmöglichkeiten der Spieltheorie

Die Spieltheorie kann genutzt werden, um Entscheidungen begründeter zu treffen. Computermodelle, die Entscheidungssituationen simulieren, können uns bei der wissenschaftlichen Betrachtung unterstützen. Managern hilft das Denkmuster, das der Theorie zugrunde liegt. In der Praxis funktioniert die folgende schematische Herangehensweise [70]:

- Informationen sortieren:
  - Wer sind die Spieler?
  - Wem liegen welche Informationen vor?
  - Was für Strategien werden benutzt?
  - Was erreichen die Spieler mit ihrem Verhalten?
  - Wie ist das Mitarbeiterverhalten? Gibt es Regeln?
- Varianten durchspielen und dabei nach bekannten Verhaltensweisen suchen
- Neue Strategie entwickeln

Zusätzlich können die benötigten Informationen um folgende Aspekte ergänzt werden [55]:

- Welche Zugmöglichkeiten haben die Spieler zu jedem Zeitpunkt der Entscheidung?
- Wann ist welcher Spieler am Zug?
- Wie sind die Wahrscheinlichkeiten verteilt und wie ist die Korrelation von Zufallszügen?
- Was sind die präferierten Ergebnisse der Spieler und wie hoch die daran gekoppelten Auszahlungen?

Die Anwendung der Spieltheorie kann helfen, sich eigene Stärken und damit verbundenes Potenzial bewusst zu machen. Viele Manager tendieren dazu, die technischen und menschlichen Möglichkeiten bei Entscheidungen zu nutzen, wo es ihnen möglich ist. Doch in einer schnelllebigen Zeit, die so wenig planbar ist, können die über Jahrhunderte entwickelten mathematischen Erkenntnisse nur wenig ausrichten. Oder wie es der englische Autor und Journalist Gilbert Keith Chesterton (1874 – 1936) ausdrückte: »Das Leben ist eine Falle für Logiker. Seine Wildheit liegt auf der Lauer.«

Das Problem der Spieltheorie ist nach wie vor, dass im wahren Leben immer noch Menschen die Spieler sind und Entscheidungen treffen. Eigenschaften wie Gier, Neid, aber auch Fairness bringen uns Menschen dazu, uns abweichend vom Optimum zu verhalten. Trotzdem können uns diese Ideen in unserer Praxis helfen. Kehren wir dazu zum Gefangenendilemma aus dem vorherigen Abschnitt zurück.

11.3.1 Preiskampf

Stellen wir uns die folgende bereits erwähnte Situation vor. Zwei kleine Beratungshäuser arbeiten beim selben Kunden in ähnlichen Aufgabenfeldern. Eines davon möchte den Konkurrenten aus dem Geschäft drängen und fängt einen Preiskampf an, indem es seine Mitarbeiter neuerdings zu geringeren Konditionen anbietet. Der Kunde legt seine Preispolitik und damit die seiner beiden Beratungshäuser in den Verhandlungen offen, sodass das andere Beratungshaus dies recht schnell mitbekommt. Wie kann es auf diesen Preiskampf reagieren?

Häufig erleben wir, dass das zweite Beratungshaus in den Preiskampf einsteigt und ebenfalls reduziert, ja vielleicht sogar seinerseits den Konkurrenten unterbietet. Ein solcher ruinöser Preiskampf ist für keinen der drei Beteiligten dauerhaft von Vorteil. Die Beratungshäuser reduzieren ihre Renditen und kompensieren dies oft durch weniger qualifizierte, billigere Arbeitskräfte. Dies führt dann zu einer Verschlechterung der Arbeitsqualität, die auch für den Kunden negative bzw. teure Konsequenzen nach sich zieht. Doch gehen wir die Möglichkeiten aus spieltheoretischer Sicht durch, die in Abbildung 11.8 dargestellt sind.

		Beratungshaus 1 (initiiert)		
	Strategien	Tagessatz reduzieren	Tagessatz beibehalten	Tagessatz erhöhen
Beratungshaus 2 (reagiert)	Tagessatz reduzieren	ruinöser Preiskampf für beide	1 verliert Kunden / 2 behält Kunden	1 verliert Kunden / 2 behält Kunden
	Tagessatz beibehalten	1 behält Kunden / 2 verliert Kunden	gleichbleibende Rendite für beide	1 verliert Kunden / 2 behält Kunden
	Drohung: drastische Reduktion in Teilbereichen	Begrenzter Preiskampf / Rücknahme der Reduktion	(Drohung ist hier nicht relevant.)	(Drohung ist hier nicht relevant.)
	Tagessatz erhöhen	1 behält Kunden / 2 verliert Kunden	1 behält Kunden / 2 verliert Kunden	dauerhaft hohe Rendite für beide

Abbildung 11.8: Ein Preiskampf als spieltheoretische Matrix für ein einfaches Spiel mit nur einem Schritt: Beratungshaus 1 initiiert eine Strategie, Beratungshaus 2 reagiert. Dauerhaft sinnvoll ist nur die Strategie, die Tagessätze langfristig stabil zu halten, und wenn der andere erhöht, schnell nachzuziehen. Auf eine Tagessatzreduktion wird am sinnvollsten mit einer lokalen Drohstrategie reagiert.

Tagessatz beibehalten oder erhöhen: In diesen beiden Fällen wird der Kunde zumindest irritiert sein und versuchen, den Tagessatz herunterzuhandeln. Wenn stur der Tagessatz beibehalten oder wie vielleicht schon länger geplant erhöht wird, werden wir den Kunden wohl verlieren.

Gegenseitiges Unterbieten: Es wird eine Abwärtsspirale gestartet, an deren Ende in der Regel eines der beiden Beratungshäuser den Kunden verlässt oder schlimmstenfalls sogar Konkurs geht. Das Einzige, was bei einem Preiskampf sicher ist, ist die Reduktion der eigenen Rendite. Ob dies durch einen höheren Umsatz kompensiert werden kann, hängt von zu vielen Faktoren ab, als dass dies mit ausreichender Sicherheit vorab geplant werden kann. Damit wird also auf jeden Fall erstmal der betriebswirtschaftliche Spielraum reduziert. Und am Ende bleibt selbst für die siegreiche Partei das Problem der extrem niedrigen Tagessätze, die, wenn überhaupt, meist nur langsam wieder angehoben werden können.

Gegendrohung: Auf ein einseitiges Unterbieten kann häufig sehr zielführend mit einer lokalen, begrenzten Gegendrohung reagiert werden. Sie macht der anderen Partei unmissverständlich klar, wohin ein Preiskampf führen würde. Diese Strategie funktioniert dann gut, wenn der Initiator keinen harten Preiskampf zum Ziel hat, sondern einfach ausprobieren will, ob eine solche Idee der Tagessatzreduktion im Wettbewerb funktionieren würde.

In unserem Beispiel könnte die Gegendrohung so aussehen, dass das angegriffene Beratungshaus einen kleinen einmaligen Teilauftrag wie z. B. die Durchführung eines speziellen Analyse-Workshops zu einem absoluten Dumpingpreis anbietet. Wichtig ist dabei, dass der Angreifer vom Kunden darüber auch informiert wird. Das angreifende Beratungshaus erkennt (hoffentlich) die Konsequenzen und wird schnellstmöglich wieder zu den ursprünglichen Tagessätzen zurückkehren.

Wenn diese Maßnahme nicht zum Erfolg führt, wissen wir, dass das andere Beratungshaus wohl auf einen Preiskampf eingestellt ist und vermutlich einen Verdrängungswettbewerb durchzuführen versucht. Mit diesem Wissen können wir selbst neue Optionen entwickeln. So könnte der Dialog mit dem Kunden gesucht werden oder die eigene Organisation auf einen Preiskampf vorbereitet werden, falls Sie gewillt sind, sich darauf einzulassen.

11.3.2 Marktanteile für ein neues Produkt

Betrachten wir ein weiteres Beispiel. Wann gehen wir mit einem innovativen, neuen Produkt an den Markt? Wir wissen vielleicht, dass unser Hauptkonkurrent an etwas Ähnlichem arbeitet, kennen jedoch keine weiteren Details. Versuchen wir, der erste Anbieter am Markt zu sein auch auf die Gefahr hin, dass unser Produkt noch nicht die volle Reife erreicht hat, oder ist es besser, die volle Produktreife abzuwarten? Betrachten wir dazu mögliche Reaktionen unseres Konkurrenten und treffen wir Annahmen über die zu erwartenden Marktanteile (Abb. 11.9).

Die beste Position haben wir, wenn wir mit einem reifen Produkt an den Markt gehen können und unsere Konkurrenz nichts oder nur ein eher unreifes Produkt dagegen platzieren kann (ca. 95 Prozent Marktanteil für uns). Doch dies ist riskant und setzt viel Wissen über die internen Ergebnisstände unseres Konkurrenten voraus. In allen anderen Fällen ist es wohl sinnvoller, zuerst am Markt zu sein, auch wenn unser Produkt noch nicht über die volle Produktreife verfügt, sondern gerade erst *gut genug* ist.

Wenn unser Konkurrent schnell mit einem ähnlich unreifen Produkt nachzieht, sollten wir mit ca. 60 Prozent den größeren Marktanteil erreichen, da wir einen kleinen Zeitvorsprung haben. Zieht er erst später mit einem ausgereiften Produkt nach, haben wir den Markt bereits besetzt und können bis dahin hoffentlich nachziehen. In diesem Fall sind ca. 80 Prozent Marktanteil zu erreichen, weil wir einen großen zeitlichen Vorsprung

		Produkthersteller 1 (initiiert)	
	Strategien	Unreifes neues Produkt früh am Markt platzieren	Reifes neues Produkt am Markt platzieren
Produkthersteller 2 (reagiert)	Mit unreifem Produkt sofort nachziehen	60 % 40 %	95 % 5 %
	Mit reifem Produkt sofort nachziehen	5 % 95 %	50 % 50 %
	Mit reifem Produkt später nachziehen	80 % 20 %	60 % 40 %

Abbildung 11.9: Die Markteinführung eines neuen Produkts als erster Zug eines Spiels. Aus diesen Betrachtungen über die erwarteten Marktanteile gegenüber dem Hauptkonkurrenten ergibt sich ein Vorteil, wenn ein neuer Markt früh, auch mit einem noch nicht ausgereiften Produkt besetzt wird. Wer den ersten Zug hat, ist im Vorteil.

haben. Unsere Konkurrenz muss dann z. B. zusätzlich eine einfache und günstige Migrationsmöglichkeit anbieten, um unsere Kunden abzuwerben.

Wir sehen nur dann schlecht aus, wenn unser Konkurrent sofort mit einem ausgereiften Produkt nachziehen kann. Doch dann haben wir bereits vor Beginn des Spiels verloren, denn kurze Zeit später wäre er sowieso als Erster mit diesem Produkt herausgekommen. Wir werden dann so oder so nur einen geringen Marktanteil von ca. 5 Prozent erhalten.

Die Spieltheorie kann uns also in Konkurrenzsituationen helfen, unsere *Züge* zu optimieren. Dies ist unabhängig davon, ob wir reagieren möchten oder vor der Frage stehen, ob wir den ersten Zug ausführen sollen. Auf Möglichkeiten, die Spieltheorie zu nutzen, treffen wir vermutlich öfter, als wir denken. So gesehen ist die Welt dann doch nur ein Spiel. Wenn wir erfolgreich mitspielen möchten, sollten wir die Regeln kennen.

11.3.3 Satisficing: begrenzt rational und agil

Satisficing ist eine Wortschöpfung von Herbert A. Simon und aus den englischen Begriffen *satisfying* und *suffice* zusammengesetzt. In der Entscheidungstheorie wird damit eine Strategie bezeichnet, in der die erste *ausreichend befriedigende* Lösung umgesetzt wird, die den Zweck erfüllt, und nicht nach einer optimalen Lösung gesucht wird. Dieses Vorgehen kommt sicher vielen Lesern aus der agilen Softwareentwicklung bekannt vor. Das Satisficing ebenso wie die relative Einordnung und die Wiedererkennungsheuristik aus Abschnitt 5.3.3 ab Seite 91 sind Begriffe, die dem wirtschaftswissenschaftlichen Verhalten der *begrenzten Rationalität* zugeordnet werden [98].

Der eigene Begriff Satisficing ist u. a. auch deswegen eingeführt worden, um es klar vom Prozess einer Optimierung abzugrenzen. Bei einer Optimierung wird so lange nach Lösungsalternativen gesucht, bis die bestmögliche gefunden ist. Beim Satisficing dagegen werden nur wenige, meist sogar nur zwei Alternativen betrachtet, bis eine ausreichend befriedigende Lösung gefunden wurde. Der Fokus liegt hierbei auf einem guten Aufwand-Nutzen-Verhältnis, weshalb zwar nicht perfekte, aber sehr kostengünstige Lösungen verfolgt werden.

Gerade in komplexen Softwareprojekten sind Entscheidungsfindungen aus dem Fundus der Möglichkeiten der begrenzten Rationalität sinnvoll [98]. Der Realisierungsaufwand bleibt eher überschaubar und vergleichsweise gering, was die Kosten minimiert und es leichter macht, Termine einzuhalten. So wird auch besser nachvollziehbar, warum sich aus der Projektmanagement-Studie der oose GmbH u. a. ergeben hat, dass sich ein agiles Vorgehen besonders gut für Festpreisprojekte eignet [134, 135].

Im eXtreme Programming wird dieses Vorgehen mit dem XP-Wert der Einfachheit adressiert: »What is the simplest thing that could possibly work?« [8]. Dadurch, dass diese Lösungen schneller fertig sind, bekommen wir auch schneller eine Rückmeldung vom Auftraggeber. Gerade dann, wenn dem Auftraggeber viele Aspekte und Konsequenzen seines Anforderungsbereichs noch nicht ganz klar sind, führt dieses Vorgehen der schnellen Konkretisierung schneller zu einer ausreichenden Klarheit auf Auftraggeberseite. Dies wird selbst dann von Vorteil sein, wenn sich herausstellt, dass es so nicht geht.

Auf einen tückischen Fehler bei der Umsetzung des XP-Werts der Einfachheit möchten wir noch kurz hinweisen. Wir erkennen daran, dass es für wirklich gute Entscheidungen sehr von Vorteil ist, reichlich Erfahrungen gemacht zu haben. Der Wert von Retrospektiven kann dabei nicht überschätzt werden. Ein falsch verstandener XP-Wert der Einfachheit kann, wenn *einfach mal drauflos* programmiert wird, zu einem *naiven* bzw. gar keinem Design führen, das uns bereits nach kurzer Zeit viele Probleme bereiten wird [144].

Mit einem *einfachen* Design dagegen werden möglichst einfache Strukturen angestrebt, sodass sich der Designaufwand besser über die Entwicklungszeit verteilen lässt. Damit ist explizit nicht gemeint, sich nur daran zu orientieren, was im Augenblick mit dem geringsten Aufwand erzielt werden kann, sondern unnötig komplizierte Lösungen zu vermeiden.

11.4 Man müsste mal ...: die Umsetzung

Entscheidend für die tatsächliche Leistungsfähigkeit einer Gruppe ist neben der effektiven und effizienten Entscheidungsfindung sowie der Qualität der getroffenen Entscheidungen deren Umsetzung. In der alltäglichen Praxis steckt genau dort der wesentliche Fallstrick. Oder anders ausgedrückt: Was nützt die beste Entscheidung, wenn sie nicht umgesetzt wird.

Leistungsfähige Gruppen führen oft auf Basis nur eher durchschnittlicher Entscheidungsqualität ihre Arbeitsabläufe aus. Doch diese sind hinsichtlich Geschwindigkeit, Effizienz und Effektivität optimiert. Während die Konkurrenz noch an der Verbesserung der Entscheidungsgrundlage arbeitet oder noch versucht, getroffene Entscheidungen umzusetzen, liefern leistungsfähige Gruppen bereits ein erstes Resultat, auf dessen Basis weitergearbeitet werden kann. Besonders hochleistungsfähige Gruppen agieren zusätzlich noch auf der Grundlage hochwertiger Entscheidungen. Die Umsetzung macht also den Unterschied [30].

Auch hier finden wir Parallelen zur agilen Softwareentwicklung. Dabei werden in kurzen Zyklen überprüfbare Ergebnisse produziert, die ihrerseits wieder als Entscheidungsgrundlage für die nächsten Schritte dienen. Häufig scheitert nach unserer Erfahrung die Einführung eines agilen Vorgehens daran, dass die Realisierung lauffähiger Software zu behäbig ist, um schnell über kleine Inkremente aussagekräftige Rückmeldungen über den Entwicklungsprozess geben zu können.

11.4.1 Von der Idee zur Umsetzung

Wie wird aus einem Wunsch eine Handlung? Oder um es mit der historischen Metapher aus dem Kasten auf Seite 192 zu sagen: Wie kommen wir über den Rubicon? Die Antworten auf diese Fragen betreffen jeden persönlich und reichen von den wieder schnell vergessenen Neujahrsvorsätzen über unsere schnellen Entscheidungen im Tagesgeschäft bis zur strategischen Grundlagenfindung für Unternehmen und Organisationen.

Wo liegt der Unterschied zwischen den vielen Dingen, die man mal tun müsste, und unseren tatsächlichen Handlungen? Die schnell vergessenen Neujahrsvorsätze liegen auf der Ebene der Motive. Diese beruhen ihrerseits auf oft unbewussten Bedürfnissen (Abb. 11.10 links). Damit haben wir jedoch nur den ersten Schritt auf dem Weg zu einer Realisierung gemacht und nicht mehr. Diesen ersten Schritt zu gehen, fällt uns leicht, und wir können ihn oft machen.

Wenn uns etwas wirklich wichtig ist, können wir unseren psychologischen Rubicon überschreiten und eine ernst gemeinte Absicht, eine Intention entwickeln. Diese Intention gibt uns den Schub für die folgenden Schritte, die zum Teil recht lange dauern können. Einfache Motive schaf-

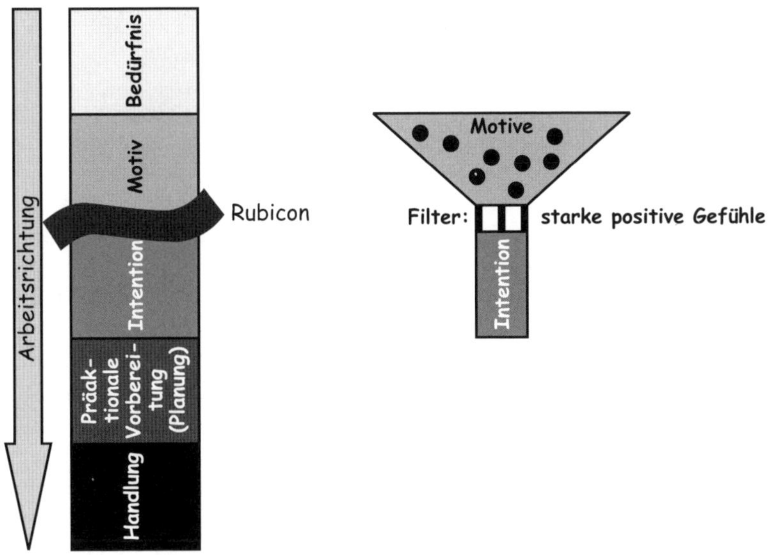

Abbildung 11.10: Der Rubicon-Prozess [119]: Wie kommen wir von einem Bedürfnis zur Umsetzung in eine Handlung?

fen das nicht, weshalb wir unsere Neujahrsvorsätze meist schnell wieder vergessen. Der Filter auf dem Weg der vielen Motive zu den wenigen Intentionen sind unsere positiven Gefühle. Nur Motive, die von starken positiven Gefühlen begleitet werden, schaffen es durch dieses *Sieb* über den Rubicon (Abb. 11.10 rechts).

Die kurze Phrase »Man müsste mal ... « aus der Überschrift ist ein ausgezeichneter Indikator dafür, dass der Rubicon wohl nicht überschritten werden wird. Solange sich hier nicht eine konkrete Person angesprochen fühlt, wird alles beim Alten bleiben. Die Antwort auf diese Phrase lautet daher: »Wer genau macht was?«

11.4.2 Körpersignale

Im Entscheidungsprozess ist es also wichtig, unsere Emotionen und damit verbundenen Körperempfindungen zu erfühlen. Diese Signale des emotionalen Gedächtnisses sind quasi somatische[1] Marker, die es zu erkennen gilt. Am Grad dieser Empfindungen ist die Stelle zu erkennen, an der wir im Rubicon-Prozess stehen. Manchmal reicht bereits die von den positiven Gefühlen erzeugte Energie aus, um ins Handeln zu gelangen. Manchmal können wir sie nutzen, um eingeschlafene Prozesse wieder neu zu beleben.

[1]Somatisch: das, was sich auf den Körper bezieht, körperlich [141].

Julius Cäsar und der oberitalienische Fluss Rubicon

Als Julius Cäsar im Winter des Jahres 50 v. Chr. mit seinen Legionen aus Gallien nach Rom zurückkehren wollte, stand er am italienischen Fluss Rubicon vor einer fundamentalen Entscheidung. Der Rubicon bildete die Grenze zwischen der römischen Provinz Gallia Cisalpina und dem eigentlichen Italien mit Rom als Zentrum. Am 7. Januar 49 v. Chr. entschied der Senat in Rom, dass Cäsar seine Legionen gemäß den gültigen Regeln vor dem Rubicon zurückzulassen habe und alleine als Privatperson nach Rom zurückkehren sollte.

Trotz seiner großen Erfolge in Westspanien und Gallien, die jedem Asterix-Leser bestens bekannt sind, hatte er ein wesentliches Problem. Es drohten ihm eine Reihe von Prozessen aufgrund seiner Amtsführung und hohe Steuerzahlungen, die ihn politisch und wirtschaftlich ruiniert hätten. Überquerte er jedoch mit seinen Legionen den Rubicon, galt er als Hochverräter, gegen den sein ärgster Konkurrent Gnaeus Pompeius Magnus offen militärisch vorgehen konnte.

Die kämpferische Entscheidung Cäsars, mit seinen Legionen am 10. Januar den Grenzfluss in Richtung Rom zu überqueren, löste den vier Jahre dauernden Bürgerkrieg aus, in dem er nach und nach alle seine Gegner in den Provinzen, in Kleinasien und Nordafrika niederrang und den Übergang Roms von der Republik zur Monarchie bereitete. Der Würfel war mit der Überquerung des Flusses Rubicon gefallen [43, 141].

Nicht selten bleiben wir jedoch trotz starker somatischer Marker unter der Last des Tagesgeschäfts in einem wichtigen Handlungsprozess stehen und schaffen es nicht, eine Entscheidung umzusetzen. Wir bleiben auf der Ebene der Intention oder sogar der vorbereitenden Maßnahmen stecken. Ein typisches Beispiel dafür ist das *Feststecken* im Druck des Tagesgeschäfts.

Wir haben im Laufe der Jahre einige erfolgreiche Handlungsmuster erlernt, wie wir mit aktuellen Aufgaben aus dem Tagesgeschäft umgehen können. Für unseren derzeitigen Stand reicht als Definition die einfache Sichtweise aus dem Zeitmanagement nach der Eisenhower-Methode (Abb. 7.1 auf Seite 114) aus. Als Tagesgeschäft bezeichnen wir dabei Aufgaben, die sowohl dringlich als auch wichtig sind.

Eine typische Falle, in die einer von uns auch immer wieder gerne tappt, ergibt sich aus unserer Art und Weise, wie wir mit Terminen umgehen in Kombination mit einer bestimmten inneren Einstellung. Wenn wir z. B. Freiräume benötigen, um uns am Herzen liegende, wichtige strategische Themen zu bearbeiten, so müssen wir diese Zeiten reservieren. Es genügt eben nicht, den anderen nur zu sagen, dass wir dann und dann etwas anderes machen möchten. Wir selbst sind es, die uns diese Freiräume durch vermeintliche Tagesgeschäftsaufgaben wieder nehmen, weil sie nicht sichtbar geblockt sind. Wenn diese Situation auf eine *Ich-bin-immer-bereit-*Einstellung trifft, machen wir uns selbst diese Freiräume wieder kaputt.

Die somatischen Marker sind wichtig, doch nicht ausreichend, wenn sie auf innere Einstellungen treffen, die zu kontraproduktiven Verhaltensweisen führen. Unsere inneren Einstellungen werden wir kurzfristig nicht verändern können. Das ist auch gar nicht gewollt, denn in anderen Situationen sind diese oft sehr hilfreich. Es gilt die fatalen Auslöser zu erkennen und zu minimieren. Im obigen Beispiel sind das die freigehaltenen Flächen im Terminkalender. Selbst wenn sich Sekretariat und Kollegen an die Absprachen für die freien Zeiträume halten, tun wir es oft selbst nicht.

Zwischen der Intention und der tatsächlichen Handlung liegt oft noch ein Schritt, die präaktionale Vorbereitung bzw. Planung (Abb. 11.10). In diesem Schritt versuchen wir z. B. diese fatalen Auslöser einzudämmen. Für unser Beispiel heißt das, die Freiräume auch visuell durch einen Balken oder besser mit einer motivierenden Überschrift im Planer zu kennzeichnen. Oft reicht das schon aus, um Aufgaben, die wir delegieren können oder nicht sofort zu erledigen sind, abzulehnen. Die Kunst ist es also, die fatalen Trigger zu erkennen und dann Gegenmaßnahmen einzuleiten. Mehr zur Rubicon-Theorie finden Sie in Anhang A.6 ab Seite 320.

11.5 Entscheidungen in Gruppen

Es ist manchmal schon schwierig genug, wenn eine Person eine Entscheidung treffen soll. Um wie viel schwerer wird es dann, wenn sich eine Gruppe trifft, um eine Entscheidung zu fällen? Unsere erfahrenen Entwickler kommen zusammen, um anstehende wichtige Designentscheidungen zu treffen. Das kann doch nicht so schwer sein. Das sind doch die besten Experten, die wir zur Verfügung haben.

Zumindest die Älteren unter uns werden sich noch an leidige, endlose Diskussionen über Coding Style Guides erinnern, die, wenn sie dann einmal beschlossen waren, von mindestens einem Drittel der Entwickler ignoriert wurden. Anders als beim Coding Style Guide kann uns bei tiefergehenden Designentscheidungen die Programmierumgebung, die IDE bzw. konkret die Entwicklungsumgebung Eclipse, nicht weiterhelfen.

11.5.1 Alle Fakten auf den Tisch

Die erste Grundregel für Entscheidungen in Gruppen lautet, alle Fakten für alle Beteiligten offenzulegen. In den Köpfen erfahrener Entwickler schlummert enorm viel Erfahrung. Jeder Einzelne nutzt diese für seine Entscheidungsfindung. Für Gruppenentscheidungen ist es jedoch notwendig, so viel implizites Wissen wie möglich aus den Köpfen der Mitglieder herauszuholen. Wir vermeiden dadurch Fehlentscheidungen wie in Abbildung 11.11 verdeutlicht.

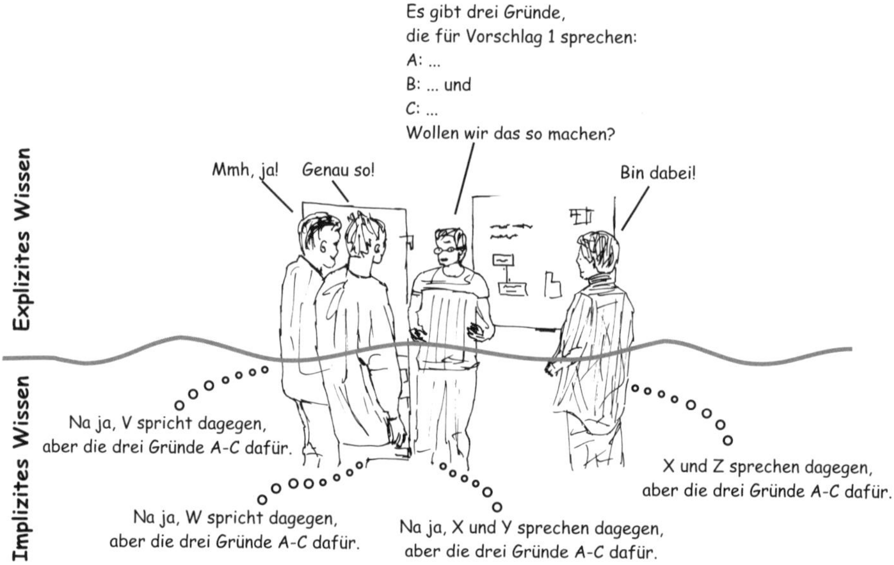

Abbildung 11.11: In Gruppen kann es Situationen geben, in denen eine deutlich bessere Entscheidung möglich gewesen wäre.

Jeder kann für sich alle relevanten Gründe für und gegen etwas sammeln. Diese Listen werden dann veröffentlicht und eine Gesamtliste erstellt. Jetzt kann die Gruppendiskussion wesentlich zielgenauer ablaufen. Die einzelnen Gründe können gewichtet und bewertet werden, sodass sich zumindest für einfache Pro- und Contra-Entscheidungen häufig eine gute Lösung ergibt.

Falls eine solche Vorbereitung nicht möglich ist, kann diese gemeinsame Liste auch mit dem Mittel der Moderation auf einem Flipchart oder in einer Tabelle auf einem Rechner ggf. mit Beamer erzeugt werden. Wichtig ist dabei nur, dass alle gleichzeitig die bisherigen Ergebnisse vor Augen haben.

Voraussetzung für diese Offenheit ist gegenseitiges Vertrauen. Ohne das geht es nicht, denn die persönlichen Prioritäten sind unter Umständen von individuellen Schwächen bestimmt. Diese werden dann oft für die anderen Beteiligten erkennbar. Wie wichtig eine geklärte Beziehungsebene und gegenseitiges Vertrauen für die Leistungsfähigkeit von Teams sind, werden wir im letzten Teil des Buchs zum Thema *Hochleistungsteams* weiter betrachten.

11.5.2 Gibt es immer einen Konsens?

Um es gleich vorwegzunehmen: Es gibt Situationen, da können wir es *nicht* allen recht machen! Ein Gruppenkonsens ist manchmal gar nicht möglich. Wie kann das sein? Hier kommen wir zu einem entscheidenden Unterschied zwischen einzelnen Personen und Gruppen. In vielen Situationen hat eine einzelne Person klare Prioritäten: »Ich nehme lieber Wurst als Marmelade zum Frühstück!« Unsere eigenen Prioritäten decken sich aber zwangsläufig nicht mit denen unserer Kollegen oder Mitarbeiter.

Beim gemeinsamen Frühstück von Kollegen im Hotel ist das unproblematisch. Meist stehen Wurst, Käse, Marmeladen, Honig usw. in ausreichendem Maß zur Verfügung. Doch wie verhält es sich, wenn sich drei Entwickler auf eine neue gemeinsame Hardwareplattform oder ein neues Tool einigen sollen? Es gibt Situationen, da kann es keinen Konsens geben. Diese Sonderfälle ergeben sich in sogenannten zyklischen Mehrheiten. Aus den vorgegebenen Möglichkeiten hat jeder Beteiligte eine eigene Prioritätenliste erstellt. Nehmen wir exemplarisch drei Entwickler, die sich auf ein neues gemeinsames Werkzeug einigen möchten (Tab. 11.1).

Prio.	Andrea	Klaus	Peter
1.	Billig-Werkzeug	Alt-Werkzeug	Top-Werkzeug
2.	Alt-Werkzeug	Top-Werkzeug	Billig-Werkzeug
3.	Top-Werkzeug	Billig-Werkzeug	Alt-Werkzeug

Tabelle 11.1: Das Problem der zyklischen Mehrheiten führt dazu, dass drei Entwickler bei der Auswahl eines neuen Werkzeugs aus drei Kandidaten keinen Konsens finden [42].

Jeder hat seine eigene Reihenfolge für die drei Kandidaten. Diese stehen so zueinander, dass keine Auswahl mehrheitsfähig ist. Wie können wir in solchen Situationen weiterkommen?

Wie bereits im ersten Beispiel über den Wert des impliziten Wissens in Gruppenentscheidungen dargelegt, ist es auch hier absolut notwendig, dass alle Fakten offen auf dem Tisch liegen. In diesem Fall betrifft das die komplementären Prioritäten der drei Entwickler. Das lässt uns das Patt erkennen, führt uns jedoch noch nicht zu einer Lösung.

Diese Form des Festhängens zu erkennen ist wichtig. Stellen wir uns einen entscheidungsfreudigen Chef für die drei Entwickler vor, der in dieser Situation eben schnell selbst eine Entscheidung trifft. Egal für welches Werkzeug er sich entscheidet, zwei der drei Entwickler hätten ein anderes vorgezogen. Folglich finden in dieser Situation zwei der drei Entwickler ihren Chef, wenn auch aus Entscheidungssicht zu unrecht, selbstherrlich. Dieses Problem ergibt sich nicht nur bei Entscheidungen zwischen mehreren Alternativen, sondern bereits oft auch bei auf den ersten Blick rein binären Entscheidungen. Meist gibt es eben nicht nur das offensichtliche Entweder-oder, sondern auch die zusätzlichen Betrachtungswinkel, beide gemeinsam oder gar keine der beiden Möglichkeiten umzusetzen. Aus dem binären Dilemma wird dann ein Tri- oder sogar Tetralemma.

Grundsätzlich ist das Tetralemma (siehe Kasten aus Seite 198) geeignet, um festsitzende Entweder-oder-Entscheidungen wieder in Gang zu bringen und zu kreativen Lösungen zu kommen. Doch kann es auch zu zyklischen Mehrheiten führen. Wie kommen wir aus einer solchen Situation heraus? Dazu können bis zu sechs Schritte notwendig sein:

1. **Ziele und Vorgaben klar kommunizieren:** Einen idealen Nährboden für zyklische Mehrheiten bildet eine mangelnde strategische Klarheit. Als Führungskraft sollten Ihre Ziele allen in der Gruppe klar und präsent sein. Ohne eindeutig kommunizierte Ziele werden die einzelnen Teammitglieder ihre eigenen, impliziten Ziele stärker in die Waagschale werfen. Das Zielvakuum wird so schnell aufgefüllt. Am besten lassen sie es daher gar nicht erst entstehen oder füllen es selbst sofort auf. Im Beispiel mit den Werkzeugen aus Tabelle 11.1 sind die zu berücksichtigenden strategischen Vorgaben zu Beginn herauszustellen. Geht es um die Lösung eines ganz bestimmten Problems wie der Simulation von Abläufen und Zustandswechseln in einem Modellierungswerkzeug oder soll ein breiter Einsatz eines Modellierungswerkzeugs gefördert werden? Ist die Weiterverfolgung einer bereits bestehenden Werkzeugausrichtung wichtig oder soll jetzt gerade ein grundsätzlicher Schwenk erfolgen? Diese Fragen sind vorab für alle an der Entscheidung beteiligten Personen zu klären. Wie soll sich die Toolentscheidung in die IT-Strategie einfügen?
2. **Alternativen diskutieren:** Oft hilft diese Klarheit, doch leider nicht immer. Wie können wir dann weiter vorgehen? Hier kann das Tetralemma dabei helfen, die Anzahl der Alternativen zu erhöhen. Es gilt jetzt, differenziertere Optionen zu erarbeiten. Lässt sich die aktuelle Problemstellung wirklich mit einem Werkzeug lösen? Brauchen wir vielleicht zwei, ein einfaches, günstiges Werkzeug in der Breite und einige wenige Lizenzen eines Spezialwerkzeugs für besondere Anwendungen? Brauchen wir überhaupt ein neues Werkzeug oder liegt die Lösung unserer Probleme nicht vielleicht woanders? Das *Silver Bullet*-Phänomen ist leider immer noch häufig anzutreffen. Doch leider gibt es immer noch kein Werkzeug, das die Lösung all Ihrer Probleme bewirken kann. Lösungen enstehen immer noch in den Köpfen der beteiligten Menschen.

3. **Hindernisse erkennen und überwinden:** In diesem Kontext können wir prüfen, ob uns bzw. unseren Mitarbeitern irgendwelche Hindernisse im Weg stehen. Diese Hindernisse können sich einfach nur in den Köpfen befinden, weil wir durch unsere Tätigkeit und Vorerfahrung an gewisse Möglichkeiten einfach nicht denken. Manchmal liegen sie auch im Umfeld in Form von Unternehmensregeln oder Vorgaben. Wir können versuchen, solche Restriktionen aufzuspüren und diese dann genau zu hinterfragen. Welche Ausnahmen für Unternehmensregeln gibt es? Wie würde ein Team der wichtigsten Konkurrenzfirma das Thema angehen? Hierbei können wir das ganze Spektrum an Analyse- und Fragetechniken einsetzen, wie sie z. B. in [133] beschrieben sind, um gemeinsam die Probleme zu lösen.
4. **Tendenzen im Team erkennen:** Jetzt gilt es herauszufinden, welche Tendenzen sich in den Köpfen der Mitarbeiter erkennen lassen. Wir können z. B. über das Auslegen von Karten auf dem Tisch versuchen, eine gemeinsame Prioritätenliste zu erstellen. Dabei dürfen auch je nach Kartenanzahl zwischen zwei und fünf Karten parallel der selben Priorität zugeordnet werden. Es geht hier nur darum, Tendenzen zu erkennen und diese für jeden transparent zu machen.
5. **Pro und Contra der detaillierten Alternativen erarbeiten:** Für die verschiedenen Alternativen, die jetzt erkennbar geworden sind, werden die detaillierten Sichten auf das Für und Wider erarbeitet. Dabei kann es sehr hilfreich sein, dass ein oder zwei Teammitglieder die Rolle des *Advocatus Diaboli* einnehmen und auf alle bekannten Risiken einer Alternative hinweisen, auch wenn diese noch so attraktiv wirken mag. Damit wird auch sichergestellt, dass alle Fakten auf den Tisch kommen, was vor allem bei Gruppenentscheidungen oft ein Problem ist (Abschn. 11.5.1). Es mag anstrengend sein, so zu diskutieren, doch damit entkoppeln wir auch mehr und mehr die einzelnen Diskussionspunkte von den persönlichen Befindlichkeiten der Beteiligten.
6. **Optionen neu zusammenstellen:** Die jetzt erreichte detaillierte und umfassende Sicht auf die Alternativen lässt oft neue Kombinationsmöglichkeiten zu. Diese gilt es zu finden. Dabei wird versucht, die erkannten Risiken durch spezielle Maßnahmen, die gegensteuern, zu kompensieren. So kann für die Werkzeugentscheidung zum Beispiel differenziert betrachtet werden, wer wirklich modelliert und wer nur lesend auf Modelle zugreift. Wenn für das favorisierte Werkzeug teure Einzellizenzen erworben werden müssen, es jedoch einen kostenlosen Lesemodus anbietet, kann eine differenzierte, aufgabengerechte Verteilung des Zugriffs darauf das Kostenargument entkräften. Auf dieser Basis kann jetzt hoffentlich eine Gruppenentscheidung getroffen werden, die nicht nur mehrheitlich ist, sondern auch einen tragfähigen Konsens darstellt.

Zwei wichtige Grundregeln gilt es bei diesem Entscheidungsfindungsprozess in einer Gruppe zu beachten. Alle Gruppendiskussionen finden in einem geschützten Rahmen statt. Es gilt vollständige Vertraulichkeit zu bewahren. Nur so kommen alle relevanten Aspekte auf den Tisch, und es sind nach außen keine *Verlierer* einer Entscheidungsfindung zu erkennen. Zustimmungen zu schwierigen Lösungen werden auf diesem Wege erleichtert.

Als ein zweiter zentraler Aspekt ist der zeitliche Rahmen für diese komplexe und aufwendige Art der Entscheidungsfindung zu erwähnen. Ein solcher Prozess braucht deutlich mehr Zeit, als es eine einzige Standardbesprechung zulässt. Außerdem kann es sehr hilfreich sein, wenn der Prozess nicht am Stück, sondern mit Unterbrechungen abläuft. Analysen und Untersuchungen mit Prototypen usw. können dann in der Zwischenzeit wichtige Informationen für die nächsten Schritte erbringen. Und diese können im Folgemeeting allen bereitgestellt werden.

Das Tetralemma

Als Dilemma wird eine Entscheidung zwischen zwei unterschiedlichen Alternativen bezeichnet, die jedoch beide gleich unangenehm sind. Ein Dilemma ist daher mit einer Zwangslage zu vergleichen [31].

Um aus dieser Zwangslage herauszukommen, kann die Sichtweise des Tetralemmas helfen. Sein Ursprung liegt in der indisches Rechtsprechung, und es wurde ab dem 7. Jahrhundert in den Madhyamika-Buddhismus aufgenommen und erweitert. Auf seinen logischen Kern reduziert besagt das Tetralemma, dass es vier Sichten auf eine logische Aussage A gibt:

1. A
2. $\neg A$
3. A und $\neg A$
4. weder A noch $\neg A$

Diese Sichtweise erweitert unseren Entscheidungsraum im Falle eines Dilemmas (A oder $\neg A$) deutlich und regt zu neuen Lösungswegen sowie Querdenken an [127].

11.5.3 Konsens, Mehrheits- oder Einzelentscheidung?

Brauchen wir überhaupt einen Konsens oder reicht uns nicht eine einfache Mehrheit oder sogar unsere einzelne Entscheidung als Führungskraft bzw. Projektleiter? Gerade in der Softwareentwicklung haben wir es als Führungskraft mit sehr eigenständigen Individuen zu tun. Viele Entwickler sind es gewohnt, Entscheidungen zu treffen, und verfügen über einen reichen Erfahrungsschatz aus früheren Projekten. Warum ist gerade in dieser Situation der Konsens so wichtig, wo doch schon eine Mehrheitsentscheidung schwer zu erreichen ist?

Durch die hochgradige Eigenständigkeit der einzelnen Entwickler besteht die Gefahr, dass wir die Unterlegenen des Mehrheits- oder Einzelbeschlusses verlieren. Das heißt nicht, dass diese gleich kündigen, obwohl uns auch solche Ausnahmefälle bekannt sind. Wir meinen vielmehr, dass wir sie als Unterstützer im Projekt verlieren. Es ist eben nicht ihre Entscheidung, dann sollen auch die anderen Kollegen die Konsequenzen tragen.

Ein Konsens ist noch aus einem anderen Grund besonders wichtig und erstrebenswert. Die Selbstorganisation innerhalb unseres Teams basiert auf der Fähigkeit, wichtige Entscheidungen im Konsens zu treffen. Das klingt für viele Leser sicherlich nach träger Basisdemokratie, mit der wir kaum erfolgreich Projekte realisieren können. Doch Vorsicht: Hier liegt ein Missverständnis vor, das wir erst auflösen möchten, bevor wir uns anschauen, wie wir Konsensentscheidungen treffen können.

Missverständnis Konsens

Das häufigste Missverständnis zum Thema Konsens ist, dass davon ausgegangen wird, dass jedes Teammitglied mit der Entscheidung glücklich ist. Wenn wir dieses Ziel anstreben würden, wären minimale oder sogar *faule* Kompromisse an der Tagesordnung und unser Projekterfolg sicher stark gefährdet. Doch dieser Ansatz ist falsch!

Einen Konsens haben heißt, dass kein Teammitglied mehr einen Einwand hat. Das bedeutet, dass eine Person die gerade diskutierte Entscheidung verantwortlich mitträgt, wenn sie kein Veto einlegt. Für jedes Teammitglied ist diese Entscheidung dann O.K. Eine Konsensentscheidung betrachtet also den Widerstand gegen Lösungsalternativen. Wir fragen daher, ob jemand ein Veto hat oder ob eine Entscheidung für jeden brauchbar bzw. gut genug ist, und nicht mehr, wer für eine bestimmte Alternative ist.

Im Konsens zu entscheiden bedeutet also, nicht eine ideale Lösung zu suchen, sondern das Prinzip des *Satisficing* aus Abschnitt 11.3.3 ab Seite 188 umzusetzen. Wie wir dort gesehen haben, ist es bei komplexen Problemstellungen sinnvoller, eine brauchbare Lösung schnell umzusetzen, um konkrete Erfahrungen zu sammeln, als lange nach einer idealen Lösung zu suchen, von der nicht einmal klar ist, ob sie überhaupt existiert [122].

So erreichen wir Konsens

Der Prozess, um einen Konsens zu erreichen, läuft über das Veto. Häufig stellt sich für jedes Teammitglied die Ideallösung unterschiedlich dar. Daher suchen wir auch eine brauchbare Lösung, gegen die niemand einen schwerwiegenden Einwand, ein Veto, hat. Ein kleines Beispiel illustriert diesen Sichtwechsel.

Wenn wir fünf Kollegen nach der für sie besten Zeit fragen, wann eine wichtige Besprechung an einem bestimmten Tag beginnen soll, erhalten wir vermutlich fünf verschiedene Antworten. Es wird also kaum eine ideale Lösung geben. Fragen wir jedoch nach den Zeiträumen, die für die Personen als Beginn O.K. wären, vergrößern wir die Chancen, einen Vorschlag zu finden, der den meisten einigermaßen passt. Jetzt fragen wir nach einem Veto für diesen Vorschlag. Wenn ein gewichtiger Einwand kommt, können wir nach Möglichkeiten suchen, um diesen Einwand zu entkräften. Ein solcher Einwand könnte z. B. sein, dass es zu diesem Zeitpunkt noch eine andere Besprechung gibt, an der der Kollege teilnehmen möchte. Vielleicht lässt sich diese verschieben oder wir können unsere Besprechung innerhalb der als brauchbar erkannten Zeiträume passend verschieben. Vielleicht kann der Kollege sich in der anderen Besprechung auch vertreten lassen. Wir haben meist genug Ansatzpunkte, um das organisatorische Problem zu lösen.

Die wichtige Basis, die in diesen Fällen geschaffen werden muss, damit ein Konsens erreicht werden kann, ist also, die Interessen der einzelnen beteiligten Personen hinter den Positionen herauszuarbeiten. Die Positionen sind meist unvereinbar. Das muss jedoch nicht für die dahinterliegenden Interessen gelten. Das Aushandeln von Interessenkonflikten und das Regeln von Wertekonflikten bilden die Basis für einen belastbaren Konsens.[2]

Natürlich können wir die einfache Veto-Frage noch verfeinern. Eine Technik dazu nennt sich Fist-to-Five. Nachdem wir zur Abstimmung aufgerufen haben, streckt jeder Teilnehmer eine Hand nach oben. Diese ist entweder zur Faust geformt (fist) oder zeigt ein bis fünf Finger (five). Die Bedeutung der Handzeichen ist die folgende [99]:

Geschlossene Faust: Veto – so kann ich nicht mitgehen und an diesem Vorschlag ist noch viel zu ändern.

Ein Finger: Ich habe noch größere Punkte zu diskutieren und an dem Vorschlag zu ändern.

Zwei Finger: Ich habe noch Kleinigkeiten, die ich an dem Vorschlag ändern möchte.

Drei Finger: Ich bin nicht begeistert, aber kann mit dem Vorschlag leben, sodass wir zum nächsten Punkt kommen können.

Vier Finger: Ein guter Vorschlag und ich bringe mich ein, ihn umzusetzen.

Fünf Finger: Ein optimaler Vorschlag, den ich mit aller Kraft umsetze.

[2]Auf das Thema *Konfliktmanagement* gehen wir in *Soft Skills für Softwareentwickler* [133] tiefer ein.

Eine Entscheidung ist gefallen, wenn jeder drei Finger oder mehr zeigt. Dieses Vorgehen ist dann besonders wirkungsvoll, wenn wir verschiedene Vorschläge zu bewerten haben und die Information über das Maß des Widerstands dabei hilfreich ist.

Als vereinfachte Form können wir auch die Daumenabfrage machen. Die Regeln sind noch einfacher und können jederzeit schnell umgesetzt werden [122]:

Daumen runter: Veto – ich trage den Vorschlag nicht mit.
Daumen zur Seite: Der Vorschlag ist O.K., ich bin bereit, ihn mitzutragen.
Daumen hoch: Ich stehe voll und ganz hinter dem Vorschlag.

Ein extremes Szenario für die Konsensfindung ist der Grabenkrieg zwischen zwei Richtungen im Team, den *Äpfeln* und den *Birnen*. Wenn in einer vorgegebenen Timebox von meist zwischen 30 und 90 Minuten dazu keine gemeinsame Lösung gefunden wurde, werden wir so kaum zum Ziel gelangen. Wir könnten versuchen, den Druck auf das Team zu erhöhen, indem wir klar herausstellen, dass die Tetralemma-Lösung *weder Apfel noch Birne* eine für alle Beteiligten nicht erwünschte Lösung ist. Doch führt das oft zu den oben bereits erwähnten faulen Kompromissen, deren Halbwertszeiten kürzer sind als die Dauer des Meetings zu seiner Findung.

Häufig können wir in diesen Situationen mit jeder der beiden Varianten, Apfel oder Birne, gut leben. Es gilt eben, nur eine zu beschließen. Wenn dies der Gruppe nicht gelingt, dann hilft uns *Buridans Esel*! Wie wir bereits in Abschnitt 11.1.5 ab Seite 178 gesehen haben, kann dann auch das Los entscheiden. Der zu erreichende Konsens bezieht sich dann nur noch auf das Vorgehen.

Die Konsensfindung ist besonders wichtig für das Team bzw. die Teambildung. Wenn wir eine *Performing*-Phase erreichen möchten, benötigen wir in den vielen großen wie kleinen Äpfel-und-Birnen-Fragen eine für alle tragfähige Lösung als Grundlage. Ohne einen Konsens brechen früher oder später wieder Konflikte auf, die das Erreichen der *Performing*-Phase verhindern. Konsens lohnt sich daher immer!

Teil IV

Mitarbeiter weiterentwickeln

▷ **Möglichkeiten der Weiterentwicklung** 205
Seminare, Teambildungsworkshops, Mentoring und Coaching werden als unterschiedliche Möglichkeiten der Weiterentwicklung von Mitarbeitern beleuchtet. Das kurze Einstiegskapitel gibt eine entsprechende Übersicht, bevor Coaching und Mentoring tiefergehend behandelt werden.

▷ **GROW – der Coaching-Prozess** 211
Ein Coaching folgt einem stets ähnlichen Prozess. Von den bekannten Varianten haben wir das GROW-Modell ausgewählt, um daran die Details zu beschreiben. Auf die wesentliche Schwierigkeit der Zieldefinition gehen wir in diesem Zusammenhang genauer ein.

▷ **Das Individuum im Team** 221
Ohne Typologien überbewerten zu wollen, zeigen wir auf, wie diese zur Istanalyse genutzt werden können. Sie können sich damit Klarheit über eine existierende Teamstruktur verschaffen, Gruppendefizite benennen und systematisch ergänzen. Um der realen Vielfalt gerechter zu werden, nutzen wir eine Erweiterung der bisher eingesetzten Typologie.

▷ **Weiterentwicklung nach dem Troja-Prinzip** 231
Wie passen diese Möglichkeiten der individuellen und Team-Weiterentwicklung zum Troja-Prinzip? Wir zeigen auf, welche Formen der Weiterentwicklung eher zu den evolutionären oder revolutionären Phasen passen. Besonders in den revolutionären Phasen des Umbruchs ist eine enge Begleitung der Mitarbeiter wichtig, um schnell wieder handlungsfähig zu werden.

12 Möglichkeiten der Weiterentwicklung

Warum sollen wir uns eigentlich regelmäßig weiterentwickeln? Wir haben doch eine solide, intensive Ausbildung genossen! Denken Sie kurz einmal zurück an Ihren ersten Job. Womit haben Sie Ihr Geld verdient? Was gehört davon immer noch zu Ihrem Arbeitsalltag? Einer der Autoren hat seine erste Anstellung im Anschluss an das Universitätsstudium seinen FORTRAN-Kenntnissen zu verdanken. Ende der 80er-Jahre war die Objektorientierung noch in weiter Ferne. Die kam für ihn 1991 in Gestalt von C++ hinzu. Und was ist mit Java und testgetriebenem Vorgehen und Projektmanagementtechniken und ... In unserem spannenden Beruf bleibt die Zeit nicht stehen. Das ist genau einer der Gründe, warum wir die Softwareentwicklung mit all ihren Facetten so lieben. Sie bietet uns immer wieder Gelegenheit, uns weiterzuentwickeln.

Welche Möglichkeiten haben wir, um uns selbst oder unsere Mitarbeiter fachlich und in ihrer Persönlichkeit weiterzuentwickeln? Wenn wir es nicht nur der Gruppendynamik und den individuellen Impulsen der einzelnen Personen überlassen möchten, stehen uns im Wesentlichen vier Möglichkeiten zur Verfügung:

- Seminare: Einzelne Mitarbeiter und ganze Teams besuchen ein entsprechendes Seminar.
- Teambildungsworkshops: Die ganze Gruppe sammelt gemeinsame Erfahrungen in einem Workshop, um ihre Rollen und inneren Strukturen auszubilden, zu verfestigen und sich bewusst zu machen.
- Mentoring: Einzelne Mitarbeiter haben einen Mentor, der sie persönlich fördert.
- Coaching: Einzelne Mitarbeiter oder eine kleine Gruppe werden von einem Coach betreut.

Bevor wir die einzelnen Verfahren stärker beleuchten, möchten wir sie genauer definieren und gegeneinander abwägen. In Seminaren finden wir eine Kombination aus Vortrags- und Übungsteilen mit dem Ziel, bestimmte Inhalte zu vermitteln. Dagegen lassen sich im Vergleich die Ergebnisse der Teambildung schwer vorhersagen. Anders als in Seminaren mit festen Übungsbeispielen und vordefinierten Inhalten, wird in Teambildungsworkshops an der individuellen Situation der Gruppe mit den aktuellen konkreten Problemen gearbeitet. Hier kommt die reale Gruppendynamik zum Tragen und lässt Stärken wie auch Problembereiche erkennen.

Mentoring haben wir bereits in Abschnitt 10.3.4 ab Seite 169 definiert und beschrieben. Ein wesentlicher Unterschied zum Coaching liegt darin, dass ein Mentor keine neutrale Position einnimmt, sondern sich durch starkes inhaltliches Engagement und eine persönliche Bindung an den Mentee auszeichnet [24].

Mit Coaching bezeichnen wir eine Art Hilfe zur Selbsthilfe, in dessen Ablauf bislang verdeckte Ressourcen erkannt, benannt, entwickelt und ausgebaut werden. Der *Coach* begleitet dabei den *Coachee* in eher beobachtender Position. Der Coachee entwickelt im Rahmen des Coaching-Prozesses seine individuelle Lösung selbst.

12.1 Schulungen und Workshops

12.1.1 Seminare – von anderen lernen

Seminare dienen dazu, schnell und gezielt Wissen zu vermitteln. Wissensaneignung kann über Präsenzveranstaltungen, das Internet oder in Form eines Literaturstudiums erfolgen. Natürlich sind auch Mischformen möglich. Der Wert eines Seminars wächst nach unserer Erfahrung mit einer Reihe von Parametern:

- Wie qualifiziert ist der Anbieter und ggf. Trainer aus inhaltlicher und didaktischer Sicht?
- Liegt beim Seminarleiter ausreichend Praxiserfahrung als Trainer wie auch in der Anwendung des Seminarinhalts vor?
- Ist der Zeitpunkt des Wissenstransfers so gewählt, dass die Anwendung des neuen Wissens direkt nach dem Seminar erfolgen kann?
- Sind im didaktischen Konzept ausreichend Diskussionen, Wiederholungen und Übungen vorgesehen, um die Inhalte zu verinnerlichen?

Leider ist der tatsächlich von einem Teilnehmer aufgenommene Inhalt meist eher gering, wobei dies stark vom didaktischen Konzept abhängig ist. In Abbildung 12.1 werden diese Zusammenhänge erläutert. Umso wichtiger sind das richtige Timing und ein Konzept für den Transfer des Gelernten in die eigene Praxis. Dieser Transfer kann hervorragend durch ein Coaching begleitet werden. Ein Seminar für sich allein bringt daher oft vergleichsweise wenig. Die eigene Umsetzung des Gelernten in die Praxis schafft oft erst den Wert.

Eine messbare Kontrolle der Wirkung von Seminaren ist oft kritisch. Häufig wird dies über abschließende Prüfungen versucht. Dient eine solche

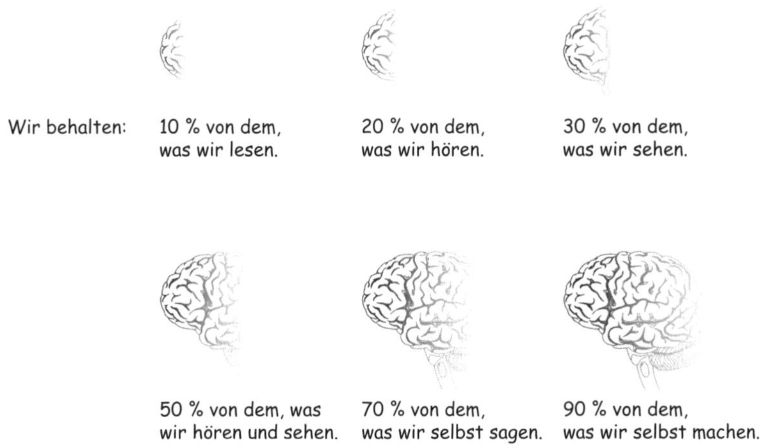

Abbildung 12.1: Wie wirksam sind die Kanäle, über die wir Inhalte transportieren? Visualisierung und die Kombination verschiedener Kanäle schaffen einen erheblichen Mehrwert [79].

Prüfung nur dem Leistungsnachweis und ist sie mit ihren Inhalten ausreichend praxisnah, so kann sie als fokussierend wirkender Druck positive Effekte erzielen. Ist die Prüfung reiner Selbstzweck, inhaltlich wenig praxistauglich und dominiert sie die Inhalte der Schulung derart, dass explizit auf die Prüfung vorbereitet wird, so wird sie für sich alleine kaum Aussagekraft über den Nutzen haben.

Ungeachtet dieser Situation nehmen Zertifizierungen mehr und mehr zu, sei es zu Microsoft- oder Java-Themen, UML oder Testen und natürlich zu jeglicher Form von Projektmanagement (PMI, GPM/IPMA, PRINCE2 oder Scrum). Dieser Trend adressiert das Problem, in der eher schnelllebigen IT-Welt aktuelles Fachwissen nach außen hin nachweisen zu können. Ein vor 15 Jahren abgeschlossenes Informatik-Studium wird dazu kaum ausreichen.

Und so dienen die vielen Zertifikate als Nachweis der Kompetenz von Beratern oder Bewerbern oder gar einer ganzen Abteilung gegenüber der Geschäftsführung. Wenn bei der Auswahl der Zertifizierungen genau hingeschaut wird und deren Tauglichkeit für die aktuelle oder angestrebte Tätigkeit gegeben ist, gibt es derzeit kaum Alternativen. Daher wird das Geschäft mit den Zertifikaten vermutlich weiter zunehmen.

12.1.2 Workshops zur Teambildung

Die Soft Skills einzelner Mitarbeiter und ihre Kooperationsfähigkeit miteinander können nicht theoretisch, sondern nur im praktischen Miteinander gefördert und verbessert werden. Teambildungsworkshops sind prinzipiell geeignet, um gerade zu Beginn einer Gruppenbildung die natürlich ablaufenden Prozesse zu beschleunigen, zu vertiefen und in die gewünschte Richtung zu lenken.

Solche Workshops bergen ein gewisses Risiko, schwerwiegende und bislang höchstens vermutete Probleme Einzelner oder in der Beziehung mehrerer Mitarbeiter zueinander hochkommen zu lassen. Dieser Effekt ist durchaus gewollt, denn Konflikte oder andere Probleme können nur bearbeitet werden, wenn sie offen und akut sind. Diese Arbeit erfordert eine hohe Kompetenz der leitenden Trainer und ausreichend Zeit. Daher raten wir dazu, Workshops, die ein solches Risiko bergen, am besten über drei oder mehr, mindestens jedoch über zwei Tage laufen zu lassen. Nur so ist ausreichend Zeit auch für eine Aufarbeitung gegeben.

Gute Zeitpunkte für Teambildungsworkshops sind die Forming- bzw. Reforming-Phasen im Teambildungsprozess (Abb. 3.11 auf Seite 55). Hier können die Impulse ihre größte Kraft entfalten. Auch im Storming ist dies möglich, benötigt aber aus den oben genannten Gründen mindestens drei Tage, eher mehr. In den Workshops werden dann die Konflikte offenbart und zumindest zu lösen begonnen sowie die Gruppenziele für die anschließende Norming- und hoffentlich auch Performing-Phase gesteckt.

Ohne diese Workshops geht es natürlich auch. Die Teambildung am konkreten Projekt kann hervorragend funktionieren, wenn den sozialen Aspekten ausreichend Beachtung geschenkt wird. Hier gilt der Grundsatz aus der agilen Softwareentwicklung, dass soziale Probleme stets dringlich und sofort zu behandeln sind [8].

12.2 Mentoring und Coaching

12.2.1 Der väterliche Mentor

Auf das Mentoring sind wir bereits kurz in Abschnitt 10.3.4 ab Seite 169 eingegangen. Hier möchten wir noch einige wenige Ergänzungen dazu machen. Die mythische Herkunftsgeschichte des Mentoring macht zwei wesentliche Erfolgsfaktoren dieser Form der Weiterentwicklung offensichtlich: Ein Mentoring muss klar und fest im Arbeitsalltag verankert sein. Es geht nicht mal so eben nebenbei. Insbesondere ist die Wahl des Mentors bzw. die Zusammenstellung des Mentor-Mentee-Paars entscheidend [24].

> Als Odysseus sich auf den Weg nach Troja machte, vertraute er seinen Sohn Telemachos seinem Freund Mentor mit den Worten an: »Erzähle ihm alles, was du weißt!« Mentor sollte also für Telemachos ein Begleiter, Führer, Berater und Erzieher sein.

Ein Mentoring kann bereits zum Zeitpunkt der Einarbeitung erfolgen und verkürzt häufig die Zeit, bis ein neuer Mitarbeiter wirklich produktiv mitarbeiten kann. Der Preis dafür ist der Aufwand des Mentors, der in dieser Zeit seine volle Arbeitsleistung z. B. als Entwickler nicht einbringen kann. Ihm muss ausreichend Zeit für das Mentoring zur Verfügung gestellt werden.

Es ist für den Mentor oft hilfreich, sich selbst immer wieder klarzumachen, welche Rolle er im Moment gegenüber dem Mentee einnimmt. Bin ich gerade eher Begleiter, Führer, Berater oder Erzieher? Hilfreich ist eine grobe Planung dieser Rolle bzw. der Rollenwechsel in immer wiederkehrenden Situationen. Wann kann der Mentee etwas alleine machen? Wann braucht er in einer bestimmten Situation noch welche Unterstützung? Wann reicht es aus, dass der Mentor nur noch bei einer möglichen Eskalation von Konflikten eingreift?

Mit diesen Überlegungen kann dann auch das Ende eines Mentoring angegangen werden. Der Mentee emanzipiert sich und gibt die Sicherheit, die er über den Mentor erfährt, auf. Beiden Beteiligten muss dieser Prozess bewusst sein, sonst wird stets eine ungewollte Abhängigkeit bestehen bleiben. Die Beziehung zwischen ehemaligem Mentor und Mentee wird in den meisten Fällen sowieso eine besondere, tiefe und sehr belastbare sein.

So kann ein Chefarchitekt als Mentor einen neuen Architekten zuerst zu bestimmten Besprechungen nur mitnehmen, damit dieser die anderen Chefarchitekten aus den parallelen Projekten kennenlernt und sich inhaltlich einarbeiten kann. Dann übernimmt der Mentee erst einige wenige, später mehr und mehr der Aktivitäten des Mentors in dieser Regelbesprechung. Wenn der Mentee sein erstes eigenes Projekt als Chefarchitekt betreut, ist der Mentor nur noch Begleiter und Berater.

Nachdem das Mentoring beendet wurde, arbeiten beide als vollwertige Chefarchitekten in ihren eigenen Projekten. Der Mentor kann ein neues Mentoring beginnen. Nach einigen Jahren Berufspraxis kann auch der ehemalige Mentee eine Aufgabe als Mentor übernehmen.

12.2.2 Der neutrale Coach

Der Begriff Coaching leitet sich vom englichen *coach*, auf deutsch *Kutsche*, ab. Ein Coach ist also ein Transportmittel, um den Coachee seine Ziele erreichen zu lassen. Seine wohl weitläufigste Bedeutung hat der Begriff *Coach* im Sport als Synonym für Trainer. Wir konzentrieren uns in diesem Buch auf den Business Coach im beruflichen Kontext.

Coaching stellt eine Win-win-Situation dar, in der eine zielorientierte Teamarbeit zwischen Coach und Coachee erfolgt. Gleichzeitig setzt es eine intensive, vertrauensvolle Beziehung voraus, um eine hilfreiche Beeinflussung überhaupt zu ermöglichen. Coaching ist daher ein nützliches Beziehungsmodell, um den Coachee zu befähigen, seine Ziele selbst zu erreichen und erfolgreich zu sein. Im folgenden Kapitel werden wir das Thema Coaching weiter konkretisieren und vertiefen.

»Als Führungskraft bin ich gleichzeitig Coach und Mentor!«

Da kann man ja erstmal nichts dagegen sagen. Es ist bestimmt gut, wenn eine Führungskraft sich der verschiedenen Rollen bewusst ist und diese auch situativ richtig einsetzt. Aber ist eine Führungskraft nicht weisungsbefugt und muss dieses von Zeit zu Zeit auch zeigen? Wie passt das mit der Rolle eines Mentors oder Coaches zusammen, der dem Coachee auf keinen Fall Lösungen präsentieren, sondern ihn durch gezieltes Fragen auf eine für den Coachee am besten geeignete Lösung stoßen sollte?

Wie immer liegt die Antwort in der Mitte. Wir alle wissen, dass weder Führungskräfte, die ihren Mitarbeitern genau sagen, was sie zu tun und zu lassen haben, die besten sind. Noch scheinen Führungskräfte, die nicht entscheiden oder alles im Konsens aller Beteiligten entscheiden wollen, das Gelbe vom Ei zu sein. Was eine Führungskraft also schaffen muss, ist die Umsetzung der sogenannten *situativen Führung*. Dieser Führungsstil ist auf den Empfänger angepasst und berücksichtigt seine ganz individuelle Lage. Das gilt sowohl für einzelne Personen wie auch für Gruppen.

Um noch ein wenig konkreter zu werden: Kommt ein Mitarbeiter mit einem Problem zu uns als Führungskraft, versuchen wir das Problem zu verstehen und merken dabei vielleicht, dass der Mitarbeiter die Lösung eigentlich schon kennt. Dann lenken wir ihn mit geschickten Fragen zu *seiner* Lösung. Fragen wie »Was meinen Sie denn?« oder »Was halten Sie für die bessere Lösung und warum?« helfen hier. Sehen wir zum Beispiel, dass eine Angelegenheit aus dem Ruder läuft, so werden wir zuerst durch Nachfragen versuchen, die Verantwortlichen auf die Schieflage aufmerksam zu machen. Das tun wir, indem wir unsere Erwartungen äußern, aber keine Lösungen vorgeben. Sollte das nicht ausreichen, und das gilt für alle hier gebrachten Beispiele, würden wir als nächste Stufe Anweisungen geben und mit den Mitarbeitern deren Umsetzung diskutieren. Führt das auch nicht zum Ziel, so werden wir uns wohl oder übel einmischen und die einzelnen Schritte der Umsetzung diktieren. Sie sehen also, dass es einen Übergang von der Rolle als Mentor zum Coach und dann zur direktiven Führung gibt.

In der Praxis beobachten wir, dass Führungskräfte sich selten in diesen Prozess begeben und daher entweder die Mitarbeiter frei walten lassen oder ihnen einzelne Schritte ins Aufgabenheft diktieren. Dies ist eine Nichterfüllung der Verantwortung, die ihnen als Führungskraft übertragen wurde.

13 GROW – der Coaching-Prozess

Ganz allgemein gliedert sich ein Coaching-Prozess in fünf Phasen [128]:

1. Vertrauen gewinnen, um den Istzustand erforschen zu können. Dazu ist die absolute Verschwiegenheit des Coaches eine unabdingbare Voraussetzung.
2. Ziele formulieren, um die Ausrichtung und klare Abgrenzung zu erhalten, was angestrebt und was in diesem Prozess außer Acht gelassen wird.
3. Strategie entwickeln, um die persönlichen Ressourcen des Coachees organisieren und aktivieren zu können.
4. Öko-Check bzw. Realitäts-Check, um die Lösungsideen hinsichtlich ihrer Konsequenzen überprüfen zu können.
5. Future Pace, also der Plan, wann was genau getan werden soll.

Wir konkretisieren diese Schritte, indem wir in einen definierten und weitverbreiteten Coaching-Prozess konkret hineinschauen, das Coaching nach Sir John Whitmore (*1937) mit dem Namen GROW.

13.1 GROW im Überblick

13.1.1 Was bedeutet GROW?

GROW lässt sich der sich in der Berufswelt gut einsetzen und ist verhältnismäßig einfach zu erlernen. Die vier Buchstaben aus GROW stehen für die vier Schritte, in denen dieser konkrete Coaching-Prozess abläuft (Abb. 13.1). Im Einzelnen sind dies:

Goal setting: Definition der Ziele. Hierbei gilt es, drei Punkte zu klären:

- Kann der Coachee das Erreichen der Ziele wirksam beeinflussen und steuern?
- Welche anderen Ziele stehen hinter den bereits bekannten Zielen? Gibt es ein verdecktes Thema hinter dem Offensichtlichen?
- Gibt es Zielkonflikte?

Reality Check: Wo steht der Coachee heute und was wurde bereits getan?

Options: Alternative Handlungsweisen finden. Hier werden vorerst ohne eigene Bewertung durch den Coach oder Coachee die verschiedenen Möglichkeiten zusammengetragen. Ziel ist es dabei, möglichst viele Alternativen zu finden, mit denen dann im nächsten Schritt gearbeitet werden kann.

What, when, who, will: Der konkrete Handlungsplan:

- Was genau ist zu tun, um das Ziel zu erreichen?
- Ein möglichst genauer Arbeitsplan wird aufgestellt, in dem detailliert festgehalten wird, bis wann mit wem was gemacht wird. Dabei hat der Coachee die Wahlfreiheit, die einzelnen Schritte zu definieren, und steuert so selbst seine Verhaltensänderung.
- Wer kann den Coachee wie unterstützen?
- Wie wahrscheinlich ist die Umsetzung des Plans aus Sicht des Coachees? Wie groß ist dessen Motivation?

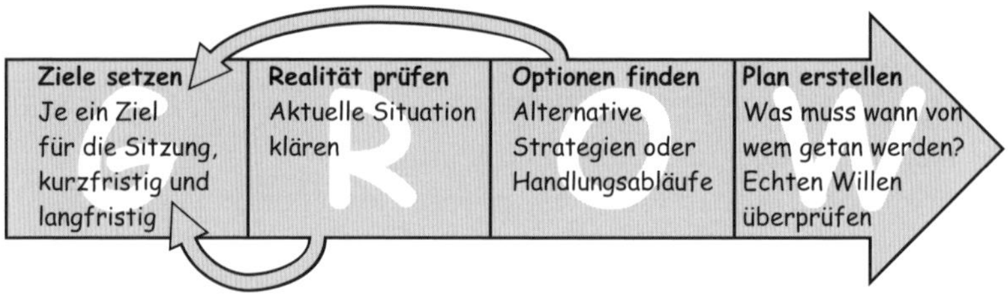

Abbildung 13.1: Der GROW-Ablauf in der Übersicht [140]

Typischerweise läuft ein Coaching gerade in den ersten Sitzungen nicht so einfach linear ab. Gerade die Zieldefinition stellt sich oft als schwierig heraus. Um diesen Knoten zu lösen, gehen wir als Coach von einer *vorläufigen* Zieldefinition aus und hoffen, dass sich in den folgenden Schritten eine ausreichende Klärung und Konkretisierung ergibt, um eine ausreichende Zielqualität zu erreichen. Der Coach führt den Coachee dazu wieder zurück zum ersten Schritt. Wir springen also bei schwierigen Coaching-Sitzungen durchaus mehrmals aus unterschiedlichen Situationen wieder zurück auf einen vorherigen Schritt (Abb. 13.1).

Das GROW-Modell ermöglicht uns Flexibilität im Prozess. Es gibt uns eine Struktur vor, einen Führungsrahmen, in dem wir alle Freiheiten haben und doch stets wissen, wo wir stehen und welche nächsten Optionen sich ergeben. In Abschnitt 10.3.3 ab Seite 167 haben wir bereits darauf hingewiesen, wie nützlich ein solcher Rahmen ist, um in diesem Fall sowohl dem Coach als auch dem Coachee Sicherheit in der Vorgehensweise zu geben und beide von unnötigem Druck zu entlasten.

Wenn wir als Coach im Prozess auf ein Problem stoßen wie z. B. eine Situation, in der es dem Coachee nicht gelingt, aus dem Thema des Coachings ein konkretes, messbares Ziel abzuleiten, so können wir fortfahren und den Reality Check durchführen. Spätestens beim Betrachten der Optionen wird es möglich sein, die bisherige Zieldefinition brauchbar zu verbessern. Wir springen dann zurück zum ersten Schritt und verbessern die bisherigen Ergebnisse. Jetzt haben wir zwei Möglichkeiten, um weiterzumachen:

- Wir springen wieder zurück zum letzten Schritt, den wir unternommen haben, z. B. zu Options.
- Wir wiederholen kurz alle bisherigen Schritte, bis wir wieder dort angelangt sind, von wo aus aus wir zurückgesprungen sind, z. B. in der Planung: What, when, who, will.

Bei kurzen, kleinen *Ausflügen* können wir sicherlich die erste Variante erfolgreich durchführen. Haben wir dagegen beim zweiten Mal intensiv an den Zielen gearbeitet und deutlich mehr Klarheit gewonnen, so bietet sich die zweite Variante an, alle bisherigen Schritte kurz zu durchlaufen und zu prüfen, ob sich aus der neuen Situation Konsequenzen für unsere bisher erzielten Ergebnisse ergeben.

Bevor wir uns genauer anschauen, wie eine solche Coaching-Sitzung abläuft, gehen wir noch etwas tiefer auf das Thema Ziele im Coaching ein. Hier ergeben sich erfahrungsgemäß die größten initialen Schwierigkeiten beim Coaching.

Ein Coaching ist ein Prozess, in dem meistens eine längerfristige Begleitung des Coachees durch einen Coach in regelmäßigen einzelnen Coaching-Sitzungen von ca. 90 Minuten erfolgt. Je nach Thema und zeitlichen Rahmenbedingungen beträgt der Abstand zwischen den einzelnen Sitzungen mehrere Tage bis wenige Wochen. Daraus ergeben sich zwei Arten von Zielen (Abb. 13.1):

1. Ein Ziel für den gesamten Coaching-Prozess und
2. je ein Ziel für jede einzelne Coaching-Sitzung.

Die Ziele einer einzelnen Sitzung sind daher meist Unterziele des übergeordneten Gesamt-Coaching-Ziels. Wenn wir z. B. einen Entwicklungsleiter darin coachen, ein neues Softwarewerkzeug in seiner Entwicklungsabteilung einzuführen, könnte das Coaching-Ziel lauten: »Für das neue XY-Projekt, das in drei Wochen beginnt, nutzen alle beteiligten Entwickler bis in sieben Wochen das ABC-Tool als einziges UML-Modellierungswerkzeug.« Ein mögliches Unterziel für eine Sitzung wäre dann z. B.: »Alle am XY-Projekt beteiligten Personen bis zum Projektstart mit dem neuen UML-Tool so vertraut zu machen, dass diese ihre Modellsichten damit erstellen können und die der anderen im Modellbaum finden und verstehen können.«

13.1.2 Wie läuft eine Coaching-Sitzung ab?

Als Rahmenbedingung für eine einzelne Coaching-Sitzung benötigen wir einen Raum, in dem wir ungestört sind, ausreichend Karten in vier unterschiedlichen Farben, einen Filzschreiber, einen Bleistift und eine Kamera für das Fotoprotokoll. Mit den Karten lässt sich nach unseren Erfahrungen ausgezeichnet auf dem Boden arbeiten, da wir häufig sehr viel Fläche benötigen und vorher nur schwer abschätzen können, wohin sich ein Kartenbild später ausdehnt.

Wir beginnen mit der Zieldefinition und lassen den Coachee seine Ziele für das Coaching auf die Karten mit einer bestimmten Farbe schreiben. Karten werden grundsätzlich nur vom Coachee geschrieben, und jeder einzelne Aspekt kommt auf eine eigene Karte. Diese Karten werden nebeneinander auf dem Boden ausgelegt (Abb. 13.2).

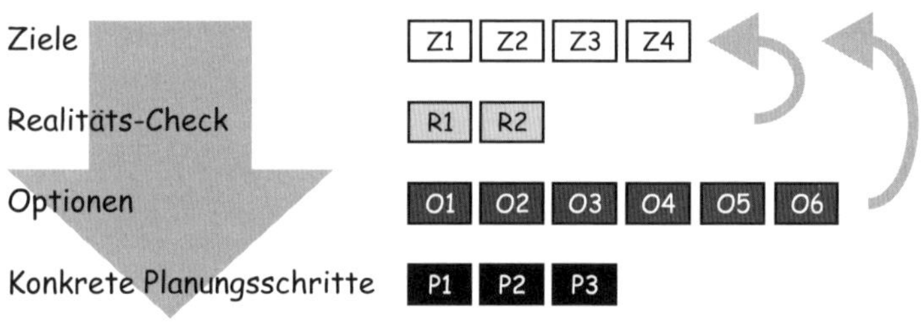

Abbildung 13.2: Der GROW-Ablauf aus Abbildung 13.1 lässt sich gut mit Karten visualisieren, wobei Karten zu einem Schritt dieselbe Farbe haben.

Aus den Zielen wird das konkrete Coaching-Ziel abgeleitet und eine Reihe von Unterzielen für die einzelnen Sitzungen (Abb. 13.3).

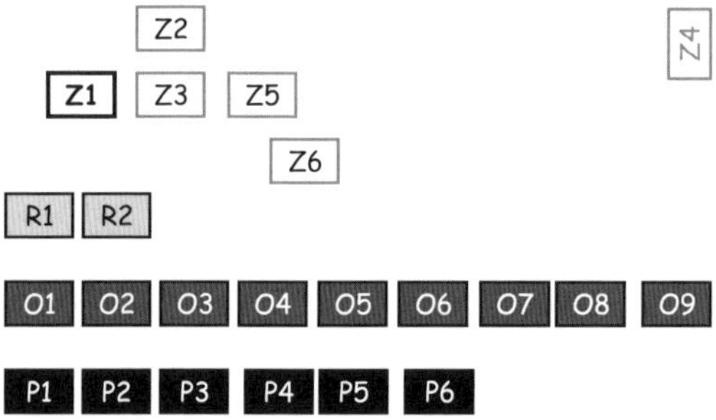

Abbildung 13.3: Im Ablauf der Sitzung hat sich eine Zielhierarchie ergeben mit Z2 als eigentlichem Coaching-Ziel und den Unterzielen Z1, Z3 und Z5. Z4 ist zur Seite gelegt worden und durch Z5 und Z6 konkretisiert worden. Z6 ist dabei ein Unterziel von Z5.

Auf den Zielkarten wird mit Bleistift vermerkt, wie die Zielerreichung gemessen wird. Greifen wir das vorherige Zielbeispiel auf und sagen:

Z2: Für das neue XY-Projekt, das in drei Wochen beginnt, nutzen alle beteiligten Entwickler bis in sieben Wochen das ABC-Tool als einziges UML-Modellierungswerkzeug.

- Alle uns bis dahin bekannten Use Cases sind in einem Use-Case-Modell mit essenziellen Schrittbeschreibungen, Auslösern, fachlichen Ergebnissen und initialen Aktivitätsdiagrammen zur ersten Detaillierung auf Ebene der essenziell beschriebenen Schritte modelliert.[1]
- Alle Kundendokumente sind aus dem Modell heraus verlinkt.

Z1: Alle am XY-Projekt beteiligten Personen sind bis zum Projektstart mit dem neuen UML-Tool so vertraut zu machen, dass diese ihre Modellsichten damit erstellen können und die der anderen im Modellbaum finden und verstehen können.

Für diese Sitzung betrachten wir das in Abbildung 13.3 hervorgehobene Unterziel Z1 genauer. Der Reality Check hat ergeben, dass das ausgewählte Werkzeug installiert ist und alle beteiligten Entwickler die Methodik und Notation kennen (R1 und R2 in Abb. 13.3).

Die Sammlung der Optionen setzt auf evtl. existierenden Vorergebnissen aus vorherigen Sitzungen auf und wird mit dem Fokus auf das Ziel Z1 abgeklopft und erweitert. Solange neue Optionen gesucht werden, achtet der Coach darauf, dass noch keine Bewertung der Optionen die Sicht unnötig einschränkt. Auch abwegige Ideen finden ihren Platz auf einer Karte. Erst wenn der Coachee länger keine neuen Optionen mehr gefunden hat, kann der Coach durch Fragen unterstützen. Wenn möglich, sind dabei offene Fragen wie »Was hat sich bei der letzten Werkzeugeinführung bewährt?« geschlossenen wie »Bist du auch der Meinung, dass ...« vorzuziehen.

Wenn die Ziele stimmig und so weit konkretisiert sind, dass sie messbar sind, und uns keine neuen Optionen mehr einfallen, geht es an die Planung. Jetzt werden die Optionen herausgegriffen und durch den Coachee priorisiert. Was ist seiner Meinung nach gut machbar? Welche Optionen können zusammengefasst oder rekombiniert werden? Welche sieht der Coachee als unpraktikabel an? Mit den für den Coachee sinnvollen Optionen wird jetzt ein Handlungsplan entworfen, indem jeder Schritt auf eine Karte kommt, also z. B.»Einen exemplarischen Use Case bis zum ersten Aktivitätsdiagramm exemplarisch modellieren«. Dieser wird dann mit folgenden Informationen ergänzt, wobei in Klammern das Beispiel weiterentwickelt wird:

[1] Die hinter dieser Formulierung und Vorgehensweise stehende Methodik entnehmen Sie bitte [89] oder [130].

- Was ist das messbare Ergebnis? (ein Use Case mit Akteuren und essenziell beschriebenen Schritten im Notizfeld, ein im Modell verlinktes Aktivitätsdiagramm, das den idealen Ablauf ohne Varianten und Ausnahmen auf Ebene der essenziell beschriebenen Schritte darstellt)
- Aufwand und Dauer? (8 Stunden in 2 Tagen)
- Wie und wann wird das Ergebnis gemessen? (Review durch den Coach am 20. 8.)
- Wer ist für das Ergebnis des Schritts verantwortlich? (Petra)
- Wer unterstützt? (Klaus)
- Fertig bis wann? (21. 8.)

So entsteht ein Projektplan für die nächsten Schritte im Coaching vollständig durch den Coachee. Der Coach achtet primär auf den Prozess und stellt zwischendurch, wenn ihm fachlich etwas auffällt, mit Fragen sicher, dass die Planung Erfolg versprechend ist. Der Coach muss daher kein Experte für die inhaltliche Fachlichkeit der Themen sein, obwohl dies für die Plausiblitätsprüfung und für Anregungen beim Aufstellen von Optionen hilfreich ist.

Wenn der Plan steht, bewertet der Coachee auf einer Skala von 1 (keine Erfolgsaussicht) bis 10 (sichere Erfolgsaussicht) die Chance, den Plan erfolgreich umsetzen zu können. Bei Werten unter 7 wird der Prozess wiederholt bzw. der Plan so lange modifiziert, bis eine ausreichende Erfolgswahrscheinlichkeit gegeben ist. Das kann dazu führen, das mit extrem kleinen Schritten vorgegangen wird. Diese können dann aber erfolgreich umgesetzt werden und bleiben keine Luftblasen eines zu anspruchsvollen und schnellen Vorgehens.

Der Coachee bestimmt den Weg und das Tempo. Der Grund dafür liegt darin, dass durch ein Coaching eine langfristig wirksame Verhaltensänderung erfolgen soll. Jeder, der einmal versucht hat, sich eine liebe Gewohnheit wie das Rauchen abzugewöhnen, hat erfahren, dass der Weg dahin sehr individuell ist und die Geschwindigkeit von schlagartig bis extrem langsam variieren kann. Mit dem Coaching-Prozess und dem daraus resultierenden individuell maßgeschneiderten Vorgehen wird die Erfolgsaussicht für eine dauerhafte Verhaltensänderung maximiert. Voraussetzung für einen erfolgreichen Coaching-Prozess ist dabei nur der Wille des Coachees, sich zu verändern. Auf keinen Fall erfolgt ein Coaching unter Zwang.

Die darauf folgende Coaching-Sitzung beginnt dann mit der Aktualisierung des Reality Check und der Nachverfolgung des Plans aus der letzten Sitzung. Dazu werden die Karten aus dieser Sitzung entsprechend dem Fotoprotokoll wieder ausgelegt und alle Schritte kurz durchlaufen, um Konsequenzen und Ergänzungen vornehmen zu können. Dann wird das nächste, evtl. modifizierte Unterziel angegangen, und der Prozess beginnt von vorn.

13.2 Stolperstein Zieldefinition

Wie bereits erwähnt, stellt die Festlegung der Ziele für ein Coaching die erste und eine der schwierigsten Hürden dar. Um hier nicht schon zu Beginn ins Straucheln zu kommen, haben wir einige Tipps für Sie.

13.2.1 Ein wohlgeformtes Ziel

Das Erarbeiten eines konkreten Ziels für das Coaching einer Person oder Gruppe orientiert sich an zehn Anforderungen, die wir an das Ziel stellen. Wenn uns dies nicht vollständig gelingt, wird das Ziel nur selten erreicht. Folgende zehn Aspekte helfen uns dabei, Ziele zu formulieren, die zwar fordernd, aber zugleich erreichbar und motivierend sind. Mit diesem Schema können wir auch bereits bestehende Ziele abklopfen und ggf. besser ausprägen [128]:

1. Attraktiv und motivierend: Es gibt Ziele, die begeistern uns nicht. Häufig ist das sehr individuell. Als Gelegenheitsjogger im nächsten Jahr einen Marathon zu laufen, kann Person A stark motivieren und Person B eher abschrecken. Hier ist es wichtig, herauszufinden, was unser Team bzw. jedes einzelne Teammitglied motivierend und attraktiv findet. Zielführende Fragen sind z. B.: »Warum möchtest du dein Ziel erreichen?«, »Was hast du davon, dein Ziel zu erreichen?« oder »Wofür ist das Ziel gut?«.
2. Positiv formuliert: Was genau soll anstatt eines bestehenden Istzustands erreicht werden? »Der Anteil an Zusagen auf unsere Angebote soll erhöht werden« und nicht etwa der Anteil der Absagen verringert. Dies ist auch wichtig, um ungewollte Zielerreichungen zu vermeiden. Im Beispiel mit den Zu- und Absagen können wir den Anteil der Absagen z. B. auch dadurch minimieren, dass wir schwierige und eher unsichere Angebote gar nicht mehr erstellen und uns nur noch auf die Erfolg versprechenden Angebote konzentrieren. Das kann gewünscht sein, wenn z. B. die Arbeitslast der Angebotserstellung temporär nicht mehr bewältigt werden kann, hat jedoch zur Folge, dass die Summe der Angebote reduziert und kein neues Terrain angepeilt wird. Neue und interessante Projekte werden wir so kaum bekommen.
3. Kein Vergleich: Was genau soll erreicht werden? Die Messmethode und die gewünschten Werte gilt es festzulegen. »Die Antwortzeit der ausgewählten Use Cases bleibt unter allen definierten Lastbedingungen unter 2 Sekunden.« Dieses Ziel ist eindeutig im Gegensatz zum oft gehörten: »Die neue Software muss schneller sein als die Vorgängerversion.« Wenn wir einen Vergleich genannt bekommen, können wir ihn nach der *6-Stufen-Fragetechnik* für die Softwareanalyse aus [133] mit

Fragen wie »Wie genau?«, »Im Vergleich womit?« oder »Wie genau wird das gemessen?« konkretisieren.

4. Klarer Kontext: In welchem Rahmen möchte der Coachee sein Ziel realisieren? Die Rahmen- und Randbedingungen sind genau zu spezifizieren. Jedes Ziel ist davon abhängig. Unsere Maßnahmen sind häufig auf ein Projekt oder einen Prototyp beschränkt oder nur für ein bestimmtes Team umsetzbar. Hilfreiche Fragen lauten hierfür: »Wann genau und wo genau soll das Ziel eintreten?«, »Wann und wo jedoch nicht?« und »Mit wem genau und mit wem nicht?«.
5. Sinnlich konkret: Was nimmt der Coachee wahr, wenn sein Ziel erreicht ist? Die Messungen von Antwortzeiten sind eine Sache, doch welche angestrebten Konsequenzen ergeben sich daraus? Der Kunde ist zufrieden und verlängert das Service Level Agreement (SLA), oder wir können doppelt so viele Clients parallel bedienen. »Woran erkennen wir, dass wir erfolgreich waren? Was hörst, siehst oder liest du?«
6. Kurze Feedback-Zyklen: »Bei welchen, möglichst kurzen Schritten merken wir, dass wir uns dem Ziel nähern? Woran erkennst du, dass du den richtigen Weg eingeschlagen hast? Wie können wir diese Schritte überprüfen und in Teilziele übertragen?« Auch der Erfolg eines Coachings hängt von einem angemessenen iterativen Vorgehen ab. So gesehen ist Coaching ein weiteres Anwendungsfeld für APM [131], XP [8] oder Scrum [106] (Anhang A.1).
7. Eigeninitiative: Was kann der Coachee selbst dazu beitragen, sein Ziel zu erreichen? Inwieweit kann der Coachee die Zielerreichung selbst beeinflussen? Über diesen Punkt wollen wir Ziele ausklammern, die wir kaum erreichen können bzw. bei denen wir überwiegend von nicht oder nur gering beeinflussbaren Rahmenbedingungen abhängig sind. Was genau kann der Coachee tun, um die Wahrscheinlichkeit der Zielerreichung drastisch zu steigern?
8. Ressourcen organisierend: Was braucht der Coachee, um sein Ziel zu erreichen? Wir möchten früh erkennen, welche Zuarbeiten initiiert werden müssen, damit deren Ergebnisse rechtzeitig vorliegen, oder von wem wir welche Unterstützung benötigen. Ein fast immer kritischer Aspekt ist es, dass der Coachee sich ausreichend Zeit für seine neuen Aktivitäten im Rahmen des Coachings nimmt. Wie sind dafür andere Aufgaben neu zu verteilen oder zeitlich zu verschieben? Hier hilft ein Blick darauf, was ist und was fehlt: »Welche Fähigkeiten und Ressourcen stehen dir zur Verfügung?«, »Welche möchtest du noch erwerben?« und »Wo, wie, wann und von wem kannst du sie erwerben?«.
9. Mit dem Umfeld verträglich: Welche Risiken und Nebenwirkungen gibt es? Hierbei sind möglichst viele Umfelder des Coachees zu betrachten wie z. B. seine Kollegen, Vorgesetzten, andere Teams, Konkurrenzunternehmen, Familie, Freunde oder andere Aktivitätsfelder des Coachees.

Was gibt der Coachee evtl. dafür auf? Was kann ggf. dagegen unternommen werden? Ist der Coachee bereit, die Konsequenzen für die Zielerreichung in Kauf zu nehmen?

10. Future Pace: Was gilt es in welcher Reihenfolge zu tun, um das Ziel zu erreichen? Wir erstellen einen ersten groben Plan und klopfen ihn auf seine Umsetzbarkeit und Konsequenzen ab. Womit fängt der Coachee wann an? Wie kann sichergestellt werden, dass im Tagesgeschäft die geplanten Schritte auch durchgeführt werden und nicht untergehen oder nur halbherzig angegangen werden?

Anhand dieser Liste kann jedes Ziel untersucht und bei Bedarf weiter konkretisiert werden. In Anhang B.2 auf Seite 328 finden Sie eine Übung zur Zielüberprüfung, die wir beim Coaching als sehr hilfreich erfahren haben. Auch die damit adressierte Gefühlsebene gilt es beim Coaching zu nutzen.

13.2.2 Kontextmodell in der Beratung

In frühen Phasen eines Beratungsprozesses steht die genaue Auftragsklärung im Vordergrund. Wir können ein Modell zur Auftragsklärung natürlich auch in der Zieldefinition beim Coaching einsetzen. Es gibt uns eine Gesprächsstruktur, die gerade zu Beginn eines Coachings sehr hilfreich sein kann, wo wir noch viele Freiheitsgrade haben und viele Aspekte von einer diffusen Unklarheit begleitet sind (Abb. 13.4).

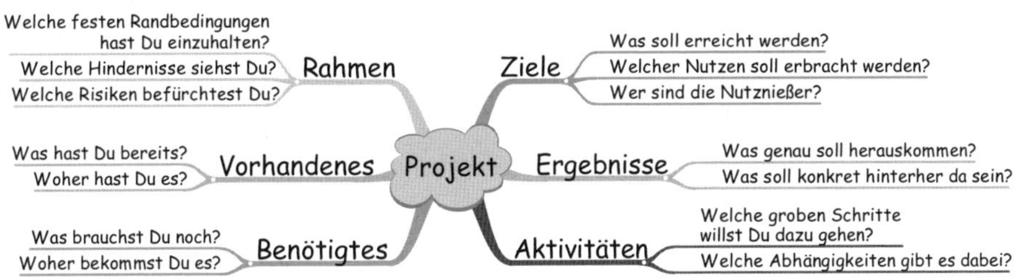

Abbildung 13.4: Das Kontextmodell in der Beratung (nach [78])

Das Erstellen der Mindmap aus Abbildung 13.4 erlaubt uns, frei hin und herzuspringen und am Ende mit einem Blick zu überprüfen, was noch fehlt. Die Ergebnisstruktur beinhaltet die folgenden Fragen (nach [78]):

- Ziele
  - Was soll erreicht werden?
  - Welcher Nutzen soll erbracht werden?
  - Wer ist der Nutznießer?

- Ergebnisse
  - Was genau soll herauskommen?
  - Was konkret soll hinterher da sein?
- Aktivitäten
  - Welche groben Schritte willst du dazu gehen?
  - Welche Abhängigkeiten gibt es dabei zwischen den Schritten?
- Rahmenbedingungen
  - Welche festen Rahmenbedingungen hast du einzuhalten?
  - Welche Hindernisse siehst du?
  - Welche Risiken befürchtest du?
- Vorhandenes
  - Was hast du bereits?
  - Woher hast du es?
- Benötigtes
  - Was brauchst du noch?
  - Woher kannst du es bekommen?

Mit diesem Leitfaden können wir die Zielfindung vereinfachen und für alle Beteiligten verdeutlichen. Das führt dann zu wesentlich motivierenderen Zielen, was wiederum die Ergebnisqualität positiv beeinflusst.

Wie mit diesem Modell konkret in der IT auch gearbeitet werden kann, hat Stefan Zörner (*1971) für das Beispiel der Dokumentation von Architekturentscheidungen gezeigt (Abb. 13.5) [147]. Wir möchten Sie mit diesem Beispiel anregen, kreativ mit dem Modell zu arbeiten.

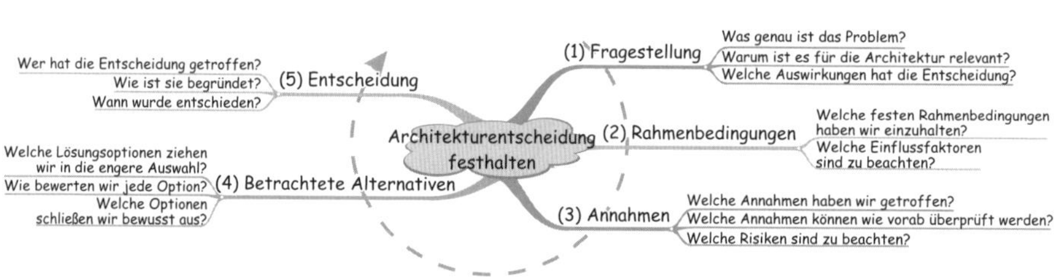

Abbildung 13.5: Das Kontextmodell modifiziert als Struktur für die Dokumentation von Architekturentscheidungen [147]

14 Das Individuum im Team

14.1 Grundlagen: Die Typologie weiter vertiefen

14.1.1 Empirische Typologien aufeinander abbilden

In [133] haben wir uns mit einer einfachen Typologie aus vier Quadranten auseinandergesetzt. Diese harmoniert bei leichten Unschärfen mit diversen empirischen Typologien mit vier Kategorien (Tab. 14.1).

Typologie	Warum	Was	Wie	Wohin noch
Hippokrates' vier Temperamente	melancholisch	phlegmatisch	cholerisch	sanguinisch
Indianische Typologie	Heiler	Lehrer	Krieger	Seher
Virginia-Satir-Konflikttypen	Beschwichtiger	Denker	Ankläger	Ablenker
Hermann Dominanz Modell H.D.I.®	Emotionaler	Analytiker	Organisator	Visionär
Team Management Systems TMS®	Berater	Kontroller	Organisierer	Entdecker

Tabelle 14.1: Vergleich verschiedener empirischer Typologien

Diese Typologien sind weitverbreitet, einfach und damit für einen differenzierten Umgang mit anderen Menschen schnell einsetzbar. Ihr Nachteil liegt darin, dass sie etwas grob sind und viele Nuancen unberücksichtigt lassen. Wesentlich feiner und vor allem im anglo-amerikanischen Umfeld weitverbreitet sind die 16 Typen nach Myers-Briggs. Jeder der vier uns bereits bekannten Typen wird dazu in vier Untertypen differenziert. Der Myers-Briggs Type Indicator® (MBTI®)[1] beruht auf der Typologie von C. G. Jung mit ihren acht Kategorien [133].

[1]Myers-Briggs Type Indicator und MBTI sind eingetragene Handelsmarken der Consulting Psychologists Press. Inc und der Oxford Psychologists Press.

14.1.2 Der Myers-Briggs Type Indicator

Im Myers-Briggs Type Indicator® (MBTI®) finden wir vier Betrachtungsebenen für Persönlichkeitseigenschaften. Die ersten drei basieren auf der Typologie von C. G. Jung (Abschnitt 1.2 ab Seite 6 und [133]). Die vierte ist von Katherine Cook Briggs (1875 – 1968) und ihrer Tochter Isabel Briggs Myers (1897 – 1980) integriert worden. Jede der vier Ebenen hat zwei individuelle Ausprägungen, die situativ variieren, was in Abbildung 14.1 durch die Schieberegler ausgedrückt wird. Im Einzelnen sind dies [7]:

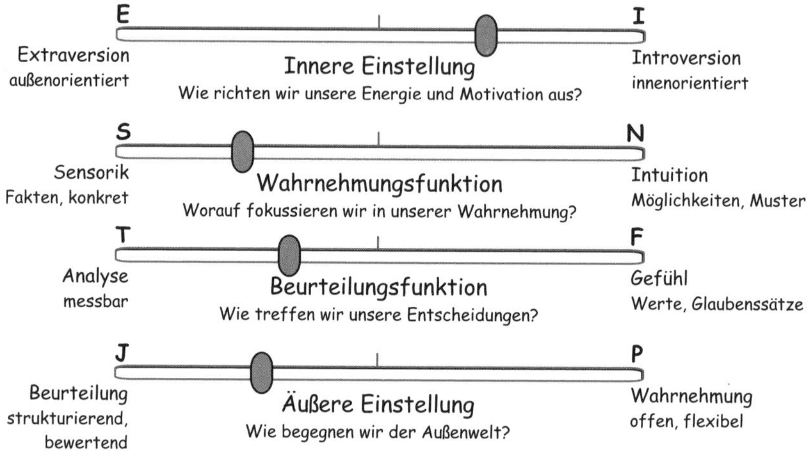

Abbildung 14.1: Die vier Präferenzenpaare nach Myers und Briggs [7]

Innere Einstellung: Wie richten wir unsere Energie und Motivation aus?

- innenorientiert (Introversion)
- außenorientiert (Extraversion)

Wahrnehmungsfunktion: Worauf fokussieren wir?

- sinnliche Wahrnehmung (Sensing): Fakten, konkret
- intuitive Wahrnehmung (Intuition): Möglichkeiten, Muster

Beurteilungsfunktion: Wie treffen wir Entscheidungen?

- analytische Beurteilung (Thinking): Messbares, analytisch
- gefühlsmäßige Beurteilung (Feeling): Gefühle, Werte

Äußere Einstellung: Wie begegnen wir der Außenwelt?

- Beurteilung (Judging): strukturierend, bewertend
- Wahrnehmung (Perceiving): offen, flexibel

Die innere Einstellung und Beurteilungsfunktion bilden die Grundlage für das Vier-Quadranten-Modell. Aus den vier Kombinationen der jeweils zwei Ausprägungen der beiden Aspekte wurden die vier Quadranten *Warum*, *Was*, *Wie* und *Wohin noch* gebildet [133].

Jeder Mensch besitzt nicht nur die beiden Aspekte des vereinfachenden Vier-Quadranten-Modells, sondern alle vier Ebenen und hat dort jeweils eine mehr oder weniger stark ausgeprägte Präferenz. Die Neigungspaare auf den vier Ebenen können sehr gut im direkten Vergleich beschrieben werden. So gewinnt man leichter ein Gefühl für die Nuancen und die Eigenschaften einer Ebene [141]:

Innere Einstellung: Extraversion oder Introversion Auf dieser Ebene finden wir die Motivation zur Sinneserfahrung. Beide Begriffe werden auch weitverbreitet im Alltag genutzt. Ein außenorientierter Mensch ist kontaktfreudiger und handlungbereiter. Ein innenorientierter Mensch ist dagegen konzentrierter, intensiver und territorialer. Man kann diese Tendenzen auch als Neigung zur Breite bzw. in die Tiefe beschreiben. Extravertierte Menschen brauchen Geselligkeit, um ihre Batterien wieder aufzuladen, introvertierte dagegen Einsamkeit. Die Anteilsverteilung in der Bevölkerung liegt bei ca. 75 Prozent Extraversion zu 25 Prozent Introversion, in der IT jedoch eher umgekehrt [124].

Wahrnehmungsfunktion: Intuition oder Sensorik Auf dieser Ebene liegt die Filterung der Sinneseindrücke. Bei ausgeprägter Sensorik werden die *Rohdaten*, also die reinen Eindrücke, am stärksten gewichtet. Wer über eine ausgeprägte Intuition verfügt, kann auf eine Art *sechsten Sinn* zurückgreifen und darüber Stimmungen erfassen, die durch Erfahrungen geprägt sind und weniger durch den realen Informationsgrad. Die Wahrnehmungsfunktion birgt die größten Unterschiede in den einzelnen Aspekten der Persönlichkeit. Sensorische Menschen präferieren greifbare Dinge und ein breites Wissen. Intuitive Menschen sind eher theoretisch und abstrakt und streben nach tiefem Wissen. Die Verteilung in der Bevölkerung liegt bei ca. 75 Prozent sensorischer gegenüber 25 Prozent intuitiver Präferenz.

Beurteilungsfunktion: Denken (Thinking) oder Fühlen Damit ist die Strukturierung der Eindrücke zu einem Handlungsmodell gemeint. Bei ausgeprägten Denkern wird alles auf wenige Grundelemente zurückgeführt und damit stark kategorisiert. Daraus werden gesicherte Handlungsvorschläge abgeleitet, von denen dann das am stärksten Wirkende angewendet wird. Der Fühlende orientiert sich stärker an den Erinnerungen und bezieht periphere Elemente bzw. Randbedingungen ein. Dies kann in komplexen sozialen Situationen von Vorteil sein. Die Beurteilungsfunktion ist der einzige Aspekt, bei dem es Unterschiede in der Verteilung zwischen Männern und Frauen gibt. Der Anteil gefühlsorientierter Männer liegt bei etwa 40 Prozent, während er bei Frauen ca. 60 Prozent erreicht.

Äußere Einstellung: Urteilen (Judging) oder Wahrnehmen (Perceiving) Der Aspekt der äußeren Einstellung beschreibt die eigene Sicherheit im Umgang mit erkannten Verhaltensmustern bei anderen Menschen oder Modellen, auf deren Grundlage eigene Handlungen resultieren. Eher wahrnehmende Menschen scheinen verspielter, spontaner und weniger ernsthaft zu sein als die organisierten und routinierten, eher urteilenden Menschen. Eher wahrnehmende Menschen nehmen Rahmenbedingungen leichter hin und arrangieren sich mit ihnen, während eher beurteilende Personen äußere Ereignisse oder Bedingungen hinsichtlich eigener Ziele oder Werte als nützlich bzw. schädlich bewerten. Dieser Unterschied kann auch als verfahrensorientiert (P) bzw. ergebnisorientiert (J) beschrieben werden. In der Bevölkerung scheinen beide Gruppen gleich stark vertreten zu sein.

Für jede dieser acht Eigenschaften lassen sich typische Eigenschaften finden. In Tabelle 14.2 sind einige davon zusammengestellt.

Neigung	Eigenschaften
Extraversion	gesellig, interagierend, hat viele Beziehungen, interessiert am Äußeren und an Geschehnissen
Introversion	territorial, konzentriert, hat nur sehr wenige Beziehungen, interessiert am Inneren und an der inneren Reaktion
Sensorische Wahrnehmung	auf Erfahrung basierend, realistisch, am Tatsächlichen orientiert, sachlich, praktisch, vernünftig
Intuitive Wahrnehmung	auf Ahnung basierend, spekulativ, am Möglichen orientiert, träumerisch, erfinderisch, einfallsreich
analytische Beurteilung (Thinking)	objektiv, an Prinzipien und Richtlinien sowie Gesetzen orientierend, Umstände und Kriterien beachtend, standfest, gerecht, in Kategorien einteilend, kritisierend, analysierend
geFühlsmäßige Beurteilung	subjektiv, individuell, gesellschaftliche Werte achtend, mildernd, überzeugt, human, harmonisch, anerkennend, anteilnehmend
Urteilen bzw. Folgern (Judging)	entschieden, beschließend, feststehend, vorausplanend, etwas geschehen machend, abschließend, Entscheidungen treffend, planmäßig, vollendet, endgültig, umsetzend
Wahrnehmen (Perceiving)	unentschieden, weitere Informationen beschaffend, flexibel, offen und beweglich, anpassungsfähig, etwas geschehen oder entstehen lassen, freie Wahl lassen, Entscheidungen hinauszögernd, abwartend

Tabelle 14.2: Einige Eigenschaften der acht MBTI®-Neigungen [141]

Wir kommen also für die Beschreibung im MBTI® nicht mehr mit vier Quadranten aus, sondern erhalten 4×4, also 16 Typen. Anhand der unterstrichenen Buchstaben der englischen Namen für die acht verschiedenen Ausprägungen werden diese 16 Typen mit vier Buchstaben benannt. Jedem dieser 16 Persönlichkeitstypen kann eine Art Lebensmotto zugeordnet werden (Abb. 14.2) [69].

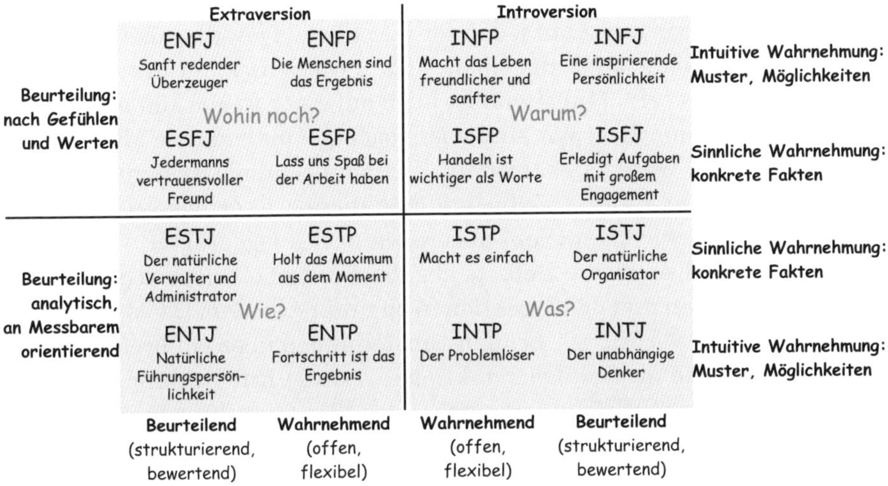

Abbildung 14.2: Die 16 Typen nach MBTI® lassen sich sehr gut positiv über eine Art Lebensmotto definieren (modifiziert nach [69]). Jeweils vier MBTI®-Typen lassen sich einem der vier Quadranten aus dem Vier-Quadranten-Modell zuordnen.

Da sowohl der MBTI® wie auch das Vier-Quadranten-Modell auf der Typologie von C. G. Jung basieren, lassen sich die vier Quadranten auch in den 16 MBTI®-Typen wiederfinden. In Abbildung 14.2 ist dieser Zusammenhang durch die Anordnung in Viererblöcken dargestellt.

Im MBTI® werden die Grundtypen weitgehend über ihre Stärken beschrieben. Eine kurze Zusammenfassung ist in Anhang A.2 in Abbildung A.4 auf Seite 313 dargestellt. Beachten Sie bitte beim Durchlesen, dass eine Selbsteinschätzung anhand dieser Kurzbeschreibungen kaum möglich ist.

14.2 Einzelne Mitarbeiter weiterentwickeln

Wir verstehen jetzt besser, wer wir sind und warum verschiedene Menschen die Umwelt unterschiedlich wahrnehmen und darauf reagieren. Wie verhält es sich mit der Dynamik? Wie können wir uns verändern und unser Leben lang weiterentwickeln?

14.2.1 Gegensätze in sich ergänzen

Wir haben alle acht Präferenzen in uns und können sie in der Regel auch nutzen. Es scheint sowohl nach C. G. Jung als auch nach Isabel Myers jedoch unmöglich, alle acht Präferenzen gleichmäßig und angemessen zu entwickeln. Wir haben meist auf jeder der vier Ebenen jeweils einen Favoriten, der unsere Persönlichkeit ausmacht. Jede Präferenz kann unterschiedlich stark ausgeprägt sein. Manchmal ist auch auf einer Ebene keine eindeutige Präferenz auszumachen. Wir sind eben doch alle individuelle Menschen.

Um unseren Werkzeugkasten an Verhaltensmaßnahmen zu erweitern, um in noch mehr unterschiedlichen Situationen angemessen agieren zu können, können wir versuchen, unsere weniger ausgeprägten Präferenzen auszubauen und so unsere Defizite abzubauen. Dabei ist zwischen den beiden Einstellungen und den Funktionen zu unterscheiden. Da es in unserem täglichen Leben wichtig ist, bei den Einstellungen über ein breiteres Spektrum zu verfügen als bei den Funktionen, ist die Entwicklung der beiden Einstellungsebenen Erfolg versprechender [7]. Auch Introvertierte brauchen einen gewissen Anteil Extraversion in ihrem Leben. Nur einseitig beurteilend oder wahrnehmend der Außenwelt zu begegnen wäre ein großes Handicap.[2]

Durch einige Verhaltensänderungen können die für uns als zu gering erkannten Präferenzen ausgebaut und geübt werden. Wir probieren einfach mal die uns eher ungewohnte Ausprägung aus. Das ist ungefähr so, als wenn wir ausprobieren, mit links zu schreiben oder Tischtennis zu spielen. Im Sport sind solche Trainingsformen häufig zu finden und bewirken neben der Erweiterung des Handlungsspektrums auch eine Verbesserung der Haupthandlung. Ähnlich wird es auch mit unserem Verhalten sein.

14.2.2 Weiterentwicklung der Persönlichkeit

Um sich in den vier Einstellungspräferenzen gezielt weiterzuentwickeln, können Sie sich z. B. an den folgenden Beispielen orientieren [7]:

Extraversion: Um das extravertierte Handlungsspektrum eines eher introvertierten Menschen zu erweitern, könnte er Folgendes ausprobieren:

- In Gruppen spontan sprechen und sich äußern.
- Sich an einer Diskussion ohne Vorbereitung beteiligen.

[2]Einzig Extravertierte scheinen auch ohne Introvertiertheit auskommen zu können.

- Vor einer Zuhörerschaft sprechen oder eine Rede halten.
- Sich selbst jemandem vorstellen, den man nicht kennt.

Introversion: Das introvertierte Handlungsspektrum eines eher extravertierten Menschen könnte man so erweitern:

- Etwas ungestörte Zeit alleine verbringen.
- Sich in einer Gruppe völlig ruhig verhalten.
- Alleine ein kleines Projekt durchführen.

Beurteilend (J): Das Handlungsspektrum eines stärker wahrnehmenden Menschen kann folgendermaßen erweitert werden:

- Mache eine To-do-Liste, sortiere sie nach Priorität und setze die erste Aufgabe um.
- Mache einen Plan für eine anstehende größere Aufgabe.

Wahrnehmend (P): Um das Handlungsspektrum eines eher beurteilenden Menschen zu erweitern, könnte er Folgendes ausprobieren:

- Verbringe etwas ungeplante Zeit und folge deinen Impulsen.
- Überprüfe nochmal im Nachhinein eine *endgültige* Entscheidung.

Für die Sensorik-Intuition- und Denken-Fühlen-Funktionen sind solche Übungsbeispiele genauso möglich [7]:

Sensorik (S): Das sinnliche Handlungsspektrum eines eher intuitiv wahrnehmenden Menschen könnte so erweitert werden:

- Beobachte etwas sehr sorgfältig:
  - nonverbales Verhalten (als Extravertierter)
  - die Natur (ebenfalls als Extravertierter)
  - den eigenen physischen Zustand (als Introvertierter)
- Esse langsam und mit Konzentration auf die Sinne (als Introvertierter).
- Mache etwas, das detaillierte Aufmerksamkeit erfordert (als Extravertierter).
- Schreibe alle Fakten zu einem Thema auf.
- Beschreibe eine Aktivität Schritt für Schritt.

Intuition (N): Das intuitive Handlungsspektrum eines Menschen, der eher sensorisch wahrnimmt, könnte man dagegen wie folgt erweitern:

- Brainstorming (als Introvertierter).
- Tagträumen oder in seinen Phantasien leben (als Introvertierter).

- Stelle dir dich in fünf Jahren vor (als Introvertierter).
- Entwerfe ein neues Design, GUI oder eine Architektur (als Extravertierter).

Denken (T): Das Handlungsspektrum eines eher fühlend beurteilenden Menschen kann folgendermaßen erweitert werden:

- Erstelle ein Aktivitätsdiagramm oder einen Ablaufplan für eine funktionale Anforderung (als Introvertierter).
- Liste alle Vorteile und Kosten einer Entscheidung auf (als Introvertierter).
- Erzähle jemandem, was du an ihm schwierig findest (als Extravertierter)
- Definiere etwas präzise (als Introvertierter).

Fühlen (F): Um das Handlungsspektrum eines eher denkend beurteilenden Menschen zu erweitern, könnte er dagegen Folgendes ausprobieren:

- Kläre deine eigenen Werte (als Introvertierter).
- Versuche, Einfühlungsvermögen zu zeigen (als Extravertierter).
- Benutze mehr emotionale Wörter (als Introvertierter).
- Liste die Dinge auf, die du magst und die dich stören (als Introvertierter).
- Mache jemandem ein Kompliment für seine Persönlichkeit (als Extravertierter).

Die Übungsbeispiele sind bezogen auf die innere Einstellung den jeweiligen Typen entsprechend eingeteilt. Zu vielen der obigen Übungsanweisungen fällt Ihnen sicher sofort ein Kollege oder Bekannter ein, der sich genau so verhält. Daraus ergibt sich die Möglichkeit, Defizite auszugleichen, und zwar bei der *Teambildung*. Wenn wir Teams zusammensetzen, also Gruppen von zwei oder mehr Personen, kann es ausgesprochen sinnvoll und effizient sein, Menschen auszuwählen, deren Eigenschaften sich in Einstellung oder Funktion ergänzen.

Es ist für einen Menschen alleine fast unmöglich, alle Aspekte ausreichend einbringen zu können, um Hochleistungslösungen zu entwickeln. Wir brauchen das Team. Leider machen wir es uns oft bei der Teambildung in der IT zu leicht. Wir nehmen die drei Kollegen, die sich die ganze Zeit gut verstehen und immer einer Meinung sind, um ein vermeintlich schlagkräftiges Team zu bilden. So verstärken wir nur die bereits vorhandenen Präferenzen, und das Team wird kaum besser sein als das beste Individuum der Gruppe.

Gute Teams übertreffen deutlich die beste Einzelleistung eines Individuums. Das wird uns nur gelingen, wenn in der Gruppe alle Präferenzen ausreichend vertreten sind. Dann werden immer wieder Konflikte auftreten. Es gilt, diese Konflikte konstruktiv zu nutzen, um alle Aspekte eines Projekts ausreichend zu erfassen und in der Lösung abzubilden. Jeder konstruktive Konflikt ist der Weg dahin.

Leider haben gerade die vielen introvertierten Entwickler Angst vor Konflikten. Doch wenn es ihnen gelingt, auf die Stärken der anderen Menschen zu fokussieren und diese mit den eigenen zu bündeln, werden alle Beteiligten sehr schnell merken, dass die Ergebnisse wirklich besser werden. Davon sind wir zutiefst überzeugt.[3]

14.2.3 Möglichkeiten und Grenzen

Es geht bei der persönlichen Weiterentwicklung nicht darum, sich zu verbiegen oder jemand anderes zu werden! Die Möglichkeiten der Weiterentwicklung liegen in der *Erweiterung* des eigenen Handlungsspektrums. Die eigenen Stärken werden bewusst eingesetzt und ausgebaut. Der Versuch, unsere weniger ausgeprägten Präferenzen zu trainieren, bietet einen weiteren Vorteil: Es fällt uns leichter, anders präferierende Menschen positiv wahrzunehmen und ihre Stärken zu erkennen. Wir bilden *Sensoren* für deren Präferenzen aus, die wir ansonsten nicht in unserem Fokus haben.

So wird quasi nebenbei unsere Teamfähigkeit gesteigert. Dieser in jeder Bewerbungsanzeige gebetsmühlenartig auftauchende Begriff könnte so tatsächlich mit Leben gefüllt werden. Was heißt denn *Teamfähigkeit*? Wir akzeptieren und respektieren die anderen Individuen im Team, nehmen ihre Stärken wahr und können unsere eigenen Stärken einbringen. Die dabei auftretenden Konflikte lösen wir konstruktiv. Die hier aufgezeigten Typologien können uns dabei helfen.

»Ich setze meine Mitarbeiter nur gemäß ihren Stärken ein!«

Aktueller Management-Slang ist *Utilizing Strengths*, also *Nutze die Stärken*. Es geht dabei um die Fähigkeiten der Mitarbeiter und bedeutet, die Mitarbeiter nur in Gebieten einzusetzen, in denen sie stark sind. Im Gegensatz heißt es auch, Mitarbeiter nicht in Gebieten einzusetzen, auf denen sie Schwächen haben, also sie nicht z. B. *ins kalte Wasser zu stoßen*. Oder würde das bedeuten, ihnen die Chance zu geben, sich weiterzuentwickeln? Was ist nun richtig? Stärken nutzen und Schwächen ignorieren? Schwächen offen angehen und daran arbeiten? Wie sollen wir uns als Führungskraft verhalten? Stärken ausnutzen oder Schwächen ausmerzen?

[3]So war es z. B. eine interessante Erfahrung für drei so unterschiedliche Menschen wie Ines Meyrose, Björn Schneider und Uwe Vigenschow, gemeinsam über z. T. weite räumliche Trennung hinweg dieses Buch zu schreiben. Einer alleine hätte das nicht geschafft.

Wenn wir uns die letzte Frage genauer anschauen, dann entdecken Sie vielleicht, dass es sich hier um keinen fairen Vergleich handelt. Vergleichen wir doch, was der Mitarbeiter heute ist (Stärken) mit dem, was er sein sollte (Schwächen). Schauen wir uns das näher an:

Handeln wir im Sinne von *Schwächen ausmerzen*, dann sehen wir den Mitarbeiter als unheiles und unganzes Wesen an. Wir konzentrieren uns auf das, was ihm fehlt, und sind besorgt, dass er seine Arbeit nicht erledigen kann. Wir machen den Mitarbeiter zum Problem und teilen ihm das auch noch mit. Alles in allem ist das natürlich nicht sehr motivierend für den Mitarbeiter. Geht es dann an das *Ausmerzen*, so wollen wir eigentlich eine Veränderung bei dem Mitarbeiter hervorrufen. Wir alle wissen aber, dass sich Menschen, wenn überhaupt, nur sehr langsam und mit viel Unterstützung ändern. Auf der Verhaltensebene lässt sich hier noch eher etwas bewirken als z. B. auf der Charakterebene. Schnell kommen wir uns als *Hobby-Psychologen* oder auch als *Retter* (vgl. Drama-Dreieck [11, 133]) vor. Und tatsächlich finden wir dieses Vorgehen oft bei Führungskräften, die ein ausgeprägtes *Retter-Gen* ihr Eigen nennen. Sie konzentrieren sich nur auf die Schwächen. Diese Führungskräfte erhalten dann Mitarbeiter, die alle auf ihre Schwächen fokussiert sind und sich darauf basierend weiterentwickeln. Wohin? Na ja, sie entwickeln sich, überspitzt formuliert, zur Mittelmäßigkeit. Das Resultat ist ein mittelmäßiges Team. Düsteres Bild. So sollte es nicht kommen.

Schauen wir uns die andere Seite an: Handeln wir nämlich im Sinne von *Stärken ausnutzen*, dann erkennen wir die vorhandenen Fähigkeiten unserer Mitarbeiter an. Wir sehen ihre Stärken, damit nur implizit ihre Schwächen, und geben ihnen Aufgaben, die sie augrund ihrer Stärken besonders gut meistern sollten. Der Punkt ist, dass wir die Mitarbeiter akzeptieren, wie sie sind, und ihre Aufgaben darauf abstimmen. Als Resultat haben wir in einem Team, in dem alle Persönlichkeitstypen vertreten sind, eine Addition von Stärken, was uns dem Hochleistungsteam schon mal ziemlich nahe bringt.

Ein Punkt noch zu den Stärken: Sie sollten mit dem Mitarbeiter offen über die von Ihnen wahrgenommenen Stärken reden und warum Sie ihm deshalb bestimmte Aufgaben geben und andere nicht! Denn erst dann liegt das Problem da, wo es hingehört: beim Mitarbeiter! Ist er mit dieser Einteilung der Aufgaben zufrieden, ist alles gut. Wenn nicht, dann erkennt er schnell, was zu ändern ist. Das ist der einzige und richtige Motor für seine persönliche Weiterentwicklung. Er kann dies dann aus seinen Stärken heraus tun, auf die er sich stets verlassen kann und von denen er weiß, dass auch seine Führungskraft sie wahrnimmt. Er kann also seine Veränderung auf sicherem Grund starten und Tempo und Weg selbst bestimmen.

Und so kommen wir, wie so oft, zu dem Schluss: Weder das eine noch das andere ist falsch oder richtig. Sie als Führungskraft sollten die Stärken Ihrer Mitarbeiter identifizieren, kommunizieren und sie entsprechend einsetzen. Veränderungen und damit das Bearbeiten von Schwächen müssen vom Mitarbeiter gewollt und durchgeführt werden. Hier können Sie als Führungskraft *nur* als Mentor oder Coach agieren. Die Veränderung muss der Mitarbeiter leisten, nicht Sie!

15 Weiterentwicklung nach dem Troja-Prinzip

15.1 Wann ist was angemessen?

Das von uns als Metapher aufgestellte Troja-Prinzip kennt evolutionäre und revolutionäre Veränderungen (Abb. 15.1, vgl. Abb. 4.4 auf Seite 68). Die einzelnen Maßnahmen zur Weiterentwicklung sind nicht bei jedem dieser beiden Veränderungsmechanismen angemessen. Wir möchten Coaching und Mentoring auch in diesem Zusammenhang betrachten.

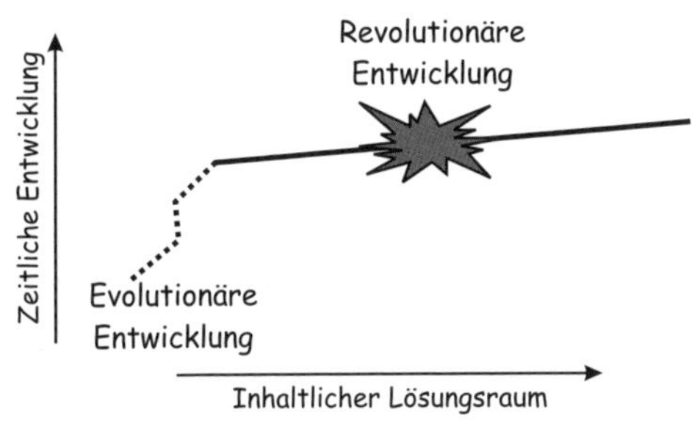

Abbildung 15.1: Grundelemente des Troja-Prinzips: evolutionäre (gepunktete Linie) und revolutionäre Veränderungen (durchgezogene Linie)

Diese beiden Veränderungsmechanismen korrespondieren mit den Veränderungstypen erster und zweiter Ordnung (Abb. 15.2) [44]. Diese hängen einerseits von der Fähigkeit einer Organisationseinheit zur Veränderung und andererseits vom äußeren Veränderungsdruck ab.

Je besser eine Organisation gelernt hat, proaktiv mit Veränderungen und den dafür notwendigen Anpassungen zu leben, desto geringer wird die Gefahr sein, dass der äußere Druck sich enorm aufbaut. Dennoch sind auch lernende Organisationen nicht vor revolutionären Veränderungen gefeit.

Interessant kann hier die Differenzierung in Transformation und radikale Neupositionierung sein. Dies beschreibt zwei unterschiedliche Mechanismen revolutionärer Veränderung. Solange der Veränderungsdruck nicht

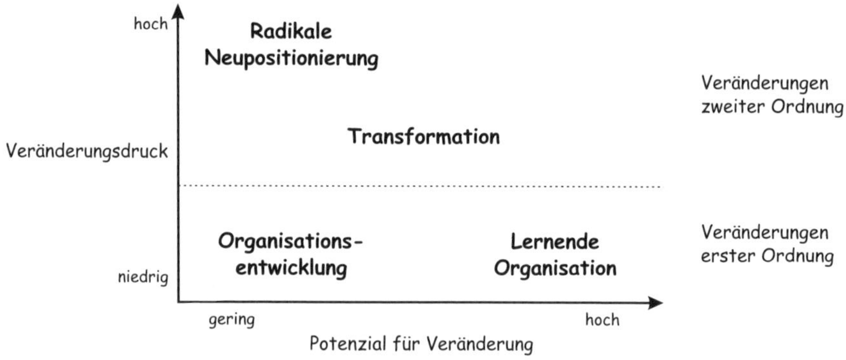

Abbildung 15.2: Veränderungstypen erster und zweiter Ordnung [44]

zu extrem geworden ist, desto eher bleibt noch etwas Zeit für die *weiche* Revolution, und es kann einen geplanten Übergang geben. Ist dieser Zeitpunkt verpasst, bleibt unter dem hohen Druck nur noch der radikale, meist sehr schnelle Weg.

15.1.1 Internes Coaching

Mit internem Coaching meinen wir ein Coaching, bei dem sowohl der Coach als auch der Coachee Mitarbeiter derselben Organisation sind und beide als Kollegen bezeichnet werden. Ob der Coach aus derselben Abteilung kommt, im Organigramm weit entfernt aufgehängt ist oder dafür eine eigene Stabsabteilung ausgebildeter Coaches bereitsteht, spielt dabei keine Rolle. Hauptsache, wir finden einen geeigneten Coach.

Ein internes Coaching lebt häufig davon, dass der Coach sich fachlich und in den betroffenen firmeninternen Zusammenhängen bestens auskennt. Manchmal verschwimmt bereits die Grenze zum Mentoring, die sich oft nur noch an der wesentlich kürzeren Dauer des Coachings ausmachen lässt. Um diese Vorteile zu nutzen, ist ein internes Coaching ein ausgezeichnetes Mittel, evolutionäre Veränderungsprozesse und die dabei notwendigen Verhaltensänderungen zu begleiten.

Bei revolutionären Änderungen ist der Coach als Teil des Systems *Unternehmen* selbst von Veränderungen betroffen. Seine Coaching-Rolle wird zwangsläufig darunter leiden. Daher raten wir in den revolutionären Zeiten von einem internen Coaching eher ab.

15.1.2 Externes Coaching

Unter externem Coaching verstehen wir ein Coaching, bei dem der Coach nicht zur Organisation des Coachees gehört, sondern ein externer Mitarbeiter ist. Ob der Coach bereits mit Coachees aus dem Unternehmen Vorerfahrungen hat oder nicht, ist dabei nicht weiter von Belang.

Im Gegensatz zum internen Coaching spielt das externe Coaching seine Stärken in den revolutionären Veränderungsphasen aus. Der Coach kann neutral bleiben, und sein Blick bleibt (hoffentlich) unverstellt.

In Phasen revolutionärer Veränderung werden bei etlichen Mitarbeitern negative Emotionen hochkommen. Die Änderungen können einige Mitarbeiter überfordern. Liebgewonnene Gewohnheiten sind abzulegen, und der bisher erworbene Status zählt nicht mehr viel. In solchen Phasen wird ein Coach oft emotional mit der Ursache für die revolutionäre Veränderung in Verbindung gebracht, obwohl dies sachlich nicht stimmt. Er zieht dabei negative Energien auf sich.

Externe Berater wird dieser Effekt deutlich stärker treffen, doch werden auch Coaches davon betroffen sein. In solchen Situationen ist es wichtig, dass sich solche Personen nach Abschluss der revolutionären Phase nicht mehr in der Organisation befinden. Einen Großteil der auf sie projizierten negativen Emotionen nehmen sie dabei mit aus der Organisation. Dieser Vorgang funktioniert sinnvoll nur mit externen Coaches, die für einen begrenzten Zeitraum eine Organisation begleiten.

Umso wichtiger ist es, revolutionäre Phasen durch ein externes Coaching begleiten zu lassen. Der Coaching-Bedarf ist hoch, da viele und z. T. drastische Veränderungen anstehen. Ein interner Coach würde an einer solchen Aufgabe möglicherweise ausbrennen, was dem Coaching-Prozess kaum förderlich wäre.

15.1.3 Mentoring

Mentoring ist ein lang andauernder Prozess der Weiterentwicklung. Er wird daher kaum in Abstimmung mit evolutionären oder revolutionären Phasen zu vollziehen sein. Dies ist auch kaum von Belang, da ein Mentoring in beiden Phasen nützlich sein kann. Es unterstützt den Mentee in seiner persönlichen Entwicklung in den evolutionären Phasen und fokussiert auf Optimierung von Effizienz und Effektivität.

In revolutionären Phasen gibt der Mentor, wenn er seine Rolle ausfüllt, Orientierung und strahlt die nötige Ruhe aus, sodass der Mentee auch aus dieser Phase gestärkt und weiterentwickelt hervorgeht. Hier stehen eine teilweise Neuorientierung sowie das Erkennen und Nutzen von Chancen im Vordergrund.

15.1.4 Coach the Coach und Coach the Mentor

Wie entwickeln sich interne Coaches und Mentoren weiter? Insbesondere in revolutionären Veränderungsphasen stellt sich diese Frage besonders deutlich. Passen die bisherigen Ansätze noch? Wie ist es um die Motivation der Coaches und Mentoren bestellt?

Auch ein Coach oder Mentor kann ein eigenes Coaching zur Weiterentwicklung seiner Rolle nutzen. Dies kann in regelmäßigen Intervallen oder aufgabengetrieben erfolgen. Gerade nach revolutionären Phasen kann das Mittel des Coach the Coach oder Coach the Mentor besonders wertvoll sein. Der Coach oder Mentor erhält neue Impulse und kann neue Wege unter Aufsicht seines Coaches ausprobieren.

Neben der individuellen Weiterentwicklung wird dadurch auch ein Einschleifen immer gleicher Handlungsweisen vermieden oder aufgebrochen. So kommt das Coaching eines Coaches oder Mentors auch indirekt allen seinen Coachees und Mentees zugute. Das Konzept Coach the Coach bzw. Coach the Mentor wirkt über die Coaches bwz. Mentoren als Multiplikator und fördert so indirekt sehr viele Mitarbeiter.

15.1.5 Veränderungskurve

Veränderungen erfolgen nicht einfach so, als ob man einen Schalter umlegt. Eine Veränderung ist ein Prozess. Wie jeder Prozess kann und sollte auch ein Veränderungsprozess gesteuert werden.[1] Dieser Prozess läuft stets nach einem bestimmten Muster ab (Abb. 15.3). Die einzelnen nummerierten Bereiche bedeuten dabei [49, 132]:

1 – Begreifen, Besorgnis, Ärger
2 – Erschütterung, Angst vor dem Unbekannten
3 – Verleugnung, Ablehnung, Irritation
4 – rationales Verstehen, Frustration, Unvermeidlichkeit
5 – gefühlsmäßige Akzeptanz, Trauer, Ertragen des Verlusts
6 – gefühlsmäßiges Öffnen, Ausprobieren, erster Enthusiasmus
7 – Selbstvertrauen, Bindung

Wir werden als Führungskraft, Coach oder Mentor die einzelnen sieben Phasen bei unseren Mitarbeitern und Kollegen bzw. Coachee oder Mentee nicht vermeiden können. Was wir jedoch im Veränderungsprozess erreichen können, ist die Verringerung der Durchlaufzeit und der Amplitude der Täler. Dazu hilft es uns, fokussiert zu bleiben, Ruhe auszustrahlen und Vertrauen in die Fähigkeiten unserer Mitarbeiter zu haben.

Eine der wichtigen Grundlagen, um in einem solchen Veränderungsprozess für seine Mitarbeiter als Ruhepol zu wirken, ist es, sich selbst über den

[1] Das Thema *Veränderungsmanagement* ist so umfangreich, dass wir es im Rahmen dieses Buchs nur anreißen können. In unserem Buch *Soft Skills für IT-Berater* [132] widmen wir uns dieser Thematik intensiv.

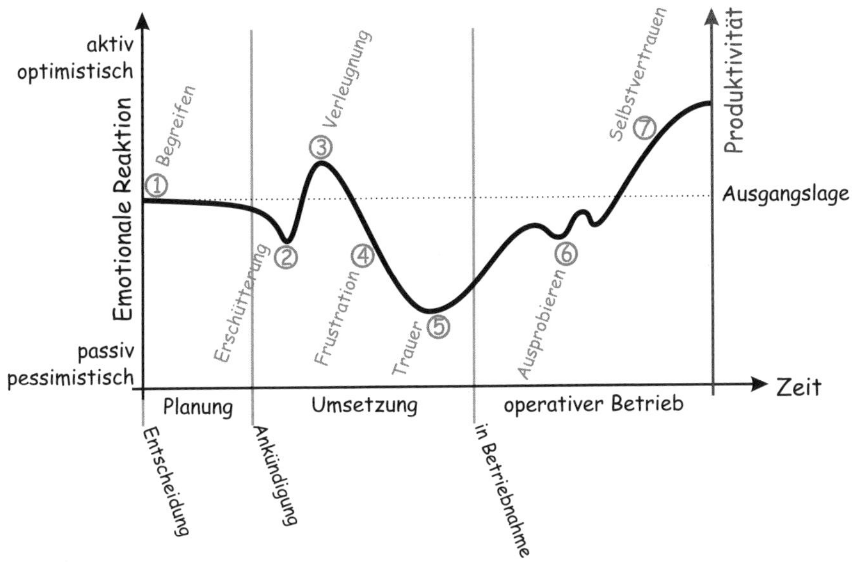

Abbildung 15.3: Typische Struktur einer Veränderungskurve [49, 132]

eigenen Veränderungsprozess im Klaren zu sein. Eine angestrebte Veränderung erfolgt in der Regel nicht in einem isolierten Bereich, also z. B. nur innerhalb eines Teams. Es ist so gut wie immer auch die Schnittstelle des Teams zu anderen Teams und Firmenebenen betroffen.[2] Damit sind wir selbst auch Teil der Veränderung und durchlaufen ebenfalls die Kurve aus Abbildung 15.3. Über unsere eigene aktuelle Veränderungssituation sollten wir uns daher stets bewusst sein.

15.2 Identität wahren

Jeder Mensch hat eine Identität. Was ist damit gemeint? Mit Identität bezeichnen wir das Bewusstsein einer Person darüber, wer oder was sie selbst ist. Die Summe aller persönlichen Merkmale dient zur eindeutigen Unterscheidung von anderen Menschen [102]. Diese Definition verwirrt etwas, denn ist es nicht so, dass zwei Dinge dann gleich sind, wenn sie *identisch* sind? Was ist hier gleich?

Die Identität setzt sich aus sichtbaren Merkmalen zusammen, z. B. was wir gelernt haben, welchen Beruf wir tatsächlich ausüben oder welche Kleidung wir tragen. Mit Identität ist die Summe aller Merkmale gemeint, die

[2] Deshalb bedeutet z. B. die Einführung von Scrum auch stets, ein Veränderungsprojekt aufzusetzen und seine Organisation entsprechend zu entwickeln.

identisch ist mit unserem Selbst. Von daher ist *Identität* nur schwer zu greifen, und in der Psychologie wird daher vom Identitätserleben gesprochen, in dem wir die Gleichheit äußerer Dinge mit unseren Bewusstseinsinhalten erfahren [6].

15.2.1 Identität in einer Gruppe

In einer bestimmten Gruppe, z. B. unserem Projektteam, hat jedes Individuum eine eigene Identität. Doch auch die Gruppe hat eine Gruppenidentität. Auch sie zeichnet sich über eine Menge von Merkmalen aus, die eine bestimmte Gruppe eindeutig identifizieren. Daran können wir häufig bereits feststellen, ob ein bestimmtes Individuum einer bestimmten Gruppe auch wirklich zugehört. Wir kommen später auf dieses Thema zurück, wenn wir Hochleistungsteams näher betrachten (Kap. 19 ab Seite 291).

Ein Mitglied einer Gruppe kann bzw. darf als solches bestimmte Dinge tun oder eben auch nicht. So hat z. B. die Gruppe der Polizeibeamten ganz bestimmte Legitimationen, die Softwareentwickler in der Regel nicht haben. Und auch Softwareentwickler dürfen bestimmte Dinge tun, die ein Polizist vielleicht nicht darf. Doch vielleicht ist diese Person ja beides, Polizeibeamter und Softwareentwickler.

Es wird hier also beliebig kompliziert. Und auch komplex, denn die Gruppenidentitäten können widersprüchliche Möglichkeiten bieten, die eine nicht vorhersehbare Gruppendynamik entfalten kann. Denken wir an einen Polizisten, der zugleich Softwareentwickler ist, der undercover im Einsatz ist und sich in eine Hacker-Gruppe eingeschlichen hat. Als Softwareentwickler kann er viel Sympathie entwickeln für die Motive und Hintergründe der Hacker-Kollegen, doch als Polizist muss er die daraus resultierenden Aktivitäten eindämmen und unterbinden.

Als wäre das nicht genug, gibt es noch einen weiteren Aspekt, der hinzukommt, wenn es darum geht, sein eigenes Ich weiterzuentwickeln: die eigenen Werte. Unsere Werte sind uns wichtig. Doch was sind Werte? Ähnlich wie den Begriff *Identität* verwenden wir den Begriff *Wert* im täglichen Leben ohne weiter darüber nachzudenken. Doch was steckt dahinter? Warum sind Werte für einen selbst und eine Gruppe so wichtig?

Wenn wir diesen abstrakten Begriff ähnlich wie bereits bei der Identität über reale Merkmale definieren, sind Werte durch die Beschaffenheit von Dingen oder Sachverhalten definiert, weswegen wir diese erstreben oder verwirklichen. Ähnlich wie gesellschaftliche Normen geben uns Werte eine Handlungs- und Verhaltensorientierung. Dabei bilden sich unsere Werte im Austausch mit der Umwelt heraus [102].

Kommen wir nach diesem Exkurs wieder zurück auf unser Thema der Weiterentwicklung von Mitarbeitern. Robert Dilts (*1955) hat ein dafür gut einsetzbares Modell[3] entwickelt, um die Aspekte, die bei Veränderungen eine Rolle spielen, im Überblick darzustellen (Abb. 15.4). Als Individuum sind wir mit unserer persönlichen Identität in die Gruppenidentität eingebunden. Unsere eigenen Werte dienen uns zusätzlich zur Gruppenidentität als Regelwerk für unser Verhalten. Damit haben wir die drei stärksten Aspekte im gemeinsamen Kontext: eigene Identität, Werte und Gruppenidentität. Vielleicht mag es den ein oder anderen überraschen, dass im Zentrum die Gruppenidentität steht. Der Mensch ist ein soziales Wesen, und Gruppenzugehörigkeit und auch der daraus resultierende Gruppendruck sind dabei zentrale Aspekte.

Diesen Gruppendruck machen wir uns gerne als Motor für Veränderungsprozesse zunutze. Wenn die Meinungsbildner in einer Gruppe z. B. mit dem testgetriebenen Entwickeln anfangen, ziehen die anderen nach. Umgekehrt werden wir bei erster Gelegenheit einen Rückfall in alte VIHT[4]-Zeiten erleben, wenn die Meinungsbildner, also die Teammitglieder, an denen sich die Gruppe orientiert, nicht voll hinter dem neuen Konzept stehen bzw. davon überzeugt sind.

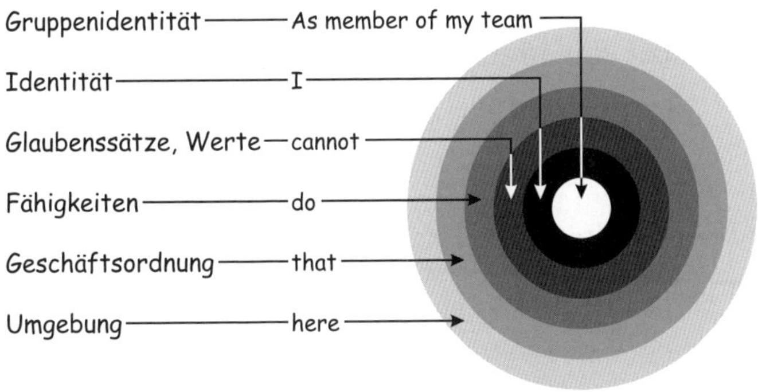

Abbildung 15.4: Die sechs Ebenen der Veränderung nach Robert Dilts [88] modifiziert nach [49]

Zusätzlich zu den drei Hauptfaktoren kommen noch die individuellen Fähigkeiten der Person, die Geschäftsregeln der Organisation und die konkrete Situation bzw. das Umfeld dazu. Alles muss passen, denn jede Veränderung spielt sich in diesem Spannungsfeld ab und hat konform mit der Identität der Person und der Gruppe sowie ihren persönlichen Werten zu sein. Natürlich entwickeln sich auch unsere Identität und unsere Werte weiter. Doch finden wir hierbei oft deutlich längere Zeiträume vor, als wir

[3]Weitere Informationen finden Sie in Anhang A.7 ab Seite 322.
[4]VIHT: Vom-Hirn-ins-Terminal.

im schnelllebigen Arbeitskontext zur Verfügung haben. Einzig das Mentoring kann im Kontext der Identitätsschärfung und Werteentwicklung eine dauerhafte Rolle spielen.

Wie verhält es sich mit der Identitätsweiterentwicklung in Bezug auf das Troja-Prinzip? In Zeiten evolutionärer Änderungen erfolgt über die ganze Palette der Möglichkeiten die Weiterentwicklung der bestehenden Identität. Sie wird geschärft. Aus einem neuen Mitarbeiter in der Qualitätssicherungsabteilung wird nach einem Seminar und einer Zertifizierung ein *Certified Tester*. Dann rutscht er dank guter Leistungen in der Firmenkarriere auf die Position *Senior Tester*. Darauf entwickelt er sich zum Test Manager weiter und sichert sich diesen Schritt durch ein weiteres Seminar mit einer Zertifizierung ab. Begleitet wird dieser Prozess immer wieder von internem Coaching durch erfahrene Mitarbeiter. Seit seiner Zeit als Senior Tester erhält er zusätzlich ein Mentoring durch den Leiter der Qualitätssicherungsabteilung, der ihn so an den nächsten Karriereschritt heranführt, sein Nachfolger zu werden. Im Laufe dieser beruflichen Karriere entwickelt sich seine Identität weiter und schärft sich für ihn selbst sowie für seine Mitarbeiter und Kollegen.

15.2.2 Säulen der Identität

Was wäre passiert, wenn es in diesem Ablauf eine revolutionäre Veränderung gegeben hätte? Stellen wir uns vor, zum Zeitpunkt, als der Mitarbeiter Senior Tester war, wäre die gesamte Qualitätssicherungsabteilung aufgelöst und die Qualitätssicherung als Outsourcing fremdvergeben worden. Eine Weiterentwicklung wäre jetzt nur noch durch einen Wechsel auf eine ähnliche Position bei einer anderen Firma möglich, doch auch dieser Schritt hat häufig revolutionären Charakter.

Nehmen wir an, es bietet sich diese Chance gerade nicht und er nimmt ein Angebot seiner Firma an, in eine andere Position in den Support zu wechseln. Als Qualifikation bringt er enorme Fachkentnisse über die Anwendung der Software und kommunikative Skills mit.

Bei solch einer revolutionären Änderung gilt es, zumindest einen Teil der beruflichen Identität neu aufzubauen. Auch hier kann die ganze Palette der Weiterentwicklungsmöglichkeiten helfen, doch es stellt sich oft deutlich schwieriger dar.

Warum sind revolutionäre Änderungen für unsere Identität häufig schwierig? Was bedeutet eine Identitätskrise? Wie können wir unsere Mitarbeiter in einer Phase der revolutionären Veränderung begleiten, sodass diese Schwierigkeiten minimiert werden? Werfen wir dazu einen genaueren Blick auf die Säulen der Identität. Frederick S. Perls (1893 – 1970) hat dazu ein anschauliches Modell geliefert (Abb. 15.5). Unsere Identität ruht dabei auf fünf Säulen [49]:

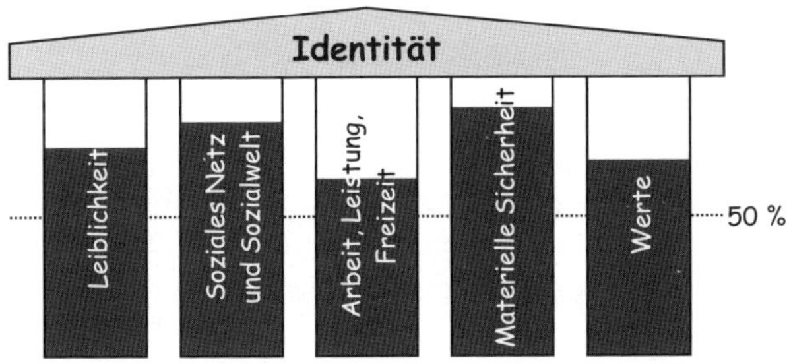

Abbildung 15.5: Die fünf Säulen der Identität nach F. S. Perls [49]

- Leiblichkeit: unser Wohlbefinden, unsere Gesundheit, Sexualität usw.
- Soziales Netz und Sozialwelt: Familie, Freunde, Kollegen, Vereine, Einbindung in soziale Strukturen usw.
- Arbeit, Leistung, Freizeit: die Gestaltung unserer Zeit und die Befriedigung aus unserer Arbeit sowie das Gefühl, etwas geleistet zu haben.
- Materielle Sicherheit: Einkommen, Besitz usw.
- Werte: Inwieweit können die eigenen Werte ausgelebt werden wie z. B. Freiheit oder Gemeinschaft usw.?

Wie stark diese Säulen sind, kann nur jeder für sich selbst durch eine relative Bewertung von 0 bis 100 Prozent herausfinden. Solange alle Säulen dabei über die Hälfte gefüllt sind, ist alles stabil. Erst wenn eine Säule deutlich wegsackt, wird es kritisch, und eine persönliche Krise droht (Abb. 15.6). Unsere Identität rutscht aus dem Gleichgewicht. Dabei können sich die einzelnen Säulen gegenseitig stärken oder schwächen. Im Beispiel aus Abbildung 15.6 erfolgt eine dauerhafte Überlastung in der Arbeit, die sich negativ auf die Beziehungen zum sozialen Umfeld auswirkt (1) und nachfolgend sogar auf die Gesundheit (2). Dies kann wiederum z. B. durch das Ausbleiben von fest eingeplanten Gratifikationen die materielle Sicherheit gefährden (3).

Im vorherigen Beispiel des Senior Tester, der in den Support wechselt, könnte exemplarisch folgende Dynamik auftreten: Im neuen Job erfolgt Schichtbetrieb. Zusätzlich versucht er, sich schnellstmöglich in das neue Umfeld einzuarbeiten, und macht Überstunden, um den neuen Job nicht zu gefährden. Dies führt über mehrere Monate in eine dauerhafte Arbeitsüberlastung und schwächt die ohnehin bereits angeschlagene Arbeits- und Freizeitsäule.

Mit dem hohen zeitlichen Einsatz reduziert er seine sozialen Kontakte, sodass diese nach und nach abbrechen, und lässt auch diese Säule wackeln. Beides zusammen wirkt sich dann nach einiger Zeit negativ auf seine Gesundheit aus. Dazu kommt, dass die neue Tätigkeit weniger gut bezahlt

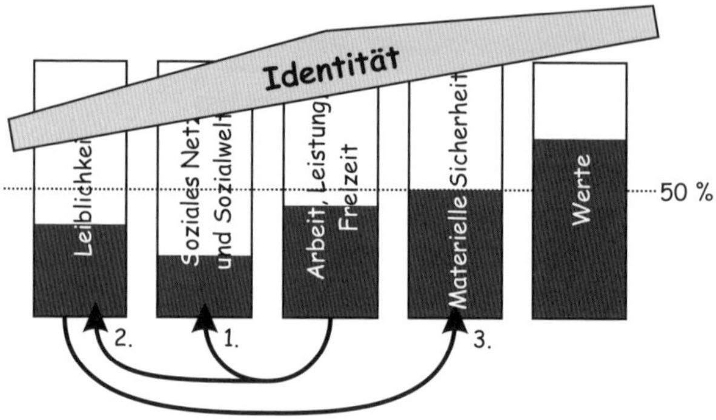

Abbildung 15.6: Wenn eine Säule zu schwach wird, kann dies Konsequenzen für andere Säulen haben, und das ganze System *Identität* kann aus dem Gleichgewicht geraten (vgl. Abb. 15.5).

ist. Wenn jetzt noch ältere Verpflichtungen vorhanden sind, wie das Abzahlen einer Eigentumswohnung, wirken sich die Veränderungen auch negativ auf die materielle Sicherheit aus. So kann eine Identitätskrise für unseren neuen Supporter beginnen. Bei revolutionären Änderungen gilt es also, genau hinzuschauen und engen Kontakt zu jedem Mitarbeiter zu halten. Wer ist stabil und wer wackelt und braucht daher Unterstützung beim Aufbau einer neuen Berufsidentität?

Ähnlich der individuellen Identität verhält es sich mit der Gruppenidentität. Eine revolutionäre Änderungsphase bedeutet oft, dass sich ein Team eine neue Gruppenidentität erarbeiten muss. Was macht das Team jetzt aus? Hier können extern moderierte Teamentwicklungsworkshops helfen, den Entwicklungsprozess zu beschleunigen. Die kompetente externe Moderation ist hierbei wichtig, da die Identitätsprozesse in revolutionären Änderungsphasen sehr diffizil sind und schnell kritisch werden können. Der verantwortungsvolle Umgang damit gelingt in der Regel nur erfahrenen und im Umgang mit solchen Situationen ausgebildeten Spezialisten.

»Meinen Job mache ich jetzt, später jedoch etwas anderes!«

Das hört sich ja nun erstmal sehr selbstreflektiert und überlegt an. Und tatsächlich kann jemand natürlich zu so einem Schluss gekommen sein und glücklich damit leben bzw. arbeiten. Sollte er allerdings die geringsten Zweifel daran haben, dann möchten wir hier einige Tipps geben, wie die getroffene Entscheidung hinterfragt werden kann.

Die Rückfrage, die wohl den meisten sofort in den Sinn kommt, lautet: »Auf was wartest du denn?« Und tatsächlich lässt der obige Spruch ein Spiel à la *Warten auf den Weihnachtsmann* [11] vermuten. Hierbei wünscht man sich, dass, wenn der Weihnachtsmann dann mal kommt, er genau die Geschenke in seinem Sack hat, die man sich erhofft hat. Übertragen auf den Spruch kann das heißen, dass man z. B. auf ein Angebot von außen wartet und hofft, dass damit alle Wünsche in Erfüllung gehen. Aus Erfahrung können wir sagen: Die Wahrscheinlichkeit, dass so ein Angebot kommt und dann auch noch den *richtigen* Inhalt hat, geht gegen null. Was hier nämlich verdrängt wird, ist die Eigenverantwortung. Man kann sich nur seinem Ziel nähern, wenn man sich selbst aktiv auf den Weg macht. Im Beispiel könnte das heißen, dass man Bewerbungen schreiben oder einfach nur seinen Chef über seine Pläne informieren muss. Und hier liegt dann häufig das eigentliche Problem. Aus irgendeinem Grund möchte man das gar nicht.

Aus unserer Erfahrung ist dafür der häufigste Grund, dass man Angst vor den Konsequenzen hat. Was würde passieren, wenn man den Job wirklich bekommen würde? Ist man dem überhaupt gewachsen? Was passiert, wenn nicht? Da ist es doch viel einfacher, sich die Weiterentwicklung einfach nur zu wünschen und nicht aktiv zu verfolgen. Und wenn dann jemand kommen sollte und mir diesen Job anbietet, dann könnte man immer noch ablehnen oder sagen, dass man sich das eigentlich anders vorgestellt hat. Was uns zum nächsten Spiel führt: *Mäkeln* [11].

Deshalb ist unser Rat: Machen Sie sich einen Fünf-Jahres-Plan. Schreiben Sie auf, welche beruflichen und eventuell sogar welche privaten Ziele und Meilensteine Sie in den nächsten fünf Jahren erreichen, bzw. durchlaufen wollen. Nach unserer Erfahrung können Sie den Plan, nachdem Sie ihn aufgestellt haben, getrost wieder wegpacken. Machen Sie sich nicht unglücklich, in dem Sie jeden Tag darauf schauen und einen Reality Check vornehmen. Der wesentliche Akt war das Erstellen des Plans, das wird sie in Zukunft automatisch fokussieren. Nicht verheimlichen wollen wir, dass so einen Plan zu erstellen sehr kompliziert sein kann. Hier kann Ihnen ein Coach gute Dienste leisten, indem er die Ziele in Bezug auf ihre Priorität und Realisierbarkeit hinterfragt und darauf achtet, dass sie wohlformuliert sind.

15.3 Eine professionelle Arbeitsethik entwickeln

Was soll denn das? Im Team arbeiten doch nur bestens ausgebildete Hochschulabsolventen mit mehreren Jahren Berufserfahrung. Wofür brauchen wir da eine *Arbeitsethik*? Schauen wir bitte genau hin. Ziehen wirklich alle an einem Strang? Wie ist es um die impliziten Regeln für eine angemessene Architektur unserer Software wirklich bestellt? Wie arbeiten die einzelnen Entwickler wirklich zusammen?

Anders als in vielen traditionellen Berufen gibt es in der Softwareentwicklung keinen gemeinsamen Konsens, wie gearbeitet wird. Ein solcher Konsens wird auch in der Ausbildung, egal ob an einer Universität, Fachhochschule oder im Betrieb, nicht vermittelt. Über 40 Jahre Tradition in der Disziplin Softwareentwicklung haben dafür noch nicht ausgereicht. Also sind wir selbst verantwortlich. Für die Weiterentwicklung unserer Mitarbeiter und des Teams ist eine gemeinsame, konsistente Arbeitsethik aus unserer Sicht sehr wichtig.

15.3.1 Werte und Arbeitsethik

Bei einer funktionierenden Gruppenidentität ist es unerlässlich, dass die Werte aufeinander abgestimmt sind und zueinander passen. Das erfordert nicht, dass sie gleich sind. Im Gegenteil: Ein sehr leistungsfähiges Team wird auch diesbezüglich eine gewisse Heterogenität aufweisen. Hier geht es darum, ein gemeinsames, professionelles Regelwerk zu erstellen, dem ein Konsens an grundsätzlichen gemeinsamen Sichten zugrunde liegt.

Der Begriff *Wert* wird in diesem Zusammenhang nicht immer eindeutig verwendet. Wir verwenden ihn hier für die in unserer Kindheit und Jugend verfestigten inneren Leitlinien zu den sozialen Konzepten wie Freiheit, Gerechtigkeit, Disziplin usw. Diese Einstellungen sind sehr stabil und vergleichsweise langlebig. Im Rahmen eines Business Coachings oder Mentoring werden wir die Werte eines Mitarbeiters auch nicht verändern können und wollen. Um diese tiefe Ebene geht es uns hier nur am Rande. Es geht um ein Regelwerk für unsere professionelle Arbeit, unsere Arbeitsethik.

Was bedeutet eigentlich, Software professionell entwickeln? Ralf Westphal definiert dies so: *Professionell = Wertesystem + Reflexion* [139]. Das Wertesystem im Sinne einer Arbeitsethik im Softwareentwicklungskontext gibt einer Gruppe feststehende Prinzipien, Regeln und Praktiken vor. Es basiert dagegen nicht auf bestimmten Technologien oder Trends. Auf Grundlage dieser Regeln wird gearbeitet und gemeinsam darüber reflektiert.

Eine solche Arbeitsethik wird sich im Allgemeinen für die Softwareentwicklung derzeit kaum finden lassen und daher auch wenig in die Ausbildung von Softwareentwicklern einfließen können. Umso wichtiger ist es, diese in einer Entwicklungsabteilung aufzubauen und zu gestalten. Es gilt, einen Konsens für das gemeinsame Arbeiten zu finden. Es geht um die Prinzipien guter Softwareentwicklung wie z. B. das Demeter-Prinzip oder um Praktiken wie den Test-First-Ansatz. Wichtige Anregungen finden sich dazu bei Robert C. Martin [77], auf dessen Buch *Clean Code* auch die Ideen von Ralf Westphal basieren.

Ein Konsens über diese Arbeitsethik wird im dauerhaft leistungsfähigen Team erarbeitet und hergestellt. In der *Storming*- und *Norming*-Phase des Teamzyklus wird sie verfestigt. Auf dieser Basis kann dann ein leistungsfähiges *Norming* und vor allen Dingen *Performing* folgen. Da es für die Softwareentwicklung keinen allgemeinen *Hypokratischen Eid* wie in der Medizin gibt, entwickeln wir dieses Regelwerk aus Best Practices selbst bzw. geben ein aus unserer Sicht zielführendes Regelwerk teilweise vor. In gemeinsamen Workshops des Teams kann darauf aufbauend ein komplettes Regelwerk erschaffen werden. Aus dieser Sicht ist es noch ein weiter Weg zu einer wirklich professionellen Softwareentwicklung!

15.3.2 Wertekonflikte

Wie gehen wir mit Wertekonflikten um? Hier zeigt sich die wahre Kunst, ein arbeitsethisches Regelwerk aufzubauen. Anders als andere Konfliktarten (Tab. 15.1) können wir sie nicht schnell auflösen, weil sich unsere Werte, wenn überhaupt, nur sehr langsam verändern. Wir haben prinzipiell meist nur zwei Möglichkeiten:

- Wir erreichen bei den Beteiligten ein gegenseitiges Verständnis und Akzeptanz der Werte der jeweils anderen und stellen Regeln auf, wie das Team in Zukunft zusammenarbeiten kann.
- Wir teilen das Team auf, sodass kein störender direkter oder über Artefakte wie Code, Modelle oder Dokumentationen indirekter Kontakt entstehen kann. Dies kann im Extremfall dazu führen, dass eine oder mehrere Personen das Team verlassen.

Was könnte ein solcher Wertekonflikt im arbeitsethischen Kontext sein? Klaus und Peter sollen für eine bestimmte Aufgabe Pair Programming betreiben, d. h., sie arbeiten auf engsten Raum über längere Zeit direkt zusammen. Klaus ist ein sehr strukturierter Mensch, sein Arbeitsplatz ist immer aufgeräumt, sein Code sofort verständlich, makellos und mit aussagekräftigen Unit Tests untermauert. Ordnung und Struktur haben für ihn einen hohen arbeitsethischen Wert.

Peter dagegen wirkt sprunghaft und manchmal etwas chaotisch. Sein Arbeitsplatz ist überlagert mit aufgeschlagenen Zeitschriften, Büchern und Ausdrucken. Mindestens zwei Kaffeetassen stehen auch in diesem Arrangement. Freiheit und Individualität bedeuten ihm viel. Sein Code ist im besten Sinne kreativ, ebenfalls makellos und mit aussagekräftigen Unit Tests abgesichert.

Zwei Programmierer, die wohl jeder gerne im Team hätte, solange sie kein Pair Programming machen müssen. Hier prallen beide Wertegerüste aufeinander. An Peters Arbeitsplatz fühlt sich Klaus unwohl, und umgekehrt wird Peter entweder von Klaus zurechtgewiesen, was er zu unterlassen hat, oder Klaus ist durch Peters kreatives Chaos auf seinem Schreibtisch in seiner Konzentration gestört. Beide irritieren sich dabei gegenseitig und laufen so abgelenkt nicht annähernd zu ihrer Normalform, geschweige denn Hochform auf.

Ein Lösungsweg könnte bedeuten, dass beide kein Pair Programming machen dürfen. Vielleicht reicht das bereits aus. Besser wäre es dagegen,

Konfliktart	Ursachen	Möglicher Lösungsweg
Sachkonflikt »Welches Design-Pattern ist hier angemessen?«	Mangel an Information, Missverständnisse	Informationen sammeln und klären, Möglichkeit, Ideen zu kombinieren
Beziehungskonflikt »Dafür bist du noch zu jung!«	Fehlwahrnehmung, Annahmen, Projektionen, *Vor*-Urteile	individuelle Gefühlslage offenlegen und gegenseitig würdigen
Interessenkonflikt »Wir möchten ein anderes Framework einsetzen und sollen gleichzeitig Entwicklungskosten reduzieren.«	angenommene oder tatsächliche konkurrierende Ziele oder konkurrierende Verpflichtungen	Interessen hinter den Positionen herausarbeiten und einen Interessenausgleich verhandeln
Rollenkonflikt »Als ehemaliger Entwickler müsstest du das doch besser wissen!«	divergierende Anforderungen an das untere Management	Konflikt akzeptieren, offenlegen und individuelle *Auf*-Lösung finden, Entscheidungen transparent machen und kommunizieren
Wertekonflikt »Räume deinen Schreibtisch auf!«	konkurrierende Werte von Personen	Werteunterschied akzeptieren und Zusammenarbeit regeln
Systemkonflikt »Die Gesetzeslage hat sich geändert.«	äußere Engpässe oder Rahmenbedingungen	Konflikt akzeptieren, offenlegen und, wenn möglich, an die eigentliche Instanz zurückgeben

Tabelle 15.1: Konfliktarten, Ursachen und Lösungswege [133]

beide würden die unterschiedlichen Werte des anderen anerkennen und akzeptieren. Auf dieser Basis können sie einen Weg finden, störungsfrei zusammenzuarbeiten.

Vielleicht arbeiten die beiden nur an Peters Arbeitsplatz, den dieser dafür im zentralen Arbeitsbereich freiräumt. So wird Klaus nicht abgelenkt und kann hinnehmen, dass der Arbeitsplatz nach einiger Zeit doch nicht mehr so aufgeräumt ist wie zu Beginn. Und Peter schätzt den Wert, ab und zu mal aufzuräumen. Doch dies ist nur einer von vielen Lösungswegen. Gemeinsam können beide versuchen, einen passenden Weg zu finden.

Da Wertekonflikte in der Regel schwierig zu handhaben sind, kann es auch sinnvoll sein, einen Moderator oder Mediator hinzuzunehmen. Dieser unterstützt die Beteiligten darin, eine dauerhafte Lösung zu finden.

Teil V

Hochleistungsteams aufbauen

16 Voraussetzungen für Spitzenteams

16.1 Ein Team weiterentwickeln

Die Teamfähigkeit des Einzelnen, die wir in Teil IV des Buchs erläutert haben, bildet die Basis für unsere Betrachtungen zur Weiterentwicklung eines Teams. Generell zeigt sich in der Teamzusammenarbeit der Zyklus aus Abbildung 3.11 auf Seite 55. Über die einzelnen Phasen hinweg steigert sich dabei die Leistungsfähigkeit des Teams (Abb. 3.12 auf Seite 56). Wir möchten im Folgenden einige Ideen aufzeigen, wie die Teamleistungsfähigkeit effizienter gesteigert werden kann als durch Abwarten und Hoffen.

16.1.1 Das Kontextmodell zur Teamentwicklung

Ein Team setzt sich aus verschiedenen einzelnen Persönlichkeiten zusammen, die jeweils über eigene beruflich besonders relevante Soft Skills wie Kommunikations-, Kooperations- und Teamfähigkeit verfügen (Abb. 1.1 auf Seite 3). Dazu bringt jedes Teammitglied seine persönlichen Vorerfahrungen aus der Zusammenarbeit mit den anderen Mitgliedern mit. Sie machen die Vorgeschichte eines Teams aus (Abb. 16.1 links).

Diese Individuen treffen im Rahmen einer konkreten Aufgabe oder eines Projekts aufeinander. Diese Situation kann auch in einem extra dafür vorgesehenen Teamentwicklungsworkshop durchgespielt werden. Jeder bringt situationsbezogen seine eigenen Bedürfnisse mit, die zumindest z. T. den anderen in der Regel nicht bekannt sind. In dieser Situation nutzen wir die Wahrnehmungsfähigkeiten der einzelnen Personen, um mit ihnen direkt im Workshop am konkreten Beispiel zu arbeiten. Was nehmen die einzelnen Teammitglieder wahr? Als letzte Ingredienz kommt eine notwendige Prozesskompetenz hinzu, die entweder bereits in der Gruppe durch einzelne Personen vorhanden ist oder z. B. im Rahmen eines Teamentwicklungsworkshops von außen hinzukommt (Abb. 16.1 oben).

So erreicht das Team seine spezifische Arbeitsfähigkeit, die auf das Team und die konkrete Aufgabe bezogen ist. Regeln und Vereinbarungen, wie die einzelnen Personen miteinander umgehen, werden explizit und implizit aufgestellt. So entwickelt sich eine Identität des Teams und gleichzei-

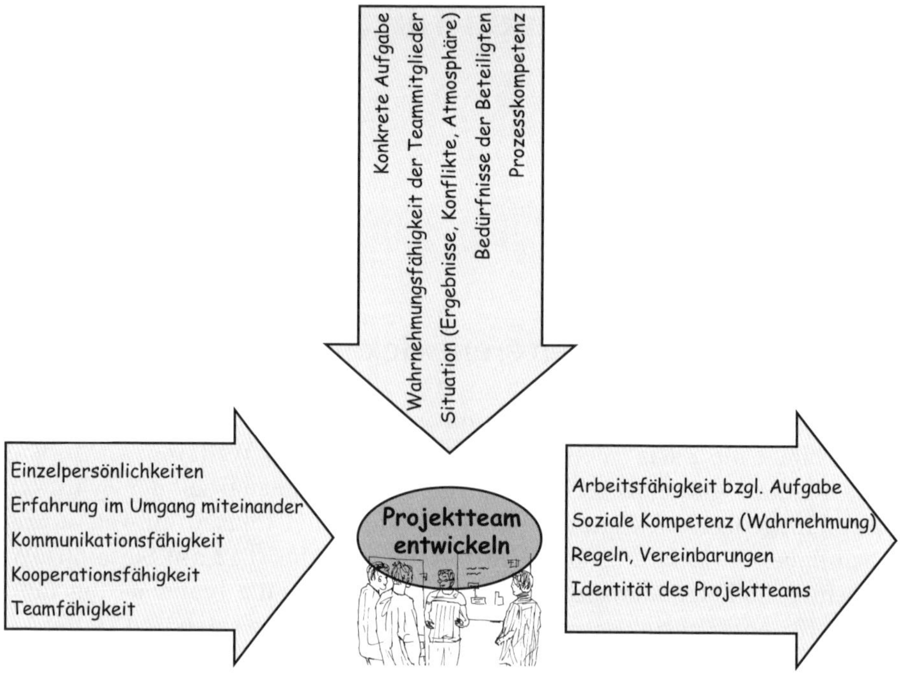

Abbildung 16.1: Kontextmodell zur Teamentwicklung [78]

tig die soziale Kompetenz der einzelnen Mitglieder (Abb. 16.1 rechts). Aus einzelnen Persönlichkeiten (Abb. 16.1 links) ist ein Projektteam geworden.

So früh wie möglich in der Teamentwicklung kann explizit an der Teamidentität und den Regeln gearbeitet werden. In der Storming-Phase sind die Ziele der Einzelnen mit den Gruppenzielen abzugleichen und verbindliche Regeln für die Zusammenarbeit zu entwickeln. Dies kann an eigenen kleinen Aufgaben ohne Projektbezug in einem Workshop erfolgen oder direkt in der Projektarbeit bei der Bearbeitung erster Aufgaben.

Daher ist es in der Projektplanung mit neuen Teams so wichtig, zu Beginn Aufgaben auszuwählen, die schnell Erfolgserlebnisse bringen und nicht zu kritisch sind. Das neue Team braucht sie zum Üben. Es kann also zielführend für die Entwicklung eines neuen Teams sein, zu Beginn eines Projekts mit einfachen Aufgaben zu starten, bevor die riskanten schwierigen Themen bearbeitet werden.

Über die Reflexion der einzelnen Mitglieder über sich selbst und die Wahrnehmung der anderen kann die Gruppe in kleinen iterativen Schritten in einer Retrospektive am Ende eines jeden Schritts bewusst lernen, und das Projektteam entwickelt sich. Sobald das erste Erfolgserlebnis erreicht ist, kann eine umfangreichere Bestandsaufnahme erfolgen. Jetzt gilt es, die Regeln aufzuschreiben und die unterschiedlichen Sichten darauf zu finden. Die Sichten hängen dabei stark von den individuellen, tiefen Überzeugungen, den sogenannten *Glaubenssätzen*, der einzelnen Teilnehmer ab [78]. Ein kurzes Beispiel dient zur Erläuterung: Eine Projektgruppe hat u. a. folgende Regeln ins Projekt-Wiki geschrieben:

- Ein aufkeimender Konflikt zwischen Teammitgliedern ist sofort und direkt anzusprechen.
- Neu erkannte Risiken oder Veränderungen an der bisherigen Risikoeinschätzung sind sofort der Projektleiterin zu melden.

Das klingt doch klar, einfach und beinahe selbstverständlich, oder nicht? Wenn wir Mitglieder im Team haben, deren innere Überzeugung es ist, dass wir alle harmonisch zusammenarbeiten und Konflikte nur stören, wird es mit der ersten Regel problematisch. Da kann sie noch so schön im Wiki stehen, sie wird von der inneren Überzeugung, dem Harmoniebedürfnis, übertrumpft. Wenn die Projektleiterin der Überzeugung ist, die Teammitglieder eng kontrollieren zu müssen, wird sie sich kaum auf die zweite Regel verlassen, sondern regelmäßig selbst nachfragen.

Ist das so schlimm? Beide Regeln sind Beispiele für wichtige Arbeitsprinzipien in Teams. Soziale Konflikte haben stets höchste Dringlichkeit [8]. Sie sind umso einfacher zu bearbeiten, je früher sie oder ihre Vorstufen entdeckt werden [133]. Mitglieder mit einer inneren Harmonie-Überzeugung brauchen eine besondere Beachtung und Weiterentwicklung, um es ihnen möglich zu machen, ihre bislang üblichen Handlungsweisen zu erweitern und zu lernen, sich zu konfrontieren. In diesem Fall könnte das z. B. über eine besondere Vertrauensperson geschehen, mit der der Mitarbeiter seine Wahrnehmungen bei Störungen oder Irritationen durch Kollegen abgleichen und besprechen kann. Am besten entwickelt die Gruppe eine konkrete Lösung dafür. Das erhöht die Erfolgsaussichten deutlich.

Auch das zweite Beispiel betrifft einen essenziellen Projektaspekt: das Vertrauen. Nur wenn wir der Kompetenz und dem Verantwortungsbewusstsein der Kollegen und Mitarbeiter vertrauen, können wir für Problemsituationen das weniger aufwendigere Push-Prinzip nutzen: Wenn jemand ein Problem erkennt, das er nicht sofort lösen kann, meldet er es weiter. Ist das Vertrauen nicht gegeben, greift das arbeitsintensivere Pull-Prinzip: Die Projektleiterin holt sich regelmäßig die Informationen unabhängig von bestimmten Ereignissen.

Wohin das Pull-Prinzip führt, können Sie auf jedem Flughafen ab dem späten Nachmittag bis zum letzten Abflug in der Nacht beobachten. Manager auf Geschäftsreise rufen ihre Mitarbeiter an und fragen nach, ob etwas Dringliches ansteht. Das ist ein hoher Einsatz, doch wofür? Schaffen es die Mitarbeiter nicht, bei Problemen selbst den Manager anzurufen? Wenn wir ein Team im Teamzyklus in die Performing-Phase bringen möchten, kommen wir um das Push-Prinzip und das diesem zugrunde liegende Vertrauen in die Teammitglieder nicht herum [115].

In der Teamentwicklung gerade zu Beginn eines Projekts geht es darum, diese Grundprinzipien und den Umgang damit offenzulegen und zu diskutieren. So werden die Grundlagen für die Weiterentwicklung einer Gruppe zu einem Team gelegt. In Abschnitt 15.2 ab Seite 235 haben wir uns bereits mit dem Thema Identität auseinandergesetzt.

16.1.2 Gegensätze im Team ergänzen

Als letzten Punkt zum Thema Entwicklung von Teams kommen wir auf die typologischen Aspekte in Gruppen zu sprechen. Wenn wir eine einzelne Person im Team betrachten, so hat sie diverse Stärken, die sie zur Bewältigung der anstehenden Aufgaben der Gruppe bereitstellt. Diese ergeben sich aus den typologischen Präferenzen für die konkrete Projektsituation.

Wenn wir ein Softwareentwicklungprojekt betrachten, so werden wir im Team oft viele Mitglieder finden, die eher introvertiert sind und ihre Präferenzen im *Was?*-Quadranten ausleben (Abb. 1.8 auf Seite 16). Der Anteil an INTP und INTJ nach dem Myers-Briggs Type Indicator® ist häufig überdurchschnittlich [124]. Das ist meistens auch gut so, denn wir brauchen etliche *Problemlöser* und *unabhängige Denker* für unsere Projektarbeit (Abb. 14.2 auf Seite 225).

Doch wie sieht es mit unserem INTP-INTJ-Team aus, wenn es mit einem ENFP-Manager als fachlichem Projektleiter auf Kundenseite zusammenzuarbeiten hat? Dieser Manager sieht nach seinen Präferenzen die Weiterentwicklung der Menschen als ein wichtiges Ergebnis. Dies kann auf mehreren Ebenen leicht zu Konflikten führen.

Menschen mit INTJ- und INTP-Präferenzen schätzen ihre Unabhängigkeit und Autonomie. Privatsphäre ist ihnen oft sehr wichtig, und sie durchdenken Probleme mit Vorliebe erst einmal selbst, bevor sie damit zu anderen gehen. Dabei werden die Themen in aller Tiefe und detailliert betrachtet. Häufig finden wir bei ihnen eine strikte Trennung zwischen beruflichen und privaten Themen. Das funktioniert untereinander ausgezeichnet, da sich diese Bedürfnisse in einem homogenen Entwicklerteam decken.

Der beschriebene Manager hingegen bespricht Probleme lieber mit anderen, um sich Klarheit zu verschaffen. Ihm ist das direkte Feedback der Mitarbeiter und Kollegen wichtig. Er ist spontan, möchte ganz eng mit den Entwicklern zusammenarbeiten und diese im Rahmen des Projekts auch weiterentwickeln. In seiner Vision finden sich noch viele gemeinsame Projekte. In seiner Wahrnehmung fokussiert er eher auf das *Big Picture*. Mit seiner spontanen Art vermischt er hier und da auch Berufliches mit privaten Aktivitäten.

Die Zusammenarbeit kann in unserem Beispiel trotz bester Vorsätze für alle schnell nervig und konfliktbelastet werden. Entwickler und fachlicher Projektleiter scheinen sich einfach nicht zu verstehen. Diese Situation ist typisch für harmonisch zusammengesetzte Teams. Die einzelnen Personen sind sich typologisch eher ähnlich, was ihre Stärke in bestimmten Situationen ausmacht. Werden sie dagegen mit einer unpassenden Situation konfrontiert wie im obigen Beispiel mit einem nicht kompatiblen fachlichen Projektleiter, so können sie sich nur schwer darauf einstellen. Hier wird die Stärke zur Falle.

Wäre das Team nicht so homogen zusammengesetzt, hätte es bereits Wege für die Zusammenarbeit mit anders präferierenden Menschen entwickelt oder aber eine Person als kompatible *Schnittstelle* für den Projektleiter parat. Das Team hätte bereits gelernt, dass andere Menschen nicht komisch sind, sondern nur anders, und dass diese Andersartigkeit neue Stärken zum Team hinzufügt.

Da wir in der Softwareentwicklung mit einem dynamischen technischen wie fachlichen Umfeld konfrontiert sind, lohnt es sich, bei der Teamentwicklung darauf zu achten, dass nicht der leichte Weg gegangen wird und sich nur Menschen mit ähnlichen Präferenzen zusammentun. Die Stärke eines Teams in einem dynamischen Umfeld ergibt sich aus typologischen Unterschieden, seinen individuell unterschiedlichen Stärken. Diesen Weg werden wir weiterverfolgen, wenn es darum geht, Hochleistungsteams aufzubauen.

»Manche Menschen sind wie Hund und Katze. Warum nur?«

Das kennen Sie bestimmt auch. Es gibt Leute, die rauschen in jedem Meeting gegeneinander. Die Situation eskaliert derart schnell, dass alle nur betroffen zu Boden schauen. Teilweise werden dann Meetings oder Arbeitsprozesse so arrangiert, dass die beiden nicht mehr aufeinandertreffen. Vielleicht haben auch Sie bereits die Chance gehabt, auf jemanden zu treffen, der sie sofort und ohne viele Worte auf die Palme bringen kann. Was passiert hier eigentlich psychologisch gesehen und warum handelt es sich dabei um einen völlig natürlichen Vorgang? Das wollen wir uns doch einmal genauer anschauen: Wir möchten hier zuerst eine Annäherung von eher esoterischer Seite und danach eine Annäherung aus psychologischer Sicht wagen. Fangen wir mit der ersten an und schließen mit der psychologischen Begründung.

Alle Menschen sind in sich konsistent und vollständig, sie sind *ganz* oder auch *heil*. Bewusst wahrnehmen tun sie davon aber nur einen Teil. Daraus resultieren dann alle innerlichen und zwischenmenschlichen Probleme. Jeder Mensch hat also eine helle, bewusste und eine dunkle, unbewusste Seite. Das verdeutlicht u. a. auch das Yin-Yang-Symbol. Also gibt es neben den bewussten genauso auch unbewusste Fähigkeiten, Werte, Charakterzüge usw., nur dass wir uns die unbewussten nicht anschauen möchten. Sie sind nämlich nicht ohne Grund unbewusst, denn wir haben gelernt, sie zu unterdrücken, weil wir mit ihnen schlechte Erfahrungen gemacht haben. Daraus folgt, dass wir irgendwann rund um die Geburt (über den genauen Zeitpunkt lässt sich trefflich diskutieren) ganz und heil waren. Eine universelle Kraft treibt uns im Verlauf unserer Entwicklung an, wieder ganz oder heil zu werden, was nichts anderes heißt, als dass wir uns unsere unbewusste Seite langsam und Schritt für Schritt bewusst machen. Meist fängt das in der Lebensmitte an und führt dann zur *Midlife-Crisis*.

Es gibt aber eine scheinbare Abkürzung, schon vorher zu unserer unbewussten Seite zu gelangen. Wir *borgen* sie uns einfach bei anderen Menschen aus. Liebe und Freundschaft basieren in vielen Fällen auf dieser Funktion des Ergänzens. Die Nebenwirkungen dieser Abkürzung sind allerdings auch nicht ohne: Manchmal lieben wir unsere *Gegenstücke* und manchmal hassen wir sie dafür. Was nun gerade dran ist, entscheiden Sie selbst. In einer Ehe z. B. wird der Hebel statistisch nach ungefähr sieben Jahren von *Lieben* auf *Hassen* umgestellt. Wir können von Mitarbeitern berichten, die seit zehn Jahren privat die besten Freunde sind und die man beruflich besser auseinanderhält, damit sie bei der Arbeit nicht aufeinanderprallen.

Nun wollen wir uns dem Thema noch einmal mithilfe der Transaktionsanalyse nähern [133]. Wenn Emotionen im Spiel sind, nimmt im Sinne der Transaktionsanalyse meistens eine der beiden Personen den Kindzustand an und wird *gereizt* durch ein Eltern-Ich, das der Kommunikationspartner in diesem Moment verkörpert. Vom Eltern-Ich werden Werte vermittelt und als allgemeingültig deklariert. Knallt es so richtig, dann hat das rebellische Kind geantwortet und sich gegen eine Übernahme der vom Eltern-Ich vermittelten Werte gewehrt. Wie auch immer, es handelt sich im Kindzustand immer um Verhaltensmuster, die der ja nun offensichtlich Erwachsene im Kindesalter angenommen hat und bis heute weiterverfolgt.

Der Ausweg aus dieser Art der Kommunikation lässt sich wie folgt erreichen: Die Person im Kindzustand erkennt, dass die auslösende Situation von früher heute nicht mehr vorliegt, es also keine Veranlassung für seine Reaktion gibt. Der Kommunikationspartner im Eltern-Ich könnte seinerseits feststellen, dass seine Art der Kommunikation nicht zum sachlich gewünschten Ziel führt. In beiden Fällen gelangen die Kommunikationspartner so zu einer Kommunikation aus ihren Erwachsenen-Ich-Zuständen heraus.

16.2 Was macht ein Team zu einem Spitzenteam?

Warum reichen uns die *normalen* Teams nicht aus? Wofür brauchen wir Hochleistungsteams? Manche Projekte sind besonders schwierig oder riskant und gleichzeitig von großem wirtschaftlichen Interesse. Wenn wir besonders hohe Flexibilität benötigen, weil wir eine extrem schnelle Reaktionsfähigkeit auf die Dynamik des Umfelds erreichen müssen, um zum Projekterfolg zu kommen, wird es Zeit, über Hochleistungsteams nachzudenken. Ebenso verhält es sich z. B. bei besonders innovativen Themen.

Dann brauchen wir mehr als den Durchschnitt, wo immer der in unserer Firma verglichen mit der Konkurrenz auch liegen mag. Dann brauchen wir das beste Team, das wir hervorbringen können.

Was sind nun *Hochleistungsteams*? Wir verstehen darunter heterogene Teams, die in der Lage sind, ihre unterschiedlichen Stärken situationsgerecht zu kombinieren, um stets flexibel und mit vergleichsweise kurzer Reaktionszeit eine dem Problem angemessene, überdurchschnittliche Leistung zu erbringen. Es liegt auf der Hand, dass dafür die Zusammenarbeit von Menschen mit unterschiedlichen Stärken erforderlich ist.

Das bringt mit sich, dass aufgrund der Unterschiedlichkeit eine Menge Sprengstoff in einer solchen Gruppe vorhanden ist, der jederzeit zur Explosion kommen und den hohen Wert eines solchen Teams ruinieren kann. Daher ist es von essenzieller Wichtigkeit, die zwischenmenschlichen Beziehungen in der Storming-Phase der Teambildung nicht nur ausreichend, sondern vollständig geklärt zu haben. Nur dann kann auch die Performing-Phase in der Teamentwicklung erreicht werden, in der ein Team in der Lage ist, Höchstleistungen zu vollbringen (Abb. 3.11 auf Seite 55).

Eine wesentliche Voraussetzung für Hochleistungsteams ist daher eine vollständig geklärte Beziehungsebene, in der existierende Konflikte und aus der Vorgeschichte der Mitglieder mit in die neue Gruppe hineingebrachte Verstimmungen oder andere Belastungen vollständig aufgelöst sind. Dieser Prozess erfolgt im *Storming* und kann im Einzelfall auch dazu führen, dass sich die Teamzusammensetzung noch einmal verändert, wenn sich herausstellen sollte, dass eine spezifische Belastung im Team nicht aufgelöst werden kann. Um dies sicherzustellen, ist eine Reihe von Voraussetzungen zu erfüllen, die den Teamleiter, seine Zielvorgaben sowie die einzelnen Teammitglieder und die Teambildung betreffen. Auf das Umfeld gehen wir später ein.

16.2.1 Teamleitung

Der Aufbau und die Leitung eines Hochleistungsteams stellen höchste Anforderungen an den Teamleiter, der Erfahrung in der Moderation von Konflikten bis hin zur Mediation mitbringen sollte. Der Teamleiter ist so in der Lage, mit allen sozialen Konflikten im Team sofort und angemessen umgehen zu können. Dazu muss er nah genug an der Gruppe sein und über eine gut ausgeprägte und sensible Wahrnehmung für die aktuelle Konstellation in der Gruppe verfügen.

Gemeinsam mit dem Projektumfeld definiert und verfeinert er die Ziele, die erreicht werden sollen. Diese gemeinsame Aufgabe ist ein wesentlicher Bestandteil bei der Bildung eines Hochleistungsteams. Die Ziele üben eine hohe Attraktivität aus oder eben nicht. Über attraktive Ziele werden die richtigen Teammitglieder angezogen, und sie besitzen zumindest für einen längeren Zeitraum eine höhere Wertigkeit als die individuellen Ziele der einzelnen Mitglieder, sodass die *Performing*-Phase erreicht werden kann.

Die Führung konzentriert sich im Wesentlichen auf die sofortige Klärung gruppeninterner Irritationen, die Bereitstellung eines optimalen Umfelds für die Arbeit und die Vorgabe der Orientierungspunkte durch die Vergabe klarer Prioritäten für die einzelnen Unterziele und bestimmte Arbeitsaufgaben. Die Teammitglieder selbst können und möchten in Hochleistungsteams weitgehend selbstständig, eigenverantwortlich und autark arbeiten und benötigen daher auf fachlicher Ebene kaum Führung.

16.2.2 Team

Jedes einzelne Teammitglied braucht ausgeprägte Soft Skills und hierbei besonders eine starke Kooperationsfähigkeit mit den anderen Teammitgliedern. Dies ist die Voraussetzung für ein arbeitsteiliges Zusammenspiel der Aktivitäten im Team. Dies bedeutet nicht, dass nur reine Spezialisten Hochleistungsteams bilden können. Ganz im Gegenteil wird das sogar eher selten der Fall sein, da ein starker Hang zum Spezialistentum häufig die Kooperationsfähigkeit negativ beeinflusst. Das Ziel der Arbeitsteilung ist das optimale Ausnutzen der individuellen Stärken der einzelnen Teammitglieder und nicht eine fließbandgerechte Zerlegung der Aktivitäten in einzelne Schritte. Voraussetzung dafür ist bei jedem einzelnen Mitglied eine hohe Identifikation mit dem Teamziel. Bei wem diese nicht gegeben ist, werden die eigenen Ziele stärker in den Vordergrund treten, was früher oder später zu Irritationen in der Zusammenarbeit führen wird.

Jedes Mitglied bringt von sich aus den anderen ein Grundvertrauen in deren Leistungsfähigkeit und Leistungswillen entgegen. Der Umgang mit den eigenen Stärken ist bewusst, so die eigenen Stärken und diese den anderen Teammitglieder bekannt sind. Ebenso verhält es sich mit den individuellen Schwächen. Die Individualität und die sich daraus ergebende Heterogenität des Teams werden von jedem Mitglied geschätzt.

Welche Eigenschaften bringt ein ideales Hochleistungsteammitglied noch mit? Zum einen sind da Durchhaltevermögen und Optimismus zu nennen, um die Energie über einen langen Zeitraum hoch halten zu können. Dabei werden die eigene Persönlichkeit und die eigenen Fähigkeiten weiterentwickelt, wofür eine hoch ausgeprägte Fähigkeit zur Selbstreflexion notwendig ist. Zuletzt kommt noch eine starke Selbstwirksamkeit hinzu. Damit ist die Überzeugung gemeint, durch eigenes Handeln ein gewünschtes Ziel aktiv erreichen zu können [86].

Im Team hat jedes Mitglied seinen angemessenen Platz. Dieser Platz wird vom Individuum selbst ebenso geschätzt wie von den anderen Teammitgliedern. Ein Platz definiert sich durch eine klare Verantwortlichkeit für ein Ergebnis oder Subziel und weniger durch bestimmte Aufgaben. Gerade bei schwierig zu erreichenden Zielen kann es in der Bandbreite und Wertigkeit der dafür zu erfüllenden Aufgaben eine hohe Dynamik geben, der das einzelne Mitglied in der ganzen Vielfalt seiner Möglichkeiten Rechnung tragen können muss. Diese Flexibilität wird kaum durch fest definierte Arbeitsplatzbeschreibungen erreicht werden können.

16.2.3 Zusammenstellung des Teams und Teambildung

Mit der Zusammenstellung meinen wir nicht die fachliche Expertise jedes Mitglieds, sondern die Gruppendynamik im Prozess der Zusammenstellung. Im Forming und Storming werden die Weichen auf Hochleistung gestellt.

Zwischen allen Mitgliedern wird dabei die jeweilige Beziehungsebene geklärt. Das bedeutet nicht, dass alle Teammitglieder Freunde sein müssen. Bestehende Konflikte müssen vorab geklärt werden. Jedes Mitglied weiß um seine individuelle Stärke und seinen Platz im Team. Es kennt auch die individuellen Stärken der Kollegen. Diese Klärungen können in expliziten Teambildungsworkshops erfolgen oder im bereits laufenden Projekt. Ist Letzteres der Fall, so wird die Leistungsfähigkeit zu Beginn noch stark eingeschränkt sein, was hoffentlich in der Planung und Auswahl der ersten Arbeitsaufgaben berücksichtigt wird.

Alles, was zu Beginn nicht ausgeräumt wird, wird als Ballast im Projekt mitgeschleppt und vermindert die Leistungsfähigkeit des Teams. Diese Bremse kann so stark sein, dass ein Performing nicht erreicht werden kann. Diese Aufgabe ist gerade für Hochleistungsteams besonders wichtig, da es sich um ein heterogenes Team handeln wird. Die fachlichen Expertisen ergänzen sich ebenso wie die typologischen Präferenzen. Perfektionisten, die optimale Lösungen anstreben und alle Regeln einzuhalten versuchen, treffen auf Kreative, die sich über das Altgewohnte hinwegsetzen. Macher, die für eine schnelle Umsetzung der Ergebnisse sorgen, arbeiten mit Partnern zusammen, die vermitteln und den Teamgeist stärken [86]. Oder wie wir es mit unserer einfachen Typologie ausdrücken: *Was?*- trifft auf *Wohin noch?*-Präferenz und *Wie?*- arbeiten mit *Warum?*-Präferenzen zusammen.

Eine Voraussetzung müssen die einzelnen Teammitglieder dafür mitbringen: Wertschätzung von Heterogenität. Sie bildet die Basis für die Klärung der Beziehungsebene, da darüber die ehrliche Wertschätzung für die Kollegen erfolgt.

16.2.4 Zielvorgaben

Ein Hochleistungsteam identifiziert sich stark mit dem Ziel der Arbeit. Dafür stellen die einzelnen Mitglieder ihre individuellen Ziele für die Projektdauer zurück (Abb. 3.11 auf Seite 55). Damit dies geschieht, brauchen wir ein wohl gewähltes und definiertes Ziel, das ausreichend Freiräume für die Gestaltung des Lösungswegs zulässt. Es beschreibt daher einen Zielzustand anhand ausgewählter Parameter und gibt so wenig wie möglich von der konkreten Lösung vor.

Das Ziel stellt eine Herausforderung dar, die so noch nicht erreicht wurde. Na ja, wenn schon nicht weltweit, dann zumindest nicht in der eigenen Organisation. Wenn also ein Konkurrent überraschend ein Produkt auf den Markt gebracht hat und wir selbst schnellstmöglich nachziehen möchten, so richtet sich das Ziel vielleicht an Lieferzeitpunkten, einigen wenigen Verbesserungen gegenüber dem Konkurrenzprodukt und vielleicht besonders hohen Anforderungen an äußere und innere Qualität aus. Dies ist die typische Zielsetzung eines Verfolgers, also einer Firma, die breit am Markt vertreten ist und neue Trends von Konkurrenten schnell adaptiert. Ein Beispiel für einen typischen Verfolger ist die Firma Microsoft, woran zu erkennen ist, dass dieses Konzept sehr erfolgreich sein kann.

Bei einem Innovator dagegen werden Neuerungen entwickelt, die die zukünftigen Kunden so weit noch gar nicht angedacht haben. Hier richtet sich das Ziel eher daran aus, schnell eine Marktreife zu erreichen und möglichst viele Begeisterungsqualitätsaspekte[1] im neuen Produkt zu entwickeln. Ein klassisches Beispiel für einen Innovator, zumindest zeitweilig, ist die Firma Apple, die ebenfalls wirtschaftlich recht erfolgreich ist.

Diese beiden allgemeinen Sichten dienen zur Verdeutlichung einer notwendigen Zieldifferenzierung ohne Einschränkung der für die Zielerreichung notwendigen Kreativität. Es werden also Zielzustände beschrieben im Sinne der Fragen aus Abschnitt 13.2 ab Seite 217. Dort ging es um Coaching-Ziele, für die dieselben Anforderungen bezüglich der Motivation gelten wie für die Ziele eines Hochleistungsteams.

»Mit dem/der kann ich nicht zusammenarbeiten!«

So, jetzt kennen wir also Typologiemodelle und das Eisbergmodell, können Erwartungen klären, und trotzdem gibt es Leute, mit denen will ein Zusammenarbeiten einfach nicht gelingen. Was ist los? Wie nun funktioniert der Transfer der Theorie in die Praxis?

Wir haben im Eisbergmodell gesehen, dass es mehr als das uns Bewusste gibt, d. h., die über 50 Prozent unterhalb der Wasseroberfläche. Hier liegt der Grund für obigen Spruch verborgen, der es so schwierig macht, eine Verbesserung auf der Beziehungsebene herbeizuführen. Die gute Nachricht ist, dass wir alle einen mehr oder weniger breiten Zugang zu diesem versunkenen Schatz haben. Das sind unsere Emotionen.

[1]Siehe Kano-Modell z. B. in [133].

Da wir uns aber unter Wasser nicht gut verständigen können, sollten wir den Schatz bergen und über Wasser diskutieren. Was heißt das konkret? Wir sprechen zur Klärung unsere Emotionen aus, d. h., sie werden über die Wasseroberfläche geholt und zum Sachthema gemacht. Wir starten eine *Metadiskussion*, d. h. eine Diskussion darüber, *wie* eine Aufgabe gemeinsam bearbeitet und diskutiert wird. Das bedeutet z. B., unsere Ängste zu zeigen oder unsere Wut wahrzunehmen und durch Sätze auszudrücken, wie »Das Vorgehen, dass du vorgeschlagen hast, macht mir irgendwie Angst. Kannst du das bitte noch weiter detaillieren, damit ich besser verstehe, was du meinst?« oder »Wenn du *Jetzt nicht!* sagst, werde ich echt wütend, weil das Thema für mich immens wichtig ist und ich wirklich gerne deinen Rat hätte«.

Wenn Sie jetzt sagen »Ja, ja, kenne ich. Aber solche *Psychosätze* passen für mich einfach nicht, da mache ich mich total lächerlich mit!«, dann dürfen wir Sie beglückwünschen, weil Sie sich gerade an die Regel, Ihren Emotionen zu folgen und sie auszudrücken, gehalten haben. Ihre Angst ist berechtigt, aber wir können Sie aus Erfahrung nur ermutigen, mit den richtigen Worten Ihre Gefühle auszudrücken. Das ist Übungssache, und manchmal gibt's Rückschläge. Aber als Belohnung eines von Herzen vorgetragenen Anliegens gibt es einen Preis, und wenn es *nur* ein gesteigertes Selbstwertgefühl ist, dem Gegenüber ein bisschen mehr von sich zeigen zu können.

Sicher ist auch, dass durch einmaliges Aussprechen von Gefühlen nicht selbstverständlich Verbesserungen eintreten. Andersherum wirkt ständiges Sprechen über seine Gefühle auch nicht besser, denn Sie werden irgendwann wahrscheinlich nicht mehr ernst genommen oder gar für (fachlich) inkompetent gehalten. Wie so oft ist die richtige Balance gefragt. Und wie so oft hängt diese von der konkreten Situation ab. Es bleibt also unser Rat: Machen Sie den Anfang, bleiben Sie dran, und wenn es nun mit einem Kollegen so gar nicht geht, sorgen Sie dafür, dass sich Ihre Arbeitsgebiete möglichst wenig überschneiden und Sie so Abstand gewinnen und dadurch mehr Energie für Ihre Arbeit aufbringen können.

16.3 Das Umfeld für Hochleistungsteams

Wie wirken sich bestimmte Umfeldfaktoren auf ein Team aus? Was ist Voraussetzung für den Aufbau eines Hochleistungsteams? Auf einige wichtige Aspekte gehen wir nachfolgend ein.

16.3.1 Portfoliomanagement bzw. Multiprojektmanagement

Eine gute Fokussierung auf, wenn überhaupt, dann nur wenige parallele Projekte ist in jedem Fall von Vorteil. Die Projekte werden einem klar priorisierten Portfoliomanagement entnommen und in ein streng priorisiertes Multiprojektmanagement im Rahmen eines Programmmanagements überführt (Abb. 16.2). Dadurch entstehen nur wenige Kontextwechsel bzw. Störungen in der Team- und Projektarbeit. Für das Erreichen der *Performing*-Phase ist das Minimieren der Kontextwechsel absolut notwendig. Wir denken, dass Defizite an dieser Rahmenbedingung besonders oft daran schuld sind, dass die Hochleistungsphase nicht erreicht wird, obwohl das Team ganz vielversprechend ist.

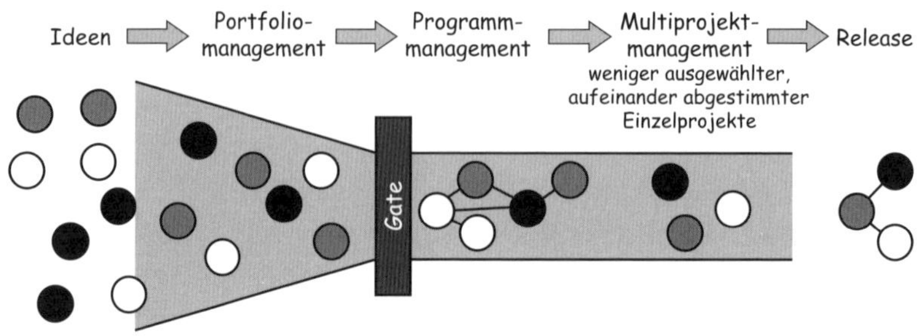

Abbildung 16.2: Prinzip des Portfolio- (links im Trichter) und Programmmanagements (Mitte des Trichters), das erst ein angemessenes Multiprojektmanagement ermöglicht (rechts im Trichter) [22]. Die ausgefüllten Kreise stellen verschiedene Projekte bzw. Projektideen dar. Durch die Graustufen wird deren Zugehörigkeit zu drei aufeinander abgestimmten Produktlinien ausgedrückt. Die Vernetzung über die Linien verbindet ein aufeinander abgestimmtes Programm bzw. Release.

Im Portfoliomanagement werden innovative Ideen identifiziert und konsequent gefördert. Diese werden dann in ein übergreifendes Programmmanagement überführt, in dem die innovativen Idee kombiniert und aufeinander abgestimmt werden, sodass sich Synergien nutzen lassen. Der entscheidende Zwischenschritt dabei ist das Gate, an dem aus der Menge innovativer Ideen jene identifiziert werden, die wirklich umgesetzt und zu aufeinander abgestimmten Produkten weiterentwickelt werden sollen. Die einzelnen Projekte aus dem Programmmanagement werden dann jeweils separat und mit minimaler Parallelität durchgeführt und im Multiprojektmanagement gesteuert. Der gesamte Prozess zeichnet sich durch permanente Verdichtungs- und aufeinander abgestimmte Auswahlprozesse aus, was in der Abbildung 16.2 durch die Metapher des Trichters ausgedrückt wird.

Projekte zeichnen sich in der Praxis dadurch aus, dass sie mit knappen Ressourcen und Personal ausgestattet sind. Daher wird es immer personelle Engpässe und Kontextwechsel für einige Mitarbeiter geben. Diese sind auf das absolut notwendige Maß zu reduzieren. Eine gute Richtschnur dafür ist die Methode der *Critical-Chain*-Planung (Kasten). Solange mit dieser Planungstechnik übersichtlich gearbeitet werden kann und brauchbare Resultate erzielt werden, ist alles im Lot. Alles, was Sie nicht mehr handhaben können, ist zu viel.

Critical-Chain-Planungsoptimierung

Anders als das ähnlich klingende Verfahren Critical Path kann über eine Planungsoptimierung nach der Critical-Chain-Methode eine risikofokussiertere und dennoch kürzere Planung parallel zu nutzender Ressourcen oder Mitarbeiter erfolgen. Sie geht zurück auf die Theory of Constraints (Engpass-Theorie) von Eliyahu M. Goldratt (*1948).

Die Planung jeder einzelnen Aufgabe erfolgt dabei von hinten, also vom Projektergebnis ausgehend rückwärts. Bei den Aufwandsschätzungen sind implizite Reserven zu unterlassen, da die Reserven nur explizit über den Netzplan einfließen. Bei parallelen Arbeiten einzelner Mitarbeiter in verschiedenen Projektsträngen wird der Netzplan an diesen Mitarbeitern ausgerichtet und nicht an den einzelnen Projekten, sodass die kritischen Abfolgen sofort erkannt werden. So können wir einfacher erkennen, wann wir kritische Ketten durch flankierende Maßnahmen abzusichern haben [121].

Dies ist auch meist nicht sonderlich schlimm, denn es gibt durchaus eine Reihe von Argumenten, die für mehr serielle Projekte sprechen. Durch den Kontextwechsel ist die Parallelität von Projekten aufwendiger und damit teurer als die sequenzielle Bearbeitung. Durch die Fokussierung auf wenige Projekte können die Ergebnisse auch schnell dem Kunden oder Markt bereitgestellt werden, da sie früher beendet sein werden, als wenn noch weitere Projekte parallel zu bearbeiten wären. In den abgeschlossenen Projekten kann bereits der komplette Entwicklungszyklus erprobt werden. Über Retrospektiven kann eine Organisation viel für die Folgeprojekte lernen.

Soweit die ideale Welt ... In der Realität finden wir eine Reihe von Verhaltensweisen im Management und in den einzelnen Abteilungen, die dieses Konzept scheitern lassen oder zumindest drastisch schwächen. Gute Projektideen werden nicht identifiziert und der Konkurrenz überlassen, weil der eigene Blick nicht offen genug ist, sondern nur auf das Tagesgeschäft fokussiert bleibt. Die Entscheidungen am Gate sind nicht transparent, oder es werden die offiziellen Entscheidungswege komplett verlassen. Synergien bleiben unentdeckt, U-Boot-Projekte laufen unerkannt nebenher oder neue Projekte werden quer zum Portfolio- und Programmmanagement eingebracht. Und als ob diese Problemvielfalt nicht schon alleine ausreichen würde, behindern Abteilungsegoismen eine übergreifende, aufeinander abgestimmte Entwicklung und Auslieferung. Wer wundert sich noch, dass unsere Entwicklungsteams ihre eigentlich mögliche Performance nicht erreichen?

Die Lösung liegt auf der Hand. Durchsetzungsstarke Persönlichkeiten übernehmen die explizite Verantwortung für Portfolio- und Programmmanagement. Sie initiieren regelmäßige Workshops zur Ideenfindung und Programmabstimmung. So kommen möglichst viele unterschiedliche Sichten durch Mitarbeiter aus der eigenen Organisation zusammen. Am Gate werden nach wenigen einfachen und klaren Regeln Entscheidungen getroffen, die mit allen Führungskräften abgestimmt und von ihnen getragen werden. Nur Mut, es gibt Firmen, die das sehr erfolgreich umsetzen. So macht dann auch die Projektarbeit wieder Spaß und führt zu einem schnellen Return on Investment.

16.3.2 Wertschätzung

Auf den Aspekt Motivation kommen wir gleich noch gesondert zurück. Eng damit verbunden ist die Wertschätzung des Hochleistungsteams und seiner Mitglieder für die besondere Leistung in der speziellen, besonderen Situation. Damit ist weniger eine besonders gute Bezahlung gemeint, sondern das Erkennen, dass im Team anders gearbeitet wird als sonst.

Die Wertschätzung äußert sich eher darin, dass bestimmte einschränkende oder kontrollierende Regeln außer Kraft gesetzt sind oder speziell auf die Bedürfnisse des Teams zugeschnittene Arbeitsbedingungen möglich sind. Das Team erkennt daran, dass es als etwas Besonderes gesehen und geschätzt wird, was sich positiv auf die Motivation jedes einzelnen Teammitglieds auswirkt.

16.3.3 Ort

Ideal ist es natürlich, alle Teammitglieder an einem Ort zu haben. Dieser Aspekt scheint jedoch für Teams, die einen regelmäßigen Austausch suchen, nicht allzu wichtig zu sein. Hinweise darauf liefert auch eine Studie, an der Uwe Vigenschow beteiligt war [134, 135], in der bestimmte Techniken und Rahmenbedingungen in ihren Auswirkungen auf den Projekterfolg untersucht wurden.

Es ist auf jeden Fall möglich, Hochleistungsteams auch über eine räumliche Trennung hinweg aufzubauen. Manchmal ist diese Trennung sogar notwendig, damit wenigstens ein Teil des Teams dauerhaft vor Ort beim Kunden und mit diesem in direktem Kontakt ist. Der trennende Aspekt bedarf jedoch in jedem Fall einer besonderen Beachtung und spezieller Lösungen, damit er sich nicht negativ auswirkt. Ein iteratives Vorgehen mit regelmäßigen gemeinsamen Arbeitstreffen ist dafür aus unserer Sicht absolut notwendiges Minimum. Die Iterationsdauer sollte auch so kurz wie irgendwie sinnvoll möglich gewählt werden und idealerweise zwischen drei Wochen und einem Monat liegen [134, 135].

Ein wichtiger Kosten- und Zeitaspekt räumlich getrennter Teams in einem iterativen Prozess wird oft verdrängt. Die Zusammenkünfte sind absolut notwendig und durch keine technischen Hilfsmittel zu ersetzen. Video- oder Telefonkonferenzen werden für die Abstimmungen innerhalb der Iterationen genutzt, ersetzen aber die Qualität direkter Treffen derzeit bei Weitem noch nicht. Das hat zur Konsequenz, dass Reisekosten und Reisezeit anfallen. Vielleicht ist es nur die Viertelstunde Fußmarsch vom zweiten Stock aus Gebäude 1 in den dritten Stock des neuen Gebäudes ganz hinten auf dem Gelände. Vielleicht stehen auch vier Stunden Flug oder Bahnfahrt mit einer Übernachtung an. Auf jeden Fall geht dadurch kurzfristig Produktivzeit verloren und zusätzliche Kosten fallen an. Diese sind in der Planung entsprechend zu berücksichtigen.

16.3.4 Struktur

Auch die Strukturierung von Teams in Bezug auf die Architektur von Schichten oder Komponenten kann einen erheblichen Einfluss auf die Leistungsfähigkeit von Teams haben. Dieser Bezug ist jedoch bidirektional: Für bestimmte Teamstrukturen benötigen wir spezielle Qualifikationen bei den einzelnen Mitgliedern.

Betrachten wir als Beispiel dazu mögliche Teamstrukturen in einem Projekt mit einer Drei-Schichten-Architektur. Wie strukturieren wir z. B. neun Mitarbeiter? Die häufig erste und einfachste Idee ist, diese entlang der Architekturblöcke zu bilden. Im Beispiel aus Abbildung 16.3 links bilden also jeweils drei Personen ein Team. Eine vollständig umgesetzte Funktionalität muss jetzt von drei Teams jeweils in ihrer Schicht umgesetzt werden. Im einfachsten Fall müssen also drei Personen, jeweils eine pro Schicht, zusammenarbeiten, um eine neue Funktionalität umzusetzen. Eine solche Teamstruktur maximiert daher den Abstimmungs- und Kommunikationsaufwand und steht einer Hochleistungsentwicklung eher im Weg.

Konstruieren wir dieses Beispiel in einer idealen Reinform, so ist ein Entwickler bzw. ein kleines Team als *Feature-Team* gemeinsam für die vollständige Umsetzung einer Funktionalität über alle Schichten hinweg verantwortlich. Im einfachsten Fall reicht daher ein Entwickler für die Umsetzung aus (Abb. 16.3 rechts). Für dieses Teammodell sind die Ansprüche an jeden einzelnen Entwickler sehr hoch, da ein universelles Wissen auf allen Ebenen erforderlich ist. Es lässt sich daher wohl nur in kleinen Projekten und mit hochqualifizierten, erfahrenen Entwicklern umsetzen. Eine solche Struktur entspricht eher einem Hochleistungsteam.

In Großprojekten lässt sich eine ideale Teamstruktur kaum umsetzen. Eine gewisse Spezialisierung wird vermutlich notwendig sein. Eine typische Teamaufteilung orientiert sich daher wieder stärker an der Architektur, also z. B. an Komponenten und Frameworks (Abb. 16.4). Wenn wir also von

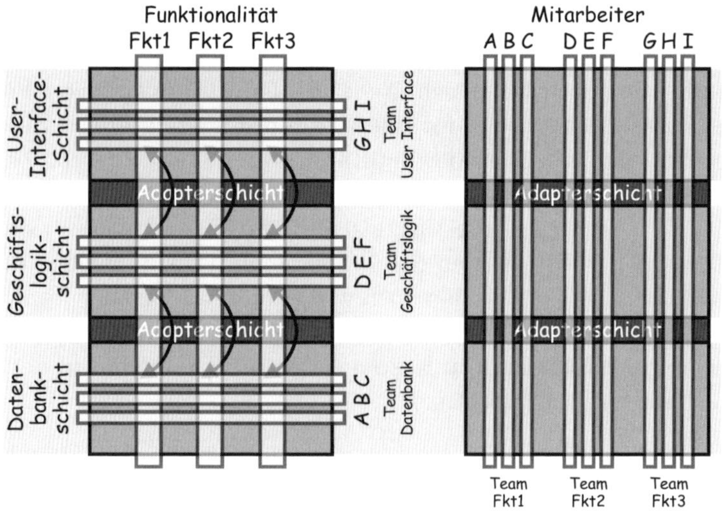

Abbildung 16.3: Eine Teamstruktur parallel zur Drei-Schichten-Architekur (links) vs. einer Teamstruktur entlang der funktionalen Gruppen (rechts)

einer Idealstruktur wie in Abbildung 16.3 rechts abweichen müssen, z. B. weil die Qualifikation der meisten Mitarbeiter dazu nicht ausreicht, kommen wir zwangsläufig wieder zu eher architekturorientierten Teamstrukturen wie in Abbildung 16.4.

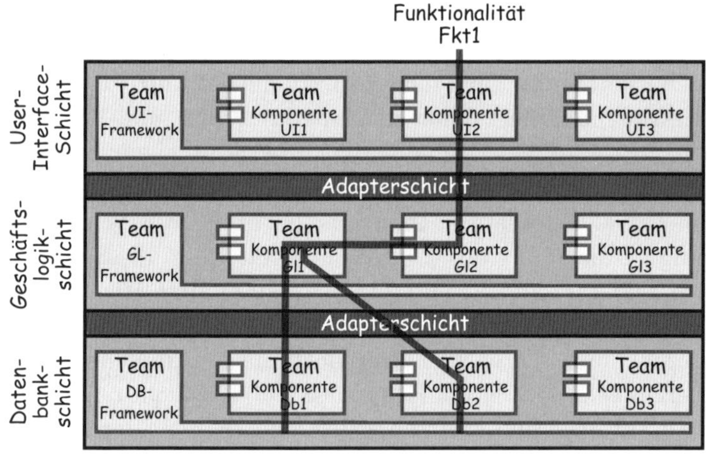

Abbildung 16.4: Eine architekturzentrierte, also z. B. komponentenorientierte Teamzusammenstellung ist in ihrer Effizienz direkt von der funktionalen Architektur des Systems abhängig.

Damit sind wir mit unserer Entwicklungseffizienz direkt von der Qualität unserer Architektur abhängig. Je weniger und abstrakter die zu implementierenden Schnittstellen sind, desto geringer wird der Abstimmungs- und Anpassungsaufwand ausfallen (Funktionalität F1 in Abb. 16.4). In Großprojekten oder in Teams mit sehr spezialisierten Entwicklern kommt also der fachlichen Architektur eine besonders hohe Bedeutung zu. Sie ist direkt für die Entwicklungsgeschwindigkeit verantwortlich. Wenn wir in Großprojekten mit vielen Teilteams über Hochleistungsteams nachdenken, beginnen wir daher bei den Softwarearchitekten. !

16.3.5 Kultur für Hochleistungsteams

Wir haben es bereits angedeutet und gehen darauf noch intensiver ein: Die richtige Mischung der Persönlichkeitstypen ist ein wichtiger Aspekt bei Hochleistungsteams. Damit ein gut zusammengestelltes Team nicht in die Falle des Abschottens und der Isolation tappt und mit Kritik konstruktiv umgeht sowie neue Ideen zulässt, bedarf es mehr. Es gibt sechs Teamkulturgrundsätze, die ein notwendiges Umfeld für extrem erfolgreiche Teams ausmachen (Abb. 16.5). Sie lauten im Einzelnen [86]:

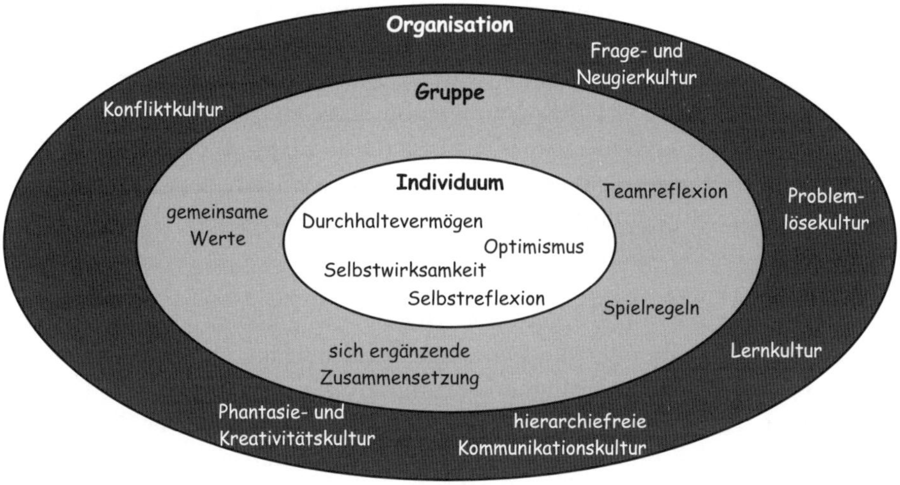

Abbildung 16.5: Das Zusammenspiel von Individuum, Gruppe und Organisation schafft die Rahmenbedingungen für Hochleistungsteams [86].

Konfliktkultur: Ohne offene Konflikte kann es kaum hochwertige Ergebnisse geben. Es gilt regelmäßig Interessen abzuwägen und eine zielführende Balance zu finden. Dazu sind Konflikte unumgänglich. Dafür gibt es eine Streitkultur, in der die strittigen Themen moderiert und entlang einem Konfliktmoderationsprozess bearbeitet werden [133].

Phantasie- und Kreativitätskultur: Innovationen entstehen nicht auf Befehl. Wir beschreiten unbekannte Gebiete und wissen meist nur grob, was uns dort erwartet. Dazu bedarf es einer gewissen Risikobereitschaft, Erfindergeist und einiger unkonventioneller Ideen. Diese gilt es zu fördern und entsprechende Kreativitätstechniken in den eigenen Methoden-Werkzeugkasten zu integrieren.

Hierarchiefreie Kommunikation: In einer offenen Atmosphäre werden die gegenseitigen Argumente unabhängig von einzelnen hierarchischen Positionen ausgetauscht. Nur dann kann eine sinnvolle und nachvollziehbare Bewertung erfolgen. Insbesondere Minderheiten und Querdenker finden Gehör.

Lernkultur bzw. Fehlerkultur: Um als Individuum und als Gruppe lernen zu können, werden Ideen ausprobiert. Diese werden dann analysiert und diskutiert. Die Schuldfrage ist dabei nicht nur unbedeutend, sondern sogar kontraproduktiv. Es werden Ursachen erforscht und in regelmäßigen Retrospektiven die Kausalketten interpretiert, um permanent Verbesserungen am Produkt wie auch am Entwicklungsprozess erkennen und umsetzen zu können.

Problemlösekultur: Hindernisse und Herausforderungen werden offen angesprochen und diskutiert, um daraus konkrete Schlüsse zu ziehen und Entscheidungen zu treffen. Mit Risiken wird aktiv umgegangen, und es wird ein adäquates Risikomanagement durchgeführt.

Frage- und Neugierkultur: Die Neugier ist eine wichtige Triebfeder unseres Handelns. Fragen erkennen und stellen ist dafür die notwendige Grundlage. Jedes Teammitglied ist aufgefordert, bei Bedarf alles zu hinterfragen.

Daraus folgt, dass der Aufbau von Hochleistungsteams nicht alleine mit Blick auf das Team oder die Personen darin betrachtet werden darf, sondern direkt mit Veränderungen in weiten Teilen der Organisation zusammenhängt. Der Aufbau selbstorganisierter Teams, die als Feature-Teams Projekte durchführen, zählt daher zur Organisationsentwicklung und ist damit auch ein Veränderungsprojekt. Diese Erfahrung haben viele Firmen gemacht, die eigentlich *nur* in ihrer Softwareentwicklung auf Scrum umstellen wollten.

16.4 Was motiviert die Teammitglieder?

Warum möchte jemand Mitglied eines Hochleistungsteams sein? Das bedeutet doch sehr intensive, harte Arbeit! Die Motivation ist natürlich sehr individuell und beruht auf einem ganzen Bündel an möglichen Bedürfnissen, die ein Hochleistungsteam erfüllt. Damit sich ein Hochleistungsteam wirklich dauerhaft herauskristallisiert und weiterentwickelt, sollten wir darauf achten, so viele dieser Bedürfnisse so gut wie möglich zu erfüllen. Von der folgenden unsortierten Ideensammlung können Sie sich für Ihre Teambildung anregen lassen:

- erhöhte Erfolgswahrscheinlichkeit
- zur besonderen Gruppe dazugehören
- gemeinsame Werte leben
- Spaß an der Arbeit
- Selbstverwirklichung
- hohes Tempo
- hohe Intensität der Beziehungen
- eingespielt sein
- öfter und intensiver in den Flow kommen (s. Kasten und Abb. 16.6)
- Anerkennung erhalten
- eigenen Wert bestätigen
- von anderen lernen und sich weiterentwickeln
- besonders schwierige Aufgaben bewältigen können
- entlasten, da sich jeder auf seine eigenen Stärken fokussieren kann
- verlassen können auf das Engagement der anderen Teammitglieder

Das Flow-Erlebnis

Mihaly Csikszentmihalyi (*1934) geht davon aus, dass der Mensch Herausforderungen sucht und nach mehr Komplexität strebt. Er hat den Flow untersucht und bekannt gemacht. Dabei handelt es sich gleichermaßen um einen Zustand und ein Erlebnis, das besonders motivierend ist. Flow entsteht, wenn gute Fertigkeiten auf die passenden Herausforderungen treffen. Es kann dann bei weiterer Ungestörtheit ein Gefühl hohen Glücks entstehen und gleichzeitig mit voller Konzentration gearbeitet werden. Die zu verfolgenden Ziele sind klar, und es ergibt sich auf das eigene Handeln eine sofortige Rückmeldung.

Dadurch entsteht das Gefühl totalen Eingebundenseins. Das Zeitgefühl verändert sich, und es zählt nur noch die Gegenwart. Die Situation scheint vollständig beherrschbar. Intrinsisch motivierte Mitarbeiter versuchen, diesen Flow möglichst oft zu erreichen. In diesen Phasen sind die Arbeitsergebnisse häufig besonders wertvoll [21, 46].

Diese Liste ist sicherlich nicht vollständig, doch gibt sie einen brauchbaren Überblick über die Unterschiedlichkeit von Bedürfnissen, die wir bei Soft-

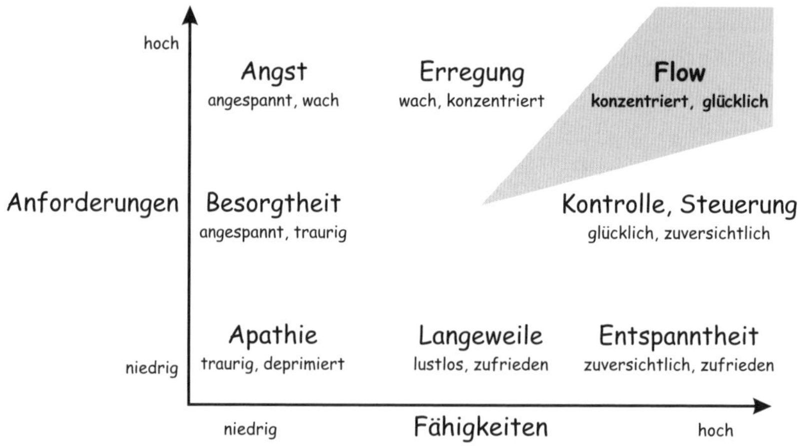

Abbildung 16.6: Das Flow-Erlebnis nach Mihaly Csikszentmihalyi [21]

wareentwicklern vorfinden. Hier liegt auch der Bezug zu den Aspekten der Motivation, die wir bereits in Abschnitt 9.2 ab Seite 148 behandelt haben.

Die Klammer um diese Bedürfnisse bildet das Thema *Wertschätzung*. Manchmal liegt sie offen zutage wie beim Bedürfnis nach Anerkennung und manchmal ist sie etwas versteckt zu finden hinter Aspekten wie Lernen, Weiterentwicklung oder dem Lösen besonders schwieriger Aufgaben. Die Wertschätzung erfolgt dabei bidirektional: Ich schätze die Beiträge meiner Kollegen und sie die meinen. In dieser Atmosphäre möchte jeder gerne etwas zum Ergebnis beitragen.

17 Hochleistungsteams aufbauen

17.1 Die innere Struktur von Hochleistungsteams

Aus zwei oder drei Menschen, die bereits ein *echtes* Team bilden und nicht nur eine Gruppe, ein Hochleistungsteam zu formen, ist schon schwierig genug. Doch wie sieht es bei größeren Teams aus? Welche Strukturen sollten gefördert werden und welche sind hinderlich?

Es gibt grundlegende Paradigmen für die Organisation von Gruppen. Wir können versuchen, eine strukturierte Hierarchie von Autorität aufzubauen, oder die Leitung der kreativen Initiative Einzelnen überlassen. Wir können die Arbeit basisdemokratisch durch Diskussionen und Verhandlungen steuern oder per Anweisung lenken. Wir können auf Basis impliziter Annahmen und Regeln oder mit einer expliziten, gemeinsamen Vision unsere Arbeit koordinieren. Zu einem gewissen Grad finden wir ein bisschen von allem in unseren Organisationsformen in der Softwareentwicklung wieder [20].

Basierend auf zwei in den 90er-Jahren entwickelten Rollenkonzepten versuchen wir, die innere Struktur von Hochleistungsteams transparenter zu machen. Welche Paradigmen sind zielführend und wie können wir sie angemessen umsetzen? Welche Voraussetzungen und Anforderungen an die einzelnen Teammitglieder ergeben sich daraus?

17.1.1 Structured Open Team

Auf Larry Constantine geht das Structured Open Team zurück mit fünf unterstützenden Rollen in einem Entwicklungsteam [19, 20]:

- Teamleiter: Nach außen vertritt er das Team und ist für die Ergebnisse verantwortlich. Nach innen ist er meist ein normales Teammitglied mit einigen zusätzlichen Verantwortlichkeiten.
- Prozessoptimierer: Die internen Abläufe sind permanent zu verbessern und an Veränderungen anzupassen. Diese Rolle moderiert auch die Besprechungen und sorgt für zielgerichtete Diskussionen.
- Informationsmanager: Bei ihm liegt die Verantwortung für die interne Dokumentation der Entscheidungen und relevanter Ergebnisse. Da-

mit ist nicht ein Projektsekretär gemeint, der einfach alles mitschreibt, sondern eine Person, die die Verantwortung dafür übernimmt, dass architekturrelevante Entscheidungen festgehalten werden und alle Teammitglieder sinnvolle Artefakte beisteuern.

- Kritiker: Wie das *Sandkorn in einer Auster*[1] bildet diese Rolle durch ihr ständiges Hinterfragen und ihre alternativen Sichten die Reibungsfläche, an der hervorragende Ergebnisse reifen.
- Schnittstellenkoordinator: Mit dieser Rolle wird die Schnittstelle des Teams nach außen zu anderen Stakeholdern bezeichnet. Über sie wird die direkte Kommunikation abgewickelt, um z. B. Anforderungen zu erhalten und zu priorisieren sowie die Teamergebnisse nach außen darzustellen.

Abgesehen vom Teamleiter wechseln die Rollen nach Bedarf und Anforderungen oder einem zeitlichen Schema zwischen den Teammitgliedern. Dabei sind zwei Rollen von besonderer Bedeutung für den Projekterfolg: der Prozessoptimierer und der Informationsmanager. Der Grund ist aus dem Umfeld agiler Projekte bereits bestens bekannt: Es gilt, intensive, direkte Kommunikation zu führen und die eigenen Abläufe iterativ zu verbessern bzw. an veränderte Gegebenheiten anzupassen.

Structured Open Teams benötigen eine freie und offene Kommunikation. Im Teambildungsprozess entwickeln und definieren sie selbstorganisiert ihre internen Aufgaben und Methoden. Dazu werden die entsprechenden Fähigkeiten zur gemeinsamen Entscheidungsfindung und Problemlösung geschult und permanent weiterentwickelt. Die Rolle des Prozessoptimierers benötigt zusätzlich besonders ausgeprägte Feedback-Techniken und Erfahrung in Konfliktmoderation.

Constantine legte bereits um 1990 herum den Fokus seiner Teamentwicklung für Softwareprojekte auf Selbstorganisation und direkte Kommunikation. Er hat dazu ein aufgabenorientiertes Rollenkonzept entwickelt, bei dem sich viele seiner Ideen in den aktuellen agilen Prozessen wiederfinden lassen, obwohl sein Hintergrund eher größere Projekte mit einem mehr klassischen Vorgehen waren. Auch die Idee des *Informationsmanagers* findet sich z. B. in der aktuellen Diskussion über Architekturdokumentation wieder [118, 147].

17.1.2 Teammanagement mit System

Charles Margerison und Dick McCann haben auf Basis der Typologie von C. G. Jung das Team Management Systems™ entwickelt. Jedem der vier Typen der bereits bekannten Typologie (Abb. 1.8 auf Seite 16) sind dabei

[1] Auch diese Metapher geht auf Rob Thomsett zurück.

eine ganze und zwei halbe Rollen im Team zugeordnet (Abb. 17.1). Als Namen für die vier einzelnen Präferenzen der Typologie sind dabei andere Metaphern zugrunde gelegt (Abschn. 14.1 auf Seite 221):

Berater: Warum? Die Frage nach Ethik und Moral; Bedürfnis nach Freiheit, Zugehörigkeit, Harmonie

Controller: Was? Die Frage nach Zahlen, Daten, Fakten; rationaler Blick auf die Details; Bedürfnis nach Sicherheit

Organisator: Wie? Die Frage nach der Umsetzung; Bedürfnis nach Handlung, Ergebnis und Eigenständigkeit

Entdecker: Wohin noch? Die Frage nach den Optionen; klare Vision der Zukunft; Bedürfnis nach Möglichkeiten und Wandel

Die einzelnen Rollen im Hochleistungsteam lassen sich im sog. *Teamrad* darstellen (Abb. 17.1) [76]:

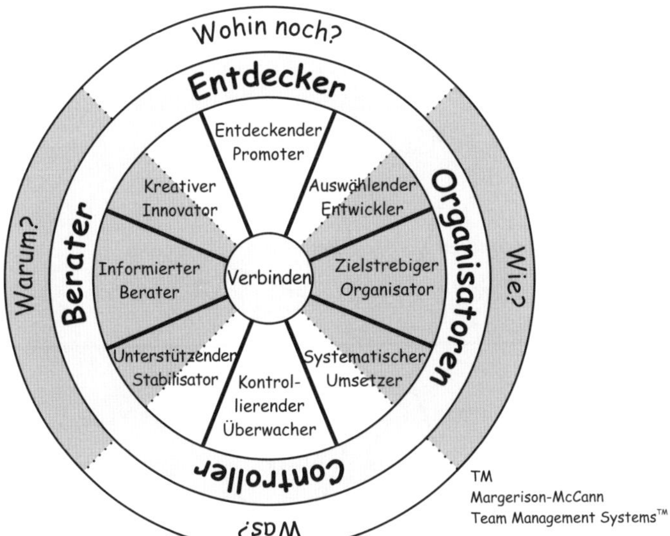

Abbildung 17.1: Auf Basis der Typologie von C. G. Jung lassen sich vier Teamtypen mit acht Rollen in Hochleistungsteams ableiten (nach [76]).

Kreativer Innovator: der Ideen-Lieferant, unabhängig und gleichzeitig experimentierfreudig.

Entdeckender Promoter: Neues entdecken sowie andere Menschen damit überzeugen und davon begeistern.

Auswählender Entwickler: Balance halten zwischen Entdecken und Organisieren und so eine Idee zum Leben erwecken.

Zielstrebiger Organisator: Aufgaben detaillieren und erledigen, um Ergebnisse zu erzielen.

Systematischer Umsetzer: ein reproduzierbares Produkt entstehen lassen bzw. eine Dienstleistung standardisieren.

Kontrollierender Überwacher: Details klären sowie Fakten und Zahlen im Auge behalten.

Unterstützender Stabilisator: Andere Teammitglieder intern unterstützen und das Team vor Angriffen von außen schützen und stabilisieren.

Informierter Berater: Informationen gewinnen, aufbereiten und den anderen Teammitgliedern damit beratend zur Seite stehen.

Das Zusammenspiel zwischen den einzelnen Rollen wird deutlich, wenn wir deren primäre Aktivitäten in der Verkettung betrachten. Mit jedem Durchgang durch die Aktivitäten im Teamrad wird ein kompletter Entwicklungszyklus beschritten: Innovieren → Promoten → Entwickeln → Organisieren → Umsetzen → Überwachen → Stabilisieren → Beraten →... (Abb. 17.2).

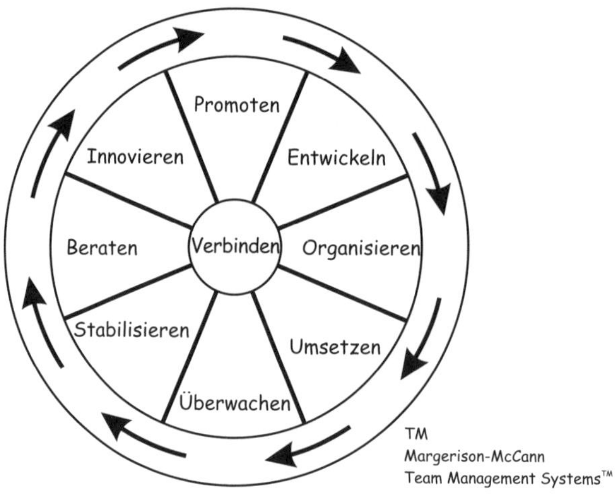

Abbildung 17.2: In der Projektarbeit eines Teams läuft eine Reihe von Aktivitäten zyklisch immer wieder ab (nach [76]).

Um dieses extrem produktive Zusammenspiel dauerhaft zu sichern, bedarf es einer verbindenden und ausgleichenden Funktion, die im Zentrum des Teamrads abgebildet ist. Mit dem Hintergrund der beiden Modelle Structured Open Team und Team Management Systems™ kommen wir jetzt zur Frage, wie wir solch einen Prozess und dieses effiziente Zusammenspiel aufbauen und weiterentwickeln können.

17.2 Aufbau und Weiterentwicklung von Teams

Teamarbeit ist im heutigen Entwicklungsalltag essenziell. Um diese effizient und effektiv zu gestalten, benötigen wir unterschiedliche Menschen mit individuellen Stärken, die die verschiedenen aufgabenbezogenen Rollen einnehmen.

Wie stellen wir als Teamleiter eine dauerhafte und ausgleichende Verbindung im Zentrum des Teamrads sicher, um aus diesen unterschiedlichen Menschen ein Hochleistungsteam zu formen? Dazu benötigen wir unter anderem die Kommunikationstechniken wie aktives Zuhören, die wir im Wesentlichen in [133] behandelt haben. Den übrigen Teil machen unsere Projektmanagementfähigkeiten aus wie die Entscheidungsfindung, Lösungsstrategien oder das Management der Schnittstellen im Team und nach außen. Dies alles hilft uns, die wesentlichen Aspekte im Teammanagement zu erfüllen, nämlich Arbeitsverteilung, Teamentwicklung, Delegation, Zielsetzung und Qualitätsstandards (Abb. 17.3) [76].

Abbildung 17.3: Um ein Team aufzubauen oder weiterzuentwickeln, kommen diverse Techniken im Zusammenspiel zum Einsatz (nach [76]).

Die Motivation der Individuen und die Strategie der Organisation bilden den notwendigen Hintergrund, vor dem sich die Teamarbeit abspielt, bzw. setzt den Rahmen dafür. Doch wie genau bauen wir unser Team auf? Welche Menschen wählen wir aus und wer sollte welche Rollen bekleiden?

Auch hier können wir auf typologische Unterstützung zurückgreifen. Margerison und McCann haben dazu die Typologien nach C. G. Jung sowie Katherine Cook Briggs und ihrer Tochter Isabel Briggs Myers (Abschn. 1.2.4

ab Seite 16 bzw. 14.1 ab Seite 221) auf die Aufgaben und Arbeiten von Managern übertragen. Wie im Myers-Briggs Type Indicator® finden wir vier Präferenzen, die jeweils zwischen zwei Extremen liegen. Sie beantworten die vier Fragen [76]:

- Wie bevorzugt eine Person, ihre Beziehungen zu anderen zu gestalten?
- Wie nimmt jemand bevorzugt Informationen auf und nutzt diese?
- Wie bevorzugt eine Person, Entscheidungen zu treffen?
- Wie bevorzugt jemand, sich selbst und andere Menschen zu organisieren?

Ausgehend von diesen Fragen ergeben sich die vier Präferenzpaare aus Abbildung 17.4.

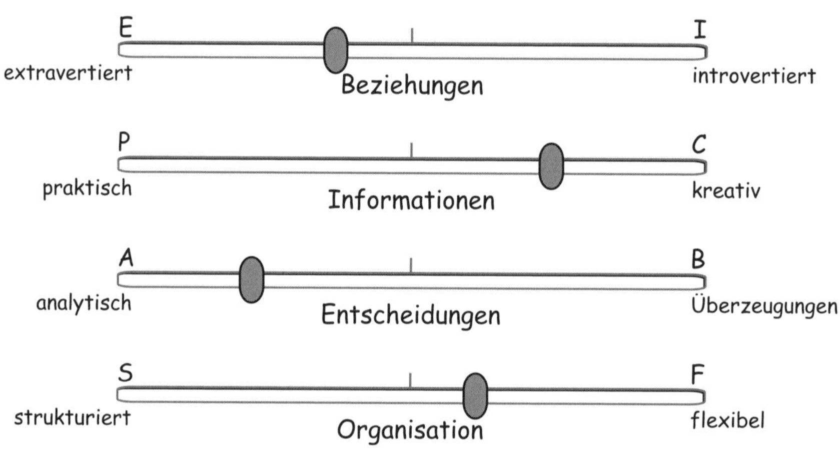

Abbildung 17.4: Die vier voneinander unabhängigen Präferenzen liegen jeweils zwischen zwei Extrempositionen [76]. Die Metapher der Schieberegler bildet die Unabhängigkeit und die individuelle sowie situative *Einstellmöglichkeit* ab. Die einbuchstabigen Abkürzungen orientieren sich an den englischen Begriffen (C: creative, B: beliefs).

Jede der acht Ausprägungen lässt sich zwei benachbarten Rollen zuordnen, für die sie besonders hilfreich ist. So ist z. B. das strukturierte Vorgehen in der Organisation (S) besonders nützlich in den Rollen *Zielstrebiger Organisator* und *Systematischer Umsetzer*. Die Zuordnung für alle acht Ausprägungen können Sie Abbildung 17.5 entnehmen.

Dadurch sind jeweils zwei von vier möglichen Ausprägungen festgelegt. Auch für die anderen beiden Präferenzen lassen sich zwei ideale Kombinationen auswählen, sodass es für jede der acht Rollen zwei ideale Präferenzkombinationen gibt (Abb. 17.5).

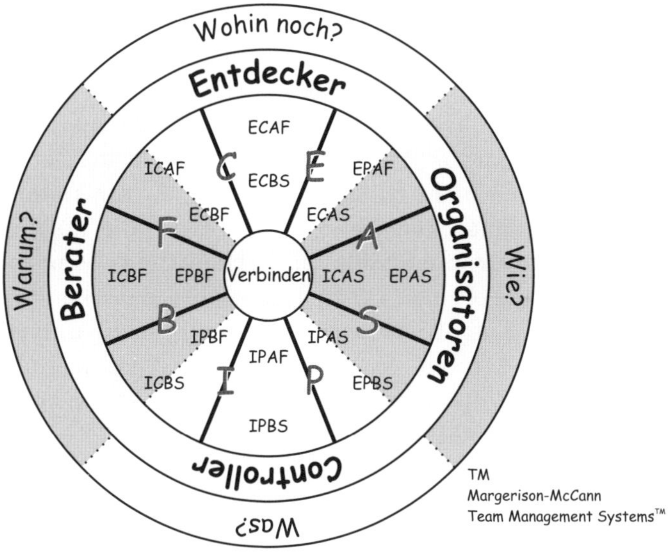

Abbildung 17.5: Verteilung der acht typologischen Präferenzen und der 16 möglichen Kombinationen auf die Rollen im Teamrad [76]

Wenn wir jetzt im Uhrzeigersinn durch die Rollen wandern, variiert zwischen zwei benachbarten Rollen für die vier idealen Präferenzen jeweils nur eine Ausprägung. Bleiben wir hierfür noch kurz bei den beiden Rollen *Zielstrebiger Organisator* und *Systematischer Umsetzer*. Die beiden idealen Präferenzkombinationen ICAS und EPAS verschieben sich dann zu **I**PAS und EP**B**S. Das bedeutet, dass die Ähnlichkeiten zwischen benachbarten Rollen sehr hoch sind und daher in kleinen Teams auch hervorragend von einer Person wahrgenommen werden können.

17.3 Größe von Hochleistungsteams

Rollenkonzepte wie die beiden eben vorgestellten werden häufig dahingehend missverstanden, dass sie eine direkte Abbildung des Organigramms darstellen sollen. Dies ist weder hier noch sonst mit *Rollenkonzept* gemeint. Solche Konzepte strukturieren *Aufgaben*. Natürlich kann eine Aufgabe von mehreren Menschen übernommen werden, genauso wie eine Person mehrere Aufgaben haben kann. Ansonsten bräuchten wir mindestens sechs Personen für ein Open Structured Team, da ja einer auch noch die Software schreiben müsste.

Andererseits können wir aus diesem Rollenkonzept sehr wohl ableiten, dass wir ein heterogenes Team brauchen. Die Teammitglieder steuern unterschiedliche Stärken bei. Ein homogenes Team wäre zwar sehr harmonisch, aber kaum in der Lage, alle Rollen sinnvoll umzusetzen. Von einem Hochleistungsteam erwarten wir dagegen, dass es alle Rollen hochwertig erfüllen kann. Genau so haben wir es auf Seite 252 definiert.

Auch können wir daraus ableiten, dass ein Hochleistungsteam vom Personenumfang her auch nicht zu klein sein darf, da wir kaum solche Universalisten finden können, die mehr oder weniger alle Rollen hochwertig ausfüllen. Als ideale Gruppengröße für Hochleistungsteamarbeit hat sich aus unserer Erfahrung oft die 7 ± 2-Regel bewährt. Zwischen fünf und neun Personen ist je nach Aufgabe oft perfekt, wenn diese die unterschiedlichen Rollen gut ausfüllen können. Jeder kann noch mit jedem Kollegen direkt kommunizieren, und Führung wie auch Selbstorganisation können in nachvollziehbarer und übersichtlicher Weise erfolgen.

17.3.1 Wann sind wir zu wenige?

Wir haben eine Gruppe als mindestens zwei Personen definiert. Da ein Team auch stets eine Gruppe darstellt, ist die kleinste Teamgröße ebenfalls zwei Personen. Doch können zwei Menschen auch ein Hochleistungsteam bilden?

Es gibt sehr erfolgreiche Zwei-Personen-Teams, von denen sicherlich Walt und Roy Disney zu den bekanntesten zählen. Walt Disney (1901–1966) war der *Kreative Innovator* und *Entdeckende Promoter*. Sein Bruder Roy (1893–1971) hingegen war das genaue Gegenteil, nämlich Controller und Organisator[2]. Beide lernten es zusammenzuarbeiten und ergänzten sich ab dann hervorragend [76]. Dennoch wollte Walt seinem Bruder Roy 1929 noch dessen Anteile an der gemeinsamen Firma abkaufen. Es kam zu einer Krise in der Beziehung der Brüder. Nachdem sie diese gemeinsam durchschritten hatten, wurde Roy 1945 erster CEO von Disney und 1966 Walts Nachfolger als Präsident der Firma.

Abgesehen davon, dass dieses Beispiel illustriert, wie sich Hochleistungsteammitglieder perfekt ergänzen, zeigt es auf, dass bereits zwei Personen ein solches Team bilden können. Doch in unserem Kontext werden wir nur selten mit zwei Personen auskommen. Das hat auch seine Vorteile, denn so ideale Gespanne wie die Disney-Brüder sind sehr selten zu finden. Meist scheitern diese Paarteams bereits lange, bevor sie zu einem Hochleistungsteam werden konnten, an ihrer extremen Unterschiedlichkeit, ähnlich wie dies den beiden Brüdern in der Krise drohte.

Meist benötigen wir kürzere Brücken über die typologischen Abstände, sodass wir drei bis vier Personen, die sich typologisch im Teamrad besser verteilen, zu einem Team formen müssen. Dies scheint für den für ein Hoch-

[2]... und erster Finanzier der gemeinsamen Firma.

leistungsteam unerlässlichen Lernvorgang im Teamzyklus häufig notwendig zu sein. Wir durchlaufen mit unserem Team auf dem möglichen Weg zu einem Hochleistungsteam genauso die Teamphasen wie jedes andere Team. Um ein lang andauerndes *Performing* zu erreichen, läuft der Weg zwangsläufig über *Storming* und *Norming*.[3]

17.3.2 Wie groß ist zu groß?

Für agile Projekte wird häufig eine Obergrenze von zwölf Personen für ein einzelnes Team angegeben [8]. Diese Zahl scheint sich auch nach unserer Erfahrung zu bestätigen. Doch vielleicht können wir die Obergrenze auch anders ableiten? Wir möchten dazu eine Analogie zum Mannschaftssport machen. Basketball wird mit fünf Spielern gespielt, Volleyball und Eishockey mit sechs, Handball mit sieben, Fußball und American Football mit elf und Rugby mit bis zu 15[4]. Wie kann uns das helfen?

Es gibt sicherlich Ausnahmen, doch warum gibt es so gut wie keine Mannschaftssportarten mit 25 Teammitgliedern auf dem Spielfeld? Sportspiele leben von der Eingespieltheit der Mannschaft. Es wird intensiv trainiert, um ein *blindes* Verständnis zu erreichen. Um in solchen Spielen dauerhaft erfolgreich zu sein, brauchen wir natürlich gute Einzelspieler, doch vor allen Dingen eine eingespielte Mannschaft.

Auch wenn Softwareentwicklung nicht wie Fußballspielen ist, so können wir für unsere Sicht auf die Größe von Hochleistungsteams einiges aus dem Sport übernehmen. Die ideale Kombination in einer Fußball-Bundesligamannschaft ist eben nicht, elf sehr ähnliche Spielertypen aufzustellen, sondern ein *echtes* Team aus Spezialisten und Universalisten zu formen. Wenn wir uns die Entwicklung der Spielweise der Torhüter in den letzten 20 Jahren anschauen, erkennen wir, dass diese, forciert durch Regeländerungen, immer stärker auch fußballerisches Können aufweisen müssen. Torhüter sind sicherlich die extremen Spezialisten auf dem Platz, und dennoch war z. B. das fußballerische Können eines der Hauptargumente der Nationalmannschaftsverantwortlichen für den Wechsel von Oliver Kahn zu Jens Lehmann 2006.

Können wir uns harmonisch zusammenspielende Mannschaftsteile vorstellen, wenn der Platz doppelt so groß wäre und 20 Spieler eine Mannschaft ausmachten? Sie bilden dann eine Großgruppe, doch blindes Verständnis ergäbe sich wohl nur in Teilteams dieser Gruppe. Schon mit elf Spielern sehen wir z. B., dass eine Mannschaft über den linken Flügel deutlich besser spielt als umgekehrt. In dem Bereich, in dem Mannschaftsspiele als Team funktionieren, scheint eine Art natürliche Grenze zu liegen für die Größe

[3] Siehe Abschnitt 3.4 ab Seite 54.

[4] Es gibt zwei wesentliche Varianten dieses Sports mit 13 bzw. 15 Spielern.

von Hochleistungsteams. Und die Problematik der Ersatzspieler haben wir bei diesen Betrachtungen sogar noch außen vor gelassen.

Je nach ihrem Projektumfeld liegt die Obergrenze für Hochleistungsteams unserer Meinung nach zwischen Fußball- und Rugby-Teams[5]. Ähnlich wie sich Firmen und Projekte unterscheiden, sind Volleyball und Fußball auch verschiedene Sportarten in völlig unterschiedlichen Umfeldern. Die Kunst liegt eher darin zu erkennen, welches Spiel gespielt wird.

Dennoch können wir abschließend eine Faustregel für die Teamgröße geben. Wir streben drei bis fünf Teammitglieder an und haben eine Obergrenze bei neun Personen [50]. Größere Teams sollten die Ausnahme sein und erfordern eine besonders intensive Fokussierung auf die Teamprozesse.

17.3.3 Wann Teams nicht funktionieren

Teams haben stets gegen drei schädliche Einflüsse zu kämpfen, um dauerhaft als Team zu funktionieren [50]: Koordinationsprobleme, Motivationsprobleme und Konkurrenzsituationen mit anderen Teams.

Die ersten beiden Punkte heben schnell die Vorteile einer Kooperation auf, und der letzte kann einem echten Fortschritt entgegenstehen. Damit ein Team überhaupt eine Chance hat, erfolgreich, effizient und effektiv arbeiten zu können, ist eine Reihe von Punkten zu erfüllen [50]:

1. Ein Team muss real sein, d. h., alle Beteiligten wissen genau, wer dazugehört und wer nicht. Der Teamleiter hat die Aufgabe, dies klarzustellen. Besonders wichtig ist dabei auch der Ablauf des ersten Zusammentreffens der Teammitglieder. Hier werden die Weichen gestellt, wie später zusammengearbeitet wird. Der Wert der ersten *Storming*-Phase kann kaum überbewertet werden. Dafür ist die physische Anwesenheit aller Teammitglieder unabdingbar. Als Faustregel für die maximale Teamgröße gilt weiterhin maximal neun Personen.
2. Ein Team braucht eine Richtung, d. h., die Teammitglieder wissen und sind sich darüber einig, worin ihre Aufgabe besteht. Auch hier steht der Teamleiter in der Verantwortung, da ansonsten die Gefahr besteht, dass die Gruppenziele hinter den individuellen Zielen zurückstehen. Ein solches Team kann kein *Performing* erreichen. Anders als bei der Teamzusammensetzung muss der Teamleiter die Richtung nicht unbedingt selbst vorgeben. Dies kann auch durch ein selbstorganisiertes Team im Teamprozess erfolgen oder durch eine andere Person extern vorgegeben sein.

---

[5] ... und Rugby hat unserer Meinung nach die Grenze schon extrem nach oben verschoben.

3. Ein Team braucht Struktur, d. h., die Aufgaben sind so konzipiert, dass sie von den konkreten Teammitgliedern bewältigt werden können. Die Gefahr besteht darin, zu viele, zu wenige oder die falschen Mitglieder im Team zu haben. Die internen Regeln und Verhaltensnormen gehören ebenfalls zur Struktur. Unklare Regeln oder lax gehandhabte Verhaltensnormen führen ein ansonsten gut aufgestelltes Team unweigerlich in Schwierigkeiten.
4. Ein Team braucht ein unterstützendes Umfeld. Das Unternehmensumfeld mit seinen Belohnungs-, Personal- und Informationssystemen wird darum so gestaltet, dass es die Arbeit des Teams erleichtert.
5. Ein Team braucht professionelles Coaching. Die Teamarbeit verbessert sich kaum über die individuelle Leistungsfähigkeit einzelner Mitarbeiter, sondern über die Arbeit an den Teamprozessen. Dafür braucht es vor allen Dingen zu Beginn *(Storming)*, in der Mitte (Übergang zum *Performing*) und am Ende *(Reforming)* des Teamzyklus professionelle Unterstützung.

Wenn wir Aufgaben zu bewältigen haben, die besonders kreative Lösungen erfordern, können die negativen Aspekte von Teamarbeit besonders stark zur Geltung kommen. Hier sorgen wir für extrem kleine Teams oder lassen von den einzelnen Personen individuelle Lösungen erarbeiten, die wir im Anschluss in einem Autor-Kritiker-Zyklus zusammenbringen [148]. Dabei trägt jeder Teilnehmer nacheinander seine Ergebnisse vor, ohne dass eine inhaltliche Diskussion entsteht. Nur Verständnisfragen sind erlaubt. Alle anderen hören zu und notieren sich einerseits die ihrer Meinung nach guten Ideen und Aspekte sowie andererseits die erkannten Risiken. Erst nachdem alle Teilnehmer vorgetragen haben, werden die guten Ideen diskutiert und die Risiken genannt. Abschließend wird eine gemeinsame Lösung gebaut, die möglichst viele der guten Ideen beinhaltet und nur noch wenige Risiken birgt.

»Zu den Kollegen im Führungskreis finde ich keinen Zugang!«

Ein Führungskreis ist eine besondere Form eines Teams. Die meisten der Führungskräfte haben ihrerseits wiederum ein Team zu führen und sind deshalb oft eher Einzelgänger als Teamplayer. Nun sollen sie aber im Führungskreis ein Team bilden. Eine schwere Aufgabe für den Chef des Führungskreises. Hier zeigen sich oft politische Spielchen, persönliche Abneigungen und andere Egoismen besonders stark. Bekommen das die Mitarbeiter mit, verstehen sie die Welt nicht mehr. Das, was da im Führungskreis passiert, würde im Team der Führungskraft nie durchgehen. Sofort würden Maßnahmen ergriffen werden, um das ineffiziente Verhalten zu korrigieren. Im Führungskreis dagegen scheint es erlaubt.

Da kann man verstehen, dass einige Führungskräfte die Wahrnehmung haben, dass sie keinen Zugang zu ihren Kollegen bekommen und dies auch nicht für erstrebenswert halten. Woher kommt dann dieses oft als *kindisch* bezeichnete Verhalten in den oberen Führungsetagen? Wir vermuten, dass es hauptsächlich damit zu tun hat, dass jede Führungskraft selbst einen Haufen Probleme hat, und wir alle wissen, dass Probleme zu haben in unserer Gesellschaft nicht gern gesehen wird. Wer viele Probleme in seinem Bereich hat, der hat seinen Bereich eben nicht im Griff und macht einen schlechten Job. So einfach ist das. Herrscht so eine Kultur, dann wird kaum eine Führungskraft ihre Probleme zugeben, geschweige denn über ihre Probleme auch noch mit ihren Kollegen reden. Es geht dann darum, ein möglichst professionelles Äußeres vorzutäuschen und nirgends anzuecken. Die allgemeine Meinung ist, dass man als Führungskraft keine Schwäche zeigen darf. Letztendlich sind solche Führungskräfte selbst unsicher und brauchen daher nicht noch mehr Probleme. Sie schotten sich gegeneinander ab.

Sie ahnen sicher schon, wie dieser Teufelskreis durchbrochen werden kann. Als Erstes geht das nur von oben. Der Chef eines Führungskreises spricht aktiv über seine Probleme und äußert seine Meinung, er gibt von Zeit zu Zeit zu, dass auch er gerade keine Lösung parat hat. Er ermutigt seine Mitarbeiter, von ihren Problemen zu erzählen und sie mit der Gruppe zu teilen, ja vielleicht sogar gemeinschaftlich zu lösen. Erst wenn dieser Prozess im Gange ist und als selbstverständlich angesehen wird, können wir uns die Frage stellen, wie wir so ein Team weiterentwickeln können, sodass seine Mitglieder auch im täglichen Miteinander kooperieren.

Dies geschieht unserer Erfahrung nach am besten mit Feedback-Runden. Sie müssen unbedingt von einem externen, mit den Feedback-Regeln betrauten Moderator durchgeführt werden. Unabhängigkeit ist hier das A und O. Meist wird als Erstes die Theorie erläutert. Viele Führungskräfte kennen sie zwar, aber es ist trotzdem hilfreich, sich über diese Theorieeinheit auf ein gemeinsames Feedback-Modell und -Vokabular zu einigen. Dann sollte der Prozess an ein paar unkritischen Beispielen geübt werden, um abschließend eine vollständige Feedback-Runde zu ermöglichen. So lernen die Führungskräfte die Stärken und Schwächen ihrer Kollegen kennen und wissen, was von ihnen selbst diesbezüglich wahrgenommen wird. Es wird sich automatisch eine viel offenere Atmosphäre einstellen. Routinemeetings wie z. B. ein Führungskreistreffen werfen dann keine Schwierigkeiten mehr auf. Probleme kommen auf den Tisch, und Verantwortliche für die Lösung sind meist schnell gefunden, weil klar ist, wer sich von den Anwesenden am besten dafür eignet. Der Führungskreis ist zu einem echten Team geworden.

18 Gruppendynamik in Teams

Bislang haben wir eher typologische und aufgabenorientierte Betrachtungen zu Hochleistungsteams angestellt. Diese sind meist mehr statischer Natur. Ein wesentlicher Aspekt bei der Gruppenbildung und der Weiterentwicklung in ein Hochleistungsteam ist aber dynamischer Art. Dieser Gruppendynamik möchten wir uns jetzt widmen.

18.1 Gruppen und Teams

Bevor wir wieder zum eigentlichen Thema *Hochleistungsteams* zurückkommen, betrachten wir kurz noch einmal *normale* Gruppen und wie diese zu kooperierenden Teams werden.

18.1.1 Gruppenziele

Ziele sind von besonderer Bedeutung für einzelne Menschen ebenso wie für Gruppen. Sie lenken unsere Aufmerksamkeit und helfen, uns auf das Wesentliche zu fokussieren und Unwesentliches zu erkennen. Ziele geben unserem Handeln eine Richtung.

In einer Gruppe von Menschen finden wir ein Konglomerat von individuellen und Gruppenzielen vor. Diese können wir nach vier Sichtweisen strukturieren und darüber in Bezug zueinander setzen (Abb. 18.1). Hinter diesen Zielen stehen individuelle Bedürfnisse, die über das Erreichen der Ziele befriedigt werden [116].

Jede Person besitzt eine Menge an Zielen. Diese können bewusst oder unbewusst sein (Abb. 18.1 links). Der Grad der Bewusstheit über ein Ziel wird über seine Graufärbung in Abbildung 18.1 kodiert.

Unbewusste Ziele ergeben sich aus uns unbewussten Verhaltensweisen oder Mustern, hinter denen unbewusste Bedürfnisse stecken. Wenn eine Person ein unbewusstes Bedürfnis nach Nähe hat, so ergeben sich daraus unbewusste Verhaltensweisen, immer wieder in Kontakt zu anderen Menschen zu kommen. Dies kann im Extremfall sogar zu Verhaltensweisen führen, die dieses Ziel nur auf Kosten großer persönlicher Nachteile erreichen.

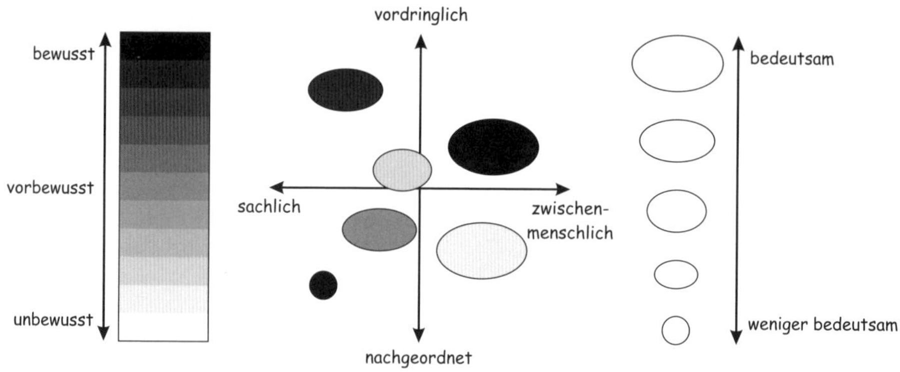

Abbildung 18.1: Verschiedene Arten von Zielen bei jeder Person einer Gruppe bilden deren Zielpool [116].

Ein extremes Beispiel dafür ist es, wenn ein Entwickler unbewusst sorglos testet, um durch die gefundenen Fehler in Kontakt zu anderen Menschen zu kommen. Dieser Kontakt ist dann zwar sehr ärgerlich, aber es ist ein Kontakt. Dieses Extrembeispiel illustriert, dass hinter jeder Verhaltensweise ein individuelles positives Ziel steckt, damit aber nicht notwendigerweise auch ein positiver Effekt erzielt wird.

Ziele können für den Einzelnen mehr oder weniger bedeutsam sein. In Abbildung 18.1 rechts ist die Bedeutsamkeit über die Größe des Ovals angegeben. Dieser Aspekt ist gerade in Gruppen besonders wichtig, da es große Unterschiede für den Einzelnen zwischen den eigenen und den Gruppenzielen geben kann und typischerweise auch gibt.

Nun gibt es bei den Zielen solche, die eine hohe Dringlichkeit aufweisen, und andere, die zeitlich nachgelagert sind (Abb. 18.1 Mitte). Dieser Aspekt sagt nicht unbedingt etwas über die Bedeutsamkeit aus, sondern eher etwas über zeitliche Abhängigkeiten, innere wie äußere Störungen oder Rahmenbedingungen.

Als letzter Aspekt dieses Zielgemenges möchten wir die Art des Ziels betrachten und hierbei auf eher sachliche oder eher menschliche Ziele fokussieren (Abb. 18.1 Mitte). Sachliche Ziele orientieren sich am Projektergebnis oder an Sachzwängen wie notwendigen Prüfungen des Produkts. Eher menschliche Ziele haben die Weiterentwicklung Einzelner oder der Gruppe im Fokus. Dies kann z. B. sowohl die fachlichen Fähigkeiten oder die Soft Skills als auch die Prozessoptimierung im Zusammenspiel von Kollegen bzw. an den Schnittstellen zu anderen Teams betreffen.

Jedes Ziel lässt sich entsprechend diesen vier Aspekten klassifizieren. Dieses Konglomerat an individuellen und Gruppenzielen wird als *Zielpool* bezeichnet. Für den Aufbau von Teams und deren Weiterentwicklung zu

Hochleistungsteams ist es besonders wichtig, über den Zielpool ein möglichst weites und tiefes Bewusstsein bei jedem Mitglied zu schaffen.

Besonders für Klärungen in der *Storming*-Phase ist dies von hoher Bedeutung. Wie gut passen die Ziele zusammen? Welche störenden Ziele können bis wann verschoben werden? Welche Vor- und Nachteile bzw. Risiken ergeben sich daraus? Diese wichtigen Fragen gilt es möglichst früh und dann ggf. immer wieder neu zu beantworten.

18.1.2 Warum brechen Teams irgendwann doch auf?

Wir können unter dieser Sichtweise den Teamzyklus aus Abschnitt 3.4 ab Seite 54 auch als Schwingung zwischen zwei Polen begreifen (Abb. 18.2). In der Gruppenweiterentwicklung über mehrere solche Zyklen hinweg werden wir Phasen haben, die stärker die Integration und das Wir-Gefühl betonen, und solche, in denen eher die Unterschiedlichkeit des Individuums in Form einer deutlichen Differenzierung im Vordergrund steht.

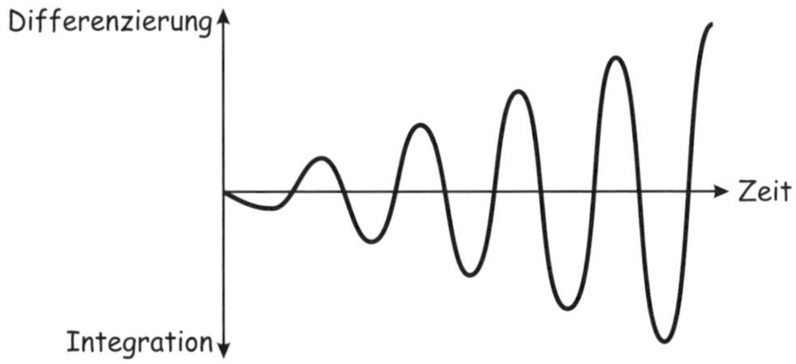

Abbildung 18.2: Gruppenentwicklung ist ein permanentes Hin und Her zwischen den beiden Polen Integration und Differenzierung.

Besonders in den Phasen *Forming* bzw. *Reforming* und natürlich *Storming* werden wir eher in der Differenzierung sein. Im *Norming* und vor allen Dingen im *Reforming* dominiert dann die Integration. Auch hier erkennen wir wieder, wie wichtig es ist, die Differenzierung möglichst bewusst zu machen und weitestgehend zu klären, da wir sonst kaum das *Performing* erreichen werden.

Im *Storming* und *Reforming* sind daher viele Klärungsgespräche und Zielworkshops zu führen. Sie dienen parallel auch der Teambildung. Dies kann durch spezielle Teambildungsworkshops noch ergänzt und verstärkt werden.

Dennoch können wir Abbildung 18.2 auch entnehmen, dass die Amplitude mit der Zeit immer größer wird. Teams und auch Hochleistungsteams bleiben kaum ewig zusammen. Die Gruppendynamik macht immer wieder kleinere wie auch größere Veränderungen im Team notwendig. Zurückgestellte Ziele werden jetzt doch vordringlicher, und die Teammitglieder haben sich individuell weiterentwickelt. Mit dieser Weiterentwicklung verändern sich auch die individuellen Ziele bzw. deren Vordringlichkeit. Wir werden also regelmäßig neue Klärungen herbeiführen und ein möglichst breites Bewusstsein darüber schaffen, wie die Ziele für den nächsten Zeitabschnitt konkret aussehen. Dazu führen wir regelmäßig eine Reihe kleinerer Anpassungen in der Teamstruktur durch.

Je öfter und bewusster dies geschieht, desto kleiner kann meist die Amplitude gehalten werden. Ansonsten kommt es zu einem kompletten Aufbrechen. Wir finden also auch hier das Wechselspiel aus evolutionären und revolutionären Phasen der Weiterentwicklung nach dem Troja-Prinzip wieder.

18.1.3 Typologische Arten von Gruppen

Wir finden häufig eher homogene Arbeitsgruppen, in denen sich Menschen mit ähnlichen typologischen Präferenzen zusammengetan haben. Wenn wir im Vier-Quadranten-Modell aus Abschnitt 1.2.4 ab Seite 16 die vier Mischformen betrachten, kommen wir zu vier Gruppenarten, die uns im Arbeits- und Beratungskontext oft begegnen (Abb. 18.3) [116]:

Gemeinschaft: Aus den *Warum?*- und *Was?*-Präferenzen erhalten wir eine Gruppe, die Zusammengehörigkeit, Solidarität und emotionale Wärme ebenso pflegt wie Zuverlässigkeit, Berechenbarkeit und Prinzipientreue. Hier fühlen sich viele Entwickler sofort wohl.

Truppe: Hier dominieren die Präferenzen aus *Was?* und *Wie?*, sodass wir eine Gruppe vorfinden, die Prinzipientreue, Pflichtgefühl und Traditionsbewusstsein pflegt und gleichzeitig Leistungsbereitschaft, Rollenbewusstsein und Abgrenzungsfähigkeit besitzt. Hier finden wir daher eine hohe technische Problemlösungskompetenz.

Haufen: Diese eher extravertierte Gruppe pflegt ihre Unabhängigkeit und Sachorientierung sowie Effizienzdenken aus der *Wie?*-Präferenz. Dabei ist sie auch hochflexibel, nonkonformistisch und schätzt Veränderungen als Herausforderung gemäß ihrer *Wohin noch?*-Dominanz. Bei aller Dynamik und Kreativität bleiben die Beteiligten doch meist eher Einzelkämpfer.

Mannschaft: Hier paaren sich aus dem *Wohin noch?* die Flexibilität, Kreativität und Lebendigkeit mit der Warmherzigkeit, Offenheit und dem Teamgeist aus dem *Warum?*. Diese Gruppe ist oft eingespielt und stärker an der eigenen Weiterentwicklung ausgerichtet.

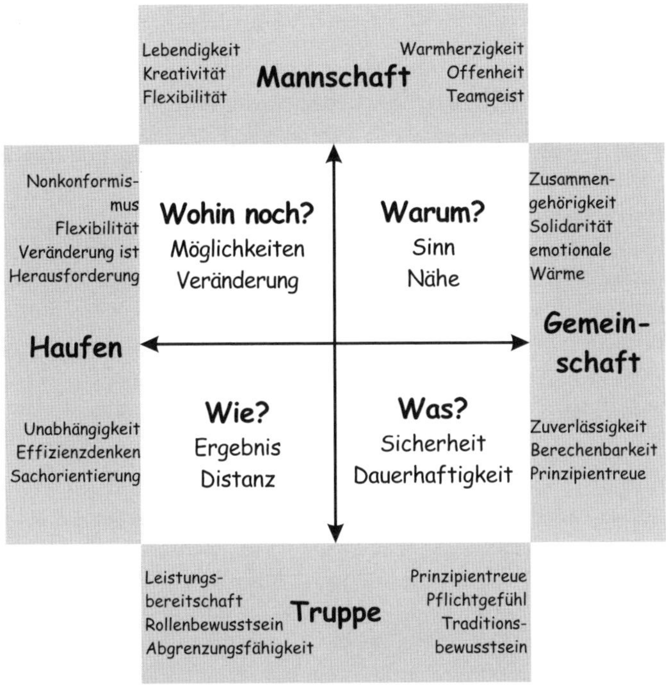

Abbildung 18.3: Vier Arten von Gruppen für die vier typischen Mischformen des Vier-Quadranten-Modells [116]

Durch die vergleichsweise hohe *Was?*-Lastigkeit sind in der IT die Formen *Gemeinschaft* und *Truppe* recht weitverbreitet, wobei natürlich auch die anderen Arten zu finden sind.

Welche davon ist nun das Hochleistungsteam? Keine und doch alle! Das Hochleistungsteam liegt aufgrund seiner ausgewogenen Heterogenität im inneren Bereich der Abbildung 18.3. Es dominieren nicht zwei Ausprägungen, sondern alle vier Präferenzen sind gleichwertig vorhanden.

Durch diese Sichtweise auf die vier Arten von Gruppen können wir gute Hinweise erhalten, wie wir ein Team zu einem Hochleistungsteam weiterentwickeln können. Es gilt dabei darauf zu achten, dass die aktuellen Stärken erhalten bleiben und um die gering ausgeprägten Aspekte erweitert werden.

Dies ist der Grund für die bereits mehrfach genannten Vorbedingungen für Hochleistungsteams. Die Beziehungsebene zwischen allen Mitgliedern muss geklärt sein, Heterogenität als Wert geschätzt werden und eine möglichst hohe Bewusstheit über den Zielpool und die dahinterliegenden Bedürfnisse erreicht werden. Dann kann die entsprechende Weiterentwicklung gelingen.

»Manche meiner Mitarbeiter rutschen mir ins Abseits!«

Das kennt wohl auch jeder. Man möchte als Führungskraft ja gerne ein Hochleistungsteam aufbauen, es gibt nur einige wenige Mitarbeiter, die sich irgendwie nicht dafür eignen. Da können Sie machen, was Sie wollen! Sie verstehen schon, was es heißt, Feedback zu geben und zu erhalten, und sie haben auch den festen Willen, Teil dieses neuen Teams und dieser neuen Arbeitsweise zu sein. Trotzdem fallen sie immer wieder auf und lassen sich einfach nicht so recht in das Team integrieren. Um uns das etwas genauer anzuschauen, bemühen wir noch mal die Gruppendynamik. Wenn wir uns Gruppen anschauen, so können wir manchmal leicht und manchmal sehr versteckt folgende Rollenstruktur innerhalb einer Gruppe ausmachen. Gleichzeitig wollen wir einen Blick auf die jeweilige Eignung als Hochleistungsteammitglied werfen. Es gibt:

Führer: Tritt entweder als aufgabenorientierte (gibt Struktur, setzt Ziele, schlägt Verfahren vor usw.) oder als erhaltene (drückt Gefühle aus, reduziert Spannungen, pflegt offene Kommunikation usw.) Rolle auf. Meistens ist eine der beiden Rollen durch die Führungskraft besetzt und macht genauso wenig Probleme den Aufbau eines Hochleistungsteams betreffend wie die andere. Voraussetzung ist natürlich, dass sie sich an die Spielregeln hält und Teammitglieder schätzt und beteiligt.

Gegner: Diese Rolle entsteht automatisch durch die Existenz des oder der Führer(s). Er ist gegen alles, was das Team gut findet. Wird er von der Gruppe akzeptiert als Querdenker und als Quelle für neue, andere Ideen, besteht keine Gefahr. Der Gegner seinerseits muss schätzen gelernt haben, dass er gerade wegen seiner Bedenken im Team akzeptiert wird.

Mitarbeiter: Diese Rolle identifiziert sich mit dem Führer und folgt ihm bereitwillig. Anweisungen werden meistens nicht hinterfragt und *blind* umgesetzt. Manchmal werden solche Mitarbeiter als Mitläufer bezeichnet. Geschieht dies nicht, sondern werden sie wegen ihrer unkomplizierten Arbeitsweise und Ausführung von Befehlen akzeptiert, so stehen auch sie nicht im Wege.

Sündenbock: Hier haben wir nun den Blitzableiter der Gruppe. Wenn mal etwas schiefgeht, bekommt er meistens die Schuld. Er nimmt sie sogar, geleitet von seinen Überzeugungen, an. Hier ist größte Vorsicht geboten. Soll diese Rolle entschärft werden, so müssen die Mitarbeiter die Verantwortung selbst übernehmen und nicht abschieben. Der Sündenbock hat damit die Chance, an seinen verqueren Vorurteilen zu arbeiten. Unserer Erfahrung nach hat ein solcher *Sündenbock*-Mitarbeiter aber auch eine sehr positive Gabe: Er kann kleinste Verstimmungen im Team wahrnehmen. Lernt er es, diese nicht auf sich zu beziehen, sondern zu kommunizieren, kann er zum Seismographen eines Hochleistungsteams werden.

Außenseiter: Da ein Team nie im luftleeren Raum agiert, gibt es auch immer Menschen, die nicht zum Team gehören, aber mit ihm interagieren müssen. Hier finden sich häufig Stabsstellen, wie ein Architektur- oder Anforderungsteam, aber auch die Qualitätssicherung. Dabei ist eine Akzeptanz von Seiten des Teams gefragt. Sie als Führungskraft können dem Team verdeutlichen, welchen Sinn die Außenseiter verfolgen, und zusammen beraten, wie sie mit ihnen kommunizieren wollen. Dann können die Außenseiter auch außen bleiben und temporär in den Gruppenkontext eintreten.

Wir halten also fest, dass jede dieser Rollen potenziell den Aufbau eines Hochleistungsteams vereiteln kann und dass sie als Führungskraft immer dagegen ansteuern können. Erweist sich ein Mitarbeiter als zu fest in seiner Rolle verwurzelt, dann müssen sie als Führungskraft auch daran denken, ihn aus dem Team zu nehmen, um die anderen in ihrer Entwicklung nicht zu behindern. Dies sollte natürlich nur im Notfall passieren.

Meist wird es Ihnen sicher gelingen, dass Ihre Mitarbeiter die positiven Aspekte der Rollen in das Team einbringen. So sind Sie auf dem besten Weg zu einem Hochleistungsteam.

18.2 Der bewusste Weg zum Hochleistungsteam

Was bedeutet *möglichst hohes Bewusstsein* genau? In einem Projektteam gibt es aus dem Zielpool abgeleitet eine ganze Reihe von Themen, die in der Arbeit immer wieder auftauchen oder diese bestimmen. Sie machen den *Themenpool* aus (Abb. 18.4).

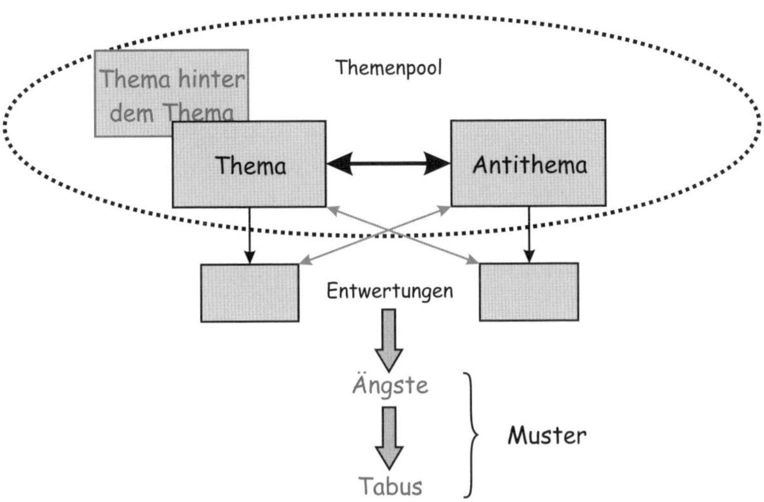

Abbildung 18.4: Die gruppendynamischen Aspekte der Teamentwicklung können bewusst gemacht werden und so zur Stärke des Teams beitragen.

Hinter einem offensichtlichen Thema steckt meist noch ein weiteres, oft nicht offen ausgesprochenes Thema. Wenn es z. B. darum geht, eine freie Rolle neu zu besetzen (offenes Thema), bringt jeder Beteiligte über seine individuellen Ziele weitere, dahinterliegende Themen mit. Diese können abstrakte Werte wie *Gerechtigkeit* betreffen oder ganz profan die eigene Karriereplanung. Manchmal soll auch nur verhindert werden, dass eine ganz bestimmte Person die freie Rolle nicht einnimmt.

Wir können ein spezielles Thema zu einem *Wertequadrat* ergänzen (siehe Kasten). Das bedeutet, es gibt ein dazugehöriges Gegenthema, das von einem oder wenigen anderen Teammitgliedern forciert wird. Unsere Aufgabe ist es, daraus die sinnvolle Balance zu finden. Wenn uns dies nicht gelingt, rutscht die gruppeninterne Diskussion in die gegenseitige Entwertung ab (Abb. 18.4).

Das Wertequadrat

Mit Wertequadraten drückt Schulz von Thun visuell die Spannungsfelder aus, in denen wir uns bewegen. Die den Wertequadraten zugrunde liegende These lautet, dass jeder positive Wert nur dann seine konstruktive Wirkung entfalten kann, wenn er sich in einer Spannung zu einem anderen positiven Wert, dem Gegenwert, befindet. Daher sind die resultierenden Spannungsfelder positiv zu sehen [104]. Wert und Gegenwert schaffen eine Balance, ohne die ein Wert in seine entwertende Übertreibung entarten würde [105].

Wie kann so ein Spannungsfeld in der Softwareentwicklung aussehen? Der Projektleiter fokussiert auf die Einhaltung der Termine und der Architekt stellt die Qualität und Wartbarkeit der Software dagegen. Beides dient u. a. dazu, den Kunden zufriedenzustellen. Der Wert für das Projekt entsteht in der projektbezogenen Balance zwischen den beiden positiven Werten. Wie kann eine Lösung aussehen, die den Termin einhält und gleichzeitig ein Maximum an Wartbarkeit und anderen Qualitätsmerkmalen beinhaltet?

Drückt der Projektleiter einseitig seine Sicht durch, wird zwar zum Termin geliefert, doch die Qualitätsaspekte hinken dem Anspruch vermutlich weit hinterher. Wir können eine solche Problemstellung früh an der Art der Diskussion erkennen. Die Verhärtung der Fronten führt dann die beteiligten Personen in die gegenseitige Abwertung des Werts des jeweils anderen. Es trifft dann ein *unfähiger Aufwandsschätzer* auf einen *forschenden Perfektionisten, der nichts gebacken bekommt.* Solche abwertenden Verhaltensmuster führen genau zum Gegenteil eines Hochleistungsteams. Sie beruhen oft auf Ängsten und reduzieren die notwendige Offenheit, die wir in einem Hochleistungsteam benötigen (Abb. 18.4 unten).

Damit es nicht so weit kommt, sondern die konstruktive Kraft der Wertequadrate genutzt werden kann, ist es besonders wichtig, über den Themenpool Transparenz und Bewusstsein herzustellen. Dies erfolgt in offenen Besprechungen, die auf gegenseitiger Wertschätzung beruhen. In der anderen Sicht steckt jeweils auch ein Teil der Lösung!

18.2.1 Dynamische Balance finden

Ein wesentlicher Schritt in die konstruktive Nutzung von Wertequadraten liegt in der bewussten Balance zwischen den typologischen Präferenzen. Mit Balance meinen wir nicht, keine Meinung zu haben oder eher *Wischi-Waschi* ohne Profil zu versuchen, ein Projekt zu bewältigen. Balance meint, genau abzuwägen und den richtigen Zeitpunkt für die einzelnen Aspekte zu finden. Dies kann gleichzeitig erfolgen oder nacheinander, indem zuerst auf einen Aspekt und dann auf den anderen fokussiert wird.

Aus den beiden Abbildungen 18.5 und 18.6 können Sie die wesentlichen Wertepaare entnehmen, für die es jeweils eine aktuelle, projekt- und teamspezifische Balance zu finden gilt. Wenn uns dies nicht gelingt, rutschen die Diskussion und die gegenseitige Zusammenarbeit schnell in die entsprechenden Entwertungen des anderen ab.

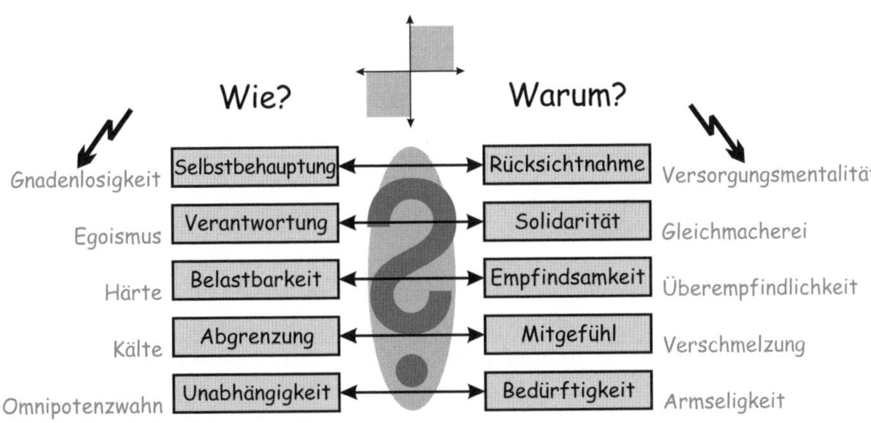

Abbildung 18.5: Es gilt für Hochleistungsteams dynamisch die angemessene Balance zwischen den typologischen Extremen zu finden und nicht in die Entwertungen (graue Schrift) abzurutschen (Abb. 18.6).

Einen besonders wichtigen Aspekt für eine konkrete Balance bilden die Projektziele. An ihnen orientiert sich der konkrete Kompromiss für eine Balance. Welche übergeordneten Ziele gilt es zu erreichen? Wie kann eine konkrete Balance dies unterstützen? Im obigen Beispiel mit dem Zwiespalt

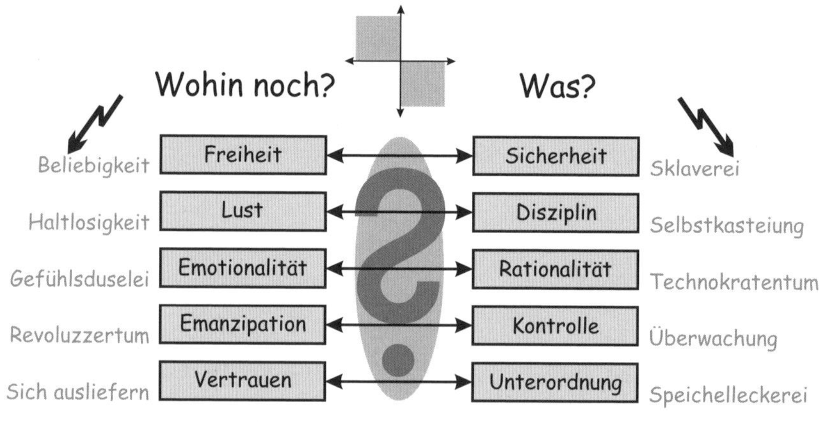

Abbildung 18.6: Es gilt für Hochleistungsteams dynamisch die angemessene Balance zwischen den typologischen Extremen zu finden und nicht in die Entwertungen (graue Schrift) abzurutschen (Abb. 18.5).

zwischen Termin und Qualität lässt sich keine absolute Lösung angeben. Wenn es darum geht, ein neuartiges Produkt als Erster auf den Markt zu bringen, wird sich alles diesem Ziel unterordnen müssen. Da wir dann auch davon ausgehen können, dass die Qualität noch Risiken birgt, können wir entsprechende Vorsichtsmaßnahmen einleiten.

In unserem Fall kann dann z. B. ein automatisches Update über Internet ein Pflicht-Feature sein, um schnell und mit minimalem Aufwand für den Kunden Fehler korrigieren zu können. Es kann auch sein, dass in der Planung des Projektprogramms eine entsprechende Zeit für die Überarbeitung (Refactoring) eingeplant wird, um für die spätere Produktlinie eine stabile Basis zu haben.

Unter engen zeitlichen Restriktionen gehen wir in der Entwicklung *technische Schulden* ein, die wir früher oder später zurückzahlen müssen. Wie bei einem Kredit verteuern sich diese, je länger sie nicht getilgt werden. Hier den technisch und betriebswirtschaftlich richtigen Zeitpunkt für das Refactoring zu finden, heißt, die Balance zwischen unterschiedlichen Werten konstruktiv zu schaffen. Wenn dies verlässlich erfolgt, werden die Entwickler auch mit aller Kraft das zeitliche Projektziel verfolgen. Sie wissen ja, wann die dadurch erzeugten Probleme gelöst werden.

18.2.2 Bewusste Wahrnehmung

Der Schlüssel zu einem ausbalancierten Vorgehen liegt in der Wahrnehmung. Wie erkennen wir und die anderen Teammitglieder, dass etwas Wichtiges passiert oder erkennbar ist? Wie erkennen wir Bereiche in unserem

Projekt, die noch nicht ausreichend bewusst oder transparent sind? Wahrnehmung erfolgt über verschiedene Kanäle. Wir haben zum einen unsere Sinneswahrnehmungen. Dazu kommen noch unsere eigenen Gedanken, Vermutungen und Eindrücke sowie unsere Gefühle. Über unsere Sinne nehmen wir auch das Verhalten anderer wahr sowie deren und unsere eigenen Schlussfolgerungen und Absichten (Abb. 18.7).

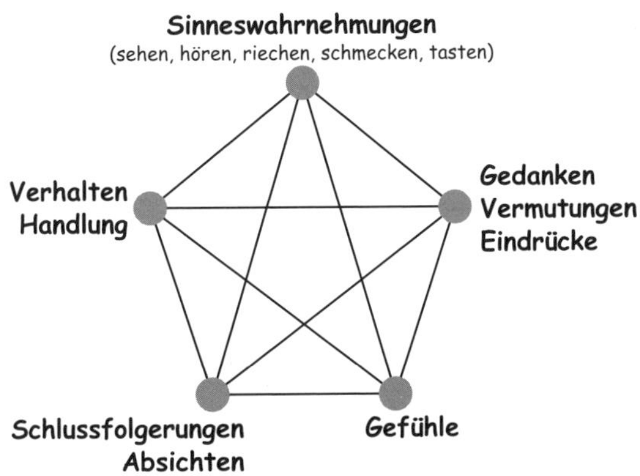

Abbildung 18.7: Aspekte der Wahrnehmung [67]

Nun können wir selbst kaum alle diese Möglichkeiten in gleichem hochwertigen Umfang nutzen (Abb. 18.8). Wir haben in unserer Wahrnehmungsfunktion auch unsere Präferenzen (Abschn. 14.1 ab Seite 221).

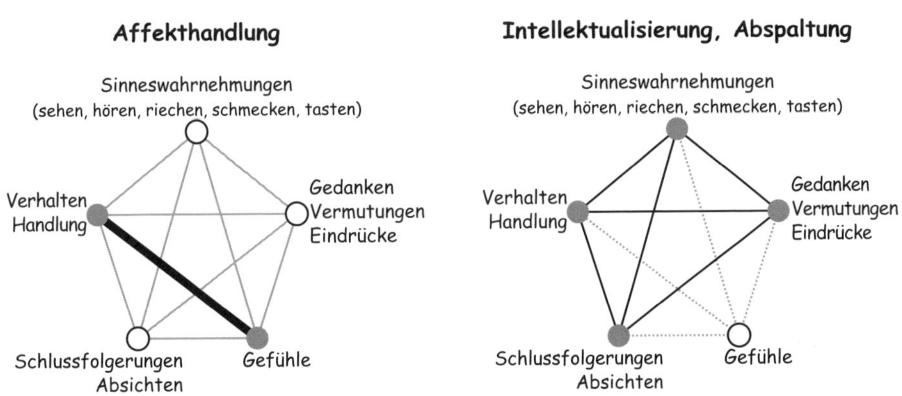

Abbildung 18.8: Zwei Beispiele für Unausgewogenheit der Aspekte der Wahrnehmung: Affekthandlung (links) und die Intellektualisierung (rechts)

Dazu kommt, dass uns manchmal unsere Gefühle im *Affekt* überwältigen (Abb. 18.8 links). Häufig finden wir in Entwicklerteams auch den gegenteiligen Effekt, die Intellektualisierung (Abb. 18.8 rechts).

Beides schränkt unsere Wahrnehmung ein. Auch hier kann uns das Team helfen. Je heterogener die Präferenzen der Teammitglieder sind, desto mehr Wahrnehmungskanäle können genutzt werden. Jetzt brauchen wir *nur noch* genug Offenheit, um uns darüber austauschen zu können. Genau das zeichnet ein Hochleistungsteam aus.

18.2.3 Loyalität – die Klammer um ein Hochleistungsteam

Ein Hochleistungsteam ist also aus Menschen mit unterschiedlichen typologischen Präferenzen und sich ergänzenden fachlichen Qualifikationen aufgebaut. Damit eine solche Gruppe zu einem Team werden kann, braucht es, wie wir gesehen haben, verschiedene Eigenschaften bei den einzelnen Personen. Sie benötigen offene Wahrnehmungskanäle und ausreichend Vertrauen und Offenheit in der Gruppe, um sich über ihre Wahrnehmungen austauschen zu können. Es braucht bei aller Unterschiedlichkeit als Basis dazu ausreichend Wertschätzung füreinander.

Die Mitglieder von Hochleistungsteams kommen durch ihre ähnlichen Wünsche und außergewöhnlichen Ziele in Kontakt miteinander und erwerben untereinander durch ihre tägliche Leistung Akzeptanz und gegenseitigen Respekt. Doch hinter einem funktionierenden Hochleistungsteam steckt noch mehr, damit es längere Zeit zusammenbleibt.

Einen gemeinsamen Wert teilen alle dauerhaften Teammitglieder: Sie sehen die Heterogenität des Teams als Stärke und Notwendigkeit an. Dieser gemeinsame Wert ist besonders bei der Teambildung und den ersten gemeinsamen Erfahrungen der Kit zwischen den Teammitgliedern. In der weiteren Arbeit wird er durch eine hohe Loyalität jedes Einzelnen zum Team, seinen Mitgliedern und der zentralen Aufgabe ergänzt. So entsteht der hohe Zusammenhalt, der die zum Teil völlig unterschiedlichen Charaktere für längere Zeit verbindet, damit eine besonders hochwertige Teamleistung erbracht werden kann.

Für uns als Führungskraft oder Teammitglied bedeutet das, genau darauf zu achten, wenn einzelne Personen in ihrem Verhalten die gegenseitige Wertschätzung vermissen lassen oder sich nicht mehr loyal gegenüber ihren Kollegen und dem Team verhalten. Das sind Warnsignale, auf die wir unbedingt reagieren müssen, um das Team weiter erfolgreich auf seinem hohen Level arbeiten zu lassen. Es gilt, sofort *das Fließband zu stoppen* und miteinander zu reden. Der Umgang mit sozialen Störungen im Team genießt die höchste Priorität, da sonst die Leistungsfähigkeit und damit der Projekterfolg gefährdet sind.

19 Systemische Ordnung in Teams

Es scheint so, als ob alles im Soft-Skill-Kontext *systemisch* wäre. Man könnte auf den ersten Blick von einem aktuellen Trend ausgehen, doch wir denken, dass der systemische Ansatz in der Teamentwicklung nicht nur sehr nützlich, sondern auch unentbehrlich ist. Gerade für die Betrachtung der Dynamik in Gruppen liefert diese Sicht grundlegende Erkenntnisse und Ansätze. Für uns ist das Grund genug, dieses Buch nicht zu beenden, ohne mit Ihnen einen genaueren Blick auf die Systemik und das systemische Denken zu werfen.

19.1 Was bedeutet Systemik?

Das *systemische Denken* bezeichnet eine vielschichtige, ressourcenorientierte Sichtweise. Es geht über die Erkenntnis hinaus, dass hinter den eigenen Positionen und Handlungsweisen und denen der anderen Kollegen Bedürfnisse stehen. Wir versuchen, uns in den anderen Menschen hineinzuversetzen und so die Perspektive zu wechseln. Mit systemischem Denken ist gemeint, Problemlösungen als einen Prozess zu verstehen, in dem die Beteiligten auf verschiedenen Ebenen miteinander interagieren [73].

Die systemische Organisationsberatung geht davon aus, dass eine Lösung für ein Problem nicht erfolgen kann, wenn sich die Aufmerksamkeit nur auf ein Element des Systems richtet, sondern es sind mehrere Elemente im Zusammenspiel und im Kontext des Systems zu betrachten. Die Lösung kommt dabei von innen aus dem System heraus, da die von einem Problem betroffenen Mitarbeiter die *Experten des Problems* sind [141].

Dieser Prozess läuft in einem komplexen System ab (Kap. 3 ab Seite 35). Es wäre also müßig, zu versuchen, alle Kausalketten zu analysieren. Im systemischen Ansatz wird versucht, das Wissen um diese Zusammenhänge vorauszusetzen und auf dieser Basis zu einem offenen Systemdenken zu kommen. Im Rahmen dieser Offenheit verstehen sich alle beteiligten Personen im Team als Problemlöser und können gleichzeitig ihre verschiedenen Potenziale nutzen, um kreative Lösungen zu gestalten. Diese Fähigkeit, möglichst viele der eigenen Potenziale nutzen zu können, ist das Ziel des oben genannten ressourcenorientierten Ansatzes.

19.1.1 Systemische Grundregeln

In einem System gibt es drei Ebenen oder Abfolgen, nach denen wir miteinander in Kontakt kommen und unsere eigene Position innerhalb einer Gruppe bewerten. Diese drei Ebenen stehen in Wechselwirkung miteinander, sodass die Ursache eines Problems auf einer anderen Ebene liegen kann als die, auf der wir die Wirkung wahrnehmen. Diese drei Abfolgen sind (Abb. 19.1) [93, 96]:

Bindung: Als Erstes geht es um die Frage der Zugehörigkeit: Bin ich Bestandteil einer Gruppe oder nicht? Dies betrifft einerseits die formale Zuordnung: »Ich arbeite fest in dieser Abteilung und bin offizielles Mitglied des XY-Projektteams!« Doch die Bindung geht über das Formale hinaus. Bin ich wirklich dabei oder ist das nur wieder eine formale Blase: »Ich bin doch sowieso schon überlastet. Was soll ich noch in dem Projektteam?« Oder aber ich wäre gerne dabei und bin es auch formal, doch die anderen ignorieren mich und meine Ideen. »Es ist, als wäre ich nicht da!«

Ordnung: Wenn die Zugehörigkeit geklärt ist, geht es als Nächstes um die Frage, ob ich am richtigen Platz bin. Ist die Struktur in Ordnung? Fühle ich mich in der Rolle als Chefarchitekt wohl? Passt das zu meinen Fähigkeiten und Erfahrungen? Oder umgekehrt: Denke ich, dass ich eigentlich eine andere Rolle wahrnehmen sollte, doch diese von einem *unfähigen Tropf* besetzt ist?

Ausgleich: Ich gehöre dazu und bin am richtigen Platz, doch wie verhält es sich mit dem Geben und Nehmen in der Gruppe? »Bin ich der Einzige, der andauernd Überstunden macht und immer wieder das Projekt rettet, und keiner nimmt es wahr und würdigt es? Und jetzt wird auch noch die Prämie reduziert!« Auf der Ausgleichsebene geht es um das Thema *Gerechtigkeit*.

Entlang dieser Abfolge Bindung – Ordnung – Ausgleich erfolgt immer wieder eine Klärung, die dabei hilft, aus einer Gruppe ein Team und dann aus einem Team ein Hochleistungsteam werden zu lassen. Der letzte Schritt zum Hochleistungsteam erfolgt oft über die Bewusstheit dieser Struktur, denn dann können aufkommende Probleme schnell erkannt und an der richtigen Stelle ihrer Ursache behoben werden. Und Störungen haben nun mal Vorrang!

Wie kann so etwas aussehen? In Abbildung 19.1 sind rechts neben den drei Ebenen kleine Skizzen gezeichnet, um sie zu illustrieren. Beginnen wir mit der Bindung rechts oben. Das Oval schließt ein Projektteam ein, das ursprünglich aus vier Mitarbeitern bestand, die durch Kreise mit Nummern dargestellt sind. Diese bilden das betrachtete System. Mitarbeiter ⑤ hat das

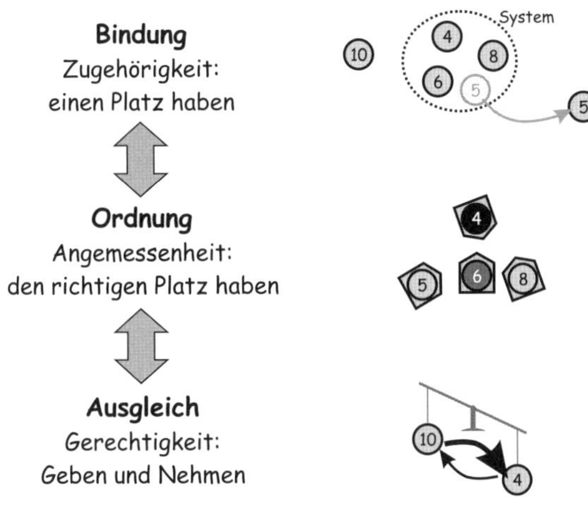

Abbildung 19.1: Bindung (Zugehörigkeit), Ordnung und Ausgleich als systemische Grundregeln. Ursachen und sichtbare Auswirkungen können dabei auf verschiedenen Ebenen verteilt sein [93, 96].

Team aus irgendeinem Grund verlassen und hinterlässt dort eine Lücke. Diese wird offiziell nicht durch ein neues Teammitglied aufgefüllt, sodass Arbeit liegen bleibt. Mitarbeiter ⑩ nimmt einen großen Teil dieser Aufgaben wahr, obwohl er nicht zum System gehört. So weit die Darstellung in Abbildung 19.1 oben rechts.

Entwickler ⑩ gehört nicht zum System, er hat dort keinen Platz, obwohl er wichtige Arbeitsergebnisse liefert. Ohne die Bindung stimmt auch die Ordnung nicht: Wenn er keinen Platz im System hat, kann er auch nicht den richtigen oder falschen Platz haben.

Diese Konstellation wird spätestens dann zum Problem, wenn es für das Projektteam eine Prämie gibt, weil sie es geschafft haben, *in time and budget* das Projekt erfolgreich durchzuführen. Da Entwickler ⑩ nicht zum System gehört, erhält er auch keine Prämie. Dies führt dann dazu, dass er sich ungerecht behandelt fühlt. Der Ausgleich stimmt nicht mehr (Abb. 19.1 unten rechts). Auf einmal ist dieser hoch motivierte Mitarbeiter sauer und demotiviert.

Die Ursache des Problems auf Bindungsebene wirkt sich über die Ordnung in den Ausgleich aus und hat sich hier als Wirkung manifestiert. Doch oft bleibt es nicht dabei, sondern aus diesem Problem wird in der Folge ein noch größeres. Es bahnt sich seinen Weg durch die drei Ebenen zurück, wenn wir es nicht schnell gelöst bekommen.

Dadurch, dass für Mitarbeiter ⑩ der Ausgleich nicht stimmt, stellt er seinen Platz im übergeordneten System der Abteilung oder Firma in Frage: »Bin ich hier noch richtig?« Wenn sich solche Probleme bei einer Person ansammeln, kann der fehlende Ausgleich dazu führen, dass sie sich einen neuen Platz im System sucht oder gar die Zugehörigkeit in Frage stellt und bei nächster Gelegenheit die Bindung ganz verlässt und kündigt.

So weit zu Bindung und Ausgleich. Kommen wir abschließend noch zur Ordnung: Wie verhält es sich damit? Schauen wir dazu auf unser Beispiel und die Frage, warum Entwickler ⑤ das Team verlassen hat. In Abbildung 19.1 rechts in der Mitte ist die Ordnungsstruktur als eine Art *Aufstellung* dargestellt. Was dies genau bedeutet, klären wir später. Eine Stärke von Aufstellungen liegt darin, dass sie sich intuitiv erfassen lassen.

Wir sehen dort eine Gruppe von vier Personen, von denen drei sich zugewandt sind, was über die Spitzen um die Kreise angedeutet ist. Entwickler ⑤ ist dagegen isoliert und wird kaum wahrgenommen. Sein Platz wird nicht gesehen, und er fühlt sich dadurch an der falschen Stelle. Die Ordnung stimmt nicht für ein Viererteam!

In dieser Un-Ordnung liegt die Ursache für die mangelnde Bindung, sodass er das Team bei der nächsten Gelegenheit verlässt. Erst dann nimmt das Team von dem Problem Kenntnis, doch es ist zu spät. Der Ausgleich spielt bei diesem einfachen Beispiel keine Rolle.

Diese strukturelle Sichtweise auf Systeme kann sehr hilfreich sein, Störungen und ihre Ursachen zu erkennen. Für Hochleistungsteams ist es daher wichtig, über alle drei Ebenen Klarheit zu haben und offen über individuelle Probleme reden zu können, damit alltägliche Störungen nicht zu Problemen werden, die sich wie in den obigen Beispielen verselbstständigen.

19.1.2 Systemische Ordnung

Ein wesentlicher Aspekt bei der zeitlichen Betrachtungsweise systemischer Aspekte ist die *systemische Ordnung*. Sie entspricht der Struktur eines Systems und ergibt sich primär aus zwei Gesichtspunkten, der Historie und den aktuellen Fähigkeiten der Personen.

Die erste Ordnung in einer Gruppe ergibt sich aus der zeitlichen Reihenfolge des Eintritts in diese Gruppe. Wer war als Erster da, wer kam danach? Dadurch ergibt sich eine Ausgangsordnung innerhalb eines Teams, die wir in Abbildung 19.2 als Reihenfolge der Mitarbeiter ① bis ⑦ dargestellt haben.

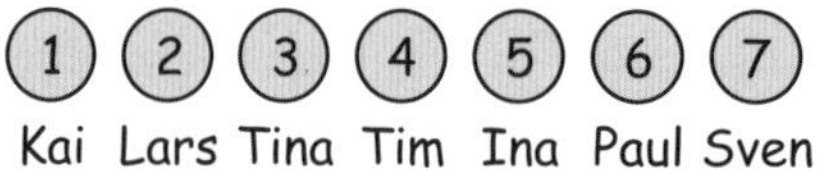

Abbildung 19.2: Die Eintrittsreihenfolge als Ausgangspunkt der systemischen Ordnung

Diese historische Eintrittsordnung bildet den Grundstock für alle weiteren Ordnungen, die sich später z. B. durch hinzugewonnene spezielle Fähigkeiten und Qualifikationen oder personelle Wechsel ergeben. Von daher ist es wichtig, die Gruppenhistorie für alle transparent zu halten. Dies kann grafisch erfolgen wie in Abbildung 19.3 oder einfach als Aufstellung in der Reihenfolge des Eintritts in die Gruppe ähnlich wie in Abbildung 19.2.

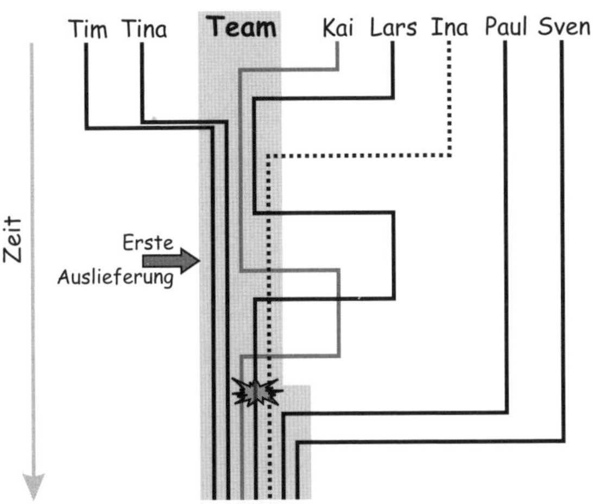

Abbildung 19.3: Die Historie einer Gruppe für die zeitliche Zugehörigkeit im Team grafisch dargestellt

Das Beispiel einer Gruppenhistorie aus Abbildung 19.3 dient als Hintergrund für die Erläuterungen zur systemischen Ordnung. Kai hat als Projektleiter mit Lars ein Softwareprojekt initiiert und aufgebaut. Tina und Tim kamen schnell hinzu. Kurz danach stieß noch Ina als weitere Entwicklerin dazu. Wesentlich später ist das Team erneut gewachsen, und Paul und Sven sind noch hinzugekommen. Die grau eingefärbten Linie von Kai dient nur der besseren Unterscheidbarkeit mit den anderen schwarzen Linien an Kreuzungspunkten. Ina ist die Person, die wir näher betrachten möchten. Ihre Linie ist gepunktet dargestellt.

Die Eintrittsreihenfolge bildet die erste Ordnung, die in der Gruppe existiert. Dadurch, dass Kai Projektleiter und Lars Chefdesigner ist, sind diese Rollen auch konform dazu verteilt. Mit Tina und Tim sind vergleichsweise unerfahrene Entwickler ins Team gekommen, was zu Problemen führte, sodass mit Ina eine weitere, sehr erfahrene Kraft ins Boot geholt wurde.

Aufgrund ihrer Erfahrung und des Umstands, dass Ina extra ausgewählt wurde, um Defizite bei Tina und Tim kompensieren zu helfen, entspricht nun nach kurzer Zeit die historische Ordnung nicht mehr der tatsächlichen in der Gruppe. Ina steht innerhalb der Gruppe, obwohl sie als

Letzte dazugekommen ist, an dritter Stelle hinter dem Projektleiter und dem Chefdesigner. Dies ist für die beiden Berufsanfänger Tim und Tina so in Ordnung und wurde auch offen kommuniziert. Beide sehen in dieser Situation den Vorteil, von den beiden erfahrenen Entwicklern Lars und Ina viel lernen zu können. So festigen Tina und Tim auch unbewusst ihre Position im Team, wenn dies weiter vergrößert werden sollte. Die Strukturen sind klar, jeder gehört dazu und hat seinen passenden Platz.

Nach einiger Zeit verlässt Lars deutlich vor der ersten Auslieferung der Software aus privaten Gründen das Team für mindestens sechs Monate. Wer übernimmt seine Chefdesignerrolle? In dieser funktionierenden und klaren Teamstruktur ergibt es sich gleichsam automatisch und in natürlicher Weise, dass Ina diese Position übernimmt. Auch daraus ergeben sich keine Probleme, und das Projekt schreitet weiter erfolgreich voran.

Gleich nach der ersten Auslieferung verlässt Kai ebenfalls das Projekt, weil er in einem anderen Projekt auch für etwa ein halbes Jahr versuchen soll zu retten, was zu retten ist. Auch diesen Wechsel verkraftet das Team gut. Ina übernimmt jetzt die Projektleitung, und Tim rückt in ihre alte Position nach. Das passt systemisch, und das Team ist weiterhin in der Lage, gute Arbeit in der Wartung und Weiterentwicklung des Projekts zu leisten.

Kurz danach kehrt Lars wieder in das Team zurück. Wo findet er seinen Platz im veränderten Team? Sein Anspruch ist es, wieder die alte Chefdesignerrolle zu übernehmen. Dies ist auch möglich, da mit Tim ein vergleichsweise schwach qualifizierter Mitarbeiter diese Rolle besetzt und auch die systemische Ordnung diesen Rückwechsel möglich macht. Dennoch ist Tim insgeheim schon etwas enttäuscht, da er mit viel Elan in die neue Rolle gestartet ist und sich viel davon für seine Karriere versprochen hatte. Das bislang gut funtionierende Team erhält seine ersten *Kratzer*.

Mit der Rückkehr von Kai wird das Problem nicht mehr so einfach lösbar. Kai möchte in seine alte Projektleiterrolle zurück, die er ja auch nur temporär aufgegeben hat. Doch wer wird jetzt Chefdesigner? Die erste systemische Ordnung ist längst verblasst und die aktuelle weist 3,5 Personen für zwei Rollen auf. Kai, Lars, Ina und insgeheim auch Tim spekulieren auf die beiden Rollen Projektleiter und Chefdesigner. Ohne Klarheit und Transparenz wird diese Situation für viele Teams zum Sprengstoff, an dem sie aufbrechen. Die innere Ordnung des Teams ist nicht mehr gegeben.

In dieser Situation kommen mit Paul und Sven auch noch zwei neue Mitarbeiter hinzu. Irgendwie schaffen es die beiden nicht, sich vollwertig einzuarbeiten und ihre Position im Team zu finden. Was sind die beiden nur für *trübe Tassen*? Aus einem Topteam ist das blanke Chaos geworden. Warum nur ist das einst so tolle Team jetzt kaum noch in der Lage, seine Aufgaben zu erfüllen?

Auch die besten Teams durchlaufen den Teamentwicklungszyklus und unterliegen damit einer Veränderung, wenn die individuellen Ziele wieder die Oberhand über die Gruppenziele gewinnen. Im Beispiel sind dabei mehrere Teamentwicklungszyklen erfolgt, in denen die *Storming*-Phase nur unzureichend abgelaufen ist.

19.1.3 Mit der systemischen Ordnung arbeiten

Wie hätte es besser laufen können? Wie lösen wir eine solche Situation für alle Beteiligten zufriedenstellend auf? Was ist in dem vorherigen Beispiel passiert, dass es dazu kommen konnte?

Betrachten wir als Erstes die Teamentwicklungszyklen aus Abschnitt 3.4 ab Seite 54 in dem kleinen Beispiel. Das Team hat den Zyklus bereits mehrmals durchlaufen. Spätestens mit dem Hinzukommen von Ina erfolgte ein *Reforming*. Das nachfolgende *Storming* verlief einfach, schnell und klar, da die neue Struktur für jedes Teammitglied so in Ordnung war. Jeder hatte seinen definierten Platz im Team. Sie erreichten schnell wieder das *Norming* und auch das *Performing*.

Der erste kritische Punkt war der Weggang von Lars, der ein erneutes *Reforming* notwendig machte. Hier war die Lösung wieder so offensichtlich, dass sich die Beteiligten über ein *Storming* keine Gedanken machen mussten. Dennoch war ein Aspekt noch nicht gelöst: Was passiert, wenn Lars wieder zurückkehrt? Zu diesem Zeitpunkt hätte es nicht gelöst werden können, da z. B. die Dauer des Ausstiegs noch unklar und auch der Feuerwehreinsatz von Kai nicht vorhersehbar war.

Trotzdem hätte dieses Problem benannt werden können. Das ist mit Klarheit und Bewusstheit gemeint. Ohne diese Transparenz trifft jeder der Beteiligten seine Annahmen. So nimmt Lars natürlich an, nach seiner Rückkehr wieder in seine alten Position gehen zu können. Er wird ja aus seiner Sicht nur *vertreten*. Dass Ina sich dagegen *nicht* als *Vertretung* empfindet, ist gut nachvollziehbar. Systemisches Arbeiten bedeutet dagegen, möglichst viele Sichten und Aspekte offenzulegen, um die aktuelle Situation besser begreifen zu können.

Hier wird eine weitere wichtige systemische Grundregel bei Veränderungen im Team deutlich, die eine Aussage zur Reihenfolge der Veränderungen macht: Zuerst muss für das Alte ein neuer Platz gefunden werden, bevor das Neue dessen Platz einnehmen kann! Dies betrifft einzelne Personen genauso wie Gruppen, Abteilungen oder Firmenteile. Bevor Ina die Architektenrolle wirklich vollständig übernehmen kann, braucht es eine adäquate neue Rolle als Platz für Lars. Zumindest diese Fragestellung ist zu benennen, damit allen betroffenen Mitarbeitern wie auch Tim klar ist, ob der Wechsel provisorisch in Vertretung oder dauerhaft gemeint ist. Obwohl Lars nicht persönlich anwesend ist, ist aus systemischer Sicht seine Position immer noch besetzt. Doch gehen wir wieder zurück in die Analyse des Beispiels. Es wird ja noch komplizierter.

Kurz nach der ersten Auslieferung erfolgte nach dem Weggang von Kai ein erneutes *Reforming*, das ebenfalls klar und offensichtlich war, jedoch weitere Fragen bzgl. der Rückkehr von Kai aufgeworfen hat, die nicht offen gestellt wurden. Erneut machten die Beteiligten ihre Annahmen, ohne diese zu klären.

Das nächste *Reforming* traf das Team bei der Rückkehr von Lars. Seine Rolle war nicht mehr von Ina besetzt, sondern von Tim. Tim hatte eine aus systemischer Sicht eher schwache Position, sowohl historisch vom Eintrittspunkt als auch fachlich von seiner Erfahrung her. Sein Grummeln beim Rückwechsel in seine alte Position war daher auch kaum wahrnehmbar. Dieser Aspekt wurde anschließend nicht sichtbar, da es kein *Storming* gab. Es war doch alles scheinbar klar und offensichtlich.

Nach der Rückkehr von Kai und dem damit verbundenen nächsten *Reforming* waren die Probleme nicht mehr zu verbergen. Sie traten als offene Konflikte zutage. In dieser *Storming*-Phase kamen dann auch noch zwei eher unerfahrene Mitarbeiter neu ins Team. Welche innere Ordnung konnten die beiden wahrnehmen? Auf wen sollten sie hören? In dieser Situation ist es nicht verwunderlich, dass deren Einarbeitung nicht gut gelungen ist.

Um ein *echtes* Team zu formen, bedarf es Offenheit, Kooperationsfähigkeit und gegenseitige Wertschätzung. Ein Hochleistungsteam ist davon noch viel stärker abhängig. Die systemische Ordnung ist dazu einer der zentralen Schlüssel. Wie sieht die innere Ordnung wirklich aus? Hat jeder seinen Platz? Stimmt der Ausgleich? Welche Vorbehalte und Wünsche gibt es? Welche Konflikte bahnen sich an? Verstehe ich wirklich, was der andere meint und wie es ihm dabei geht?

Über die Antworten auf diese Fragen kommen wir in die Klärung. Dabei ist es wichtig, die anderen Beteiligten gut zu verstehen. Das bedeutet nicht, dass ich auch mit deren Sichten einverstanden bin, doch möchte ich sie nachvollziehen können. Der systemische Ansatz gibt daher auch nicht die Lösung vor, sondern den Prozess, wie wir zu tragfähigen Lösungen kommen. Dies kann auch zur Erkenntnis führen, dass in der aktuellen Situation entweder für Ina oder für Lars kein Platz mehr im Team ist. Vielleicht ergeben sich durch das Wachstum des Teams auch neue, adäquate Plätze für die Protagonisten in unserem Beispiel.

Als Führungskraft gilt es, genau hinzuschauen und zu erkennen, wann ein *Storming* wirklich vorüber ist und wann noch wichtige Themen im Verborgenen liegen. Diese sind zumindest zu benennen und dadurch für das Team greifbar zu machen. Die Themen werden greifbar, indem das Team über sie spricht. Wichtig ist dabei, dass für die anderen Teammitglieder nur gilt, was ich gesagt habe. Nur darauf können sie sich beziehen, nicht aber auf meine Gedanken. Für jedes Teammitglied gilt es, den Mut aufzubringen, sich klar und offen zu äußern. Das gehört zur Teamfähigkeit eines jeden einzelnen Teammitglieds.

19.2 Wie sind wir aufgestellt?

19.2.1 Die Ursprungsreihenfolge

Wie können wir die innere Struktur und Dynamik in Teams deutlicher erkennen? Die Gruppenhistorie mit den Eintritts- und ggf. Abschiedszeitpunkten ist als Ausgangspunkt sicherlich brauchbar, doch benötigen wir mehr, um Bindungs-, Ordnungs- und Ausgleichsprobleme erkennen zu können. Betrachten wir dazu ein anderes Beispiel und fangen mit der Ursprungsordnung nach Eintritt an. Wir können die Dynamik grafisch oder mit Figuren sichtbar machen (Abb. 19.4). So bekommen wir ein erstes Gefühl für Problembereiche.

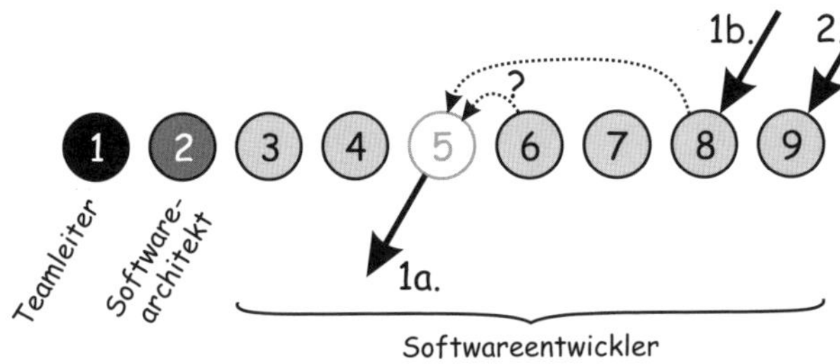

Abbildung 19.4: Veränderungen bringen die Eintrittsreihenfolge als Ausgangspunkt der systemischen Ordnung zum Wackeln.

Wir finden im schematischen Beispiel aus Abbildung 19.4 eine exemplarische Dynamik dargestellt. Wir sehen einen Teamleiter ①, seinen Softwarearchitekten ② und zuerst fünf Entwickler ③ bis ⑦. Einer der Entwickler ⑤ verlässt das Team, dafür kommt ein neuer Entwickler ⑧ hinzu. Wie werden die freie Position und die damit verknüpften Aufgaben, Rechte und Pflichten neu verteilt?

In unserem Beispiel machen sich Entwickler ⑥ und der neue ⑧ Hoffnungen auf diese Rolle im Team. Von der systemischen Ursprungsreihenfolge wäre Entwickler ⑥ an der Reihe. Doch vielleicht hat man mit Entwickler ⑧ einen für diese Aufgaben viel qualifizierteren und erfahreneren Mitarbeiter eingestellt.

Dieser Konflikt ist noch nicht befriedigend gelöst, da stößt mit Entwickler ⑨ noch ein neuer Mitarbeiter zum Team dazu. Dieser ist vergleichsweise unerfahren, sodass die Ursprungsreihenfolge hier vorerst passt.

Damit ist das Mittel der Ursprungsreihenfolge aber wirklich ausgereizt. Für mehr Strukturinformation über das Team benötigen wir aussagekräftigere Darstellungsmittel. Hier kann uns die Technik der *Aufstellungsarbeit* weiterbringen.

19.2.2 Systemische Aufstellungen

Bei systemischen Aufstellungen geht es darum, das implizite soziale Wissen in einer Gruppe über zueinander positionierte Figuren als Stellvertreter erkennbar zu machen (Abb. 19.5). Dabei werden nicht die offiziellen Hierarchien abgebildet, sondern wie die Menschen tatsächlich zueinander stehen. Wer steht nah zusammen, wer weiter weg? Wer sieht jemanden gut oder nur aus dem Augenwinkel? Wirkt ein Figur hinter einem anderen für diesen bedrohlich oder stärkend?

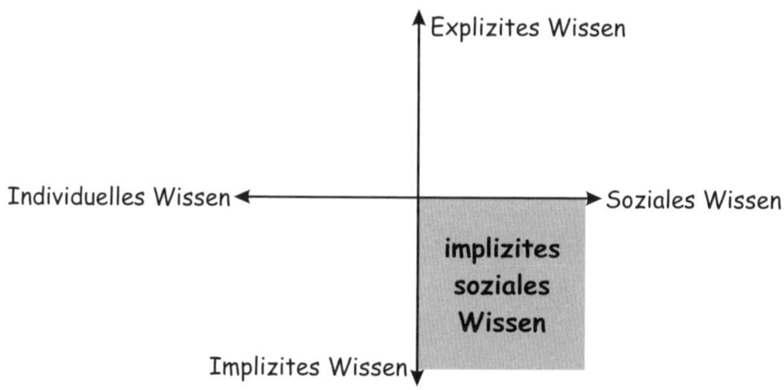

Abbildung 19.5: Das Prinzip der Aufstellungsarbeit funktioniert im Wesentlichen über das Anzapfen des impliziten sozialen Wissens innerhalb einer Gruppe [96].

Eine solche Aufstellung z. B. mit Karten oder Figuren kann wesentliche Erkenntnisse vermitteln. Für rein analytische Zwecke kann das sicherlich aus der entsprechenden Literatur wie z. B. [96, 136] erlernt werden. Alles, was darüber hinausgeht in Richtung Lösungsentwicklung oder wenn mit Menschen als Stellvertreter gearbeitet wird, darf nach unserer Überzeugung nur durch entsprechend geschulte Coaches erfolgen. Aufstellungen sind extrem kraftvoll und docken direkt an unseren Gefühlen an[1], sodass damit nur höchst verantwortungsvoll umgegangen werden darf [136].

Wie kann eine solche Aufstellung für unser Beispiel aussehen? In Abbildung 19.1 auf Seite 293 haben wir rechts in der Mitte bereits einen ersten Eindruck davon erhalten. In Abbildung 19.6 sehen wir die Umsetzung für das aktuelle Beispiel. In der Gruppe gibt es zwei Subsysteme A und B. Subsystem A ist um den Teamleiter ① herum gebildet mit seinen engen Mitarbeitern ③ und ⑦. Das zweite Subsystem besteht aus den Entwicklern ④, ⑥ und ⑧ sowie ehemals ⑤, der das Team verlassen hat. Der Softwarearchitekt

[1] Was wir selbst im Rahmen unserer Ausbildung in systemischer Aufstellung wie auch in der konkreten Aufstellungsarbeit erleben durften.

② steht zwischen beiden Subsystemen, und der neue ⑨ hat seinen Platz noch nicht gefunden. Wenn wir jetzt noch die Blickrichtungen ergänzen, erhalten wir unsere erste Aufstellung (Abb. 19.7).

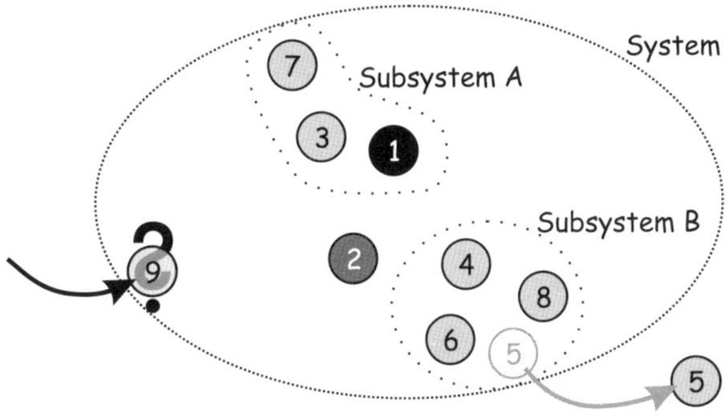

Abbildung 19.6: Subsysteme und Aufstellung innerhalb eines Systems

Wir erkennen jetzt die isolierte Position des Softwarearchitekten ② und die so gut wie nicht vorhandene Kopplung der beiden Subsysteme. Die Mitarbeiter im Team wie auch neue Personen wie Entwickler ⑨ nehmen diese Situation meist eher unbewusst wahr. Jetzt wird u. a. deutlich, warum es dem Neuen so schwer fällt, seinen Platz zu finden. Er findet keinen Bezug und wird auch kaum von den anderen wahrgenommen.

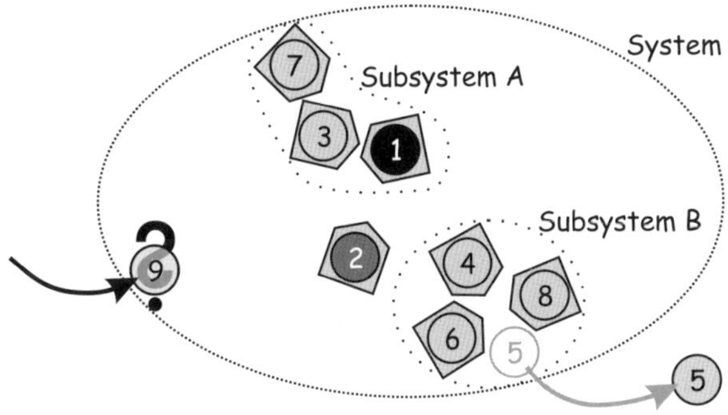

Abbildung 19.7: Beispiel einer Organisationsaufstellung

Wie kann es zu so einer Situation kommen? Hier kann uns ein Blick auf die typologischen Präferenzen der beteiligten Personen helfen. Gleich und gleich gesellt sich oft, da diese Kombination z. B. weniger Konflikte in sich birgt. Tragen wir die Hauptpräferenzen der neun Personen in ein typologischen Kreuz aus Abbildung 1.8 auf Seite 16 ein, so erhalten wir das typologische Feld der Gruppe (Abb. 19.8).

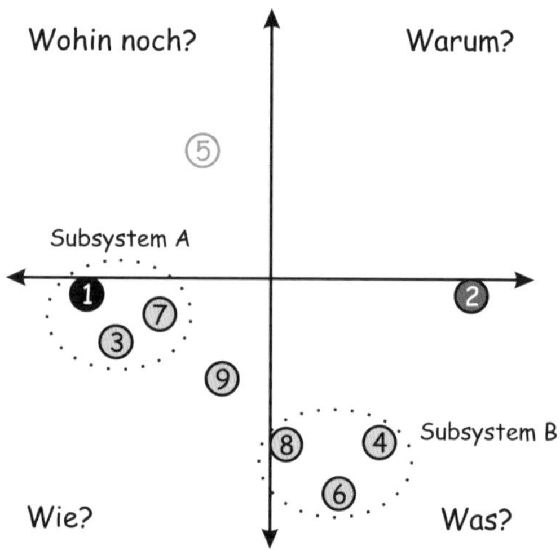

Abbildung 19.8: Beispiel eines Gruppenfelds

Hier können wir weitere Vermutungen anstellen und Hypothesen bilden. Die beiden Subsysteme werden von Menschen mit ähnlichen Präferenzen gebildet. Subsystem A wird von eher extravertierten, pragmatischen, ergebnisfokussierten Entwicklern und dem Teamleiter gebildet und Subsystem B von sehr sachlichen, in technischen Details starken, eher introvertierten Personen.

Mitglieder einer Gruppe mit diesen ausgeprägten Präferenzen können als *Problemlöser* bezeichnet werden. Sie halten die Dinge am Laufen und bringen dazu fachlich sehr fundiertes Wissen mit pragmatischer Ergebnisfokussierung ein. Zumindest diese sechs Personen fühlen sich dort vermutlich ganz wohl: die beiden Subsysteme A und B (Abb. 19.8).

Im Subsystem B sollte auch der Entwickler ⑤ mitarbeiten, der dort jedoch mit seinen Präferenzen nicht sehr kompatibel ist. Wenn im Team der Wert der Heterogenität nicht gewürdigt und gesehen wird, bleibt ⑤ eher ein Außenseiter. Er kann seine Stärken in der Begeisterungsfähigkeit, dem ganzheitlichen Erfassen und der visionären Stärke kaum ausspielen. Vor diesem Hintergrund wird klar, warum er bei der nächsten Gelegenheit das Team verlassen hat.

Prinzipiell war es eine schöne Idee, das Gruppenfeld durch den Entwickler ⑤ zu erweitern. Doch dies erfolgt nicht von allein, sondern mehr bewusst als zufällig. Erst recht gelingt die Erweiterung nicht, wenn Entwickler ⑤ in einem Subsystem arbeiten soll, in dem die anderen Subsystemmitglieder entgegengesetzte Präferenzen haben. Hier sind Bewusstheit und Klarheit bei allen betroffenen Entwicklern gefordert und explizit von der Führungskraft zu fördern. Dann sind die Mitglieder der Subsysteme eher in der Lage, sich als Team weiterzuentwickeln.

Dem Softwarearchitekten ② ergeht es da kaum besser. Er ist ebenfalls typologisch isoliert, sehr introvertiert und sucht gleichermaßen Nähe wie fachlich-sachliche Themen. Seine Wahrnehmung ist nicht zu stark auf die Details fokussiert, um den Überblick für das Ganze zu behalten. Das sind Fähigkeiten, die ein Architekt braucht, doch der Abstand zu den anderen in den Präferenzen ist zu groß. Hier gilt wiederum: Wenn Heterogenität nicht geschätzt wird, bleiben die beiden Subsysteme für sich und die Gruppe auf dem Level *Problemlöser*.

Solange dies im Umfeld gefordert wird, ist alles in Ordnung. Mit dem neuen Entwickler ⑨ wird auch eher eine Brücke zwischen beiden Subsystemen geschlagen als die typologischen Stärken des Teams erweitert. Wenn sich jetzt die Rahmenbedingungen ändern, kann es sein, dass dieses Team vor schier unlösbare Aufgaben gestellt wird.

Was hat dies mit Hochleistungsteams zu tun? Hochleistungsteams enwickeln sich oft aus eher spezialisierten Teams heraus. Sie haben es geschafft, den Teamentwicklungszyklus und die sich daraus ergebenden Veränderungen zu nutzen, um sich weiterzuentwickeln. Dabei haben sie den Wert von *Heterogenität* erkannt sowie sich die internen Strukturen und Schwierigkeiten bewusst gemacht und nicht verdrängt. Die daraus gewonnene Klarheit und Klärung der Beziehungsebenen haben sie wiederum für ihre Weiterentwicklung genutzt. In jeder *Storming*-Phase wurden die Beziehungen erneut geklärt, sodass sich alle Kraft auf das *Norming* und *Performing* richten konnte. Die hier aufgezeigten Mittel dienen dazu, diese Klarheit zu gewinnen und die Weiterentwicklung gezielt zu fördern. Im Beispiel ist die Idee des *Brückenbauens* vermutlich eine zielführende. Entwickler ⑨ kann vielleicht die Mitarbeiter aus beiden Subsystemen gut verstehen und die Präferenzen bündeln sowie dic unterschiedliche Sprache *übersetzen*.

Dringlicher sehen wir in diesem Beispiel die isolierte Position des Softwarearchitekten ②. Aufgrund seiner präferierten Bedüfnisse braucht er vermutlich Nähe, findet diese aber inhaltlich kaum und erst recht nicht zum Teamleiter mit seinen entgegengesetzten Präferenzen. Auch hier kann die Idee, bewusst eine Brücke zu bauen, helfen. So kann das Team sukzessive breiter und damit flexibler aufgestellt werden und dennoch inhaltlich enger zusammenrücken. Die Arbeit macht wieder Spaß und geht leichter von der Hand. Die Reibungsflächen im Team sind dann wieder eher inhaltlicher und weniger persönlicher Natur, was zu besserer Software führt.

So endet dieses Buch mit einem Beispiel, das vielleicht noch einmal verdeutlicht, was wir bereits zuvor und in [133] als *People Driven Development* bezeichnet haben. Software wird von Menschen mit Menschen für

Menschen gemacht. Deshalb steht bei einer dauerhaft erfolgreichen Softwareentwicklung das Team im Mittelpunkt.

»Ich will zuerst meine persönlichen Unklarheiten beseitigen!«

»Bevor ich mich um mein Team kümmern kann, möchte ich erstmal bei mir alles aufgeräumt haben!« Wenn Sie nun das Gefühl haben, alles falsch zu machen, oder anders gesagt, meinen, Sie könnten vieles besser machen, dann freuen wir uns. Denn letztendlich haben wir damit unser Ziel erreicht, den einen oder anderen Gedankenanstoß zu liefern. Ihr neues Wissen sollte Sie aber auf keinen Fall davon abhalten, es auch gleich morgen bei der Arbeit anzuwenden. Vielleicht sind Sie nun ein bisschen verunsichert und wollen diese Unsicherheit nicht auf Ihr Team übertragen. Nobler Ansatz, aber trotzdem eine Ausrede. Wenn Sie etwas besser wissen, ist das Schlimmste, was Sie tun können, es nicht anzuwenden. Also nur Mut! Gegen Unsicherheit hilft nicht Rückzug, sondern Offenheit. Sagen Sie Ihrem Team, dass Sie gerne etwas ausprobieren möchten und dass Sie auf jeden Fall Feedback haben möchten. So können Sie das Team gleich in die Veränderung miteinbeziehen.

Und noch ein Tipp: Wenn Sie etwas richtig Gutes für sich tun wollen, dann lesen Sie dieses Buch ein zweites Mal. Nur, dass Sie diesmal nicht an Ihr Team auf der Arbeit denken, sondern an Ihr inneres Team [133]. Ja, richtig, in Ihnen werkelt nämlich auch ein Team. Das haben Sie vielleicht schon mal gemerkt, wenn Sie sich entscheiden müssen, aber nicht so recht können. Dann tauchen bei Ihnen im Kopf plötzlich mehrere Stimmen auf, die die einzelnen Argumente für oder wider eine bestimmte Lösung abwägen. Voilà, das ist Ihr inneres Team.

Dieses Team zeichnet sich auch nicht immer dadurch aus, dass es einer Meinung ist, und braucht, um effektiv und effizient zu arbeiten, unbedingt einen Moderator. Na ja, und da Sie gerade da sind, könnten Sie sich auch gut dieses Teams annehmen. Erstaunlicherweise treffen hier ebenfalls alle Regeln der Kommunikation zu. Auch die vorgestellte Aufstellungsarbeit kann hier bestens angewendet werden. Sie können nicht nur innere Stimmungen, sondern auch Themen oder Sachen aufstellen und dabei beobachten, wie die einzelnen (inneren) Teammitglieder dazu stehen und wie es sich anfühlt, wenn Sie das Aufstellungsbild behutsam ändern. Besonders effizient wird diese Arbeit, wenn die Aufstellung von einem externen Coach begleitet wird. Der ist auf jeden Fall nicht betroffen von Ihrem inneren System und kann die Aufstellungsarbeit neutral und methodisch anleiten.

Teil VI

Anhang

A Theoretische Hintergründe

A.1 Agile Vorgehensweisen

A.1.1 Agiles Manifest

Agile Vorgehensweisen setzen die Ideen des Agilen Manifests um [9]. Sie basieren auf vier Werten, die kurz zusammengefasst besagen, dass

- Menschen und deren Zusammenarbeit im Entwicklungsprozess höher zu gewichten sind als Prozesse und Werkzeuge,
- funktionierende Software mehr zählt als eine ausführliche Dokumentation,
- die stetige und direkte Zusammenarbeit mit den Kunden über Vertragsverhandlungen und Regelungen steht und
- der Mut und die Offenheit für Änderungen stärker als das Befolgen eines festgelegten Plans zählen.

Daraus leiten sich zwölf agile Prinzipien ab, deren konkrete Umsetzung zu agilen Vorgehensweisen führen. Drei dieser agilen Methoden erläutern wir hier kurz.

A.1.2 Scrum

Scrum, zu deutsch *Gedränge*, ist ein Projektmanagement-Framework für ein agiles, inkrementell-iteratives Vorgehen [106, 107]. Ausgehend von einer Vision der neuen Software und einer daraus abgeleiteten, priorisierten bzw. geordneten Liste von Aufgaben, dem sogenannten *Product Backlog*, werden für die anstehende Iteration die umzusetzenden Aufgaben ausgewählt und in ein sogenanntes *Sprint Backlog* übertragen und dabei detailliert und zerlegt. Ein *Sprint* ist nur eine andere Bezeichnung für eine Iteration. Die typische Iterationsdauer in Scrum beträgt meist einen Monat. Am Ende eines Sprints ist ein neues Inkrement für den Kunden erstellt worden, in dem neue, lauffähige Softwareanteile abgenommen werden. Innerhalb eines Sprints wird täglich ein interner Abgleich durchgeführt, das sogenannte *Daily Scrum*, und zwar in Form einer *Stehung* von ca. 15 Minuten Dauer. Am Ende einer Iteration erfolgt über den verbliebenen Restaufwand an Aufgaben das Projektcontrolling z. B. in Form eines Burndown Chart (Abb. A.1).

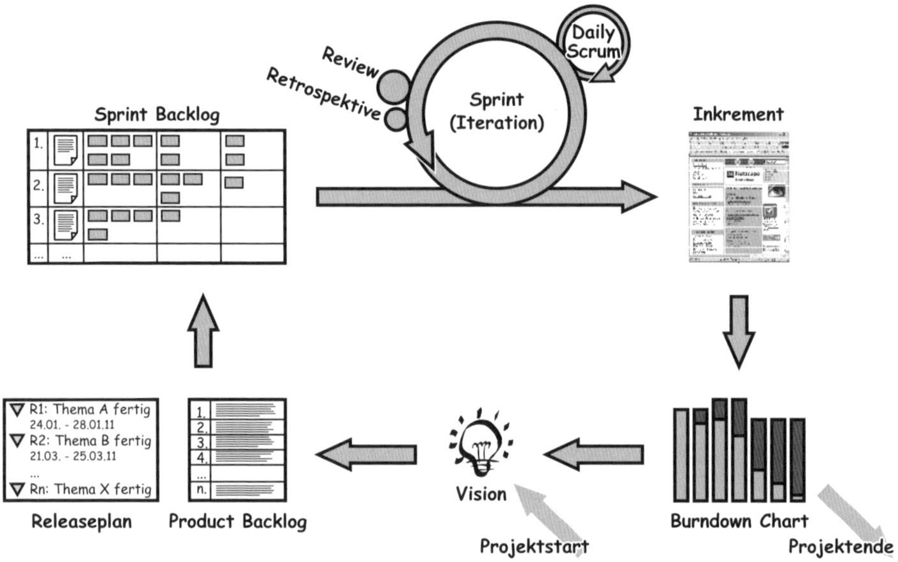

Abbildung A.1: Das Kernstück des Scrum-Prozesses im Überblick [106]

In Scrum in seiner Grundform sind nur drei Rollen zu besetzen [106, 107]:

Product Owner: Das ist die wohl schwierigste Rolle in Scrum. Er vertritt alle Personen, die Interessen am Projekt oder seinem Ergebnis haben, also die Stakeholder. Er budgetiert das Projekt, bestimmt den Nutzen des Ergebnisses, definiert die Releasepläne und zeichnet für die fachliche Priorisierung der Anforderungen verantwortlich.

Development Team: Das Team trägt die Verantwortung für die Entwicklung der Funktionalität. Dabei verwalten und organisieren sich die Teams selbst. Sie arbeiten funktionsübergreifend und finden selbst heraus, wie ein Inkrement mit neuer Funktionalität umzusetzen ist.

Scrum Master: Beim Scrum Master liegt die Verantwortung für den Scrum-Prozess und dessen Implementierung im Projekt und seiner Organisation.

Aus Projektleitungssicht ist besonders die *Definition of Done* von Bedeutung: Wann gilt eine Aufgabe als fertiggestellt? Bei der Beschreibung einer Aufgabe ist auch diese Frage zu beantworten. Anhand einer messbaren

Überprüfung im Ergebnisreview wird dies kontrolliert. Was eignet sich besser dafür als ein Test? Die Qualität der Antwort auf die Frage, wann ein Teil fertig ist, ist maßgeblich für den Erfolg iterativen Vorgehens. Ansonsten besteht die Gefahr, sich selbst über den Projektfortschritt zu täuschen. Grundsätzlich gilt die Regel, dass Aufgaben so zu erledigen sind, dass ihre Ergebnisse ausgeliefert werden können. Am Ende eines Sprints sollte *Potential Shippable Code* entstanden sein.

Sichtbare Funktionalität kann vom Product Owner abgenommen werden, interne Aufgaben können von den Mitgliedern eines Teams gegenseitig überprüft werden. Dies erfolgt in sogenannten *Reviews* spätestens am Ende eines jeden Sprints. Besonders hilfreich für die Entwicklung ist es, wenn die Tests bereits zu Beginn des Sprints den Entwicklern bekannt sind. Diese ergänzen und präzisieren dann die Anforderungen.

A.1.3 eXtreme Programming

eXtreme Programming (XP) geht auf Kent Beck zurück [8]. Aus seiner Erfahrung als Berater und *Retter* von kritisch gewordenen Projekten ist ein leichtgewichtiger Prozess entstanden, der mit extrem kurzen Iterationen arbeitet.

XP besteht aus einer Reihe von Regeln und Managementtechniken, die laut Beck dazu führen sollen, die Kosten von Änderungen an der Software im Projektverlauf ungefähr konstant niedrig halten zu können. Damit steht er im Widerspruch zur gängigen Meinung, die besagt, dass die Änderungskosten im späteren Projektverlauf deutlich steigen (Abb. A.2).

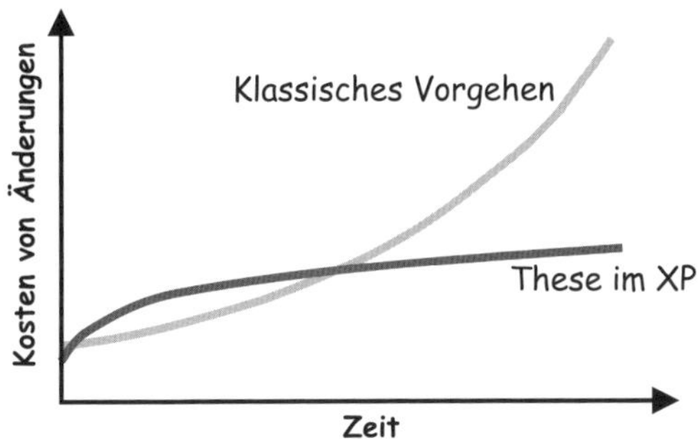

Abbildung A.2: Die Änderungskosten-These des eXtreme Programming

XP ist eine sehr kommunikationsbetonte und teamausgerichtete Vorgehensweise, die für kleine und mittlere Teamgrößen geeignet ist. Einzelne XP-Methoden lassen sich auch gut in beinahe jedes Projekt integrieren. Die einzelnen Verfahren sind:

Planungsspiel: Starke und dauerhafte Einbindung der Anforderungsbeitragenden[1] in den Entwicklungsprozess. Rasches Festlegen des Umfangs der nächsten Version. Dies beinhaltet eine regelmäßige Aktualisierung der Planung.

Kurze Releasezyklen: Der Zeitraum zwischen dem Erkennen einer Anforderung und ihrer Umsetzung soll so kurz wie möglich gehalten werden. Daraus folgt ein Zwang zur Einfachheit.

Metapher: Die Kommunikation und damit die Ausrichtung des Teams orientiert sich an gut gewählten Metaphern, die die Funktionsweisen des Systems veranschaulichen.

Einfaches Design: Um jederzeit und damit auch spät im Projektverlauf einfach und damit kostengünstig Änderungen vornehmen zu können, muss das gewählte Design so einfach wie möglich strukturiert sein. Unnötig komplexe Strukturen sind zu vermeiden.

Testen: Die Entwickler schreiben fortwährend und von Beginn an automatisierte Unit Tests. Die Kunden entwickeln ihrerseits die Abnahmetests, die gleichzeitig auch mit als Anforderung dienen.

Refactoring: Auf der Grundlage einfachen Designs und automatischer Unit Tests können bei Bedarf relativ einfach und sicher Designänderungen erfolgen, um zu einem angemessereren Design zu kommen. Refactoring bedeutet, dass keine Verhaltensänderungen programmiert werden, sondern nur das Design modifiziert wird, um auf dieser neuen Basis besser weiterentwickeln zu können.

Pair Programming: Der Produktcode wird paarweise programmiert. Es sitzen also immer zwei Programmierer an einem Terminal, wobei einer kodiert und der andere überwacht. Die beiden Rollen werden dann von Zeit zu Zeit gewechselt.

Kollektives Code-Eigentum: Jeder darf jederzeit den ganzen Code ändern. Alle Programmierer tragen die Verantwortung für den gesamten Code.

Fortlaufende Integration: Das System wird kompiliert, gelinkt und integriert, sobald eine Aufgabe erledigt worden ist, also mehrmals pro Tag.

40-Stunden-Woche: Überstunden sind zu vermeiden und werden nicht länger als eine Woche geleistet.

Fortlaufender, direkter Kundenkontakt: Es steht mindestens ein Vertreter der Anwender bzw. des Auftraggebers dem Projektteam permanent als Ansprechpartner zur Verfügung.

Programmierstandards: Die Standards sollen die Kommunikation über den Code erleichtern und sind von allen Entwicklern einzuhalten.

---

[1]Im XP wird hier ein fester, permanenter Vertreter des Kunden (customer on site) im Team gefordert. Bei komplexen Projekten wird dies von einer Person kaum zu leisten sein. Sie kann dann höchstens als Ansprechpartner dienen.

Diese Verfahren stützen sich gegenseitig und werden ergänzt durch andere Ideen aus der agilen Softwareentwicklung [3] wie z. B. Tuning-Workshops oder Standup-Meetings. Letztere lassen sich auch außerhalb von XP gut zur Effizienzsteigerung von Statusmeetings einsetzen. Hierbei stehen alle Teilnehmer im Kreis, und jeder erhält ein paar Minuten Zeit, um über den Status quo seit der letzten Besprechung und über geplante Aktivitäten zu informieren. Es sollen Probleme und Abhängigkeiten aufgedeckt werden, die Entwicklung einer Lösung erfolgt außerhalb der Besprechung. Durch das ungewohnte Stehen fokussieren wir besser darauf, uns kurz und prägnant zu fassen. XP benötigt technisch und kommunikativ starke Mitarbeiter, ein vertrauensvolles, offenes Zusammenarbeiten und mutiges Vorgehen.

A.1.4 APM

APM steht für **A**giles **P**rojekt**m**anagement und beschreibt ein Framework, um mittlere und größere Softwareprojekte mit der notwendigen Flexibilität umzusetzen und der hohen Dynamik des Projektumfelds angemessen begegnen zu können.

Es basiert auf dem Agilen Manifest [9] und implementiert ein durchgängiges Timeboxing zur Planung und Steuerung von Projekten. Eine *Timebox* ist ein fester, vorab definierter Zeitabschnitt, in dem wir planen, ein inhaltliches Ergebnis zu erreichen, das wir am Ende überprüfen können. Dieses die traditionellen Meilensteine ergänzende Konzept durchdringt APM von kleinen Abschnitten der täglichen Zusammenarbeit wie in täglichen kurzen Meetings über feste Zeitabschnitte von wenigen Wochen, Iterationen genannt, bis auf die Ebene der Auslieferungen.

APM ist ein iteratives Vorgehen, d. h., der zeitliche Ablauf ist in gleich lange Iterationen von wenigen Wochen unterteilt, was einem zeitlichen Prüfraster mit festem Rhythmus entspricht. Gleichzeitig beinhaltet APM ein inkrementelles Vorgehen. In einer Iteration erarbeiten wir ein prüfbares Ergebnis von direktem Nutzen für den Kunden bzw. die Anwender, also ein Stück funktionierender Software. Das Ergebnis eines Projekts wird schrittweise erarbeitet. Ein Zwischenergebnis bezeichnen wir als Inkrement. Die Inkremente bauen aufeinander auf, sodass wir uns mit jedem weiteren Inkrement dem Projektergebnis konkret nähern.

Ein für agile Vorgehensweisen besonderes Merkmal von APM ist ein architekturzentriertes Vorgehen. Die Arbeit an der Softwarearchitektur findet kontinuierlich statt, wobei regelmäßig im Projektverlauf grundlegende Architekturfragen im Vordergrund stehen.

Wie in anderen agilen Verfahren erfolgt die Steuerung in Regelkreisen. Diese werden für die Projektplanungen und Umsetzungen in vier *Wellen* mit unterschiedlicher Detaillierung von der Gesamtprojektsicht bis zur anstehenden Iteration durchlaufen (Abb. A.3):

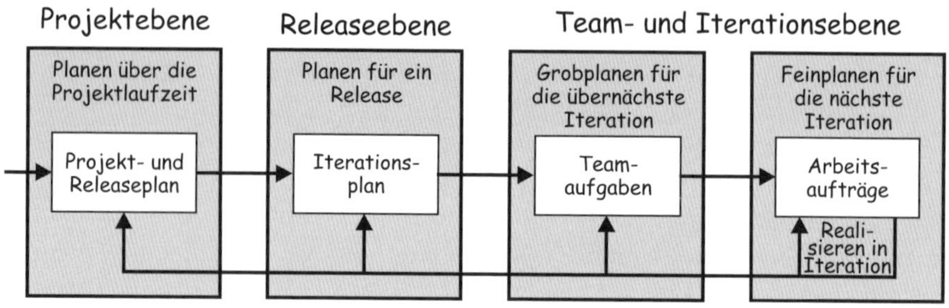

Abbildung A.3: Die Planungsregelkreise im APM (nach [131])

Projekt: Die inhaltlichen Schwerpunkte über die gesamte Projektlaufzeit werden im Projekt- und Releaseplan festgelegt.
Release: Die inhaltliche Definition der externen Lieferungen mit den Iterationsfeatures erfolgt im Iterationsplan.
Übernächste Iteration: Grobe Planung der Teamaufgaben je Team
Anstehende Iteration: Feinplanung der Arbeitsaufträge für kleine Teams von zwei bis drei Personen oder einzelne Entwickler

A.2 Die 16 Grundtypen nach Myers und Briggs

Der Einsatz von Typologien kann uns in konkreten Situationen zu einem besseren Verständnis und daraus abgeleitet zu einer angemesseneren Handlungsweise führen. Daneben können sie auch bei der Teambildung hinzugezogen werden, um Klarheit über die Stärken und evtl. vorhandene Defizite der Mitglieder des Teams zu erlangen. Wir möchten die Typologien auch nicht überbewerten. Bei allen Erfolgen, die sie in der Analyse konkreter Kommunikationssituationen aufzuweisen haben, sind sie doch rein empirisch und bis auf eine Ausnahme[2] nicht statistisch abgesichert.

Die Ursprünge des Myers-Briggs Type Indicator® (MBTI®) sind eng verknüpft mit der Typologie von C. G. Jung aus dem Jahr 1923 [58]. Der MBTI® geht zurück auf Studien von Katherine Cook Briggs, die von ihrer Tochter Isabel Briggs Myers bis in die 60er-Jahre weiterentwickelt wurden. Sie erweiterten Jungs Ideen um ein viertes Präferenzpaar, die äußere Einstellung, die zwischen den Polen *beurteilend* und *wahrnehmend* liegt (Abb. A.4, vgl. Abb. 14.1 auf Seite 222).

[2]Dabei handelt es sich um die *Big Five* bzw. das *Five Factor Inventory* (NEO-FFI), deren Basis eine umfangreiche statistische Untersuchung bildet. Diese fünf robusten Faktoren bilden die stabilen Grunddimensionen der Persönlichkeit [100, 111]. Im Rahmen dieses Buchs gehen wir nicht weiter darauf ein.

INFJ
Erfolgreich durch Beharrlichkeit, Originalität und den Wunsch zu tun, was notwendig ist. Legen höchste Anstrengung in ihre Arbeit. Ruhig, eindringlich, gewissenhaft, über andere besorgt. Für ihre starken Prinzipien respektiert. Werden wahrscheinlich für ihre klaren Überzeugungen, wie der Allgemeinheit am besten genutzt werden kann, geschätzt und ihnen wird gefolgt.

INTJ
Haben meist eigene Meinungen und verfolgen ihre eigenen Ideen und Ziele. Auf Gebieten, die sie anziehen, haben sie die Stärke, ihren Job zu organisieren und mit oder ohne Hilfe auszuführen. Skeptisch, kritisch, unabhängig, fest entschlossen, manchmal bis zur Sturheit. Sollten lernen, manchmal die weniger wichtigen Dinge zu verfolgen, um die wichtigen zu erreichen.

ISTJ
Ernsthaft, ruhig, sind über Konzentration und Gründlichkeit erfolgreich, praktisch, geordnet, an Fakten orientiert, logisch, realistisch, zuverlässig. Sehen zu, dass alles organisiert ist, und übernehmen Verantwortung. Haben eine eigene Meinung darüber, was geleistet werden soll, und verfolgen dies auch gegen Proteste und Störungen.

ISFJ
Ruhig, freundlich, verantwortungsvoll und gewissenhaft. Geben sich ihrer Arbeit hin, um die Verpflichtungen zu erfüllen. Geben jedem Projekt oder jeder Gruppe Stabilität. Gründlich, genau und gewissenhaft. Interessen sind meist nicht technisch. Geduldig an notwendigen Details. Loyal, rücksichtsvoll, scharfsichtig und besorgt darüber, wie sich andere Menschen fühlen.

INFP
Voller Enthusiasmus und Loyalität, reden erst darüber, wenn sie jemanden gut kennen. Lernen, Ideen, Sprachen und eigene unabhängige Projekte sind ihnen wichtig. Tendieren dazu, zu viel zu machen, und bekommen es dann irgendwie hin. Freundlich, doch oft zu stark von Aufgaben eingenommen, um gesellig zu sein. Besitz oder ihre Arbeitsumgebung haben wenig Belang.

INTP
Ruhig und reserviert. Genießen besonders theoretische und wissenschaftliche Studien. Mögen das Lösen von Problemen mit Logik und Analyse. Meist hauptsächlich an Ideen interessiert, weniger an Partys oder Smalltalk. Tendieren dazu, genau definierte Interessen zu haben. Brauchen Karrieremöglichkeiten, bei denen ihr großes Interesse eingesetzt und nützlich ist.

ISTP
Kühler Zuschauer: ruhig, reserviert, beobachtend. Analysieren das Leben mit distanzierter Neugier, wobei unerwartet origineller Humor aufblitzt. Meistens an Ursachen und Wirkungen interessiert, wie und warum Maschinen funktionieren. Organisieren Fakten nach logischen Prinzipien.

ISFP
Zurückgezogen, von ruhiger Freundlichkeit, sensibel, nett, bescheiden bzgl. ihrer Fähigkeiten. Weichen Widerspruch aus, drücken ihre Meinung nicht durch. Loyale Gefolgsleute, haben nur selten Führungsimpuls. Oft entspannt beim Erledigen von Aufgaben, um den Moment zu genießen und dies nicht durch übermäßige Hast oder Erschöpfung zu verderben.

ENFP
Glühend begeisterungsfähig, hochgeistig, aufrichtig, einfallsreich. In der Lage, fast alles zu tun, was interessiert. Schnell in der Lösung jeder Schwierigkeit und bereit, jedem zu helfen. Verlassen sich oft auf ihre Fähigkeiten zu improvisieren anstatt auf Vorbereitung. Finden gewöhnlich starke Gründe für alles, was sie wollen.

ENTP
Schnell, aufrichtig, gut in vielen Dingen. Anregende Gesellschaft, aufgeweckt und unverblümt. Mögen aus Spaß für die eine wie andere Seite argumentieren. Einfallsreich beim Lösen neuer, herausfordernder Probleme, vernachlässigen aber Routinetätigkeiten. Widmen sich gerne einer interessanten Aufgabe nach der anderen. Finden logische Gründe für ihre Wünsche.

ESTP
Stark in punktgenauen Problemlösungen. Sorgen sich nicht und genießen, was immer passiert. Tendenz zur Beschäftigung mit Maschinen und zum gemeinsamen Sport mit Freunden. Anpassungsfähig, tolerant, allgemein konservativ in ihren Werten. Mögen keine langen Erklärungen. Besonders stark beim Bearbeiten anfassbarer Dinge, die zerleg- und zusammensetzbar sind.

ESFP
Gehen aus sich heraus, gelassen, akzeptierend, freundlich, genießen alles und machen Dinge für andere lustiger. Mögen Sport, bringen Dinge zum Laufen. Wissen, was passiert und schließen sich eifrig an. Ihnen fällt es leichter, sich Fakten zu merken als Theorien zu meistern. Am besten, wenn gesunder Menschenverstand und praktische Talente benötigt werden.

ENFJ
Entgegenkommend und verantwortlich. Haben meist echtes Interesse daran, was andere denken oder wünschen, und versuchen darauf rücksichtnehmend zu handeln. Können mit Leichtigkeit und Takt einen Vorschlag unterbreiten oder eine Gruppendiskussion führen. Gesellig, beliebt, sympathisch. Reagieren positiv auf Lob und Kritik.

ENTJ
Herzlich, offen, entscheidungsfreudig, Führungsimpuls. Gewöhnlich gut in allem, was Folgerungen und intelligenter Gespräche bedarf wie öffentliche Reden. Sind meist gut informiert und genießen es, neues Wissen aufzunehmen. Können manchmal positiver und mit größerem Selbstvertrauen auftreten als es ihre Erfahrung in dem Gebiet rechtfertigt.

ESTJ
Praktisch, realistisch, sachlich, Naturtalente für geschäftliche oder Mechanikerarbeiten. Kein Interesse an Themen, deren Nutzen sie nicht sehen, die sie sich aber bei Bedarf aneignen können. Mögen es zu organisieren und Aktivitäten zu lenken. Können gute Verwalter sein, besonders, wenn sie sich erinnern, die Gefühle und Ansichten anderer zu berücksichtigen.

ESFJ
Warmherzig, redselig, beliebt, gewissenhaft, geborene Mitarbeiter, aktive Mitglieder in Ausschüssen. Brauchen Harmonie und können diese oft erzeugen. Machen stets etwas Nettes für andere. Arbeiten am besten nach Ermunterung und Lob. Hauptinteressen liegen in Dingen, die direkt und sichtbar das Leben anderer Leute beeinflussen.

Abbildung A.4: Die 16 Grundtypen aus Abbildung 14.2 werden im MBTI® über ihre positiven Eigenschaften definiert (modifiziert nach [7]).

Seit 1962 gibt es einen Fragebogen zur Präferenzbestimmung, der seitdem kontinuierlich weiterentwickelt wurde. Insbesondere in den USA und im angelsächsischen Raum hat der MBTI® im beruflichen Kontext eine weite Verbreitung gefunden. Im MBTI® werden die Grundtypen weitgehend über ihre Stärken beschrieben. Eine kurze Zusammenfassung ist in Abbildung A.4 dargestellt.

Beachten Sie bitte beim Durchlesen, dass eine Selbsteinschätzung anhand dieser Kurzbeschreibungen normalerweise nicht möglich ist. Wir möchten so nur die Vielfalt und Differenzierungsmöglichkeit dieser Typologie illustrieren. Die vierbuchstabigen Kürzel in Abbildung A.4 beziehen sich auf die Erläuterungen in Abschnitt 14.1 ab Seite 221 sowie die Abbildungen 14.1 und 14.2.

A.3 Selbstorganisation von Gruppen

In der Systemtheorie wird die Selbstorganisation definiert als eine Form der Systementwicklung, bei der die Form gebenden, gestaltenden und beschränkenden Einflüsse von den Elementen des Systems selbst ausgehen. Des Weiteren gibt es vier Kennzeichen für Selbstorganisation von Gruppen [141]:

Komplexität: Die einzelnen Mitglieder sind durch wechselseitige, sich permanent ändernde Beziehungen miteinander vernetzt. Auch die Miglieder selbst können sich dabei ändern, weil sie sich weiterentwickeln und aus neuen Erfahrungen lernen.

Selbstreferenz: Jedes Verhalten des Systems wirkt auf das System selbst zurück. Damit wird dies wiederum Ausgangspunkt für neues Verhalten. Die Selbstreferenz ist kein Widerspruch zur Offenheit des Systems. Es könen also neue Mitglieder in das System eintreten und bestehende dieses verlassen.

Redundanz: Es gibt keine Trennung zwischen organisierenden, gestaltenden und lenkenden Mitgliedern. Dadurch sind sowohl Fähigkeiten als auch konkrete Möglichkeiten, diese anzuwenden, redundant vorhanden.

Autonomie bei Beziehungen und Interaktionen: Die Beziehungen und Interaktionen, die das System als Einheit definieren, werden nur durch das System selbst bestimmt.

Im Vordergrund eines selbstorganisierenden Teams stehen die Prozesse, die im Team ablaufen. Die innere Ordnung entwickelt sich permanent weiter. Alle Strukturen haben daher nur temporären Charakter. Bis zu einem gewissen Grad ist Selbstorganisation eine Eigenschaft jeder Gruppe. Der Grad und die Konsequenz ihrer Umsetzung variieren jedoch stark (Abb.

A.5) [54]. Grundsätzlich kann zwischen zwei Ausprägungen von Selbstorganisation unterschieden werden [141]:

Autonome Selbstorganisation: Die Ordnung in einem Unternehmen entsteht selbstbestimmt. Sie ist das Ergebnis absichtlicher und geplanter Gestaltungshandlungen. Dafür ist es notwendig, dass die Mitglieder ausreichend Gestaltungsspielraum haben, damit sie selbst gestalterisch mitwirken können.

Autogene Selbstorganisation: Die Ordnung entsteht von selbst aufgrund der Eigendynamik komplexer Systeme. Es liegt also kein bewusster Gestaltungsakt vor.

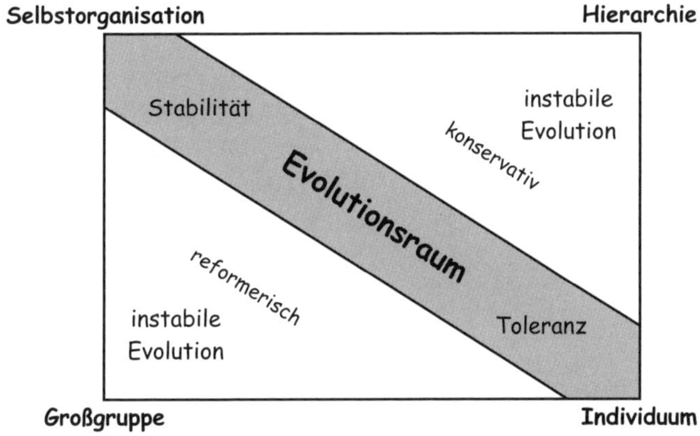

Abbildung A.5: Die Selbstorganisation von Gruppen bildet sich in einem Toleranzbereich zwischen konservativen und reformerischen Kräften aus. Nur in diesem *Evolutionsbereich* kann eine stabile Selbstorganisation entstehen (modifiziert nach [54]).

A.4 Körpersprache

Warum gibt es so etwas wie *Körpersprache* beim erwachsenen Menschen überhaupt? Wir sind doch so rational. Nun, wir sind tatsächlich manchmal auch rational. Doch unser Gehirn ist entwicklungsgeschichtlich betrachtet viel komplexer und in, grob gesagt, vier Teile gegliedert (Abb. A.6) [28]:

- Stammhirn
- Zwischenhirn
- Kleinhirn
- Großhirn

Der älteste Teil ist das zentrale Stammhirn. Von hier aus werden unbewusst z. B. unsere zentralen Lebensfunktionen gesteuert wie die Atmung. Hier liegen auch unsere Reflexe. Darüber liegt das Zwischenhirn. Hier laufen alle Wahrnehmungen und Eindrücke zusammen und werden an das umgebende Großhirn weitergeleitet. Im Zwischenhirn laufen bereits viele körperliche und psychische Vorgänge ab, die über das vegetative Nervensystem und Hormone angesteuert werden.

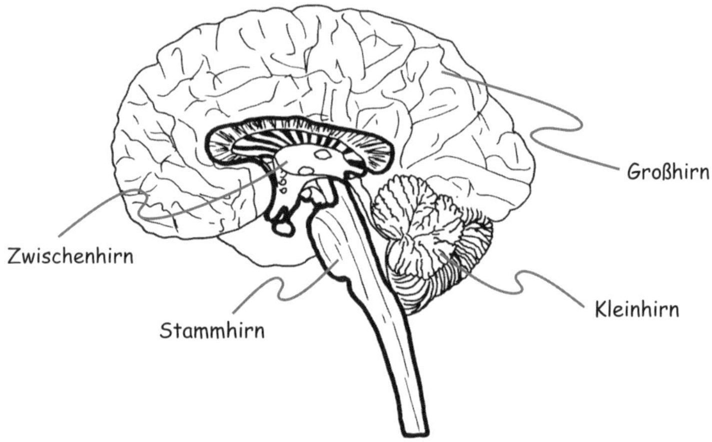

Abbildung A.6: Ein Querschnitt unseres Gehirns mit Blick auf die rechte Seite lässt die Struktur des menschlichen Gehirns erkennen (nach [28]).

Das hintenliegende Kleinhirn dient im Wesentlichen zur Bewegungskoordination und dem Gleichgewichtssinn. Vermutlich hilft es auch beim unbewussten und sozialen Lernen sowie Spracherwerb. Den größten Teil unseres Gehirns macht das Großhirn aus. Es ist selbst wiederum in zwei Hälften strukturiert.

Diese vier Teile teilen sich die Aufgaben untereinander auf [141]. Eine unbewusste Vorverarbeitung äußerer Signale erfolgt bereits im Stammhirn. Daher sind unsere Reflexe auch so schnell. Das Zwischenhirn filtert diese Informationen weiter, um das Großhirn nicht zu überlasten. Vermeintlich Unwichtiges wird nicht weitergegeben. Hier entstehen auch ganz zentrale Gefühle wie Freude, Angst, Wut oder Enttäuschung. Diese Gefühle basieren daher teilweise auf Informationen, die uns nicht bewusst sind! Von hier aus erfolgen auch die abgespeicherten Reaktionen auf diese Gefühle.

Im Kleinhirn werden unsere automatisierten Bewegungsabläufe gespeichert. Wenn wir eine neue Bewegung lernen, z. B. einen Rückhand-Slice-Schlag beim Tennis, so läuft diese Steuerung zuerst komplett bewusst und damit im Großhirn ab. Wird dieser Schlag durch häufiges Üben automatisiert, wandert diese Bewegungsinformation ins Kleinhirn und wird von dort automatisch und in den Details unbewusst abgerufen. Damit entlastet das Kleinhirn das Großhirn.

Das Großhirn bildet die Basis unserer Wahrnehmungen, unseres Bewusstseins, unseres Fühlens, Handelns und Denkens. Dafür hat es selbst wiederum eine Unterteilung in verschiedene Bezirke, um eine Arbeitsteilung vorzunehmen. Um Phänomene wie Körpersprache zu verstehen, ist es wichtig zu erkennen, dass das Großhirn seine Informationen nachrangig erhält, nachdem sie durch die älteren Strukturen des Stamm- und Zwischenhirns gelaufen sind, bearbeitet und gefiltert wurden.

Viele körpersprachliche Bilder entstehen als Reaktionen auf unsere direkten Gefühle im Zwischenhirn. Dort sind im Laufe der Evolution drei grundlegende Verhaltensmuster abgelegt, die sofort abgerufen werden, wenn Angst oder Wut entsteht (Abb. A.7) [48]:

- Erstarren (Freeze)
- Flucht (Flight)
- Kampf (Fight)

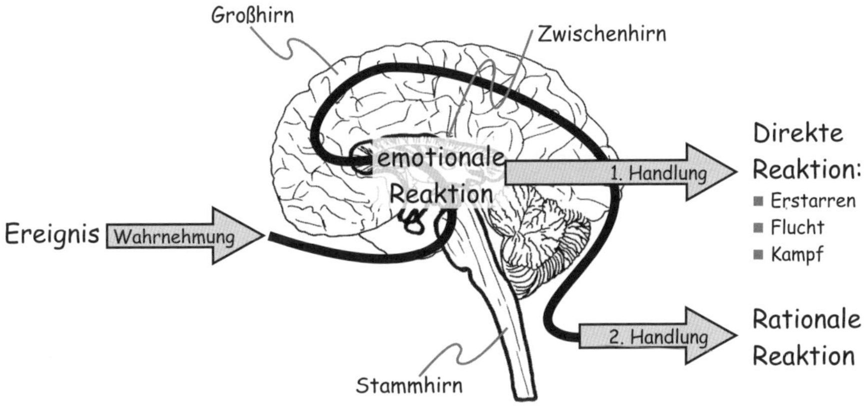

Abbildung A.7: Unsere körpersprachlichen Reflexe entstehen als direkte Reaktion auf äußere Ereignisse.

Natürlich laufen wir nicht gleich aus dem Raum oder gehen mit den Fäusten auf unser Gegenüber los, wenn diese Person uns ängstigt oder wütend macht. Im Großhirn sind dazu für ein angemessenes Verhalten diverse soziale Normen und Verhaltensweisen abgelegt. Trotzdem schlägt die Grundtendenz in unserer Körpersprache durch. Wir verbarrikadieren uns hinter unseren Armen, unser Gesicht erstarrt zur Maske, wir weichen auf dem

Stuhl zurück oder richten unsere Füße und Beine so nach außen, dass wir nach links oder rechts ausweichen könnten.

Diese direkte Körpersprache kann nicht lügen. Dies ist z. B. wichtig für Polizeibeamte, die sich in kritischen Situationen befinden und sofort erkennen müssen, was ein vermeintlicher Verbrecher wirklich vorhat [45]. Professionelle Pokerspieler stehen dagegen vor der Aufgabe, sich diese verräterischen Signale weitgehend abzutrainieren, um nicht gleich ihre Karten offen hinlegen zu können.

A.5 Stress und Stressbewältigung

Ein anderes Phänomen, bei dem uns diese Sicht auf unser Gehirn im Verständnis der Abläufe helfen kann, ist Stress. Die Stressreaktionen unseres Körpers sind wie unsere Körpersprache im Laufe der Evolution erworbene Schutzmechanismen. Unter Stress optimiert unser Körper seine Leistungsfähigkeit, um besonders schnell fliehen oder extrem stark kämpfen zu können. Dieses eigene *Hormondoping* mit Adrenalin, Noradrenalin, Testosteron und Cortisol ist jedoch langfristig schädlich, ja sogar tödlich, weshalb es von unserem Körper eben nur in Gefahrensituationen, also unter Stress, eingesetzt wird.

Was kann jedoch in unserem Berufsumfeld Stress auslösen? Ein wildes Raubtier lauert uns wohl kaum im Flur auf. Stress entsteht auch dann, wenn eine Vielfalt äußerer Eindrücke zu verarbeiten ist, die wiederum innere, gefühlsmäßige Reaktionen zur Folge haben. Diese Gefühle sind dann zusätzlich zu verarbeiten, was dazu führt, dass sich die Wechselwirkung aufschaukelt (Abb. A.8). Das moderne Raubtier lauert uns also in Gestalt von E-Mail-Fluten, Termingedränge, wütenden Chefs, unentschlossenen Kunden, entnervten Anwendern oder fordernden Mitarbeitern auf.

Ein zusätzlicher, ganz wesentlicher Stressfaktor ist also *Angst*. In unserer modernen Arbeitwelt spielen dabei zwei Aspekte eine zentrale Rolle: Arbeitsplatzsicherheit und Organisations- bzw. Ablaufänderungen. Diese Unsicherheitsfaktoren haben direkten Einfluss auf unsere Blutfettwerte und damit unsere Gesundheit [126]. Die Folge können dann bei den Betroffenen Zustände seelischer Erschöpfung und Depressionen sein.

Doch wie können wir darauf reagieren? Wie bewältigen wir solche Stresssituationen? Die Rahmenbedingungen können wir ja meist nicht verändern. Wie funktioniert das sogenannte *Coping*?

Der resultierende Hormonüberschuss kann durch ausreichende Bewegung wieder reguliert werden. Wir geben quasi unseren Flucht- und Kampfinstinkten nach, denn unter Stress optimiert sich unser Körper ja gerade dafür. Laufen oder der regelmäßige Besuch eines Fitness-Studios sind dabei sehr hilfreich. Vielleicht arbeiten Sie ja auch bei einer der leider noch zu we-

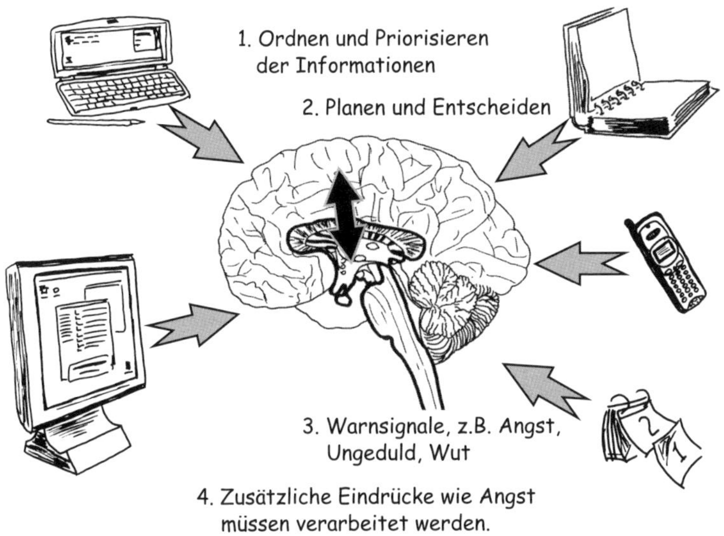

Abbildung A.8: Stress entsteht durch sich aufschaukelnde Ketten von äußeren Eindrücken und inneren Reaktionen darauf.

nigen Firmen, die über ein eigenes kleines Sportstudio verfügen. Nutzen Sie diese Möglichkeiten regelmäßig. Die Stresshormone werden dadurch abgebaut. Körperlicher Stress hilft also gegen die negativen Konsequenzen des geistigen Stresses!

Doch Menschen reagieren auch unterschiedlich auf die gleiche Situation. Der eine verspürt eine leichte Anspannung, die ihn positiv auf sein ideales Aktionsniveau hebt, während ein anderer sich von der Situation bedroht fühlt und daher nicht annähernd sein mögliches Leistungsniveau erreicht. Woran liegt das? Das Persönlichkeitsmerkmal der Widerstandsfähigkeit macht dabei den Unterschied aus. Ein widerstandsfähiger Mensch nimmt Veränderungen als Herausforderungen an, und er fühlt sich dadurch nicht bedroht. Er engagiert sich zielbewusst und hat das Gefühl der inneren Kontrolle über sein Handeln. Widerstandsfähige Menschen adaptieren und interpretieren belastende Situationen also anders und nutzen dabei die folgenden drei Faktoren [146]:

- Herausforderung
- Engagement
- Kontrolle

Eine Möglichkeit der Stressbewältigung ist also auch die Erhöhung der Widerstandsfähigkeit. Dabei verändern wir unser Denken über bestimmte Stressoren. Wir etikettieren sie um, bringen sie in unserer Vorstellung in einen weniger bedrohlichen, vielleicht sogar belustigenden Kontext. Solche Formen kognitiver Neubewertungen können uns helfen, den Stress zu reduzieren. Wir können auch in drei Phasen versuchen, uns quasi gegen Stress zu *impfen* [146]:

Phase 1: Bewusstes Wahrnehmen des tatsächlichen eigenen Verhaltens, seiner Auslöser sowie seiner gefühlten und messbaren Ergebnisse. Dies geschieht am besten durch tägliche Aufzeichnungen. So wird auch das Gefühl der Kontrolle gestärkt, da die Probleme über ihre Ursache und Wirkung neu definiert werden.

Phase 2: Neue Verhaltensweisen finden und damit die alten, schlecht angepassten oder gar unsinnigen ablösen.

Phase 3: Bewertung der neuen Verhaltensweisen anhand ihrer Konsequenzen.

Konkret könnten Sie z. B. in Phase 1 herausfinden, dass Sie sich stets zu wenig Zeit für die Vorbereitung der Vorstandspräsentationen nehmen und sich daher zusätzlich unsicher fühlen. Als Folge ist der Stress vor und in diesen Präsentationen immens. In Phase 2 könnten Sie dann ausreichende Vorbereitungszeit rechtzeitig fest einplanen und in diesen reservierten Zeiten Ablenkungen von außen minimieren, also z. B. keine E-Mails lesen, das Telefon umstellen usw.

Nachdem es nun hoffentlich bei der nächsten Präsentation besser geklappt hat, verfallen Sie bitte nicht in den gewohnten negativen inneren Dialog wie z. B. »Es war diesmal nur Glück, dass ich gut über die Runden gekommen bin ...«. In Phase 3 verändern Sie Ihre Sichtweise eher in folgende Richtung: »Ich bin froh, gut vorbereitet gewesen zu sein. Es ist ein gutes Gefühl, dem Vorstand gegenüber souverän zu präsentieren und auf Augenhöhe zu kommunizieren!«

A.6 Das Rubicon-Modell der Handlungsphasen

Das Rubicon-Modell ist ein motivationspsychologisches Modell und geht auf Heinz Heckhausen (1926 – 1988) und Peter Gollwitzer (*1950) zurück. Eine Handlung wird dabei in vier Phasen zerlegt (Abb. A.9) [52, 98, 141]:

1. **Abwägephase:** Eine Person erlebt bestimmte Wünsche, sogenannte Zielintentionen. Wir setzen uns mit ihrer prinzipiellen Realisierbarkeit auseinander. Einige Wünsche schließen sich dabei sofort aus, andere sind unter den aktuellen Umständen (noch) nicht realisierbar. Einige lassen sich sofort erfüllen und stehen damit auch in Konkurrenz oder Widerspruch zueinander.

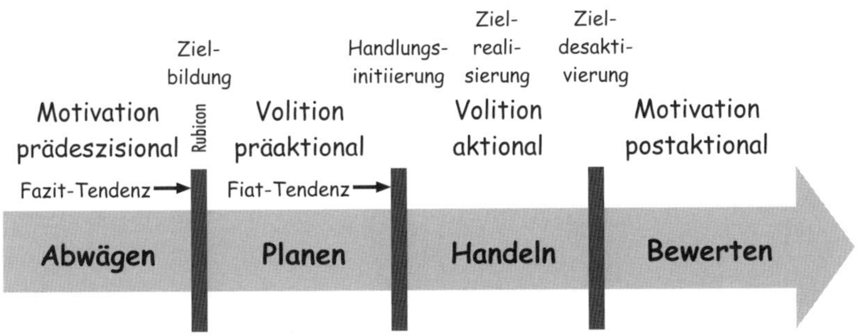

Abbildung A.9: Die handlungspsychologische Phasenabfolge – die vier Phasen des Rubicon-Modells nach Heckhausen [52]

Es erfolgt ein Abwägen unter Betrachtung des erwarteten Werts bei der Erfüllung eines Wunsches, und wir müssen uns entscheiden, wobei auch die Entscheidung, keinen Wunsch zu erfüllen, eine Entscheidung ist. Dabei scheint sich ein Kontrollprozess abzuspielen, die sogenannte Fazit-Tendenz.[3] Je stärker wir den Eindruck haben, alle notwendigen Informationen zusammenzuhaben, desto stärker wird unsere Fazit-Tendenz ausfallen.

Je nach Tragweite einer Entscheidung ist der jeweilige Schwellenwert unterschiedlich. Er kann auch so hoch sein, dass wir nicht über den Rubicon kommen. Ist die Entscheidung getroffen, so ist der Schritt über den Rubicon gemacht, und wir erreichen die nächste Phase.

2. **Planungsphase:** Hier geht es darum, wie wir einen Wunsch in die Realität umsetzen. Aus der Zielintention wird jetzt die Zielinitiierung. Wir bereiten unser Handeln vor und konzentrieren uns auf unser Ziel. Damit werden konkurrierende Wünsche abgeblockt.

   Diese Phase hängt stark mit unserer Willenstärke zusammen, uns auf eine Aufgabe konzentrieren zu können und uns eben nicht ablenken zu lassen. Diese präaktionale Phase der Bildung und Vorbereitung eines Ziels wird auch als Volition bezeichnet.

   Auch hier findet ein Kontrollprozess statt, die sogenannte Fiat-Tendenz.[4] Das Ziel mit der größten Fiat-Tendenz wird ausgeführt. Die Größe der Fiat-Tendenz wird von verschiedenen Faktoren beeinflusst, wie z. B. der Günstigkeit der Gelegenheit, der Dringlichkeit, der Anzahl der missglückten Versuche oder der Anzahl der versäumten Gelegenheiten und Möglichkeiten.

[3]Facit (lat.): *es macht* – Ergebnis.
[4]Fiat (lat.): *es werde, es geschehe.*

3. **Handlungsphase:** Jetzt geht es darum, das eigene Handeln zu beginnen und uns ausdauernd auf das Ziel auszurichten. Die Bereitschaft, sich anzustrengen, wird von der Volitionsstärke, also dem Grad der Selbstverpflichtung, und der Schwierigkeit der Handlung bestimmt.

   Bei auftretenden Schwierigkeiten muss das Handeln flexibel an die Umstände angepasst werden. Erfolgszuversichtliche Menschen neigen bei zwischenzeitlichen Misserfolgen dazu, ihre Anstrengungen zu erhöhen. Weniger zuversichtliche Menschen werden dagegen eher frustriert, und die Volitionsstärke wird sich reduzieren.
4. **Bewertungsphase:** Mit dem erfolgreichen Abschluss oder aber dem endgültigen Scheitern der Handlung erreichen wir die postaktionale Phase der Bewertung. Es werden Schlussfolgerungen für eventuelle zukünftige Handlungen gezogen. Der Handlungserfolg wird bewertet oder mögliche Nachbesserungen oder auch Zielkorrekturen bestimmt.

   In dieser Phase haben wir noch einmal zusätzlich die Gelegenheit, als Individuum oder auch als Gruppe zu lernen. Diese Phase korreliert mit dem, was wir im Projektmanagement als Retrospektive bezeichnet haben.

Abwägen und Planen wird bewusst unterschieden. In der Abwägephase scheinen wir primär Informationen zu bevorzugen, die die Wünschbarkeit und Erreichbarkeit der möglichen Ziele betreffen. Erst in der Planungsphase fokussieren wir unsere Gedanken auf die umsetzungsrelevanten Informationen. Durch diese mentale Fokussierung verhindern wir quasi automatisch ein Zurückfallen in die Abwägung. Die Frage, *ob* wir ein Ziel verfolgen, wird also zugunsten der Fragen nach dem *Wie* verdrängt.

Die Abfolge der vier Handlungsphasen ist sicher eine idealtypische Vorstellung, die wir im Alltag doch eher selten finden werden. So können bei Gewohnheitshandlungen Phasen übersprungen werden oder auch parallel laufen. Dennoch hat es einen immensen Wert, wenn es darum geht, Entscheidungsprobleme zu analysieren und Lösungen dafür zu erarbeiten.

A.7 Das vereinigte Feld

Den Feldbegriff aus der Physik kennen wir vermutlich im Zusammenhang mit Magnet- oder Gravitationsfeldern bzw. elektrischen Feldern. Dabei wird jeder möglichen Koordinate im Betrachtungsraum eines Felds ein einzelner oder eine Gruppe von Werten zugeordnet, die es uns ermöglichen, das Verhalten an diesem Ort z. B. für ein Teilchen genau zu bestimmen, ohne dass wir die anderen Werte des Felds dafür kennen müssen.

Auf Kurt Lewin (1890 – 1947) geht neben seinen grundlegenden Ideen zur Gruppendynamik und zu Veränderungsprozessen auch die Übertragung dieser physikalischen Betrachtungsweise auf gruppendynamische Aspekte zurück. Ähnlich wie in Potenzialfeldern wirken dabei unterschiedliche Kräfte auf eine Person. Dies kann z. B. zu inneren Konflikten führen. Wenn beispielsweise ein Entwickler aus einem Wartungsteam sich sehr für neue Technologien interessiert und an dazu passenden Weiterbildungsmaßnahmen teilnehmen möchte, kann dies zu Problemem führen, wenn dieser Wunsch in seinem Team auf Unverständnis und Widerstand stößt. »Du magst wohl nicht mehr mit uns zusammenarbeiten!« oder »Du hältst dich wohl für was Besseres!« sind manchmal noch die harmloseren Kommentare. Das Verhalten eines Einzelnen und der Gruppe sowie die Fähigkeiten der Gruppenmitglieder stehen in diesem Beispiel in Konflikt zueinander.

Robert Dilts hat ein vereinigtes Feld entwickelt, indem er mehrere Aspekte in ein Modell integriert hat. Aus den sechs neurologischen Ebenen, die wir in Abschnitt 15.2 ab Seite 235 kennengelernt haben, dem zeitlichen Fokus und drei Wahrnehmungspositionen hat er das dreidimensionale, sogenannte vereinigte Feld erstellt (Abb. A.10).

In der zeitlichen Dimension werden die geleisteten Entwicklungen und zukünftigen Veränderungsmöglichkeiten sichtbar. Die drei Wahrnehmungspositionen bezeichnen drei Möglichkeiten, unsere Erfahrungen zu betrachten [88]:

1. Der eigene Blickwinkel auf eine bestimmte Situation: Die Betrachtung erfolgt ausschließlich aus der eigenen inneren Realität anhand der Frage: Wie wirkt das auf mich?
2. Der Blickwinkel einer anderen beteiligten Person auf die bestimmte Situation: Wie würde es sich für sie anhören und anfühlen? Wie würde es ihr wohl erscheinen?
3. Der Blickwinkel eines vollkommen unabhängigen, unbeteiligten Beobachters auf die bestimmte Situation: Wie würde dies für jemanden aussehen, der nicht beteiligt ist?

Mit den sechs neurologischen Ebenen ist Folgendes gemeint:

Umgebung bzw. Umwelt: Hiermit ist alles das gemeint, worauf wir reagieren, also unser Umfeld, insbesondere die Menschen bzw. Kollegen.

Verhalten bzw. Geschäftsordnung: Das sind die konkreten Handlungen, die wir ausführen, unabhängig von unseren Fähigkeiten.

Fähigkeiten: Das sind die Verhaltensweisen, allgemeine Fertigkeiten und Strategien, die wir in unserem Leben einsetzen.

Glaubenssätze und Einstellungen: Damit sind die Leitideen gemeint, die wir für wahr halten und die die Grundlage unseres täglichen Handelns bilden. Glaubenssätze können sowohl Berechtigungen (»Du darfst genau-

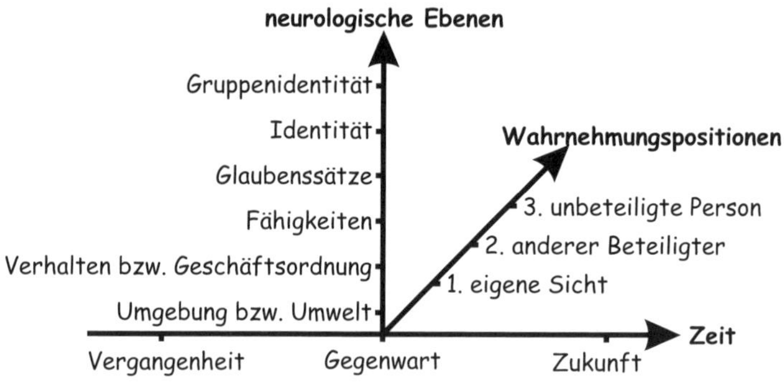

Abbildung A.10: Das vereinigte Feld [88]

so viele Pausen machen wie deine Kollegen!«) als auch Einschränkungen (»Die Kollegen sind besser als ich, also dürfen sie mehr Pausen machen!«) beinhalten.

Identität: Das ist unser grundlegendes Selbstbild und beinhaltet unsere tiefen, zentralen Werte und die *Lebensaufgabe*.

Gruppenidentität bzw. Spiritualität: Das ist die tiefste Ebene mit den zentralen Lebensfragen »Warum sind wir hier?« und »Was ist der Sinn unseres Lebens?«. Jede Veränderung auf dieser Ebene hat folglicherweise tiefgreifende Auswirkungen auf alle anderen Ebenen.

Diese Betrachtungsweise kann uns dabei helfen, in der Analyse Ungleichgewichte zu erkennen. Zusätzlich gibt es erste Hinweise, wie wir wieder eine Balance erreichen können.

Lernen und Veränderung können dabei auf den Ebenen Verhalten, Fähigkeiten, Glaubenssätze und Identität erfolgen. Nehmen wir als Beispiel einen erfahrenen Softwareentwickler, der auf den unterschiedlichen Ebenen über seine Arbeit nachdenkt:

Umwelt: Das anstehende XY-Projekt reizt mich sehr und würde mir viel Spaß machen.

Verhalten: Ich habe heute ein schwieriges Designproblem gut gelöst und erfolgreich integriert.

Fähigkeiten: Ich kann mit unserem Framework in der Business-Logik-Schicht hervorragend programmieren.

Glaubenssatz: Wenn ich weiterhin gute Arbeit abliefere, werde ich in das XY-Projektteam berufen.

Identität: Ich bin ein guter Softwareentwickler.

Dies ist ein Erfolgsbeispiel. Wie sieht es in Problemsituationen aus? Unser erfahrener Softwareentwickler hat fehlerhaften Code versehentlich eingecheckt. Jetzt könnte er dies auf die Umgebung schieben: »In unserem lauten Großraumbüro kann man nicht konzentriert arbeiten! Der Lärm hat mich abgelenkt.«

Auf der Verhaltensebene könnte er konform zur Geschäftsordnung z. B. seinen Fehler devot eingestehen oder lapidar darüber hinweggehen: »Ich habe auch mal einen Fehler gemacht!« Es kann aber auch auf die Fähigkeitsebene durchschlagen, und der Entwickler stellt seine grundsätzlichen Fähigkeiten infrage. Auf der Ebene der Glaubenssätze könnte ein Satz aus der Vergangenheit in den Vordergrund kommen wie: »Du musst mehr arbeiten, dann machst du auch keine Fehler!« Schlimmstenfalls zieht er sogar seine Identität in Zweifel und denkt, er wäre zu blöd, um mit den Kollegen mithalten zu können.

Das Verhalten wird leider oft als Beweis für die Identität oder die Fähigkeiten einer Person genommen. Dies ist, wie wir an dem Modell gut erkennen können, falsch und kann auf lange Sicht dem Selbstvertrauen und der Kompetenz eines Menschen großen Schaden zufügen. Die Ebenen sind bitte nicht zu verwechseln, sondern differenziert zu betrachten. Das wäre sonst so, als ob ein Entwickler von Computerspielen das Rauchverbot im Büro auf seine programmierten Spielfiguren bezöge [88].

B Übungen

Im Laufe der Zeit, die wir uns nun bereits mit Themen aus Kommunikation und Arbeitspsychologie befassen, sind uns diverse Übungen begegnet. Sie können beim Verständnis und bei der Umsetzung des vermittelten Stoffes helfen, weil wir mit diesen Übungen einige Prinzipien und Ideen spielerisch ausprobieren können. Für Sie haben wir zwei zum Thema des Buchs passende Übungen ausgewählt.

B.1 Metapher: Führen durch Nähe

Wie sich Führung und Nähe bedingen, kann in einem kleinen Büro-Übungsparcours am eigenen Leib gespürt werden. Bauen Sie dazu in Ihrem Büro aus Stühlen und Tischen ein paar Hindernisse auf (Abb. B.1).

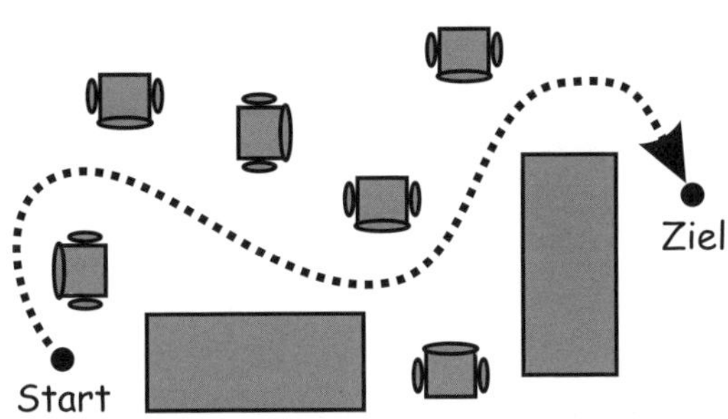

Abbildung B.1: Beispiel für einen Übungsparcours aus Tischen und Stühlen. Der Weg durch den Parcours ist durch die gestrichelte Linie angedeutet.

Jetzt werden am Startpunkt Zweierpaare gebildet, wobei einer hinter dem anderen steht. Der Vordere schließt nun die Augen, und wir bauen hörbar einige Hindernisse um. Der Hintermann hat jetzt die Aufgabe, seinen nicht sehenden Vordermann durch den Parcours zu geleiten, indem er nur über seine Hand, die er dazu auf die Schulter des Vordermanns legt, lenken und Führungsimpulse geben darf. Danach werden die Rollen getauscht, und es geht noch einmal durch einen erneut veränderten Parcours.

Um den Unterschied spürbar zu machen, wird das Setting nun verändert. Die geführte Person steht allein am Startpunkt und die führende am Ziel. Die Führung erfolgt nun ausschließlich durch Zuruf. Die Geschwindigkeit sollte sich nun deutlich verringern.

B.2 Coaching: Time Line

Nicht nur im täglichen Sprachgebrauch, sondern auch auf unseren *inneren Landkarten,* auf denen wir neue Ideen planen oder Erlebtes ordnen und die uns damit Orientierung geben, hat die Zeit eine räumliche Komponente. Wir schauen nach vorne oder zurück. Dies können wir im Coaching mit folgender Übung nutzen, um die Vorstellung des Coachees über seine Zukunft zu konkretisieren.

Als Voraussetzung haben wir bereits die Zielbestimmung nach den Abschnitten 12.2.2 und insbesondere 13.2 ab Seite 209 durchgeführt. Daran kann diese Übung in acht Schritten anschließen (Abb. B.2) [128].

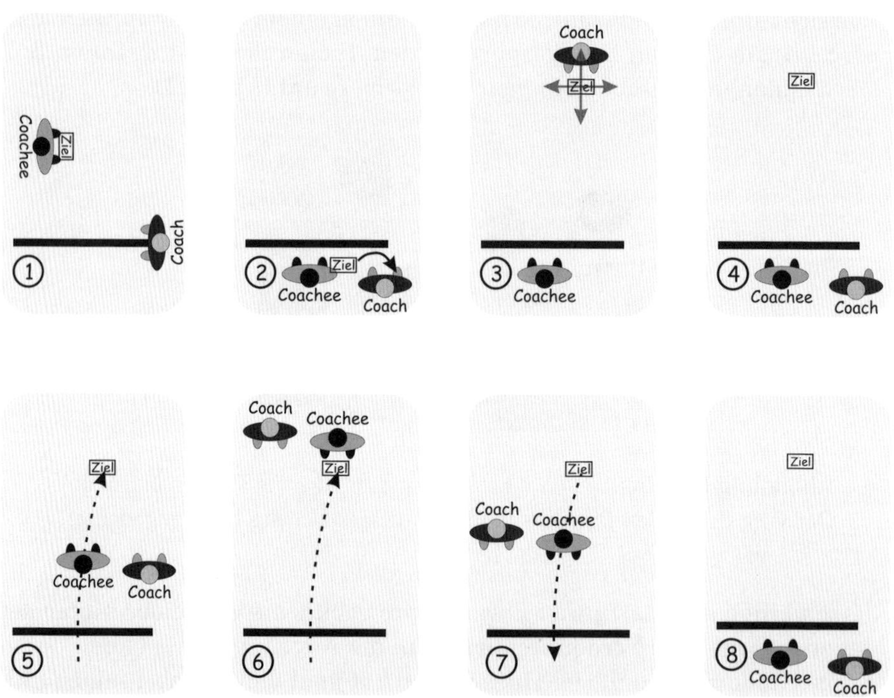

Abbildung B.2: Die einzelnen Schritte der Time-Line-Übung [128]

1. Der Coachee schreibt gut lesbar sein Ziel auf eine Karte oder ein Blatt Papier. Auf dem Fußboden wird vom Coach eine kontrastreiche Linie durch ein Klebeband o. Ä. markiert.
2. Der Coachee stellt sich direkt in der Mitte dahinter auf und bleibt dort stehen. Der Coach steht leicht versetzt daneben. Der Coachee übergibt dem Coach seine Karte mit dem Ziel.
3. Der Coach geht vor die Linie, hält die Zielkarte in der Hand und hat permanent Blickkontakt zum Coachee. Dieser dirigiert den Coach so in den Raum, dass die Karte in seiner Hand ungefähr den gefühlten zeitlichen Abstand zum Erreichen des Ziels einnimmt. Häufig ist es dabei hilfreich, dass der Coach sich nicht senkrecht zur Linie vor den Coachee stellt, sondern etwas versetzt.

   Jetzt legt der Coach die Karte vor sich auf den Boden, und der Coachee dirigiert von seiner Ausgangsposition aus die exakte Position der Karte nach dem gefühlten zeitlichen Abstand. Der Coach führt die Positionsänderung durch.
4. Der Coach kehrt wieder zum Coachee hinter die Linie zurück. Der Coachee folgt in Gedanken dem Weg zum Ziel.
5. Wenn der Coachee sich sicher fühlt, geht er den ersten Schritt über die Linie und alle weiteren Schritte bis hin zum Ziel. Der Weg muss nicht geradlinig sein, sondern so, wie ihn der Coachee in Gedanken vorweggenommen hat. Auch das Tempo und eventuelle Pausen auf dem Weg bestimmt der Coachee.

   In dieser Phase der Übung wird nicht gesprochen. Der Coach begleitet den Coachee auf seinem Weg und achtet dabei genau auf die körpersprachlichen Signale, Tempoveränderungen oder Pausen.
6. Am Ziel angekommen blickt der Coachee auf den Weg und den Ausgangspunkt in der Gegenwart zurück. Der Coach fragt danach, wie sich der Coachee jetzt direkt nach dem Erreichen am Ziel fühlt. Dann blicken beide gemeinsam auf den Weg zurück.

   Der Coachee wird aufgefordert zu beschreiben, wie er sich auf den verschiedenen Stationen seines Wegs gefühlt hat. Wenn der Coach weitere Aspekte wahrgenommen hat, äußert er diese als eigene Wahrnehmungen der Situation, und ggf. sprechen beide darüber.
7. Der Coachee geht nach Aufforderung durch den Coach den Weg hinter die Linie, also in die Gegenwart, zurück. Ob er dabei den Weg vorwärts mit Blick auf die Linie, rückwärts mit Blick auf das Ziel oder anders zurücklegen möchte, ist ihm freigestellt.
8. Der Coachee blickt wieder auf das Ziel. Erneut wird der Gefühlszustand durch den Coach abgefragt.

Diese Übung kann Hinweise auf wichtige Aspekte und Zusatzinformationen für die Zielerreichung und Bewältigung der ersten Schritte dahin geben.

Auch kann auf Veränderungen auf dem Weg wie z. B. Pausen eingegangen werden. Was hat sich dort in Gedanken ereignet? Wie war die eigene Motivation auf dem Weg oder an bestimmten Stellen?

Wir haben es im Extremfall schon erlebt, dass ein Coachee das komplette, seit geraumer Zeit bereits von ihm angestrebte, sehr ergeizige berufliche Ziel drastisch hinterfragt hat, weil ihm in dieser Übung klargeworden ist, wie einsam es auf der angestrebten Position wohl ist und welche deutlichen Konsequenzen der Weg für seine private Situation vermutlich haben würde. Dies ist nur ein Extrembeispiel für die Kraft, die diese Übung entfalten kann. Typischerweise wird dem Coachee klarer, wo die Hürden liegen, wie es um seine Motivation steht und was als Erstes zu tun ist.

Danksagung

All denen, die mit diesem Buch in Zusammenhang stehen, möchten wir hiermit danken.

Alle: Wir danken dem dpunkt.verlag und ganz besonders Christa Preisendanz, Vanessa Niethammer, Nadine Thiele, Susanne Rudi und Ursula Zimpfer für ihre engagierte Arbeit. Den Menschen, die für den Verlag unser Manuskript einem Review unterzogen haben, danken wir ganz besonders. Insbesondere die Anregungen zur *requisite variety* und zum *satisficing* waren sehr hilfreich und haben direkt Einzug in das Manuskript gehalten.

Björn: Ich danke dem Team Rosenkranz (www.team-rosenkranz.de) für seine professionellen und einfühlsamen Seminare, die stets ein Motor für meine persönliche Weiterentwicklung waren, und Peter Bartning (www.beziehungsheilung.de). Ohne ihn würde ich heute nicht meinen Grad an innerem Frieden gefunden haben.

Ines: Ich danke allen in meiner Nähe, die mich unterstützen und an mich glauben. Anna Heinrich und Juliane König danke ich, dass sie mir ihre Diplomarbeiten als Inspirationsquellen zur Verfügung gestellt haben.

Uwe: Ich bedanke mich bei Bert Reissner (werkstatt nord), der mich sehr beeindruckt hat. Ich durfte meine Mediationsausbildung bei ihm absolvieren und an drei intensiven Workshops zum Thema Aufstellungsarbeit teilnehmen, die mich sehr geprägt und weitergebracht haben. Mit Martin Heider durfte ich faszinierende Gespräche über Typologien führen. Er lieferte ein fachliches Review unserer Entwürfe und steuerte viele inhaltliche Diskussionen bei.

Markus Wittwer danke ich für seine Sicht auf die Motivation in agilen Projekten und seine Fähigkeit, mir die Aspekte der Kommunikation nach Marshall B. Rosenberg näherzubringen. Auf ihn gehen auch die Ausführungen zur Konsensfindung zurück. Tim Weilkiens danke ich für den Begriff der Meta-Metapher. Bei Bernd Oestereich und meinen ehemaligen Kolleginnen und Kollegen bei der oose GmbH bedanke ich mich für die praktischen Erfahrungen, die ich gemeinsam mit ihnen bei der Durchführung von Open Spaces und der Gruppenfeld-Analyse machen durfte.

Pablo Ramirez Cano danke ich für seine praktischen Anregungen zu den *verschleiernden* Worten in Abschnitt 6.2.3 ab Seite 100. Mit Marc Gerhard durfte ich eine anregende E-Mail-Diskussion über agile Führung in großen Teams und die Idee der Katalysatoren führen. Joseph Pelrine danke ich für seine Anregungen zu komplexen Systemen und retrospektiver Kohärenz. Reinhard Wagner, Vorstand für PM-Forschung und Facharbeit der GPM Deutsche Gesellschaft für Projektmanagement e.V., danke ich für die Bereitstellung diverser Studien der GPM zum Einfluss weicher Faktoren auf den Projekterfolg.

Abschließend bitten wir all die um Entschuldigung, die wir vergessen haben zu erwähnen.

Literatur

[1] Eric Abrahamson und David H. Freedman. *Das perfekte Chaos – Warum unordentliche Menschen glücklicher und effizienter sind.* Econ, 2007.

[2] Scott Adams. *The Dilbert Principle.* HarperCollins, 1996.

[3] Agile Alliance. *Agiles Manifest.* www.agilealliance.org.

[4] Akademie für Führungskräfte der Wirtschaft GmbH. *Seminarunterlagen Führung und Organisation I (FO201).* Eigendruck, 2000.

[5] David J. Anderson. *Kanban – Evolutionäres Change Management für IT-Organisationen.* dpunkt.verlag, 2011.

[6] Wilhelm Arnold, Hans Jürgen Eysenck und Richard Meili. *Herders Lexikon der Psychologie – Band 2.* Hohe, 2007.

[7] Rowan Bayne. *The Myers-Briggs Type Indicator.* Stanley Thornes Ltd., 1997.

[8] Kent Beck. *Extreme Programming – Die revolutionäre Methode für Softwareentwicklung in kleinen Teams.* Addison-Wesley, 2000. Originaltitel: Extreme Programming Explained. Embrace Change.

[9] Kent Beck et al. *Manifesto for Agile Software Development.* www.agilemanifesto.org, 2001.

[10] Kent Beck und Martin Fowler. *Planning eXtreme Programming.* Addison-Wesley, 2000.

[11] Eric Berne. *Spiele der Erwachsenen – Psychologie der menschlichen Beziehungen.* Rowohlt Taschenbuch, 1970.

[12] Vera F. Birkenbihl. *Multiple Metaphern. Gehirn & Geist – Das Magazin für Psychologie und Hirnforschung*, Seiten 87 – 89, Mai 2003.

[13] Anita Bischof und Klaus Bischof. *Besprechungen – effektiv und effizient.* STS, 1997.

[14] Dan Bradbary und David Garrett. *Herding Chickens – Innovative Techniques for Project Management.* Harbor Light, 2005.

[15] Tiziana Bruno und Gregor Adamcyk. *Körpersprache.* Haufe, 2004.

[16] Leigh Buchanan und Andrew O'Connell. *Mit Kopf und Bauch entscheiden. Harvard Business Manager Magazin*, Seiten 10 – 19, April 2006.

[17] Mike Cohn. *Agile Estimating and Planning.* Prentice Hall, 2006.

[18] Jim Collins. *Der Weg zu den Besten – Die sieben Managementprinzipien für dauerhaften Unternehmenserfolg.* dtv, 8. Auflage, 2008.

[19] Larry L. Constantine. *Objects by teamwork. Hotline on Object-Oriented Technology*, Seiten 1–6, November 1990.

[20] Larry L. Constantine. *Building Structured Open Teams to Work.* In: *Software Development '91 Proceedings.* Miller Freeman, 1991.

[21] Mihaly Csikszentmihalyi. *Flow im Beruf – Das Geheimnis des Glücks am Arbeitsplatz.* Klett-Cotta, 2004.

[22] Henning Dammer und Hans Georg Gemünden. *Messung und Erklärung der Agilität in Unternehmen aus dem Blickwinkel des Multiprojekt-Managements.* In: *Agiles Projektmanagement – Beiträge zur Konferenz interPM.* dpunkt.verlag, 2006.

[23] Edward De Bono. *Bewerten, Beurteilen, Entscheiden.* Redline Wirtschaft by Überreuter, 2004.

[24] Thomas J. DeLong, John J. Gabarro und Robert J. Lees. *Warum Mentoring so wichtig ist. Harvard Business Manager Magazin*, Seiten 90–100, Mai 2008.

[25] Tom DeMarco. *Spielräume – Projektmanagement jenseits von Burn-out, Stress und Effizienzwahn.* Hanser, 2001.

[26] Tom DeMarco, Peter Hruschka, Tim Lister, Steve McMenamin, James Robertson und Suzanne Robertson. *Adrenalin Junkies & Formular Zombies – Typisches Verhalten in Projekten.* Hanser, 2007.

[27] Ap Dijksterhuis. *Intuition will gut überlegt sein. Harvard Business Manager Magazin*, Seiten 22–23, Februar 2007.

[28] Hoimar von Ditfurth. *Der Geist fiel nicht vom Himmel – Die Evolution unseres Bewusstseins.* dtv, 4. Auflage, 1982.

[29] Avenash Dixit und Barry Nalebuff. *Spieltheorie für Einsteiger – Strategisches Know-how für Gewinner.* Schäffer-Poeschel, 1997.

[30] Klaus Doppler und Christoph Lauterburg. *Change Management – Den Unternehmenswandel gestalten.* Campus, 10. Auflage, 2002.

[31] Duden. *Fremdwörterbuch.* Dudenverlag, 2001.

[32] Jutta Eckstein. *Agile Softwareentwicklung mit verteilten Teams.* dpunkt.verlag, 2009.

[33] Jutta Eckstein. *Agile Softwareentwicklung in großen Projekten – Teams, Prozesse und Technologien.* dpunkt.verlag, 2. Auflage, 2012.

[34] Claus Engel und Christian Holm. *Ergebnisse der Projektmanagement-Studie 2007 »Schwerpunkt Kosten und Nutzen von Projektmanagement«.* 2007. Gemeinsame Studie von GPM Deutsche Gesellschaft für Projektmanagement e.V. und PA Consulting Group.

[35] Claus Engel, Marcus Menzer und Daniela Nienstedt. *Ergebnisse der Projektmanagement-Studie »Konsequente Berücksichtigung weicher Faktoren«*. 2006. Gemeinsame Studie von GPM Deutsche Gesellschaft für Projektmanagement e.V. und PA Consulting Group.

[36] FischerGroupInternational. *Matrixorganisation*. *fgi news*, 2005.

[37] Hans-Joachim Flechtner. *Grundbegriffe der Kybernetik*. dtv, 5. Auflage, 1984.

[38] Arnd Florack und Martin Scarabis. *Vorurteile: Gefährliche Gedanken*. *Gehirn & Geist – Das Magazin für Psychologie und Hirnforschung*, Seiten 18–23, Mai 2003.

[39] Martin Fowler. *Refactoring – Wie Sie das Design vorhandener Software verbessern*. Addison-Wesley, 2000.

[40] Dave Francis und Don Young. *Mehr Erfolg im Team*. Windmühle, 1996.

[41] Thomas Franzen. *Systeme und systemisches Denken – systemisch ganzheitliche Ansätze in der Systementwicklung*. In: *Tag des Systems Engineering 2007, Manching*. GfSE – Gesellschaft für Systems Engineering, 2007.

[42] Bob Frisch. *Im Team besser entscheiden*. *Harvard Business Manager Magazin*, Seiten 40–49, Februar 2009.

[43] Helmut Fuchs und Andreas Huber. *Das Rubicon-Prinzip – Ein Selbstmanagement-Programm für mehr Handlungskompetenz und Entscheidungsstärke*. dtv, 2003.

[44] Roland Gareis und Martina Huemann. *Change management and projects – Guest editorial*. *International Journal of Project Management*, Seiten 771–772, November 2008.

[45] Malcolm Gladwell. *Blink – The Power of Thinking without Thinking*. Penguin Books, 2005.

[46] Jochen Grabisch und Claudia Krüger. *Einfach Führen – Wie sich Personalentwicklung in den Alltag integrieren lässt*. Campus Verlag, 2005.

[47] Oliver Grasl, Jürgen Rohr und Tobias Grasl. *Prozessorientiertes Projektmanagement – Modelle, Methoden und Werkzeuge zur Steuerung von IT-Projekten*. Hanser, 2004.

[48] Jeffrey Allan Gray. *The psychology of fear and stress*. Cambridge University Press, 2. Auflage, 1987.

[49] H. Peter Gürtler. *Kollateralschäden von IT-Projekten – Wie veränderungsfähig ist der Mensch?* In: *Innovation durch Projektmanagement – oder?!*, Seiten 137–151. interPM, dpunkt.verlag, 2008.

[50] J. Richard Hackman. *Warum Teams nicht funktionieren*. *Harvard Business Manager Magazin*, Seiten 92–98, Juli 2009.

[51] Hans-Georg Häusel. *Brain Script – Warum Kunden kaufen*. Rudolf Haufe, 2006.

[52] Jutta Heckhausen und Heinz Heckhausen. *Motivation und Handeln*. Springer-Verlag, 3. Auflage, 2006.

[53] Christian Homburg und Harley Krohmer. *Marketingmanagement. Strategie – Instrumente – Umsetzung – Unternehmensführung*. Gabler, 2. Auflage, 2006.

[54] Herbert Hörz (Hrsg.). *Selbstorganisation sozialer Systeme – Ein Verhaltensmodell zum Freiheitsgewinn*. LIT-Verlag, 1994.

[55] Frank Huber. *Spieltheorie und Marketing – Eine wissenschaftstheoretisch geleitete Analyse des Wettbewerbsverhaltens von Unternehmen bei Innovationsentscheidungen mit Hilfe spieltheoretischer Modelle*. Gabler, 1999. Zugleich Dissertation 1998.

[56] Johanna Maria Huck-Schade. *Soft Skills auf der Spur*. Beltz, 2003.

[57] Jolande Jacobi. *Die Psychologie von C. G. Jung – Eine Einführung in das Gesamtwerk*. Fischer Taschenbuch, 21. Auflage, 2006.

[58] Carl Gustav Jung. *Typologie*. dtv, 1990.

[59] Robert S. Kaplan und David P. Norton. *Die strategiefokussierte Organisation – Führen mit der Balanced Scorecard*. Schäffer-Poeschel, 2001.

[60] Bas Kast. *Revolution im Kopf*. Berliner Taschenbuch Verlag, 2003.

[61] Norman L. Kerth. *Post Mortem – Projekte erfolgreich auswerten*. mitp, 2005.

[62] Harold Kerzner. *Project management – A Systems Approach to Planning, Scheduling, and Controlling*. John Wiley & Sons, 9. Auflage, 2006.

[63] Stefan Klein. *Zeit – der Stoff aus dem das Leben ist*. Fischer Taschenbuch Verlag, 2008.

[64] Fritz Kurt Kneubühl. *Repetitorium der Physik*. Teubner, 2. Auflage, 1982.

[65] Henrik Kniberg und Mattias Skarin. *Kanban and Scrum – Making the Most of Both*. C4Media, 2010.

[66] Ludwig Knoll. *Lexikon der praktischen Psychologie*. Gondrom, 1997.

[67] Oliver König und Karl Schattenhofer. *Einführung in die Gruppendynamik*. Carl-Auer, 2. Auflage, 2007.

[68] Hans-Ludwig Kröber. *Freie Entscheidung gegen den Fahrstuhl. Gehirn & Geist – Magazin für Psychologie und Hirnforschung*, Seite 13, Februar 2003.

[69] Otto Kroeger, Janet M. Thuesen und Hile Rutledge. *Type Talk at Work*. Dell, 2002.

[70] Michael Leitl. *Was ist ... Spieltheorie? Harvard Business Manager Magazin*, Seite 25, April 2006.

[71] Johannes Link. *Softwaretests mit JUnit – Techniken der testgetriebenen Entwicklung*. dpunkt.verlag, 2. Auflage, 2005.

[72] Michael Lorenz und Uta Rohrschneider. *Praktische Psychologie für den Umgang mit Mitarbeitern – Die vier Mitarbeitertypen führen*. Campus, 2008.

[73] Bernd-Wolfgang Lubbers. *TeamIntelligenz: Ein intelligentes Team ist mehr als die Summe seiner Kompetenzen*. Gabler, 2005.

[74] Fredmund Malik. *Systemisches Management, Evolution, Selbstorganisation – Grundprobleme, Funktionsmechanismen und Lösungsansätze für komplexe Systeme*. Haupt, 4. Auflage, 2004.

[75] Günter Mamberg und Adolf G. Coenenberg. *Betriebswirtschaftliche Entscheidungslehre*. Vahlen, 13. Auflage, 2006.

[76] Charles Margerison und Dick McCann. *Team Management – Practical new approaches*. Management Books 2000 Ltd., 1995.

[77] Robert C. Martin. *Clean Code – A Handbook of Agile Software Craftsmanship*. Prentice Hall, 2009.

[78] Daniela Mayrshofer und Hubertus A. Kröger. *Prozesskompetenz in der Projektarbeit*. Windmühle, 3. Auflage, 2006.

[79] Wolfgang Mentzel. *Rhetorik – Frei und überzeugend sprechen*. Haufe, 3. Auflage, 2002.

[80] Ines Meyrose. *Entscheidungsfindungsprozesse in der Preispolitik*. Diplomarbeit, Hamburger Akademie für Marketing und Kommunikation, Februar 2007.

[81] Henry Mintzberg. *The Manager's Job – Folklore and Fact*. *Harvard Business Review*, Februar 1975/1990.

[82] Henry Mintzberg. *Managen*. GABAL, 2010.

[83] Samy Molcho. *Körpersprache*. Mosaik, 1983.

[84] Samy Molcho. *Körpersprache als Dialog – Ganzheitliche Kommunikation in Beruf und Alltag*. Mosaik, 1988.

[85] David G. Myers. *Psychologie*. Springer-Verlag, 2005.

[86] Tanja Nazlic und Dieter Frey. *Psychologie des Erfolgs – So erreichen Menschen ihre Ziele*. *Gehirn & Geist – Das Magazin für Psychologie und Hirnforschung*, Seiten 34 – 41, März 2009.

[87] Matthias Nöllke. *Entscheidungen treffen*. Haufe, 3. Auflage, 2004.

[88] Joseph O'Connor und John Seymour. *Neurolinguistisches Programmieren: Gelungene Kommunikation und persönliche Entfaltung*. VAK, 14. Auflage, 2004.

[89] Bernd Oestereich und Axel Scheithauer. *Analyse und Design mit der UML 2.5 – Objektorientierte Softwareentwicklung*. Oldenbourg, 2013. Unter Mitarbeit von Stefan Bremer.

[90] Taiichi Ohno. *Das Toyota-Produktionssystem*. Campus, 1993.

[91] OMG – Object Management Group. *Business Motivation Model Version 1.0*. OMG Document number formal/2008-08-02, 2008. http://www.omg.org/spec/bmm/1.0/pdf.

[92] Roman Pichler. *Scrum – Agiles Projektmanagement erfolgreich einsetzen*. dpunkt.verlag, 2008.

[93] Armin Poggendorf und Hubert Spieler. *Teamdynamik – Ein Team trainieren, moderieren und systemisch aufstellen*. Junfermann, 2003.

[94] Marshall B. Rosenberg. *Gewaltfreie Kommunikation – Eine Sprache des Lebens*. Junfermann, 6. Auflage, 2005.

[95] Lutz von Rosenstiel. *Kommunikation und Führung in Arbeitsgruppen*. In: Heinz Schuler, Hrsg., *Lehrbuch Organisationspsychologie*. Huber, 4. Auflage, 2007.

[96] Claude Rosselet, Georg Senoner und Henriette K. Lingg. *Management Constellations – Mit Systemaufstellungen Komplexität managen*. Klett-Cotta, 2007.

[97] Gerhard Roth. *Fühlen, Denken, Handeln*. Suhrkamp, 4. Auflage, 2003.

[98] Gerhard Roth. *Persönlichkeit, Entscheidung und Verhalten – Warum es so schwierig ist, sich und andere zu ändern*. Klett-Cotta, 4. Auflage, 2008.

[99] Margaret Rouse. *fist to five (fist of five)*. http://whatis.techtarget.com/definition/fist-to-five-fist-of-five, Juni 2011.

[100] Thomas Saum-Aldehoff. *Big Five – Sich selbst und andere erkennen*. Patmos, 2007.

[101] Egon R. Sawitzki. *NLP im Alltag – Einführung, Techniken, Übungen*. GABAL, 3. Auflage, 1999.

[102] Sabine Schrader. *Großes Wörterbuch Psychologie – Grundwissen von A-Z*. Compact Verlag, 2007.

[103] Friedemann Schulz von Thun. *Miteinander reden 1 – Störungen und Klärungen*. Rowohlt, 38. Auflage, 2003.

[104] Friedemann Schulz von Thun. *Miteinander reden 2 – Stile, Werte und Persönlichkeitsentwicklung*. Rowohlt, 38. Auflage, 2003.

[105] Friedemann Schulz von Thun, Johannes Ruppel und Roswitha Stratmann. *Miteinander reden: Kommunikationspsychologie für Führungskräfte*. Rowohlt, 2005.

[106] Ken Schwaber. *Agiles Projektmanagement mit Scrum*. Microsoft Press Deutschland, 2007.

[107] Ken Schwaber und Jeff Sutherland. *The Scrum Guide – The Definitive Guide to Scrum: The Rules of the Game*. www.scrum.org/scrumguides, Juli 2013.

[108] Matthias Seifert. *Techniken der Entscheidungsfindung – Entscheidungsprozesse müssen strukturiert werden*. Rainer Hampp

Verlag, 2005. In: *Marketing-Techniken* von Christopher Zerres und Michael P. Zerres, Hrsg.

[109] Fritz B. Simon. *Gemeinsam sind wir blöd!? Die Intelligenz von Unternehmen, Managern und Märkten.* Carl-Auer, 2. Auflage, 2006.

[110] Walter Simon. *GABALs großer Methodenkoffer Führung und Zusammenarbeit.* GABAL, 2006.

[111] Walter Simon (Hrsg.). *Persönlichkeitsmodelle und Persönlichkeitstests.* GABAL, 2006.

[112] David J. Snowden und Mary E. Boone. *Entscheiden in chaotischen Zeiten. Harvard Business Manager Magazin*, Seiten 28–42, Dezember 2007.

[113] Andreas Spillner und Tilo Linz. *Basiswissen Softwaretest – Aus- und Weiterbildung zum Certified Tester – Foundation Level nach ISTQB-Standard.* dpunkt.verlag, 5. Auflage, 2012.

[114] Reinhard K. Sprenger. *Mythos Motivation.* Campus, 17. Auflage, 2002.

[115] Reinhard K. Sprenger. *Vertrauen führt – Worauf es im Unternehmen wirklich ankommt.* Campus, 2002.

[116] Eberhard Stahl. *Dynamik in Gruppen – Handbuch der Gruppenleitung.* Beltz PVU, 2002.

[117] Standish Group. *Chaos Report.* http://www.standishgroup.com/chaos.html, 1998.

[118] Gernot Starke. *Effektive Softwarearchitekturen – Ein praktischer Leitfaden.* Hanser, 7. Auflage, 2015.

[119] Maja Storch. *Vorsicht – Kontrolle. Gehirn & Geist – Das Magazin für Psychologie und Hirnforschung*, Seiten 86–88, März 2004.

[120] Guido Strunk und Günter Schiepek. *Systemische Psychologie – Eine Einführung in die komplexen Grundlagen menschlichen Verhaltens.* Elesevier Spektrum Akademischer Verlag, 2006.

[121] Uwe Techt und Holger Lörz. *Critical Chain: Beschleunigen Sie Ihr Projektmanagement.* Haufe, 2007.

[122] Stefan Toth. *Vorgehensmuster für Softwarearchitekturen – Kombinierbare Praktiken in Zeiten von Agil und Lean.* Hanser, 2. Auflage, 2014.

[123] Arndt Traindl. *Neuromarketing – Mit Neuronen zu Millionen.* ShopConsult by Umdasch GmbH, 2005.

[124] Henry Trull. *Secrets of a technical mind. Developer Network Journal*, Seiten 30–32, Mai/Juni 1998.

[125] Bruce W. Tuckman. *Developmental sequence in small groups. Psychological Bulletin*, 63:384–399, 1965.

[126] Hans-Peter Unger und Carola Kleinschmidt. *Bevor der Job krank macht – Wie uns die heutige Arbeitswelt in die seelische Erschöpfung treibt und was man dagegen tun kann.* Kösel, 3. Auflage, 2007.

[127] Matthias Varga von Kibéd und Insa Sparrer. *Ganz im Gegenteil – Tetralemmaarbeit und andere Grundformen Systemischer Strukturaufstellungen*. Carl-Auer, 5. Auflage, 2005.

[128] V.I.E.L®Coaching und Training, Hamburg. *Seminarunterlagen*. Coaching kompakt, Dezember 2008.

[129] Uwe Vigenschow. *Agile Entwicklungsteams führen – Selbstorganisation in der Praxis. HMD – Praxis der Wirtschaftsinformatik, Heft 260*, Seiten 86–94, April 2008.

[130] Uwe Vigenschow. *Testen von Software und Embedded Systems – Professionelles Vorgehen mit modellbasierten und objektorientierten Ansätzen*. dpunkt.verlag, 2. Auflage, 2010.

[131] Uwe Vigenschow. *APM – Agiles Projektmanagement – Anspruchsvolle Softwareprojekte erfolgreich steuern*. dpunkt.verlag, 2015.

[132] Uwe Vigenschow und Björn Schneider. *Soft Skills für IT-Berater – Workshops durchführen, Kunden methodisch beraten und Veränderungen aktiv gestalten*. dpunkt.verlag, 2012. Unter Mitarbeit von Ines Meyrose.

[133] Uwe Vigenschow, Björn Schneider und Ines Meyrose. *Soft Skills für Softwareentwickler – Fragetechniken, Konfliktmanagement, Kommunikationstypen und -modelle*. dpunkt.verlag, 3. Auflage, 2014.

[134] Uwe Vigenschow, Stefan Toth und Markus Wittwer. *Agil auf breiter Front – Techniken für eine erfolgreiche Projektsteuerung. dotnetpro – Das Profi-Magazin für Entwickler*, Seiten 136–139, Oktober 2010.

[135] Uwe Vigenschow, Markus Wittwer und Stefan Toth. *Agilität einführen – Ergebnisse der PM-Studie zu Erfolgsfaktoren. PM-Forum 2009 in Berlin, Tagungsband*, 2009.

[136] Gunthard Weber (Hrsg.). *Praxis der Organisationsaufstellung – Grundlagen, Prinzipien, Anwendungsbereiche*. Carl-Auer, 2. Auflage, 2002.

[137] Gerald M. Weinberg. *Weinbergs Werkzeugkasten für Berater – 97 Geheimnisse der Beratung*. Redline Wirtschaft, 2004.

[138] Hans Christian Weis. *Marketing*. Friedrich Kiel Verlag, 13. Auflage, 2004.

[139] Ralf Westphal. *Auf zu mehr Professionalität. dotnetpro – Das Profi-Magazin für Entwickler*, Seiten 48–49, Februar 2009.

[140] John Whitmore. *Coaching für die Praxis – Wesentliches für jede Führungskraft*. allesimfluss-Verlag, 3. Auflage, 2006.

[141] Wikipedia. *Die freie Enzyklopädie*. http://de.wikipedia.org/wiki/Hauptseite.

[142] Wikipedia. *The free encyclopedia*. http://en.wikipedia.org/wiki/Main_Page.

[143] Gerhard Wohland und Matthias Wiemeyer. *Denkwerkzeuge der Höchstleister*. Murmann, 2007.

[144] Henning Wolf, Stefan Roock und Martin Lippert. *eXtreme Programming – Eine Einführung mit Empfehlungen und Erfahrungen aus der Praxis*. dpunkt.verlag, 2. Auflage, 2005.

[145] Abraham Zaleznik. *Manager oder Führungspersönlichkeit – Wer macht es besser? Harvard Business Manager Magazin*, Seiten 48 – 60, April 1977/2008.

[146] Philip G. Zimbardo und Richard J. Gerrig. *Psychologie*. Springer-Verlag, 7. Auflage, 1999.

[147] Stefan Zörner. *Softwarearchitekturen dokumentieren und kommunizieren – Entwürfe, Entscheidungen und Lösungen nachvollziehbar und wirkungsvoll festhalten*. Hanser, 2. Auflage, 2015.

[148] Heinz Züllighoven. *Das objektorientierte Konstruktionshandbuch nach dem Werkzeug & Material-Ansatz*. dpunkt.verlag, 1998.

Index

F

G

H

Z